面向新工科普通高等教育系列教材

模拟电子技术

闵　锐　主　编
徐　勇　副主编
马丽梅　黄　颖　参　编

机　械　工　业　出　版　社

本书是结合课程改革和教学实践而编写的，既注重经典的知识体系，又兼顾电子技术的新应用。全书共10章，包括半导体二极管及其应用电路、晶体管及其放大电路、场效应晶体管及其放大电路、集成运算放大器、功率放大电路、放大电路的频率响应、放大电路中的反馈、信号的运算和处理电路、信号产生与转换电路、直流稳压电源。内容设计经典实用、语言描述通俗易懂，例题、习题典型灵活。

本书适合作为高等院校通信、电子信息、电气类等专业的教材，也可供其他相关专业学生和从事电子技术工作的工程技术人员参考。

图书在版编目（CIP）数据

模拟电子技术／闵锐主编．—北京：机械工业出版社，2020.12
（2024.1重印）
面向新工科普通高等教育系列教材
ISBN 978-7-111-67090-2

Ⅰ.①模…　Ⅱ.①闵…　Ⅲ.①模拟电路-电子技术-高等学校-教材
Ⅳ.①TN710

中国版本图书馆CIP数据核字（2020）第249232号

机械工业出版社（北京市百万庄大街22号　邮政编码100037）
策划编辑：李馨馨　　责任编辑：李馨馨　白文亭
责任校对：张艳霞　　责任印制：单爱军

北京虎彩文化传播有限公司印刷

2024年1月第1版·第5次印刷
184mm×260mm·16.75印张·410千字
标准书号：ISBN 978-7-111-67090-2
定价：65.00元

电话服务
客服电话：010-88361066
010-88379833
010-68326294

网络服务
机　工　官　网：www.cmpbook.com
机　工　官　博：weibo.com/cmp1952
金　　书　　网：www.golden-book.com
机工教育服务网：www.cmpedu.com

前　言

随着现代科技的迅猛发展，电子器件的集成化程度越来越高、功能越来越强，电子技术已经渗透到人们生活的各个领域，从日常的手机、电视到太空探测、海底探险，电子技术时刻都在展现着它的魅力和作用。党的二十大报告为电子行业所属的新一代信息技术产业指明未来发展的方向，要以推动高质量发展为主题，构建新一代信息技术产业新的增长引擎。模拟电子技术是研究半导体器件、电路及其应用的科学技术，是通信、电子、计算机等专业的一门重要的专业基础课程。掌握半导体器件及其应用的基本概念、基本理论，对推动新一代信息技术的应用和创新是必不可少的。

由于模拟电子技术课程概念多、器件多、工程应用背景强，许多学生都认为模拟电子技术课程难学，分析方法不易掌握，因此本书在编写的过程中注重基本概念、基本理论的讲述，力求概念清晰、层次分明、表述清楚，通俗易懂。书中每章开头设有“本章讨论的主要问题”，目的是引导学生带着问题去探究，把握本章的重点和难点内容并解决问题。书中列举的例题讲解详细，课后习题经典丰富，便于学生巩固理解教学知识点。

在教材的编排上，为解决学生对器件难以掌握的问题，编者将半导体器件拆分成3章，每章都是先介绍器件，然后介绍器件的应用，通过应用帮助理解器件，使学生由懵懂茫然到豁然开朗继而融会贯通。对于集成运算放大器，也是采用先器件后应用的方式，先介绍集成运算放大器的内部电路，再介绍集成运算放大器用于运算电路、滤波电路、电压比较电路、信号产生电路等，侧重典型电路和典型应用的介绍，以器件到应用的主线贯穿全书，便于学生厘清学习思路，把握学习重点，学会电路设计，并为后续课程做好铺垫。

全书共10章，第1~3章介绍常用半导体器件及基本放大电路，第4、5章介绍集成运算放大器及功率放大电路，第6、7章介绍频率特性和反馈，第8、9章介绍集成运算放大电路的线性应用和非线性应用，第10章介绍直流稳压电源。

本书由闵锐主编，负责全书的策划、统稿和定稿，并撰写了第2、3、7、10章；徐勇作为本书的副主编负责全书的组织和编排，并撰写了第6章和第9章；马丽梅撰写了第4章和第8章，黄颖撰写了第1章和第5章。

为配合教学，本书配有教学用PPT、电子教案、课程教学大纲、试卷及答案、习题参考答案等教学资源，需要配套资源的老师可登录机械工业出版社教育服务网（www.cmpedu.com），免费注册后下载，或联系编辑索取（微信：15910938545/电话：010-88379739）。

本书是根据近年来的课程改革及应用实践而编写的，在教材的编写过程中得到了陆军工程大学通信工程学院和电路与信息处理教研室领导及同事们的大力支持，在此表示感谢。由于编者水平有限，书中难免有不当之处，望读者和专家批评指正。

编　者

目　　录

第1章　半导体二极管及其应用电路

本章讨论的主要问题：

1. PN结是如何形成的？什么是单向导电性？
2. 什么是半导体二极管的伏安特性？二极管的特性和温度有怎样的关系？
3. 如何理解二极管的非线性关系并进行等效？如何分析含有二极管的基本应用电路？
4. 稳压二极管的伏安特性是怎样的？和普通二极管有什么不同？

本章首先介绍半导体材料的基础知识、二极管的伏安特性及其主要参数，接着重点介绍常用工程分析方法——等效模型法，讨论什么是建模，如何为二极管建模以及如何利用各种等效电路模型来分析二极管的基本应用电路；另外，简要介绍了稳压二极管及其稳压电路，以及变容二极管、光电二极管及肖特基二极管等。

1.1　半导体基本知识

自然界的物质，根据其导电性能的不同大体可分为导体、绝缘体和半导体三大类。电子系统应用所有的这三类材料，但半导体材料在其中起着根本性的作用。

极易导电、电导率大于10^4 S·cm^{-1}的物质称为导体，例如铝、金、钨、铜等。物质的导电性能是由其原子结构决定的，导体一般为低价元素，其最外层电子极易挣脱原子核的束缚成为**自由电子**。像自由电子这种能够自由移动的带电粒子称为**载流子**。导体之所以导电性能极佳，正是因为其内部存在大量载流子，当施加外电场时，载流子将在外电场的作用下产生定向移动，形成电流。

很难导电、电导率小于10^{-10} S·cm^{-1}的物质称为绝缘体，例如塑料、橡胶、陶瓷等。绝缘体一般为高价元素，其最外层电子受原子核束缚力极强，很难成为自由电子。由于所含载流子的数量极少，所以绝缘体的导电性能极差。

导电能力介于导体和绝缘体之间、电导率在10^{-9}~10^3 S·cm^{-1}范围内的物质称为半导体。以目前应用最广的四价元素硅（Si）为例，它的最外层电子既不像导体那么容易挣脱原子核的束缚，也不像绝缘体那么被原子核紧紧束缚，所以形成的载流子的数量介于两者之间，并且很大程度上还受到温度、光照和杂质含量的影响。

1.1.1　本征半导体

完全纯净的具有晶体结构的半导体称为本征半导体。

1. 晶格与单晶

以硅半导体为例。将硅提纯结晶后，每个硅原子都与周围最近邻的四个硅原子牢固地结合，它们都处于正四面体的顶角位置，从而构成所谓的金刚石结构，如图1-1a所示。

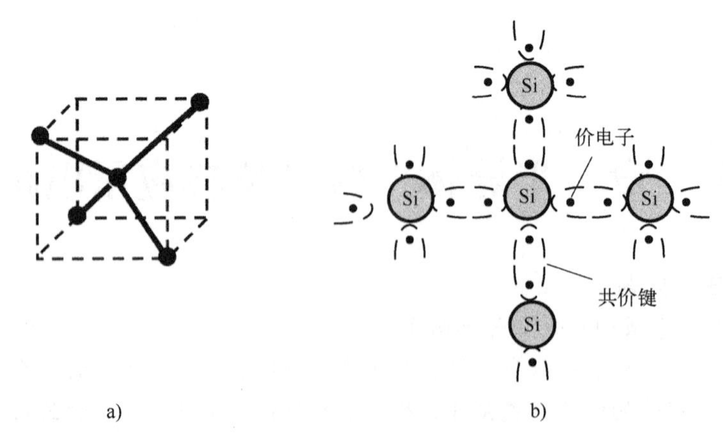

图 1-1　硅单晶的结构示意图

a）实际的三维结构　b）等效的二维结构

这种反映原子排列规律的三维结构称为晶格，每个硅原子都位于晶格上，不能随意移动。如果某一固态物体是由单一的晶格连续组成的，就称为单晶。图 1-1a 所示即为单晶硅。

2. 自由电子与空穴

图 1-1b 所示为单晶硅的等效二维结构。每个硅原子的最外层都有 4 个电子，称为**价电子**。价电子受到自身原子核和相邻原子核的双重吸引，其结果是每个硅原子都和相邻的 4 个硅原子共用 4 对价电子，形成 4 对共价键。共价键具有很强的结合力，常温下仅有极少数的价电子能够通过热运动获得足够的能量，从而挣脱共价键的束缚，成为自由电子；这时相应的共价键中会留下一个空位，称为空穴。以上过程称为**本征激发**，又称**热激发**。

除自由电子外，空穴可以被看作带正电的载流子。这是因为：每个空穴可视为带一个单位的正电荷，表示原子本身因热激发而失去一个价电子后带一个单位的正电荷，并且空穴可以自由运动。如图 1-2 所示，空穴对周围的价电子具有“吸引力”，价电子移动到该空穴上所需要的能量远小于打破其所处共价键成为自由电子需要的能量，所以空穴容易“捕获”附近的价电子而造成“空穴搬家”现象，移动到新位置的空穴继续“捕获”其他价电子，这个过程持续下去，从效果上看，价电子（负极性）随机填补空穴的运动，就相当于该空穴（正极性）反方向的自由运动。图 1-2 中虚线箭头表示价电子轨迹，实线箭头表示空穴轨迹。

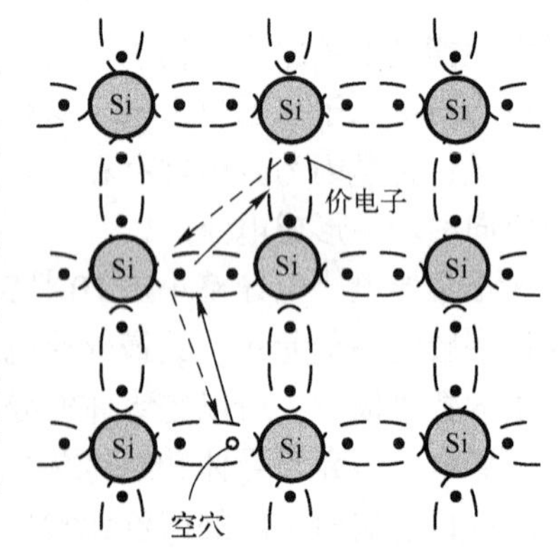

图 1-2　空穴与价电子

3. 温度的影响

随着本征激发的进行，自由电子和空穴不断地成对产生。如果两者相遇，自由电子就会填补空穴，变为价电子，于是自由电子和空穴同时消失，称为**复合**。如果环境温度不变，热激发和复合将达到动态平衡，自由电子和空穴两种载流子的浓度相等并保持稳定；当温度升高时，热激发加剧，载流子浓度增大，导电能力增强；温度降低时，载流子浓度减小，导电能力减弱。这个特性称为半导体的**热敏性**；而光照也可以令半导体的导电能力发生类似的变化，称为半导体的**光敏性**。

1.1.2 杂质半导体

在本征半导体中人为地添加合适的杂质元素，便可得到杂质半导体。杂质含量对半导体电气特性的影响非常显著，通过严格控制杂质含量，可以精确控制杂质半导体的导电性能。杂质半导体中两种载流子的浓度是不相等的，其中，浓度高的载流子称为**多数载流子**，简称**多子**；浓度低的载流子称为**少数载流子**，简称**少子**。杂质半导体内部的载流子为何会有多子和少子之分呢？

1. N 型半导体

如图 1-3a 所示，将磷（P）、锑（Sb）、砷（As）等五价元素作为杂质掺入单晶硅中，磷原子将取代晶格中某些位置上的硅原子，但其最外层共有 5 个价电子，除了与周围 4 个硅原子形成共价键外，多余的那个价电子很容易因热激发而成为自由电子，磷原子相应地变为磷离子（带正电）。由于磷原子在生成自由电子的同时并不生成空穴，因此每掺入一个磷原子就相当于释放一个自由电子，使得自由电子数量远大于空穴数量，自由电子成为多数载流子。这种五价掺杂、以自由电子为多子的杂质半导体称为 N 型半导体（N 代表 Negative）。

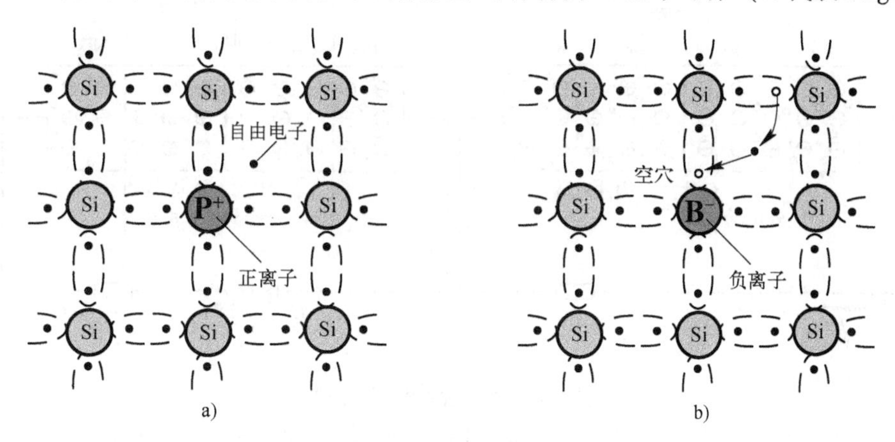

图 1-3　杂质半导体

a）N 型半导体　b）P 型半导体

2. P 型半导体

如图 1-3b 所示，将硼（B）、铟（In）、镓（Ga）等三价元素掺入单晶硅中，取代硅原子的硼原子因最外层缺少一个价电子，与第 4 个相邻的硅原子就不能形成完整的共价键，出现一个空穴，这个空穴很容易“捕获”周围的价电子来填补，形成“空穴搬家”现象，硼原子也相应地成为硼离子（带负电）。由于硼原子在产生空穴的同时并不产生自由电子，因此每掺入一个硼原子就相当于释放一个空穴，使得空穴数量远大于自由电子数量，空穴成为多数载流子。这种三价掺杂、以空穴为多子的杂质半导体就称为 P 型半导体（P 代表 Positive）。

3. 温度的影响

综上所述，杂质半导体的掺杂浓度越高，意味着多子浓度越高，导电能力越强，这个特性称为半导体的**掺杂性**。不过，杂质半导体中还存在着因热激发产生的少子，对温度非常敏感。当温度改变时，少子浓度将发生显著变化，直接对半导体器件的性能造成影响。

1.1.3 PN 结

PN 结是各种半导体器件的核心基础。所谓 PN 结，是指 P 型半导体和 N 型半导体的交界区域。

1. PN 结的形成

如图 1-4a 所示，在 P 型半导体和 N 型半导体的交界面，P 型半导体中的多子（空穴）和 N 型半导体中的多子（自由电子）会因浓度差而向对方区域运动，称为**扩散运动**；交界面两侧就留下了由不能移动的正、负杂质离子构成的**空间电荷区**，即 PN 结。

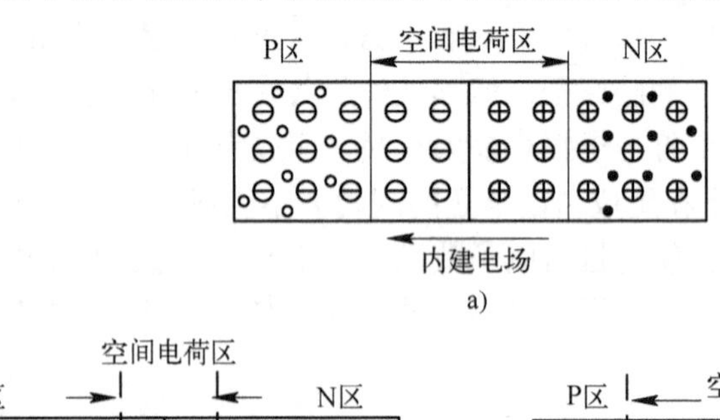

a)

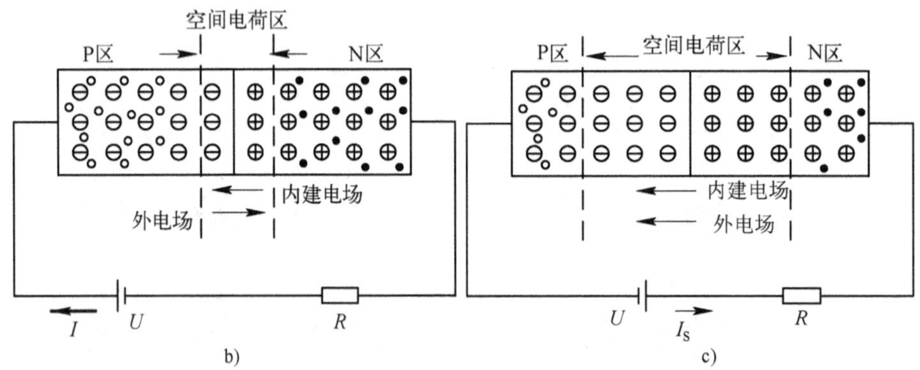

b) c)

图 1-4 PN 结的单向导电性

a) 动态平衡时的 PN 结 b) 正向偏置时的 PN 结 c) 反向偏置时的 PN 结

随着扩散运动的进行，空间电荷区不断加宽，其内部将产生一个方向从 N 区指向 P 区的内建电场。显然，这个内建电场会反过来阻碍两侧多子的扩散运动，却又吸引两侧少子向对方区域定向移动，称为**漂移运动**。于是，扩散运动逐渐减弱，漂移运动逐渐加强，当两者达到动态平衡时，空间电荷区（PN 结）的宽度便不再增加。由于上述两种运动所形成的电流方向相反，最终扩散电流和漂移电流相互抵消，使得流过 PN 结的净电流为零。室温下，硅材料 PN 结内建电场的电位差约为 0.5~0.7 V；锗材料约为 0.2~0.3 V。

2. PN 结的单向导电性

如果在 PN 结两端施加外部电压，上述动态平衡就被打破了。

（1）PN 结正向偏置

如图 1-4b 所示，当 P 区接高电位、N 区接低电位时，称 PN 结外加正向电压或 PN 结**正向偏置**。此时外电场将两侧多子推向空间电荷区，中和了内部的正、负杂质离子，使 PN 结变得极窄，多子的扩散运动大大占优，在电源电压作用下，扩散运动将连续不断地进行，形成回路电流。这个在 PN 结正向偏置时形成的电流称为**正向电流**，由于 PN 结的导通结电压降只有零点几伏，因此必须串接限流电阻 R，以防止 PN 结因正向电流过大而损坏。

（2）PN 结反向偏置

如图 1-4c 所示，当 P 区接低电位、N 区接高电位时，称 PN 结外加反向电压或 PN 结**反向偏置**。此时外电场使得两侧多子远离空间电荷区，从而留下更多的正、负杂质离子，PN 结加宽，少子的漂移运动占优，两侧少子可以顺利地穿越变宽了的 PN 结，形成回路电流。这个在 PN 结反向偏置时形成的电流称为反向电流，但由于少子的数目极少，即使施加很大的反向电压令所有的少子都参与漂移运动，反向电流也非常小，因此又称为**反向饱和电流**，记作 I_S。在实际工程计算中，I_S 经常忽略不计。

（3）PN 结的单向导电性

正向偏置时，PN 结的结电压很小，结电流得以通过，称为**正向导通**；反向偏置时，PN 结上流过的结电流近似为零，称为**反向截止**。这就是 PN 结的**单向导电性**。各种半导体器件的工作原理都是以 PN 结的单向导电性为基础的。

1.2 半导体二极管

半导体器件是构成电子电路的基本器件，分立半导体器件主要包括二极管、晶体管和场效应晶体管等。这里首先讨论二极管。

1.2.1 二极管的结构与符号

将 PN 结封装起来并加上电极引线，就是二极管（Diode）。二极管有两个电极（称为管脚或引脚），一个由 P 区引出，称为阳极或者正极；另一个由 N 区引出，称为阴极或者负极。二极管的结构和电路符号如图 1-5 所示。

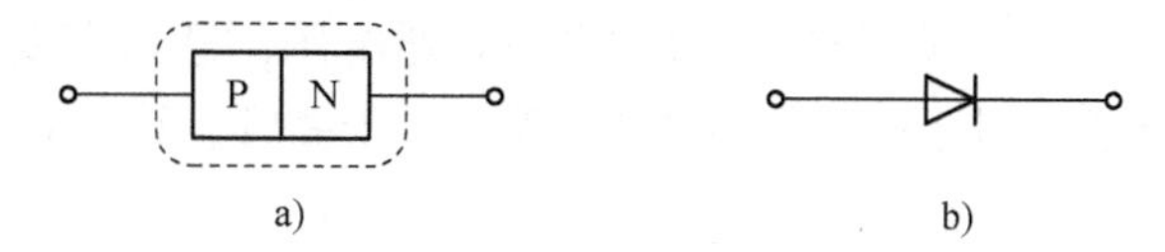

图 1-5 二极管的结构和电路符号

a）结构 b）电路符号

1.2.2 二极管的伏安特性和主要参数

1. 伏安特性

元器件的伏安特性是指这个元器件自身端电压和端电流之间的关系，一般表现为函数关系式或曲线。既然二极管内部是一个 PN 结，那么它的伏安特性就可近似用 PN 结的伏安特性来描述。半导体理论分析证明，PN 结的端电流 i 与端电压 u 之间的函数关系为

$$i=I_S(e^{\frac{u}{U_T}}-1) \tag{1-1}$$

式中，I_S 为 PN 结的反向饱和电流；U_T 称为温度的电压当量，$U_T=kT/q$，k 是玻耳兹曼常数，T 是热力学温度，q 是电子电量，常温下 U_T 通常取为 26 mV。

式（1-1）就是二极管（PN 结）的伏安特性。显然，i 和 u 之间不满足欧姆定律，二

极管（PN 结）是非线性电阻元件。

伏安特性透彻地描述了二极管的外部特性。当 $u>>U_T$ 时，式（1-1）可简化为

$$i\approx I_S e^{\frac{u}{U_T}} \tag{1-2}$$

这实际上是二极管正向偏置时的扩散电流，i 随正向电压 u 呈指数规律变化；当 $u<0$ 时，式（1-1）可简化为

$$i\approx -I_S \tag{1-3}$$

这就是二极管反向偏置时的漂移电流，i 的大小与反向电压 u 几乎无关。

根据以上分析，可以定性画出二极管的伏安特性曲线，如图 1-6a 所示。

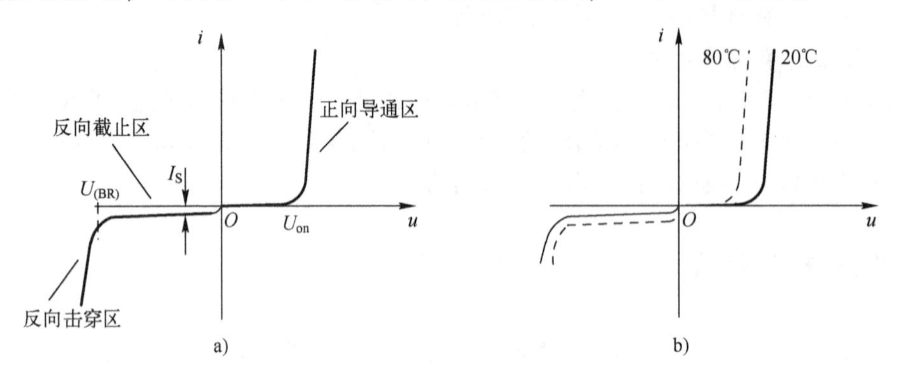

图 1-6　二极管的伏安特性曲线

a）i-u 之间的非线性关系　b）温度的影响

2. 主要参数

如图 1-6a 所示，二极管的工作区域分为：正向导通区、反向截止区和反向击穿区。

（1）正向导通区

正向偏置时，正向电流 i 有一个显著的拐点，位于 $u=U_{on}$ 处。当 $u<U_{on}$ 时，i 始终近似为零，只有当 $u>U_{on}$ 后，i 才开始明显增大。U_{on} 称为导通电压，意为需要施加一个多大的正向电压可令二极管明显导通。对于硅管，约为 0.7 V；对于锗管，约为 0.3 V。

（2）反向截止区

反向偏置时，如果所施加的反向电压 u 没有超过图中的 $U_{(BR)}$，则反向饱和电流 I_S 很小，二极管截止。

（3）反向击穿区

一旦反向电压 u 超过 $U_{(BR)}$，反向电流急剧增大，此时二极管被击穿，故 $U_{(BR)}$ 称为反向击穿电压。普通二极管应尽量避免工作在反向击穿区。

除 U_{on}、I_S 和 $U_{(BR)}$ 外，二极管的其他参数主要还包括最大整流电流 I_F 和最大反向工作电压 U_R。I_F 是指二极管长期工作时允许通过的最大正向平均电流，实际工作时二极管的正向平均电流不应超过此值，否则将导致管子因过热而损坏；U_R 是指二极管正常工作时允许外加的最大反向电压，超过此值有可能造成二极管反向击穿甚至损坏，U_R 一般规定为 $U_{(BR)}$ 的一半。

3. 温度对二极管伏安特性的影响

二极管对温度非常敏感，在分析和设计实际的电子电路时，必须考虑温度对器件性能的影响。如图 1-6b 所示，当温度升高时，正向特性将左移，反向特性将下移；温度降低时，

变化则相反。定量研究表明，在室温附近，温度每升高 10℃，导通电压 U_{on} 约减小 20～25 mV，反向饱和电流 I_S 约增大 1 倍。

例 1-1 已知温度为 15℃时，PN 结的反向饱和电流 $I_S = 10\ \mu A$。试求当温度为 35℃时，该 PN 结的反向饱和电流 I_S 大约为多大？

解：由于温度每升高 10℃，PN 结的反向饱和电流约增大 1 倍，因此温度为 35℃时反向饱和电流为

$$I_S = 10\times 2^{\frac{35-15}{10}}\ \mu A = 40\ \mu A$$

1.2.3 二极管的等效模型

二极管与电阻的简单串联电路如图 1-7a 所示。图中采用了电子电路常用的习惯画法，即只标出电源电压 $+U_{CC}$ 对“地”的大小和极性，所谓“地”是指电路的公共端点（参考电位点），电路中任一点的电位都是对“地”而言的。那么，如何求解二极管的端电压 U_D 和端电流 I_D 呢？

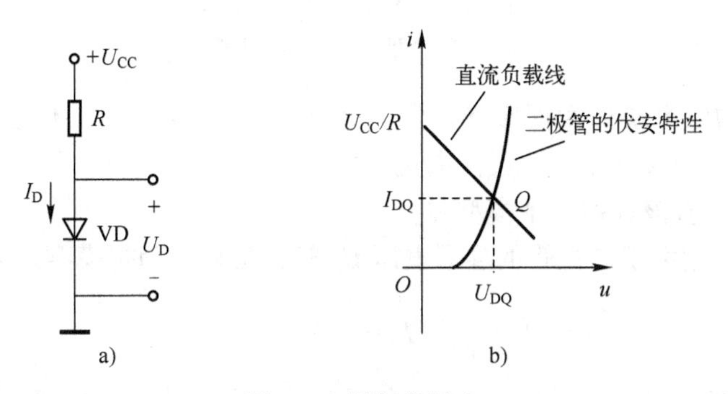

图 1-7 图解分析法

a）电路 b）直流负载线与静态工作点

由图 1-7a 可知

$$\begin{cases} U_D = U_{CC} - RI_D \\ I_D = I_S(e^{U_D/U_T} - 1) \end{cases} \tag{1-4}$$

由于二极管为非线性器件，上述联立方程组中含有非线性表达式，求解过程烦琐。实际应用中通常采用如下近似分析法以简化二极管电路的分析。

图解法：利用二极管的伏安特性曲线，通过作图实现对二极管电路进行分析。

将式（1-4）的两个方程画在同一个 i-u 坐标系中，如图 1-7b 所示，$u = U_{CC} - Ri$ 是一条斜率为 $-1/R$ 并过 $(0, U_{CC}/R)$ 的直线，称为**直流负载线**，$i = I_S(e^{u/U_T} - 1)$ 是二极管的伏安特性曲线，两者的交点 Q 就是式（1-4）的解，称为**静态工作点**，记作 $Q(U_{DQ}, I_{DQ})$。Q 点处电压和电流的比值称为**静态电阻**（直流电阻）R_D

$$R_D = \frac{U_{DQ}}{I_{DQ}} \tag{1-5}$$

图解分析法概念清晰，形象直观，有助于理解电路的工作原理，但只适于定性分析。

等效模型法：在一定工作条件下，用线性元件构成的等效电路（称为等效模型）代替非线性的二极管，从而将非线性电路分析转换为线性电路分析，这种方法称为等效模型分析

法。等效模型分析法是非常重要的电子电路工程分析方法。

1. 二极管的大信号模型

图 1-8a 中，二极管的实际伏安特性（虚线）被两段直线（实线）粗略地替换了。替换后的含义是：$u>0$ 时二极管导通，且正向压降为零；$u<0$ 时二极管截止，且反向电流为零。显然，这是一个理想的电子开关，称为**理想模型**。

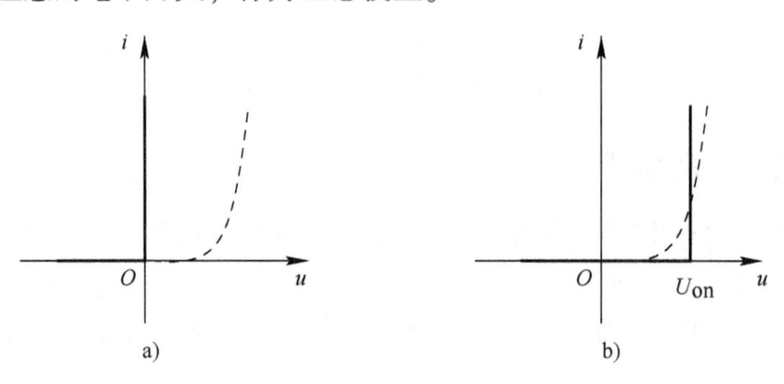

图 1-8　二极管的大信号模型

a）理想模型　b）恒压降模型

图 1-8b 中的两段实线则为**恒压降模型**。其含义是：$u>U_{on}$时二极管导通，且正向压降恒为 U_{on}；$u<U_{on}$时二极管截止，且反向电流为零。

那么实际电路中应该选用哪个模型呢？

当电源电压 U_{CC}远大于二极管的导通电压 U_{on}时，可采用理想模型。回路电流

$$I_D \approx \frac{U_{CC}}{R}$$

当电源电压不高，忽略 U_{on}可能带来较大误差时，则应选用恒压降模型（对于硅管，取 $U_D \approx U_{on} = 0.7\,V$；对于锗管，取 $U_D \approx U_{on} = 0.3\,V$）。回路电流

$$I_D = \frac{U_{CC} - U_{on}}{R}$$

上述理想模型和恒压降模型反映了二极管在正向偏置和反向偏置两种情况下的全部特性，所以也称为大信号模型。它们都是将二极管原来的伏安特性曲线近似为两段直线，只要能够判断当前二极管工作于哪一段直线上（即导通还是截止），就可以用线性电路的分析方法来分析二极管电路了。

例 1-2　图 1-9 所示电路中，设二极管 VD_1、VD_2的导通电压降均为 0.7 V。已知 $U_1 = 12\,V$，$U_2 = -4\,V$，试求电流 I_2 的值。

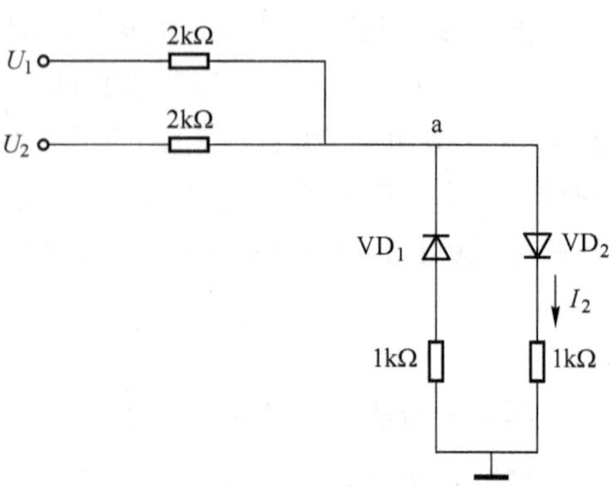

图 1-9　例 1-2 电路图

解：假设 VD_1、VD_2均截止，将两个二极管开路，利用 KCL，有

$$\frac{12 - U_a}{2\,k\Omega} = \frac{U_a + 4}{2\,k\Omega}$$

故 $U_a = 4\,V$，说明实际上 VD_1截止，VD_2导通。

将 VD_1截止，VD_2导通，再次利用 KCL 可得

$$\frac{12-U_a}{2\,\mathrm{k\Omega}}=\frac{U_a+4}{2\,\mathrm{k\Omega}}+\frac{U_a-0.7\,\mathrm{V}}{1\,\mathrm{k\Omega}}$$

故 $U_a=2.35\,\mathrm{V}$，则

$$I_2=\frac{U_a-0.7\,\mathrm{V}}{1\,\mathrm{k\Omega}}=\frac{2.35\,\mathrm{V}-0.7\,\mathrm{V}}{1\,\mathrm{k\Omega}}=1.65\,\mathrm{mA}$$

2. 二极管的小信号模型

大信号模型可解决二极管的单向导电性即直流特性问题。然而电子电路中经常出现另一种情况，器件在一定的直流工作状态下再叠加一个微小的变化，例如在图 1-10a 所示电路中，当直流电源 U_{CC}因为某种原因产生±10%的波动时，情形又如何呢？

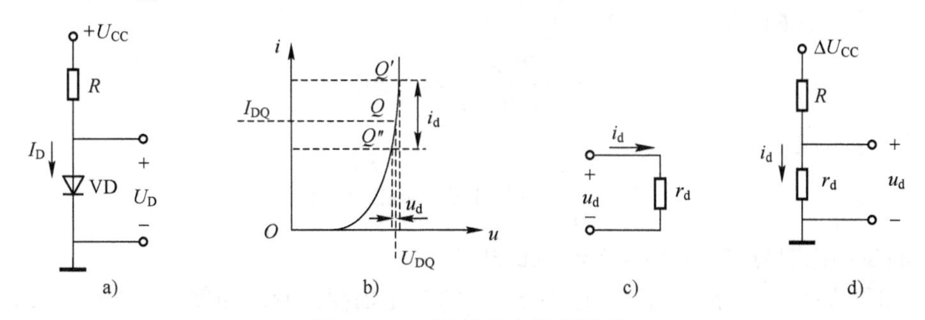

图 1-10　二极管的小信号模型

a）电路　b）图解分析　c）小信号模型　d）交流通路

U_{CC}波动之前，图 1-10a 电路只有直流电源在作用，称为**直流通路**。采用恒压降模型，得到二极管的静态工作点 Q 为

$$\begin{cases}U_{DQ}=0.7\,\mathrm{V}\\ I_{DQ}=\dfrac{U_{CC}-0.7\,\mathrm{V}}{R}\approx 1.9\,\mathrm{mA}\end{cases} \tag{1-6}$$

U_{CC}波动时，U_{CC}的变化量为 $\Delta U_{CC}=U_{CC}\times(\pm 10\%)$，$\Delta U_{CC}$代表小扰动，即交流小信号。受 ΔU_{CC}影响，二极管的端电压以及其上流过的电流也是变化的，使伏安特性上的实际工作点在 Q 的基础上变化，称为**瞬态工作点**，如图 1-10b 所示。

由图可见，二极管的瞬态工作点将在 $Q'\sim Q''$之间的一段曲线上移动，其横、纵坐标的变化范围分别为 u_d 和 i_d，如果曲线足够短，即扰动只发生在 Q 点附近，那么这段变化曲线可用 Q 点处的切线来近似，即 u_d、i_d 之间近似为线性关系，两者的比值

$$r_d\approx\frac{u_d}{i_d}=\left.\frac{\mathrm{d}u}{\mathrm{d}i}\right|_Q=\frac{1}{\left.\dfrac{\mathrm{d}i}{\mathrm{d}u}\right|_Q} \tag{1-7}$$

前已述及，当二极管正向导通时，其伏安关系可近似表示为 $i\approx I_S\mathrm{e}^{u/U_T}$，则

$$\left.\frac{\mathrm{d}i}{\mathrm{d}u}\right|_Q\approx\left.\frac{I_S\mathrm{e}^{u/U_T}}{U_T}\right|_Q\approx\frac{I_{DQ}}{U_T}$$

代入式（1-7），有

$$r_d\approx\frac{U_T}{I_{DQ}}\approx\frac{26\,\mathrm{mV}}{I_{DQ}} \tag{1-8}$$

r_d 称为**动态电阻**（交流电阻），是二极管的小信号模型，如图 1-10c 所示。由于 r_d 的数值等于 Q 点处切线斜率的倒数，Q 点越高，r_d 越小。

考虑在类似 ΔU_{CC} 这样的交流小信号的作用下，二极管呈现出线性电阻 r_d 的特性，图 1-10d 画出了两者之间的等效连接关系，称为**交流通路**。注意，交流通路是不能独立运行的，因为如果离开了直流电源 U_{CC} 的作用，二极管根本无法正常工作。所以说，交流通路只是为了方便分析问题而画出的假想回路，前提是电路已有合适的静态工作点 Q。

例 1-3 电路如图 1-10a 所示，已知电源电压 $U_{CC}=+10\,V$，限流电阻 $R=5\,k\Omega$，二极管 VD 的管压降为 0.7 V。试问当 U_{CC} 因为某种原因产生±10%的波动时，二极管端电压 U_D 将产生多大的波动?

解：由式（1-6）和式（1-8），有

$$r_d=\frac{26\,mV}{1.9\,mA}\approx 13.7\,\Omega$$

由图 1-10d 可知

$$u_d=\frac{r_d}{R+r_d}\times(\pm 1\,V)\approx \pm 2.7\,mV$$

得到 U_D 的波动范围为$\pm 2.7\,mV/0.7\,V\approx\pm 0.39\%$。

上述结果表明，U_D 的变化幅度远小于 U_{CC} 的变化幅度，所以即使存在 $\Delta U_{CC}=\pm 1\,V$ 的扰动，由于 r_d 的数值非常小，图 1-10a 所示电路的 Q 点仍然是比较稳定的。

例 1-4 电路如图 1-11a 所示，设 $U_{CC}=6\,V$，$R=5\,k\Omega$，二极管导通电压 $U_{on}=0.5\,V$。

（1）试用恒压降模型估算二极管上流过的直流电流。

（2）试估算二极管的直流电阻和交流电阻。

（3）若 u_s 为正弦波电压，且有效值为 10 mV，假设电容 C 的数值足够大，对交流可视为短路，试估算二极管上流过的交流电流的有效值。

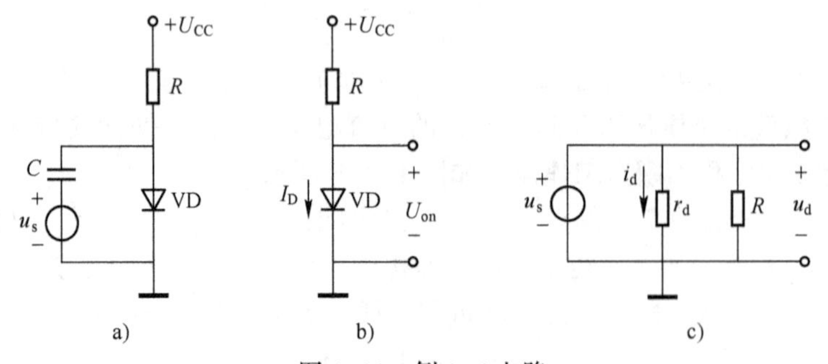

图 1-11 例 1-4 电路

a）电路 b）直流通路 c）交流通路

解：（1）由于电容具有隔直流的作用，得到直流通路如图 1-11b 所示。据恒压降模型，二极管上流过的直流电流为

$$I_D=\frac{U_{CC}-U_{on}}{R}=1.1\,mA$$

（2）根据题意，二极管的直流电阻和交流电阻分别为

$$R_D=\frac{U_{on}}{I_D}\approx 455\,\Omega$$

$$r_d \approx \frac{U_T}{I_D} \approx 23.6\,\Omega$$

（3）对于交流小信号 u_s，二极管可等效为交流电阻 r_d，且电容对交流可视为短路，得到交流通路如图 1-11c 所示。由图可知，二极管上流过的交流电流有效值为

$$I_d = \frac{U_s}{r_d} \approx 0.42\,\text{mA}$$

3. 二极管的高频模型

以上讨论的均为二极管的低频模型。在高频或开关状态运用时，考虑到 PN 结的电容效应，就要用到二极管的高频模型。

（1）PN 结的电容效应

什么是 PN 结的电容效应呢？

PN 结正向偏置时，会产生多子扩散，从 PN 结一侧扩散到另一侧的多子被称为**非平衡少子**，即 P 区有非平衡少子自由电子的积累，N 区有非平衡少子空穴的积累。如果正向电压加大，则正向电流加大，两种非平衡少子的积累加大；如果正向电压减小，则正向电流减小，两种非平衡少子的积累相应减小。因此，PN 结两侧所存储的非平衡少子的电荷量会随着正向电压的变化而变化，这与电容充放电现象相类似，可视为电容效应，称为**扩散电容**，记作 C_d。

PN 结反向偏置时，空间电荷区变宽，且宽度明显随反向电压的变化而变化，而空间电荷区是由不能移动的正、负离子构成的，意味着 PN 结所存储的空间电荷区的电荷量也会随着反向电压的变化而变化，这种电容效应称为**势垒电容**，记作 C_b。

由于上述两种情况下所堆积的电荷量的极性相同，所以 PN 结的结电容 C_j 就是扩散电容 C_d 与势垒电容 C_b 之和，即

$$C_j = C_d + C_b \tag{1-9}$$

C_j 的数值很小，为皮法级。

（2）高频模型

二极管的高频模型可用结电容 C_j 与结电阻 r_j 的并联表示，如图 1-12 所示。在直流或低频情况下，C_j 对低频信号呈现出很大的容抗，可视为开路，不予考虑；而当信号频率较高时，C_j 支路因容抗下降所导致的旁路现象就不能忽视了。

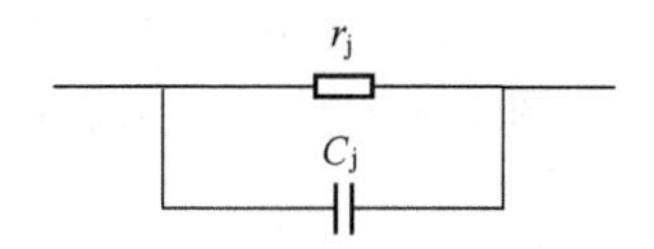

图 1-12　二极管的高频模型

图 1-12 中，二极管正向导通时，r_j 表示正向电阻，其值很小，且 C_j 主要取决于扩散电容 C_d；二极管反向截止时，r_j 表示反向电阻，其值很大，且 C_j 主要取决于势垒电容 C_b。

1.2.4　二极管应用电路

二极管的核心是一个 PN 结，PN 结的最突出特性是单向导电性，因此二极管也具有单向导电性，这一特性使它在模拟电路和数字电路中都获得了广泛应用，下面介绍几种常见的应用电路。

1. 开关电路

利用二极管的单向导电性，可以将二极管用作开关电路。

例 1-5 理想二极管组成的电路如图 1-13 所示。试判断图中二极管是导通还是截止，并确定各电路的输出电压。

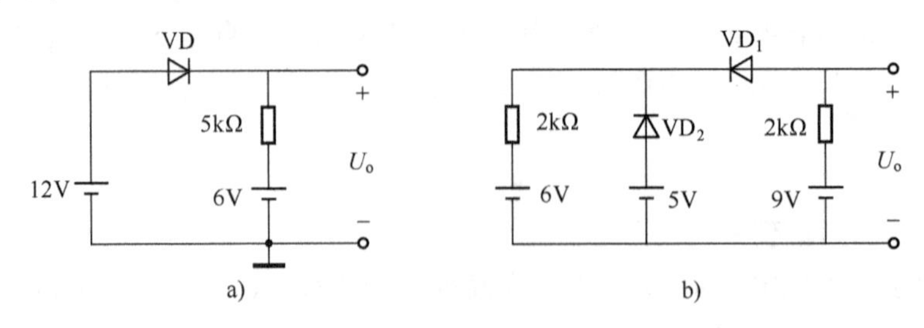

图 1-13 例 1-5 电路图

思路引导：为确定输出电压，首先必须判断二极管的工作状态，通常采用假设法：假设二极管截止，以它的两个电极作为端口，求解端口电压（开路电压）；若该电压使二极管正偏，说明假设不成立，二极管导通；若反偏，说明假设成立，二极管截止。

解：图 1-13a 所示电路中，假设二极管 VD 截止，则阳极电位为 12 V，阴极电位为 6 V，说明假设不成立，VD 实际上是导通的。根据题意，VD 为理想二极管，故输出电压 U_o = 12 V。

图 1-13b 所示电路中，假设二极管 VD_1、VD_2 均截止，则 VD_1、VD_2 的阴极电位均为 6 V，而 VD_1 的阳极电位为 9 V、VD_2 的阳极电位为 5 V，注意，当两只二极管的阴极电位相同时，阳极电位更高的二极管将优先导通，所以 VD_1 抢先于 VD_2 导通，使得 VD_2 的阴极电位变为 $[2\times(9-6)/(2+2)+6]$ V = 7.5 V，故 VD_2 因反向偏置而截止。输出电压 U_o = 7.5 V。

2. 限幅电路

利用二极管的单向导电性还可限制信号的幅度，这就是所谓的限幅电路。

图 1-14a 是一种简单的限幅电路，假设输入信号 u_i 为正弦波，二极管的导通电压 $U_{on}\approx$ 0.7 V。由图可见，当 $u_i>0.7$ V 时，VD_1 导通、VD_2 截止，$u_o\approx0.7$ V；当 $u_i<-0.7$ V 时，VD_2 导通、VD_1 截止，$u_o\approx-0.7$ V；当 $-0.7\text{ V}<u_i<0.7$ V 时，VD_1、VD_2 均截止，$u_o\approx u_i$。u_i、u_o 波形如图 1-14b 所示，无论 u_i 幅度如何变化，u_o 始终被限制在±0.7 V 以内。

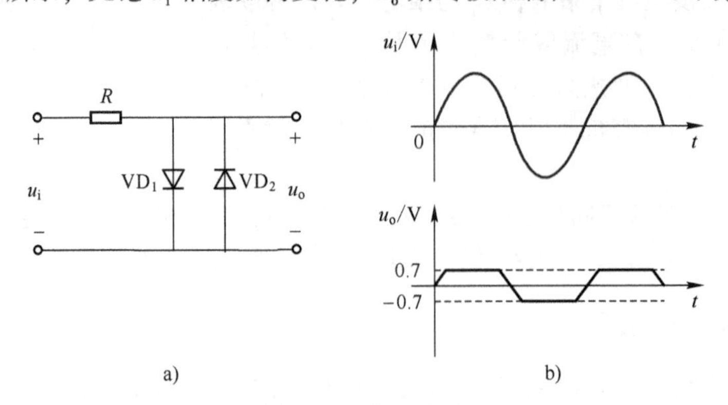

图 1-14 限幅电路

a）电路 b）工作波形

限幅电路常接在集成运算放大器的输入端，目的是限制集成运算放大器的输入电压幅度，防止过高的输入电压造成器件损坏。

3. 逻辑门电路

二极管在数字电路中可用于构造逻辑门电路。逻辑门电路是指能够实现逻辑运算的电路，简称门电路。在门电路中，人们对输入端和输出端的电位做出一定的逻辑规定，例如 3 V 左右的高电位用逻辑 **1** 表示，0 V 左右的低电位用逻辑 **0** 表示。在这样的规定下，图 1-15a 就是由二极管组成的“与”门电路。

图中 A 和 B 是输入，Y 是输出，R 是限流电阻。设二极管 VD_1、VD_2 的导通电压 $U_{on} \approx 0.7\,V$，根据输入信号 u_A、u_B 的取值组合，共包括以下 4 种工作情况，如图 1-15b 所示。

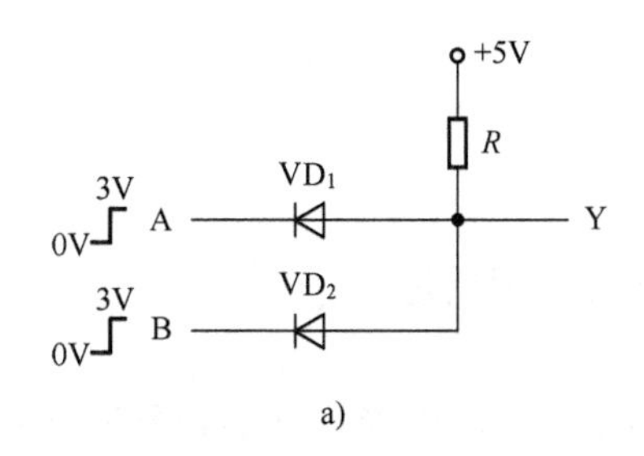

a)

u_A	u_B	u_Y
0V	0V	0.7V
0V	3V	0.7V
3V	0V	0.7V
3V	3V	3.7V

b)

A	B	Y
0	**0**	**0**
0	**1**	**0**
1	**0**	**0**
1	**1**	**1**

c)

图 1-15 “与”门电路

a）电路 b）输入端和输出端的电位 c）真值表

当 $u_A = u_B = 0\,V$ 时，VD_1、VD_2 同时导通，故 $u_Y \approx 0.7\,V$。

当 $u_A = 0\,V$、$u_B = 3\,V$ 时，由于 VD_1、VD_2 阳极电位相同，因此阴极电位更低的 VD_1 将优先导通，故 $u_Y \approx 0.7\,V$，VD_2 则因反向偏置而截止。

当 $u_A = 3\,V$、$u_B = 0\,V$ 时，同理，VD_2 优先导通，故 $u_Y \approx 0.7\,V$，VD_1 因反向偏置而截止。

当 $u_A = u_B = 3\,V$ 时，VD_1、VD_2 同时导通，故 $u_Y \approx 3.7\,V$。

可见，只要有一个输入为低电位，输出就为低电位；只有当两个输入端都为高电位时，输出才为高电位。按照逻辑 **1** 代表 3 V 左右高电位、逻辑 **0** 代表 0 V 左右低电位的规定，图 1-15b 可“翻译”为图 1-15c 所示的**真值表**，该表反映了 Y = A · B 的“**与逻辑**”关系。

1.3 特殊二极管

除普通二极管外，利用 PN 结特性还可以制作不同功能的二极管。这些二极管具有某项特殊的性质，适用于特殊的场合，例如稳压二极管、发光二极管、光电二极管等。

1.3.1 稳压二极管

1. 稳压二极管的电路符号和伏安特性

稳压二极管又称齐纳二极管，简称稳压管，其电路符号和伏安特性曲线如图 1-16 所示。

由图可见，稳压管的正向特性与普通管类似，但反向击穿特性十分陡峭。当反向电压超过某一特定值 U_Z 时，反向电流急剧增大而两端的端电压几乎不变，此时稳压管工作在反向击穿区。稳压管工作在反向击穿区时具有良好的稳压作用，可以将端电压稳定在 U_Z 上，U_Z 称为稳定电压。

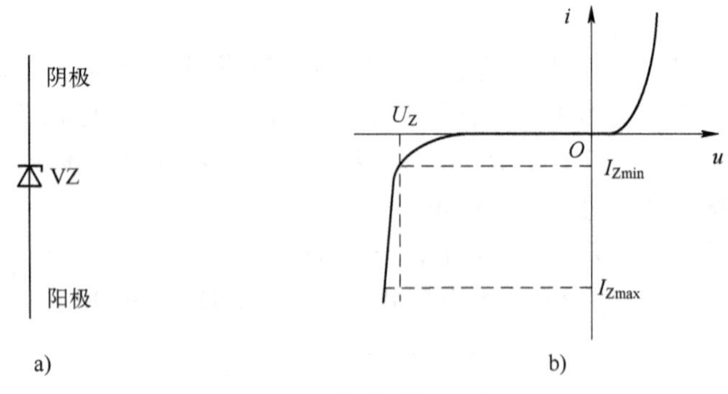

图 1-16 稳压二极管

a）电路符号 b）伏安特性曲线

稳压管击穿后，为确保其能够正常工作，反向击穿电流 I_Z 必须满足

$$I_{Zmin}<I_Z<I_{Zmax}$$

式中，I_{Zmin}称为稳定电流；I_{Zmax}称为最大稳定电流。如果 $I_Z<I_{Zmin}$，稳压管将不能正常稳压；如果 $I_Z>I_{Zmax}$，稳压管则可能因电流过大而损坏。

2. 稳压二极管的工作原理

稳压管之所以具有上述稳压特性，是因为其 P 区和 N 区的杂质掺杂浓度很高，因而空间电荷区的正、负离子密度很大，PN 结很窄，所以只要在外部施加不大的反向电压就可以形成很强的电场，直接破坏共价键，使价电子脱离共价键束缚，产生电子-空穴对，于是反向电流急剧增大，即 PN 结击穿，这种击穿称为**齐纳击穿**。

齐纳击穿是可逆的，前提是保证反向击穿发生后，反向电流和反向电压的乘积不超过 PN 结所允许的耗散功率。

3. 稳压二极管的主要参数

（1）稳定电压 U_Z

U_Z是稳压管反向击穿后的稳定电压值。由于制造工艺的分散性，同一型号的稳压管的稳定电压可允许有一定的变化范围。

（2）稳定电流 I_Z

I_Z是稳压管工作在稳压状态时的参考电流。当反向击穿电流低于此值时，稳压效果变差，故又记作 I_{Zmin}。

（3）额定功耗 P_{ZM}

P_{ZM}是稳压管不会因为过热而损坏时的最大功率，为允许的最大稳定电流 I_{Zmax}与稳定电压 U_Z两者的乘积，即

$$P_{ZM}=I_{Zmax}\cdot U_Z$$

可通过 P_{ZM}求得 I_{Zmax}，当反向击穿电流超过此值时，稳压管会因过热而损坏。

（4）动态电阻 r_Z

r_Z是稳压管工作于反向击穿区时，端电压变化量 ΔU_Z与电流变化量 ΔI_Z之间的比值，即

$$r_Z=\frac{\Delta U_Z}{\Delta I_Z}$$

r_Z越小，说明稳压管的反向击穿特性越陡，稳压性能越好。r_Z的值一般在几欧姆到几十欧姆

之间，稳定电压 U_Z 在 7 V 左右的稳压管动态电阻最小。

（5）温度系数 α

α 是环境温度每变化 1℃ 时，稳定电压 U_Z 的相对变化量，即 $\alpha=\Delta U_Z/\Delta T$。一般来说，$U_Z$ 小于 4 V 的稳压管，温度系数 α 为负值；U_Z 大于 7 V 的稳压管，温度系数 α 为正值；U_Z 介于 4 V 至 7 V 之间的稳压管温度系数较小，U_Z 受温度影响小，稳压管性能稳定。

4. 稳压二极管的基本应用

稳压管稳压电路由稳压管 VZ 和限流电阻 R 组成，负载 R_L 并联在稳压管两端，输出电压 U_o 等于稳压管的稳定电压 U_Z，如图 1-17 所示。

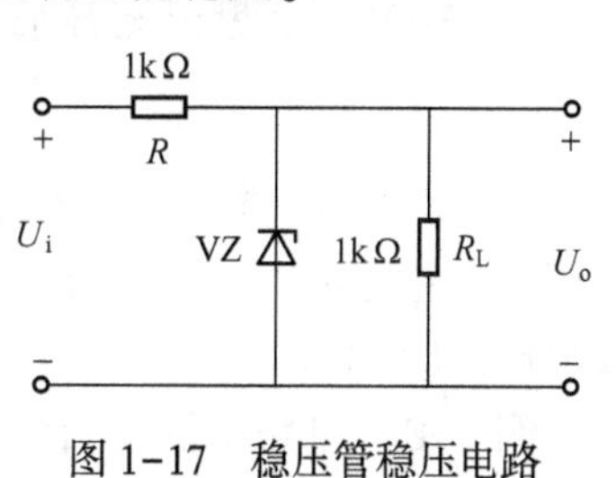

图 1-17　稳压管稳压电路

可知

$$\begin{cases} U_i=RI_R+U_o \\ I_R=I_Z+I_o \end{cases}$$

稳压电路稳压的过程如下：当 R_L 一定时，若 U_i 增大，则 U_Z 和 U_o 增大。稳压管 U_Z 只要少许增大，电流 I_Z 就会急剧增大，会使电流 I_R 也显著增加，那么 R 上电压降 RI_R 的增量会大于 U_i 的增量，从而使 U_o 减小，达到稳定 U_o 的目的；当 U_i 一定时，若 R_L 减小，I_o 增大，会使 I_R 也增大，R 上电压降增大，那么 U_Z 减小，I_Z 会急剧减小，I_Z 的减小量大于 I_o 的增大量，使得 I_R 几乎不变，达到稳定 U_o 的目的。

可见，限流电阻 R 是稳压管稳压电路必不可少的组成部分，当电网电压波动或者负载电流变化时，可通过调节 R 上的电压降，达到稳定输出电压的目的。上式可整理成

$$I_Z=I_R-I_o=\frac{U_i-U_o}{R}-I_o$$

要使稳压管正常工作，可得 R 的取值范围为

$$\frac{U_{imax}-U_Z}{I_{Zmax}+I_{omin}}<R<\frac{U_{imin}-U_Z}{I_{Zmin}+I_{omax}}$$

例 1-6　已知图 1-17 所示电路中，经整流滤波后的电压 U_i 为 25 V，稳压二极管 VZ 的 $U_Z=10$ V，$I_{Zmin}=10$ mA，$I_{Zmax}=60$ mA。试问：

（1）输出电压 U_o 为多少伏？

（2）如果要求最大负载电流 I_o 为 10 mA，那么 R 应如何选取？

解：（1）根据题意，电路输出电压

$$U_o=U_Z=10\text{ V}$$

（2）稳压管的反向击穿电流

$$I_Z=\frac{U_i-U_Z}{R}-I_o$$

当 $I_o=0$（负载开路）时，I_Z 最大，为保证稳压管正常工作，$I_Z<I_{Zmax}=60$ mA，即 $R>250\ \Omega$。当 $I_o=10$ mA 时，负载电流 I_o 最大，I_Z 最小，为保证稳压管正常工作，$I_Z>I_{Zmin}=10$ mA，即 $R<750\ \Omega$，因此 $250\ \Omega<R<750\ \Omega$。

例 1-7　图 1-17 所示电路中，稳压管 VZ 的稳定电压值 $U_Z=8$ V，最小稳定电流 $I_{Zmin}=5$ mA，最大稳定电流 $I_{Zmax}=20$ mA。试分别计算 U_i 为 10 V 和 30 V 时输出电压 U_o 的值。

解：稳压管电路的分析，跟二极管电路的分析方法类似。首先断开稳压管，看稳压管的

两端电压，若该电压能使稳压管正偏，则稳压管导通；若二极管反偏，反偏电压小于稳压值时稳压管反向截止，否则稳压管反向击穿。判断稳压管击穿稳压时，反向击穿电流 I_Z 必须满足要求。

如图 1-17 中，U_i为正电压，稳压管 VZ 反接，因此稳压管反偏。

$U_i=10\,V$ 时，断开稳压管，稳压管两端电压$\frac{R_L}{R+R_L}U_i=5\,V<U_Z$，稳压管反向截止，$U_o=5\,V$。

$U_i=30\,V$ 时，断开稳压管，稳压管两端电压为 15 V 大于 U_Z，稳压管反向击穿，$U_o=8\,V$，稳压管击穿电流 $I_Z=[(30-8)/1-8/1]\,mA=14\,mA$，$I_Z$ 介于 I_{Zmin}和 I_{Zmax}之间，稳压管能安全可靠工作，$U_o=8\,V$。

例 1-8 电路如图 1-18 所示，VD 为理想二极管，VZ 为理想稳压管，稳定电压为 5 V。试分析：

（1）开关 S 闭合时，I_2、U_o 的数值分别为多少？

（2）开关 S 断开时，I_2、U_o 的数值分别为多少？

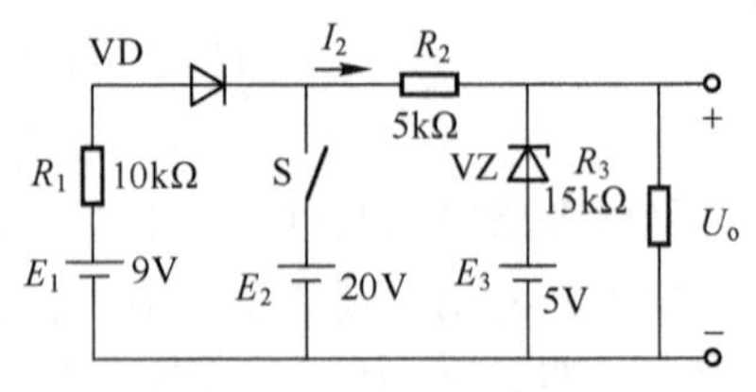

图 1-18 例 1-8 电路图

思路引导：无论开关 S 导通还是闭合，都必须首先判断 VD、VZ 的工作状态，在此基础上，才能准确求解 I_2 和 U_o 的数值。

解：(1) 开关 S 闭合时，假设 VD、VZ 均截止，则 VD 的阳极电位为 9 V，阴极电位为 20 V，故 VD 反偏，截止；VZ 的阴极电位为 15 V，阳极电位为 5 V，故 VZ 反向击穿。由此可知，$U_o=5\,V+5\,V=10\,V$，$I_2=(20-10)\,V/5\,k\Omega=2\,mA$。

（2）开关 S 断开时，假设 VD、VZ 均截止，由于 VD、VZ 的阴极电位相同，那么阳极电位更高的 VD 优先导通，故 $I_2=9\,V/(10+5+15)\,k\Omega=0.3\,mA$，$U_o=15\,k\Omega\times0.3\,mA=4.5\,V$，即 VZ 阴极电位为4.5 V，阳极电位为5 V，故 VZ 也导通。由此，可求得 U_o 和 I_2 的实际数值为 $U_o=5\,V$，$I_2=(9-5)\,V/15\,k\Omega\approx0.27\,mA$。

1.3.2 变容二极管

如前所述，PN 结具有电容效应。当 PN 结反偏时，结电容以势垒电容为主，且其值与反偏电压的大小有关，如图 1-19a 所示。因此，改变反偏电压的值，就可以改变结电容的大小。利用 PN 结的这一特性而制作的二极管，称为变容二极管，电路符号如图 1-19b 所示。

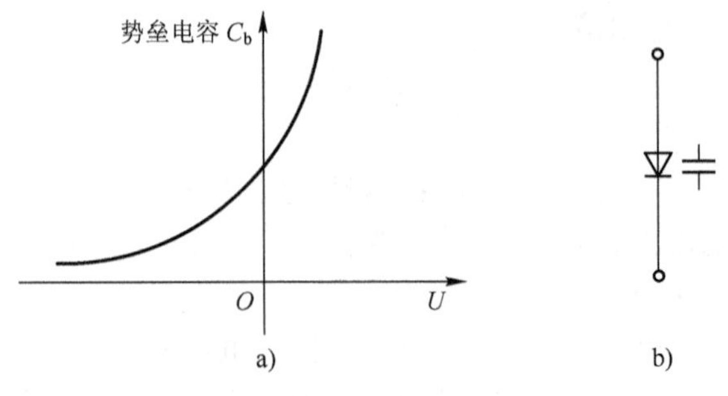

图 1-19 变容二极管

a）压控特性 b）电路符号

变容二极管的电容很小，一般为 pF 数量级，因而广泛应用于高频技术中。例如电视机高频头中的压控可变电容器，就是通过控制直流电压来改变二极管的结电容，从而改变谐振频率，实现频道选择的。

1.3.3 光电二极管

光电二极管是一种能够将光能转换为电能的半导体器件。图 1-20 为光电二极管的电路符号和伏安特性。

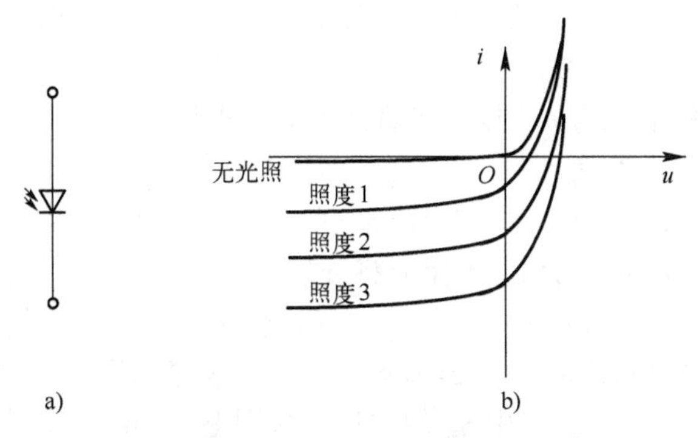

图 1-20　光电二极管
a）电路符号　b）伏安特性

光电二极管同样具有单向导电性，但其正常工作时却应当施加反向电压。无光照时，只有很小的反向饱和电流，称为暗电流；有光照时，因光激发而产生大量的自由电子-空穴对，形成较大的反向电流，称为光电流。当光电流大于几十微安后，其数值大小与照度之间即可形成良好的线性关系，这种特性被广泛用于遥控、报警以及光电传感器中。

1.3.4 肖特基二极管

肖特基二极管是利用金属与 N 型半导体接触在交界面所形成的势垒而制作的二极管，其电路符号如图 1-21 所示，其中阳极连接金属，阴极连接 N 型半导体。

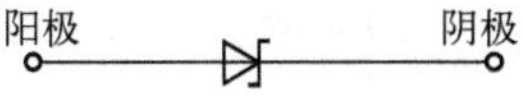

阳极　　阴极

图 1-21　肖特基二极管的电路符号

肖特基二极管的伏安特性与普通 PN 结二极管非常类似，也具有单向导电性。但由于制作原理不同，肖特基二极管是一种依靠多数载流子工作的器件，因此导通时几乎没有电荷存储效应，工作速度非常快，而且死区电压和导通电压都比 PN 结二极管低。基于上述特点，肖特基二极管特别适于高频或开关状态的应用。

习题

1.1　判断以下说法是否正确。

（1）本征半导体指没有掺杂的纯净半导体。（　　）

（2）本征半导体在温度升高后自由电子和空穴数目都不变。（　　）

(3) 在N型半导体中如果掺入足够量的三价元素，可将其改型为P型半导体。（　　）

(4) 因为N型半导体的多子是自由电子，所以它带负电。（　　）

(5) P型半导体可以通过在纯净半导体中掺入五价磷元素而获得。（　　）

(6) P型半导体带正电，N型半导体带负电。（　　）

(7) PN结在无光照、无外加电压时，结电流为零。（　　）

(8) PN结内的漂移电流是少数载流子在内电场作用下形成的。（　　）

(9) 因PN结交界面存在电位差，把PN结两端短路时有电流流过。（　　）

1.2 在保持二极管的正向电流不变的条件下，其正向导通电压随温度升高而（　　）。

A. 增大　　B. 减小　　C. 不变

1.3 设二极管的端电压为U，则二极管的电流方程是（　　）。

A. $I_S e^U$　　B. $I_S e^{U/U_T}$　　C. $I_S(e^{U/U_T}-1)$

1.4 电路如图题1.4所示，$u_i=0.1\sin\omega t$（V），当直流电源电压U增大时，二极管VD的动态电阻r_d将（　　）。

A. 增大　　B. 减小　　C. 不变

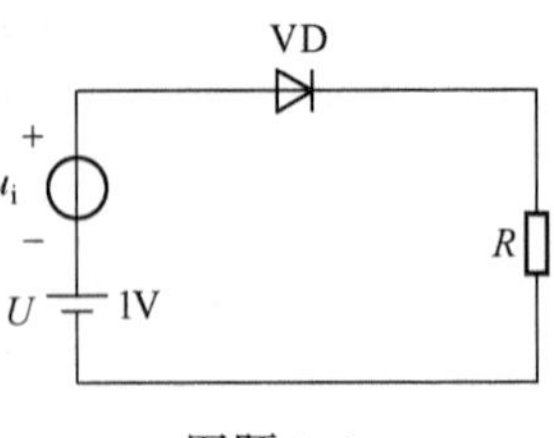

图题1.4

1.5 电路如图题1.5a所示，$u_i=5\sin\omega t$（V），二极管可视为理想二极管。分析以下三种情况中u_o的波形，从图题1.5b～e四种波形中选择正确答案填空。

(1) $U_{DC}=10$V，波形如图（　　）所示。

(2) $U_{DC}=-10$V，波形如图（　　）所示。

(3) $U_{DC}=0$V，波形如图（　　）所示。

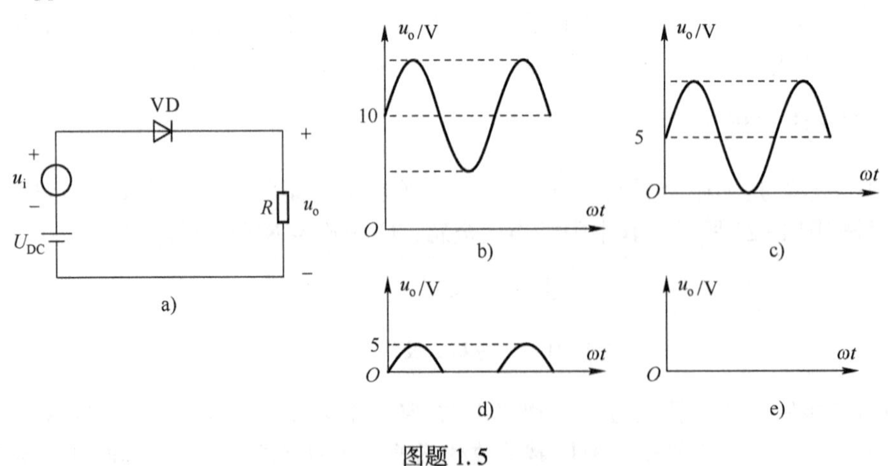

图题1.5

1.6 下列器件中，（　　）通常工作在反向击穿状态。

A. 发光二极管　　B. 稳压二极管　　C. 光电二极管

1.7 整流的目的是（　　）。

A. 将交流变为直流　B. 将高频变为低频　C. 将正弦波变为方波

1.8 滤波电路的目的是（　　）。

A. 将交流变为直流

B. 将高频变为低频

C. 将交、直流混合量中的交流成分滤掉

1.9 如图题 1.9 电路所示，当电路某一参数变化时其余参数不变。选择正确答案填空：

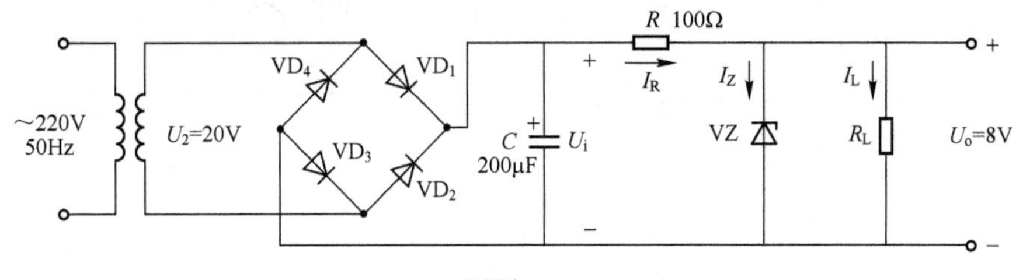

图题 1.9

(1) 正常工作时，$U_i \approx$（　　）。

A. 9 V　　　　B. 18 V　　　　C. 24 V

(2) R 开路，$U_i \approx$（　　）。

A. 18 V　　　　B. 24 V　　　　C. 28 V

(3) 电网电压降低时，I_Z将（　　）。

A. 增大　　　　B. 减小　　　　C. 不变

(4) 负载电阻 R_L增大时，I_Z将（　　）。

A. 增大　　　　B. 减小　　　　C. 不变

1.10 理想二极管组成的电路如图题 1.10 所示，试判断图中二极管是导通还是截止，并确定各电路的输出电压。

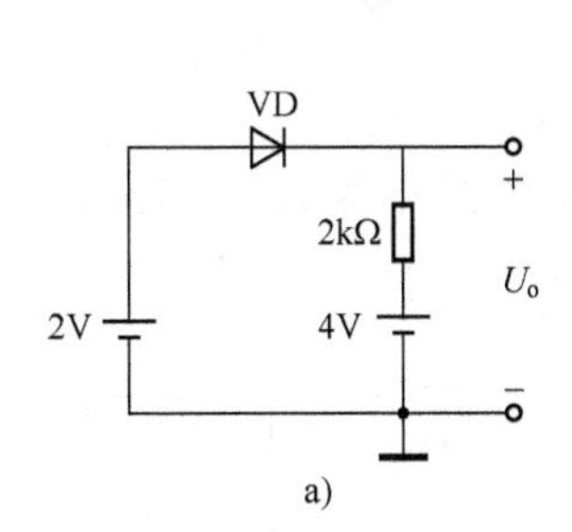

a)

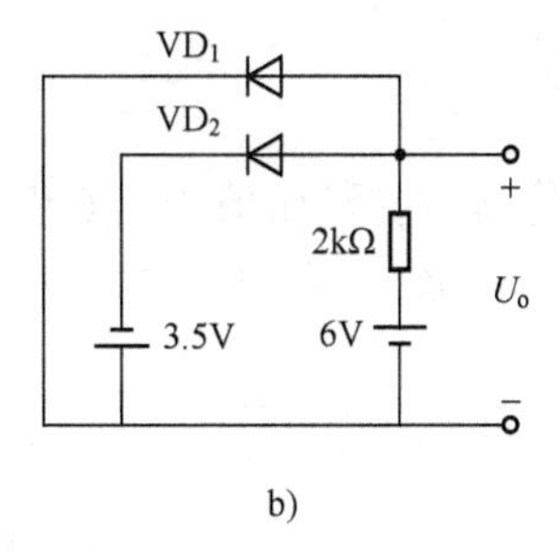

b)

图题 1.10

1.11 电路如图题 1.11 所示，二极管导通电压 $U_D = 0.7\ V$，常温下 $U_T \approx 26\ mV$，电容 C 对交流信号视为短路；u_i为正弦波，有效值为 10 mV。试问二极管中流过的交流电流有效值为多少？

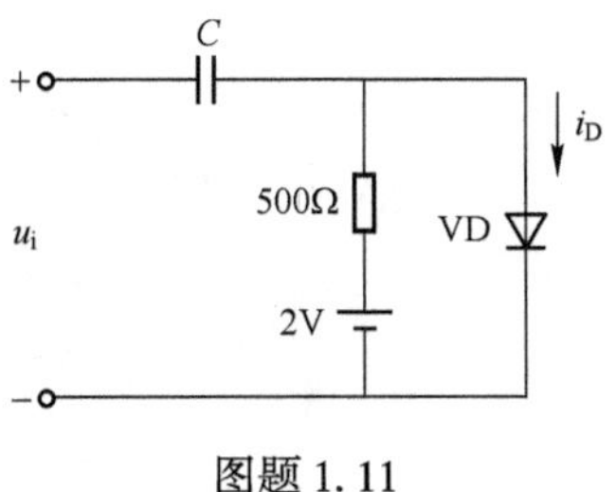

图题 1.11

1.12　电路如图题 1.12a 所示，已知 $u_i=10\sin\omega t$(V)，二极管的导通电压 $VU_D=0.7$ V，试图题 1-12b 中画出 u_i 与 u_o 的波形，并标出幅值。

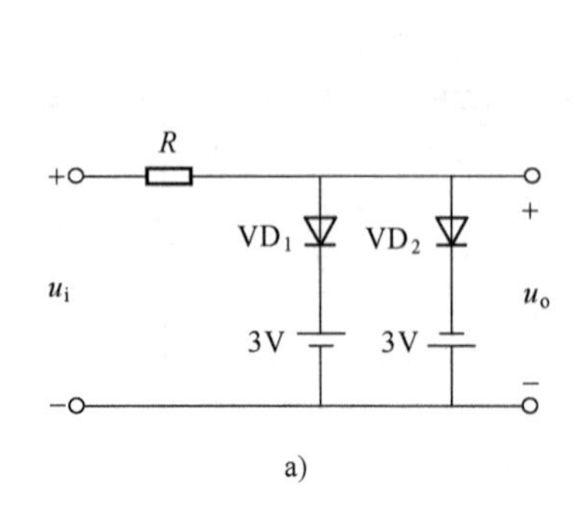

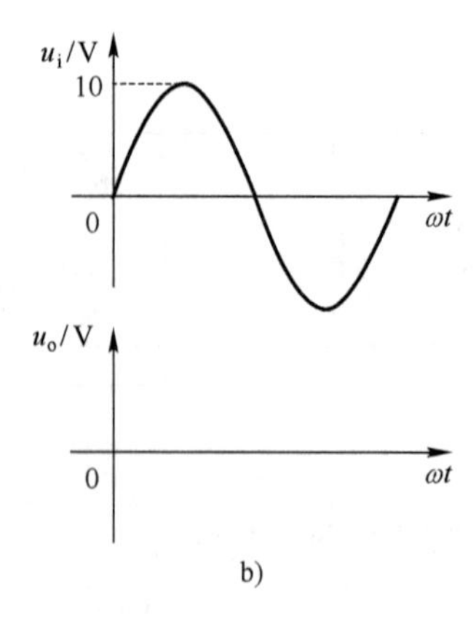

图题 1.12

1.13　分析图题 1.13a 电路，在图题 1.13b 中填写二极管状态和 u_Y 电压值。

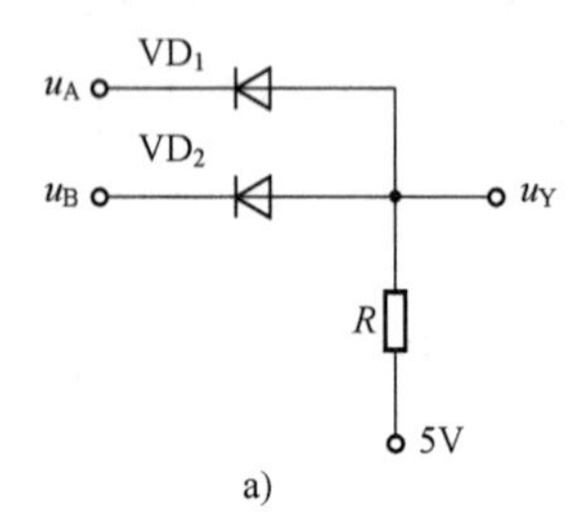

u_A	u_B	VD_1	VD_2	u_Y
0 V	0 V			
0 V	5 V			
5 V	0 V			
5V	5 V			

b)

图题 1.13

1.14　已知稳压管的稳压值 $U_Z=6$ V，稳定电流的最小值 $I_{Zmin}=5$ mA。求图题 1.14a、b 所示电路中 U_{o1} 和 U_{o2} 各为多少伏？

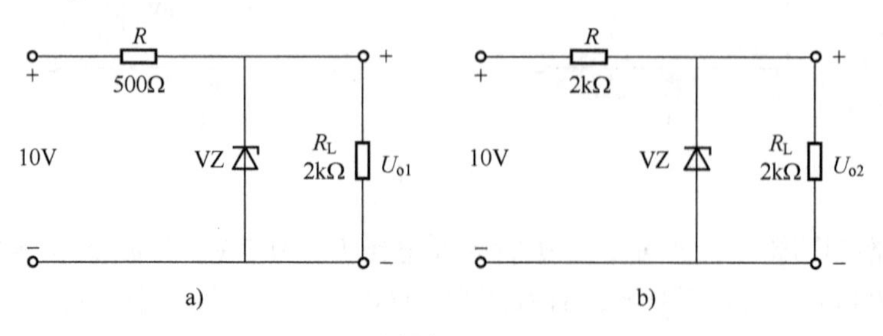

图题 1.14

第 2 章　晶体管及其放大电路

本章讨论的主要问题：

1. 晶体管的基本结构是什么？晶体管的电流分配关系如何？
2. 为了保证晶体管具有放大作用，其内部结构条件和外部加电原则是什么？
3. 晶体管的伏安特性及主要参数有哪些？
4. 晶体管基本放大电路的组成原则是什么？
5. 晶体管有哪三种组态？每种组态各自有什么特点？
6. 如何分析基本放大电路并衡量电路优劣？

2.1　半导体晶体管

半导体晶体管又称为双极型晶体管（Bipolar Junction Transistor，BJT），简称晶体管。它是采用一定的生产工艺，将两个 PN 结紧密结合在一起的器件。单个 PN 结没有放大作用，由于晶体管独特的内部结构，使晶体管具有电流放大作用，这一特性使 PN 结的应用发生了质的飞跃。

2.1.1　晶体管的结构及符号

半导体晶体管有 NPN 和 PNP 两种类型，其结构示意图和电路符号如图 2-1 所示。在一块晶片（硅片或锗片）上用不同的掺杂方式制造出三个掺杂区，顺序称为**发射区**、**基区**和**集电区**。发射区和基区之间的 PN 结称为**发射结**，基区和集电区之间的 PN 结称为**集电结**。相对于三个区域分别引出三个电极，即**发射极 e**（Emitter）、**基极 b**（Base）和**集电极 c**（Collector），再用外壳封装起来，便构成晶体管。

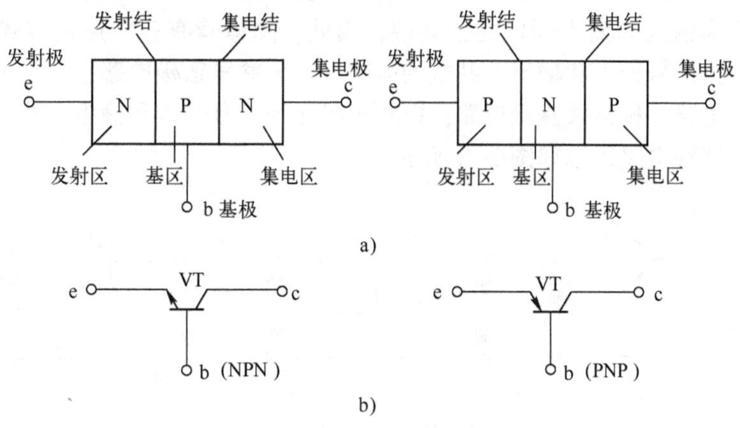

图 2-1　晶体管的结构示意图和电路符号

a）结构示意图　b）电路符号

图 2-1b 中发射极的箭头方向表示发射结正向导通时实际电流的方向。从图上看，晶体管好像是两个反向串联的 PN 结。但是，把两个孤立的 PN 结，例如两个二极管反向串联起来并不具有放大作用。作为一个放大器件，晶体管具有**特殊的内部结构**。首先，**发射区掺杂浓度很高**，即发射结为 P^+N 结或 N^+P 结；其次，**基区必须很薄**；第三，**集电结结面积很大**，以利于收集载流子。

两种晶体管的工作原理是相同的，本节以 NPN 型硅管为例讲述晶体管的工作原理、特性曲线和主要参数。

2.1.2 晶体管的工作原理

1. 晶体管的 PN 结偏置

为使晶体管正常工作，必须给晶体管的两个 PN 结加上合适的直流电压。因为每个 PN 结可有两种偏置方式（正偏和反偏），所以两个 PN 结共有 4 种偏置方式，从而导致晶体管有 4 种不同的工作状态，如表 2-1 所示。

表 2-1　晶体管的 4 种偏置方式

发射结偏置方式	集电结偏置方式	晶体管的工作状态
正偏	反偏	放大状态
正偏	正偏	饱和状态
反偏	反偏	截止状态
反偏	正偏	倒置状态

在模拟电子电路中，晶体管常作为放大器件使用，因此晶体管除具有放大作用的内部结构条件外，还必须有实现放大的外部条件，即保证**发射结正向偏置，集电结反向偏置**。要实现发射结正偏，集电结反偏，对于 NPN 管来说三个电极的电位关系是：集电极电位 U_C 最高，基极电位 U_B 次之，发射极电位 U_E 最低，即 $U_C>U_B>U_E$；对于 PNP 管来说三个电极的电位关系和 NPN 管正好相反，即 $U_C<U_B<U_E$。

2. 晶体管的三种组态

晶体管是三端器件，有三个电极：发射极、基极和集电极，用作四端网络时，其中任何一个电极都可作为输入和输出端口的公共端，因此，晶体管有三种连接方式，也称三种组态。以发射极作为信号输入和输出公共端的电路，称为**共发射极电路**；以基极作为信号输入和输出公共端的电路，称为**共基极电路**；以集电极作为信号输入和输出公共端的电路，称为**共集电极电路**。三种电路组态如图 2-2 所示。

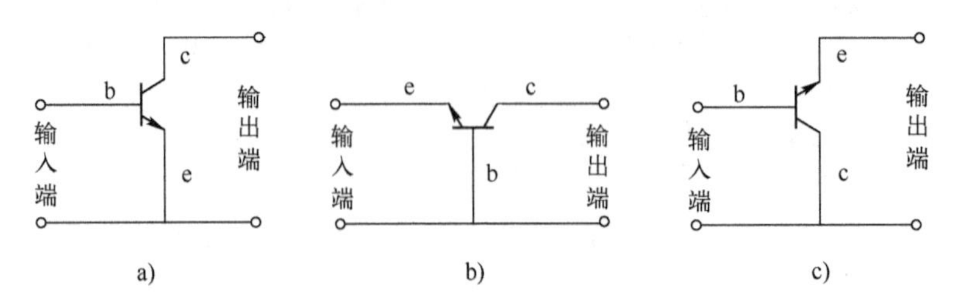

图 2-2　晶体管的三种组态

a）共射极电路　b）共基极电路　c）共集电极电路

3. 晶体管内部载流子的运动和各极电流的形成

晶体管是放大电路的核心器件。要使晶体管工作在放大状态，无论哪种组态电路，其外部加电原则都是发射结正向偏置，集电结反向偏置。下面以共射电路为例分析在放大状态下晶体管内部载流子的运动状况。

图 2-3 为共射电路的 NPN 管内部载流子运动示意图。

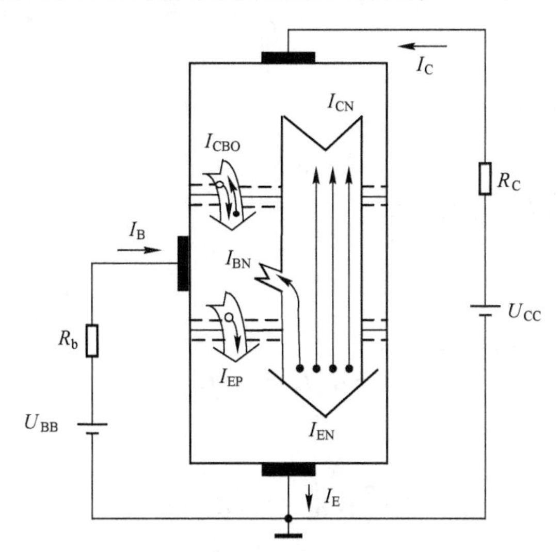

图 2-3　晶体管内部载流子运动与外部电流

图 2-3 中基极电源 U_{BB}保证发射结正偏，集电极电源 U_{CC}保证集电结反偏，且 $U_{CC}>U_{BB}$。

（1）发射结正向偏置，扩散运动形成发射极电流 I_E

由于发射结正向偏置，且发射区掺杂浓度高，所以发射区大量的自由电子扩散到基区，成为基区的非平衡少子，并形成电子电流 I_{EN}；同时，基区的多子空穴也扩散到发射区，形成空穴电流 I_{EP}，因此发射极电流 I_E为电子电流 I_{EN}和空穴电流 I_{EP}之和，即

$$I_E=I_{EN}+I_{EP} \tag{2-1}$$

由于发射结为 N^+P 结，流过发射结的空穴电流和电子电流相比可以忽略不计，所以发射极电流 I_E主要是自由电子扩散运动所形成的电子电流。

（2）部分非平衡少子与空穴复合形成基极电流 I_B

由于基区很薄，且掺杂浓度低，所以扩散到基区的自由电子只有极少部分与基区空穴复合，大部分作为基区的非平衡少子到达集电结。基区被复合掉的空穴由基极电源 U_{BB}源源不断地补充，从而形成基极电流 I_B。

（3）集电结反向偏置，漂移运动形成集电极电流 I_C

由于集电结反向偏置，且集电结面积大，此时在内电场的作用下漂移运动大于扩散运动，基区里到达集电结边缘的非平衡少子漂移到集电区，形成集电极电子电流 I_{CN}；同时，基区和集电区的平衡少子也进行漂移运动，形成反向饱和电流 I_{CBO}。由此集电极电流 I_C为

$$I_C=I_{CN}+I_{CBO} \tag{2-2}$$

其中，I_{CBO}很小，近似分析中可忽略不计。

4. 晶体管的电流分配关系

前面分析了晶体管处于放大状态时内部载流子的运动及各极电流的形成。从晶体管的外

部看，可将晶体管视为一个节点，则根据基尔霍夫电流定律有

$$I_E = I_B + I_C \tag{2-3}$$

对于一个高质量的晶体管，通常希望发射区的绝大多数自由电子能够到达集电区，即 I_{CN} 在 I_E 中占有尽可能大的比例。为了衡量集电极电子电流 I_{CN} 所占发射极电流 I_E 的比例大小，一般将 I_{CN} 和 I_E 的比值定义为**共基直流电流放大系数**，记作 $\bar{\alpha}$，即

$$\bar{\alpha} = \frac{I_{CN}}{I_E} \tag{2-4}$$

将上式代入式（2-2）可得

$$I_C = \bar{\alpha} I_E + I_{CBO} \tag{2-5}$$

当 $I_{CBO} << I_C$ 时，可将 I_{CBO} 忽略，则

$$\bar{\alpha} \approx \frac{I_C}{I_E} \tag{2-6}$$

将式（2-3）代入式（2-5），即得

$$I_C = \bar{\alpha}(I_B + I_C) + I_{CBO}$$

上式经移项、整理后为

$$I_C = \frac{\bar{\alpha}}{1-\bar{\alpha}} I_B + \frac{1}{1-\bar{\alpha}} I_{CBO} \tag{2-7}$$

令

$$\bar{\beta} = \frac{\bar{\alpha}}{1-\bar{\alpha}} \tag{2-8}$$

$\bar{\beta}$称为**共射直流电流放大系数**。将上式代入式（2-7），可得

$$I_C = \bar{\beta} I_B + (1+\bar{\beta}) I_{CBO} \tag{2-9}$$

上式中的$(1+\bar{\beta})I_{CBO}$是基极开路（$I_B=0$）时，流经集电极与发射极之间的电流称为穿透电流，用 I_{CEO} 表示，即

$$I_{CEO} = (1+\bar{\beta}) I_{CBO} \tag{2-10}$$

则 I_C 又可表示为

$$I_C = \bar{\beta} I_B + I_{CEO} \tag{2-11}$$

通常，I_{CEO} 很小，上式可简化为

$$I_C \approx \bar{\beta} I_B \tag{2-12}$$

将式（2-12）代入式（2-3），可得

$$I_E \approx (1+\bar{\beta}) I_B \tag{2-13}$$

从上述分析可知，晶体管中的电流是按比例分配的，在发射区扩散到基区的载流子中，每有一个载流子在基区复合，就必然有$\bar{\beta}$个载流子漂移到集电区，形成集电极电流 I_C。也就是说，集电极电流 I_C 是基极电流 I_B 的$\bar{\beta}$倍。

5. 晶体管的电流放大作用

晶体管管子做成后，I_C 和 I_B 的比例基本上保持一定，I_C 的大小不但取决于 I_B，而且远大于 I_B。因此只要能控制基极电流 I_B，就可实现对集电极电流 I_C 的控制。所谓晶体管的电流放大作用，就是指这种对电流的控制能力，故常把晶体管称为电流控制器件。

将图 2-3 中的晶体管内部结构图用晶体管的电路符号表示，并将 Δu_{i} 作为输入电压信号接在基极—发射极回路，称为输入回路；放大后的信号取在集电极—发射极回路，称为输出回路，得到图 2-4 所示的基本放大电路，由于发射极是两个回路的公共端，故该电路是共射放大电路。

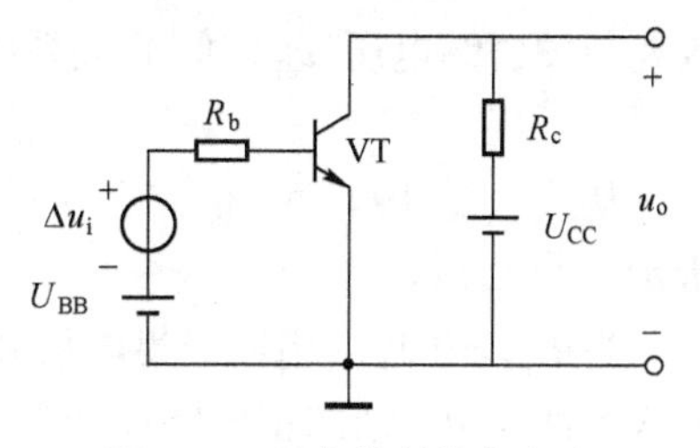

图 2-4　基本共射放大电路

在图 2-4 所示电路中，在输入电压 Δu_{I} 作用下，晶体管的基极电流将在直流电流 I_{B} 的基础上叠加一个动态电流 Δi_{B}，相应的集电极电流也会在直流电流 I_{C} 的基础上叠加一个动态电流 Δi_{C}，Δi_{C} 与 Δi_{B} 之比称为共射交流电流放大系数，记作 β，即

$$\beta=\frac{\Delta i_{\mathrm{C}}}{\Delta i_{\mathrm{B}}} \tag{2-14}$$

设 i_{C} 变化时 $\bar{\beta}$ 基本不变，则根据式（2-11）有

$$i_{\mathrm{C}}=I_{\mathrm{C}}+\Delta I_{\mathrm{C}}=\bar{\beta} I_{\mathrm{B}}+I_{\mathrm{CEO}}+\beta \Delta i_{\mathrm{B}}$$

因此

$$\beta \approx \bar{\beta} \tag{2-15}$$

式（2-15）表明，晶体管工作在放大状态时，由于 β 和 $\bar{\beta}$ 相当接近，所以在近似分析中不再对它们加以区分。

相应地，将集电极动态电流 Δi_{C} 和发射极动态电流 Δi_{E} 之比定义为共基交流电流放大系数，记作 α，即

$$\alpha=\frac{\Delta i_{\mathrm{C}}}{\Delta i_{\mathrm{E}}} \tag{2-16}$$

同理

$$\alpha \approx \bar{\alpha} \tag{2-17}$$

根据 α 和 β 的定义以及晶体管中三个电流的关系，可得

$$\alpha=\frac{\Delta I_{\mathrm{C}}}{\Delta I_{\mathrm{E}}}=\frac{\Delta I_{\mathrm{C}}}{\Delta I_{\mathrm{B}}+\Delta I_{\mathrm{C}}}=\frac{\Delta I_{\mathrm{C}} / \Delta I_{\mathrm{B}}}{1+\Delta I_{\mathrm{C}} / \Delta I_{\mathrm{B}}}=\frac{\beta}{1+\beta}$$

所以 α 与 β 两个参数之间满足下列关系式：

$$\alpha=\frac{\beta}{1+\beta} \quad \text{或} \quad \beta=\frac{\alpha}{1-\alpha} \tag{2-18}$$

2.1.3　晶体管的特性曲线

晶体管的特性曲线是指各电极电压与电流之间的关系曲线，它是晶体管内部特性的外部表现，是分析放大电路的重要依据。从使用晶体管的角度来说，了解晶体管的外部特性比了解它的内部特性更为重要。由于晶体管有三个电极，所以它的伏安特性就不像二极管那样简单，工程上常用的是它的输入特性和输出特性曲线，下面仍以 NPN 管组成的共射放大电路为例，介绍晶体管的输入、输出特性曲线。

1. 输入特性曲线

输入特性曲线是指在晶体管的集电极与发射极之间的电压 U_{CE} 为某一固定值时，基极电

流 i_B与发射结电压 u_{BE}之间的关系曲线。用函数关系表示为

$$i_B = f(u_{BE}) \mid_{U_{CE}=\text{常数}} \tag{2-19}$$

从式（2-19）可知，对应不同的 U_{CE} 值，可作出一组 $i_B \sim u_{BE}$ 特性曲线，如图 2-5 所示。

当 $U_{CE}=0$ 时，相当于集电极和发射极短路，则发射结和集电结并联。所以，晶体管的输入特性与 PN 结的正向特性相似。

随着 U_{CE}的增大，集电结上的偏压将由正偏逐渐转为反偏，使发射区进入基区的电子更多地流向集电区，因此对应于相同的 u_{BE}，流向基极的电流 i_B比原来 $U_{CE}=0$ 时小了，故特性曲线相应地向右移动。实际上，当 $U_{CE} \geqslant 1$ V 以后，集电结的电场已足够强，使发射区扩散到基区的非平衡少子的绝大部分都到达了集电区，形成集电极电流 i_C，因此，在相同的 u_{BE}下，尽管 U_{CE}增加，i_B也不再明显地减小，故 $U_{CE}>1$ V 以后的输入特性基本重合。由于实际使用时，U_{CE}通常都大于 1，所以一般选用 $U_{CE}>1$ V 的那条特性曲线。

2. 输出特性曲线

输出特性曲线是指在基极电流 I_B为某一固定值时，集电极电流 i_C同集电极与发射极之间的电压 u_{CE}之间的关系曲线。用函数表示为

$$i_C = f(u_{CE}) \mid_{I_B=\text{常数}} \tag{2-20}$$

对于每一个确定 I_B，都有一条输出特性曲线，所以输出特性是一组曲线族，如图 2-6 所示。

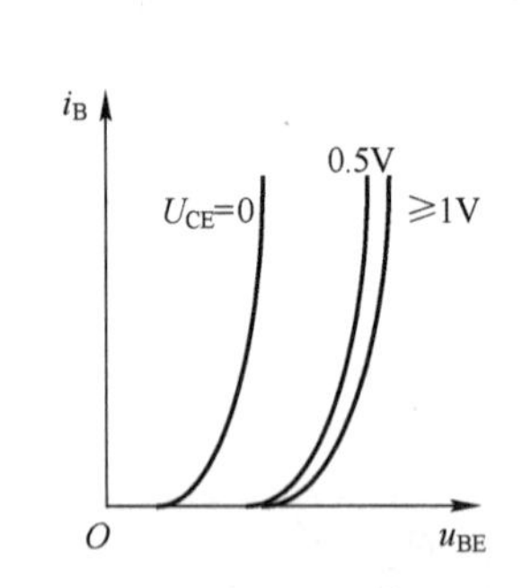

图 2-5　NPN 管的共射输入特性曲线

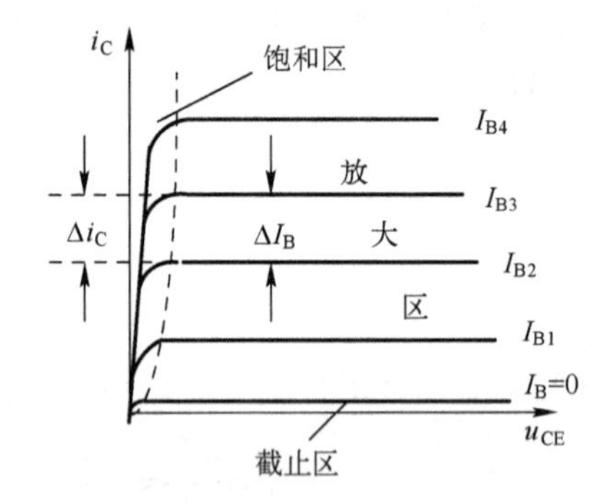

图 2-6　NPN 管的共射输出特性曲线

由图 2-6 可见，对应于不同的 I_B，各条特性曲线的形状基本相同，现取一条进行说明。

在 u_{CE}较小时，集电结电场强度很小，对到达基区的电子吸引力不够，一旦 u_{CE}稍有增加，i_C就跟着增大，i_C受 u_{CE}影响较明显，曲线很陡。当 u_{CE}超过某一数值时，集电结的电场达到了足以将基区中的大部分非平衡少子拽到集电区的强度，所以，即使 u_{CE}再增大，也不会有更多的电子被收集过来，集电极电流 i_C基本恒定，特性曲线变得比较平坦。

然而实际上，由于集电结上反向电压的增加，集电结加宽，相应地使基区宽度减小，这样在基区内载流子的复合减小，导致β 增大。那么，在 I_B不变的情况下，i_C将随 u_{CE}而增大，特性曲线略向上倾斜，这种现象称为基区宽度调制效应。

根据输出特性曲线的特点，将晶体管的工作范围划分为三个区域。

（1）截止区

输出特性曲线族中，$I_B=0$ 以下的区域称为**截止区**。晶体管工作在截止区时，发射结和

集电结均处于反向偏置，$I_B=0$，$I_C \leq I_{CEO}$。通常 I_{CEO}很小，因此在近似分析中可以认为晶体管的集电极和发射极之间呈高阻态，$i_C \approx 0$，晶体管截止，相当于开关断开。

（2）放大区

在图 2-6 中虚线以右，各条输出特性曲线较平坦的部分，称为**放大区**。晶体管工作在放大区时，发射结为正偏，集电结为反偏。在放大区，各条特性曲线几乎平行，且间距也几乎相等，这表明集电极电流 i_C受基极电流 i_B控制，而与 u_{CE}无关。所以在放大区，晶体管可视为一个受基极电流 i_B控制的受控恒流源，β 为一常数。

（3）饱和区

在图 2-6 中虚线以左，u_{CE}很小，输出特性曲线陡直上升的区域，称为**饱和区**。晶体管工作在饱和区时，发射结和集电结均处于正向偏置，集电结收集电子的能力较小，I_B增大时，i_C增加很少，甚至不增大。从图 2-6 可见，不同 I_B值的各条特性曲线几乎重叠在一起，I_B对 i_C失去控制作用，因此晶体管没有放大作用，不能用 β 来描述基极电流和集电极电流的关系。

工程上定义，$u_{CE}=u_{BE}$，即 $u_{CB}=0$ 时，晶体管处于临界饱和；$u_{CE}<u_{BE}$时，则称为饱和。晶体管饱和时的管压降用 U_{CES}表示，通常，小功率硅管的管压降 U_{CES}约为 0.3 V，小功率锗管的管压降 U_{CES}约为 0.1 V，所以晶体管饱和时，集电极和发射极之间呈低阻态，相当于开关闭合。

2.1.4 晶体管的主要参数

晶体管的参数用来表征晶体管的各种性能和适用范围。由于制造工艺的关系，即使同一型号的管子，其参数的离散性也很大。晶体管手册上所给出的参数只是一般的典型值，了解这些参数的意义，对合理使用管子进行电路设计是十分必要的。

1. 电流放大系数

电流放大系数是表征晶体管放大性能的参数，主要有共射直流电流放大系数$\bar{\beta}$、共射交流电流放大系数 β、共基直流电流放大系数$\bar{\alpha}$、共基交流电流放大系数 α。

在近似分析中可认为 $\beta \approx \bar{\beta}$，$\alpha \approx \bar{\alpha}$。

2. 极间反向电流

（1）集电极—基极反向饱和电流 I_{CBO}

集电极—基极反向饱和电流 I_{CBO}是指发射极开路时，集电极与基极之间的反向电流。在一定的温度下，这个反向电流基本上是个常数，所以称为反向饱和电流。由于 I_{CBO}是少数载流子的运动形成的，所以对温度非常敏感。一个好的小功率锗晶体管的 I_{CBO}约为几微安～几十微安，硅晶体管的 I_{CBO}更小，有的可达到纳安数量级。

（2）集电极—发射极穿透电流 I_{CEO}

集电极—发射极穿透电流 I_{CEO}是指基极开路时，集电极与发射极之间的电流。由式（2-10）知

$$I_{CEO}=(1+\bar{\beta})I_{CBO}$$

可见，晶体管的$\bar{\beta}$越大，该管的 I_{CEO}越大。由于 I_{CBO}随温度的增加而迅速增大，所以 I_{CEO}随温度的增大更为敏感。通常 I_{CBO}和 I_{CEO}越小，表明管子的质量越好。在实际工作中选用晶体管时，不能只考虑 β 的大小，还要注意选用 I_{CBO}和 I_{CEO}小的管子。

3. 极限参数

极限参数是指晶体管使用时不允许超过的工作界限，超过此界限，管子性能下降，甚至损坏。

(1) 集电极最大允许电流 I_{CM}

集电极电流 i_C 在相当大的范围内 β 值基本不变，但是当 i_C 的数值大到一定程度时，β 值将减小。通常 I_{CM}表示 β 值降为正常 β 值的 2/3 时，所允许的最大集电极电流。

(2) 集电极最大允许功耗 P_{CM}

为了保护晶体管的集电结不会因为过热而烧毁，集电结上允许耗散功率的最大值为 P_{CM}。

$$P_{CM}=i_C u_{CE}$$

对于确定型号的晶体管，P_{CM}是一个定值，因此由上式可在晶体管的输出特性曲线上画出管子的最大功率损耗线，如图 2-7 所示。集电极功耗值小于 P_{CM}的区域为安全工作区，集电极功耗值大于 P_{CM}的区域为过损耗区。

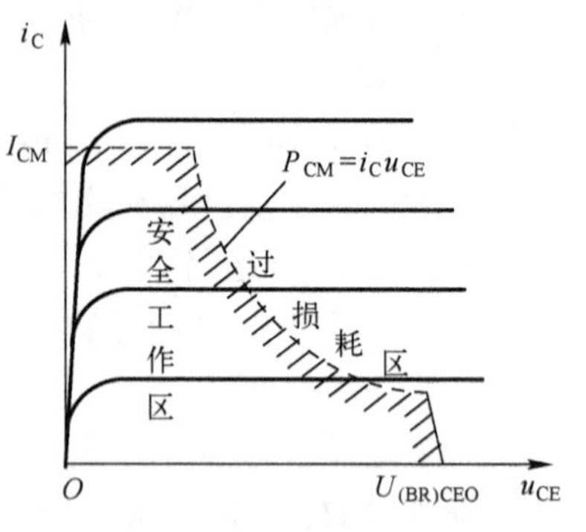

图 2-7 晶体管的极限损耗线

P_{CM}值与环境温度有关，温度越高，P_{CM}值越小。因此晶体管在使用时受到环境温度的限制，硅管的上限温度约为 150℃，锗管约为 70℃。

(3) 极间反向击穿电压

晶体管上的两个 PN 结，若所加反向电压超过规定值，就会出现反向击穿，其反向击穿电压不但与管子本身的特性有关，还与外部电路的连接方法有关。常用的有以下几种。

① $U_{(BR)CBO}$

$U_{(BR)CBO}$是指发射极开路时集电极—基极间的反向击穿电压。它实际上是集电结的反向击穿电压值，取决于集电结的雪崩击穿电压，其数值较高。

② $U_{(BR)CEO}$

$U_{(BR)CEO}$是基极开路时集电极—发射极之间的反向击穿电压。这个电压的大小与 I_{CEO}有直接的关系，当 u_{CE}增大时，I_{CEO}明显增大，导致集电结出现雪崩击穿。

③ $U_{(BR)EBO}$

$U_{(BR)EBO}$是集电极开路时发射极—基极之间的反向击穿电压。它是发射结的反向击穿电压值。

此外，集电极与发射极之间的击穿电压还有：基极—发射极间接有电阻时的 $U_{(BR)CER}$、短路时的 $U_{(BR)CES}$。上述各击穿电压之间的关系为

$$U_{(BR)CBO}>U_{(BR)CES}>U_{(BR)CER}>U_{(BR)CEO}$$

综上所述，在晶体管的输出特性曲线上，由 P_{CM}、I_{CM}和 $U_{(BR)CEO}$所围成的区域，是晶体管的安全工作区。如图 2-7 所示。

2.1.5 温度对晶体管参数的影响

由于半导体材料的热敏特性，晶体管的参数几乎都与温度有关。在使用晶体管时，主要考虑温度对以下三个参数的影响。

1. 温度对 I_{CBO} 的影响

I_{CBO}是晶体管集电结反向偏置时平衡少子的漂移运动形成的。当温度升高时，由本征激发所产生的少子浓度增加，从而使 I_{CBO} 增大。可以证明，温度每升高 10℃，I_{CBO} 增加约一倍。通常硅管的 I_{CBO} 比锗管的要小，因而硅管比锗管受温度的影响要小。

2. 温度对 U_{BEO} 的影响

U_{BEO}是晶体管发射结正向导通电压，它类似于 PN 结的导通电压 U_{ON}，具有负温度系数，即温度每升高 1℃，U_{BEO}将减小 2~2.5 mV。

3. 温度对 $\bar{\beta}$ 的影响

温度升高时，注入基区的载流子扩散速度加快，在基区电子与空穴的复合数目减少，因而$\bar{\beta}$增大。实验表明，温度每升高 1℃，$\bar{\beta}$将增加 0.5%~1.0%。

例 2-1 用直流电压表测得某放大电路中一个晶体管的三个电极对地电位分别是：$U_1 = 3\,V$，$U_2 = 9\,V$，$U_3 = 3.7\,V$，试判断该晶体管的管型及各电位所对应的电极。

解：由晶体管正常放大的工作条件可知，晶体管正向偏置时，硅管的 $U_{BE} \approx 0.7\,V$，锗管的 $U_{BE} \approx 0.2\,V$；对于 NPN 型管 $U_C > U_B > U_E$，对于 PNP 型管 $U_C < U_B < U_E$。

根据题中已给条件，U_3和 U_1电位差为 0.7 V，可判断该管是硅管，且 U_3和 U_1所对应的电极一个是基极，一个是发射极，则 U_2所对应的电极一定是集电极 c。又因为 U_2是三个电极电位中最高的电位，该管是 NPN 型管子。由 $U_1 < U_3 < U_2$可知，U_1对应发射极 e，U_2对应基极 b，U_3对应集电极 c。

例 2-2 某晶体管的输出特性曲线如图 2-8 所示。求晶体管在 $U_{CE} = 25\,V$，$I_C = 2\,mA$ 处的电流放大系数β，并确定管子的穿透电流 I_{CEO}、反向击穿电压 U_{CEO}、集电极最大电流 I_{CM}和集电极最大功耗 P_{CM}。

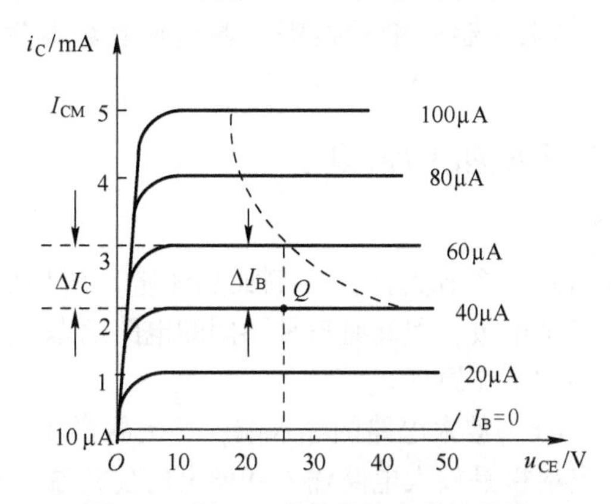

图 2-8 例 2-2 晶体管输出特性曲线

解：在点 Q（$U_{CE} = 25\,V$，$I_C = 2\,mA$）处取 $\Delta I_B = 60\,\mu A - 40\,\mu A = 20\,\mu A = 0.02\,mA$

此时图中特性曲线上对应 ΔI_C 为：$\Delta I_C = 3\,mA - 2\,mA = 1\,mA$

$$\beta = \Delta I_C / \Delta I_B = 1/0.02 = 50$$

由公式 $I_C = \bar{\beta} I_B + I_{CEO}$可知，当 $I_B = 0$ 时，$I_C = I_{CEO}$，从图中可以看出 $I_B = 0$ 的那条输出特性曲线所对应的集电极电流为 10 μA，所以 $I_{CEO} = 10\,\mu A$。

U_{CEO}是基极开路（即 $I_B = 0$）时，集电极与发射极之间的击穿电压。从 $I_B = 0$ 的那条特性

曲线可以看出 U_{CE}>50 V 时，i_C迅速增大，所以 U_{CEO}为 50 V。

通过 $U_{CE}=25$ V 作垂线与 P_{CM}线相交，交点的纵坐标 $i_C=3$ mA，所以 $P_{CM}=i_C u_{CE}=3\times25$ mW = 75 mW。

I_{CM}在图中已标出，其值为 5 mA。

2.2 放大电路的基本概念

放大电路（也称放大器）是一种应用极为广泛的电子电路。在电视、广播、通信、测量仪表以及其他各种电子设备中，是必不可少的重要组成部分。它的主要功能是将微弱的电信号（电压、电流、功率）进行放大，以满足人们的实际需要。例如扩音机就是应用放大电路的一个典型例子，其原理框图如图 2-9 所示。

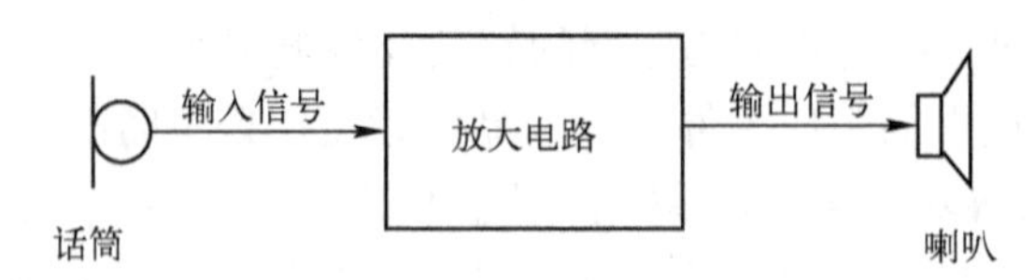

图 2-9　扩音机原理框图

当人们对着话筒讲话时，声音信号经过话筒（传感器）被转变成微弱的电信号，经放大电路放大成足够强的电信号后，才能驱动喇叭使其发出比原来大得多的声音。放大电路放大的实质是**能量的控制和转换**。在输入信号作用下，放大电路将直流电源所提供的能量转换成负载（例如喇叭）所获得的能量，这个能量大于信号源所提供的能量。因此放大电路的基本特征是功率放大，即负载上总是获得比输入信号大得多的电压或电流信号，也可能兼而有之。那么，由谁来控制能量转换呢？答案是有源器件，即晶体管和场效应晶体管等等。

2.2.1 基本放大电路的组成和工作原理

1. 基本放大电路的组成

所谓**基本放大电路**是指由一个放大器件（例如晶体管）所构成的简单放大电路。由前面的分析可知，晶体管有三个电极，因此有三种不同的电路组态。下面以应用最广泛的共射电路为例，说明其组成原则和工作原理。

图 2-10 所示电路中，AO 为放大电路的输入端，外接需要放大的信号 u_i；BO 为放大电路的输出端，外接负载，发射极是放大电路输入和输出的公共端，所以该电路是共射基本放大电路。

图中 NPN 型晶体管 VT 是放大电路的核心元件，起放大作用。基极直流电源 U_{BB}、基极偏置电阻 R_b和晶体管发射结共同构成基极回路，使发射结处于正向偏置，同时 U_{BB}通过 R_b给基极提供一个合适的基极电流 I_B；集电极直流电源 U_{CC}、集电极电阻 R_c和晶体管集电极—发射极共同构成集电极回路，使集电结处于反向偏置。其中 U_{CC}是为输出信号提供能量的，R_c的作用是将集电极电流的变化转换为集电极电压的变化；C_1、C_2称为耦合电容，其作用是隔直流、通交流，通常选用体积小、容量大的电解电容，数值为几微法或几十微法。使用时注意电解电容的极性不能接错。

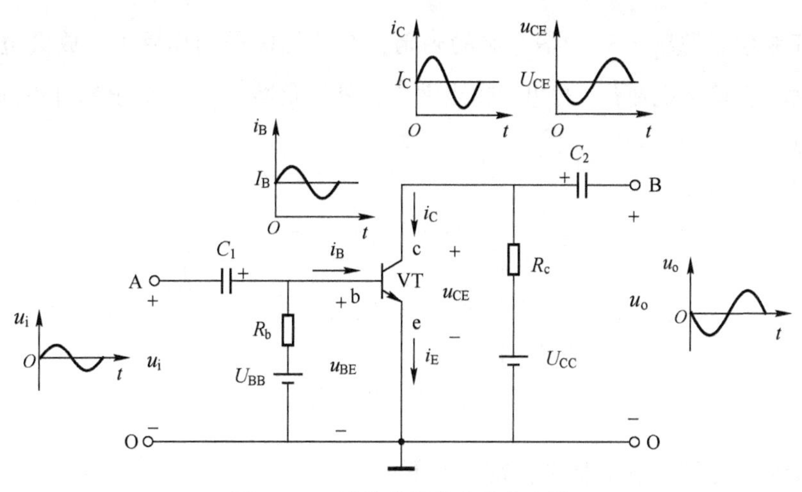

图 2-10　单管共射基本放大电路

在放大电路中，常把输入电压、输出电压以及直流电压的公共端称为“地”，用符号“⊥”表示，实际上该端并不是真正接到大地，而是在分析放大电路时，以“地”点作为零电位点（即参考电位点），这样，电路中任一点的电位就是该点与“地”之间的电压。

2. 工作原理

假设电路中的参数和晶体管的特性能保证晶体管工作在放大区。

当输入信号为零时，放大电路中只有直流信号，放大电路的输入端 AO 等效为短路。这时，C_1与发射结并联，C_1两端的直流电压 $U_{C1}=U_{BE}$，极性为左负右正。同理，C_2两端的电压 $U_{C2}=U_{CE}$，极性为左正右负。

当输入信号加入放大电路时，输入的交流电压 u_i通过电容 C_1加在晶体管的发射结。设交流电压为 $u_i=U_{im}\sin\omega t$，那么此时发射结上的瞬时电压 u_{BE}为 $u_{BE}=U_{C1}+u_i=U_{BE}+U_{im}\sin\omega t$，该式表明晶体管发射结上的电压是直流电压和交流电压的叠加。

在 u_{BE}的作用下，基极电流 $i_B=I_B+i_b=I_B+I_{bm}\sin\omega t$，由于晶体管集电极电流 i_C受基极电流 i_B的控制，根据 $i_C=\beta i_B$，则有 $i_C=\beta I_B+\beta I_{bm}\sin\omega t=I_C+I_{cm}\sin\omega t$，其中 $I_{cm}\sin\omega t$ 是被放大了的集电极交流电流 i_c，从图 2-10 可以看到集电极和发射极之间的电压 u_{CE}为 $u_{CE}=U_{CC}-i_CR_c$。当输入信号 u_i 增大时，交流电流 i_c 增大，R_c 上的电压增大，于是 u_{CE}减小；当 u_i 减小时，i_c 减小，R_c 上的电压随之减小，故 u_{CE}增大。可见 u_{CE}的变化正好与 i_C 的变化方向相反，因此 u_{CE}是在直流电压 U_{CE}基础上叠加一个与 u_i 变化相反的交流电压 u_{ce}，即 $u_{CE}=U_{CE}+u_{ce}=U_{CE}-U_{cem}\sin\omega t$。瞬时电压 u_{CE}中的交流分量经电容 C_2 耦合到放大电路的输出端，于是在输出端得到一个被放大了的交流电压 u_o，该电压为 $u_o=u_{ce}=-U_{cem}\sin\omega t$。

通过上述分析可知，**晶体管的放大是对输入信号的变化量进行放大**，即在输入端加一微小的变化量，通过基极电流对集电极电流的控制作用，在输出端得到一个被放大了的变化量，放大部分的能量由直流电源提供。上述晶体管各电极的电压、电流波形如图 2-10 所示。

2.2.2　放大电路的性能指标

任何一个放大电路都可以看成一个二端网络。图 2-11 为放大电路示意图，左边为输入端口，外接正弦信号源$\dot{U}_s$，R_s为信号源的内阻，在外加信号的作用下，放大电路得到输入电压$\dot{U}_i$，同时产生输入电流$\dot{I}_i$；右边为输出端口，外接负载R_L，在输出端可得到输出电压$\dot{U}_o$和输出电流$\dot{I}_o$。

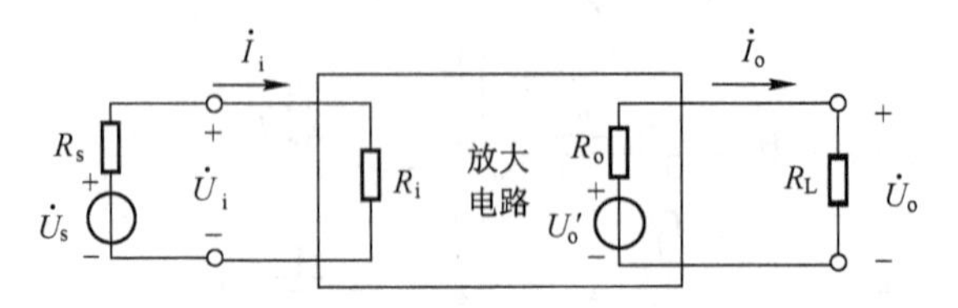

图2-11　放大电路示意图

为了衡量放大电路的性能优劣，常用如下指标。

1. 放大倍数

放大倍数是衡量放大电路放大能力的重要指标。

电压放大倍数是输出电压的变化量和输入电压的变化量之比。当放大电路的输入为正弦信号时，变化量也可用电压的正弦量来表示，即

$$\dot{A}_{uu}=\dot{A}_u=\frac{\dot{U}_o}{\dot{U}_i} \tag{2-21}$$

电流放大倍数是输出电流的变化量和输入电流的变化量之比，用正弦量表示为

$$\dot{A}_{ii}=\dot{A}_i=\frac{\dot{I}_o}{\dot{I}_i} \tag{2-22}$$

互阻放大倍数是输出电压的变化量和输入电流的变化量之比，用正弦量表示为

$$\dot{A}_{ui}=\frac{\dot{U}_o}{\dot{I}_i} \tag{2-23}$$

其量纲为电阻。

互导放大倍数是输出电流的变化量和输入电压的变化量之比，用正弦量表示为

$$\dot{A}_{iu}=\frac{\dot{I}_o}{\dot{U}_i} \tag{2-24}$$

其量纲为电导。

本章主要讨论电压放大倍数，上述表达式只有在信号不失真的情况下才有意义。当输入信号为缓慢变化量或直流变化量时，输入电压和输出电压用Δu_I和Δu_O表示，输入电流和输出电流用Δi_I和Δi_O表示，则$A_u=\Delta u_O/\Delta u_I$，$A_i=\Delta i_O/\Delta i_I$，$A_{iu}=\Delta i_O/\Delta u_I$，$A_{ui}=\Delta u_O/\Delta i_I$。

2. 输入电阻

放大电路的输入端外接信号源，对信号源来说放大电路就是它的负载。这个负载的大小就是从放大电路输入端看进去的等效电阻，即放大电路的输入电阻R_i。通常定义输入电阻R_i为正弦输入电压与相应的输入电流之比，即

$$R_{\mathrm{i}}=\frac{\dot{U}_{\mathrm{i}}}{\dot{I}_{\mathrm{i}}} \tag{2-25}$$

R_{i}越大，则放大电路输入端从信号源分得的电压越大，输入电压$\dot{U}_{\mathrm{i}}$越接近于信号源电压$\dot{U}_{\mathrm{S}}$，信号源电压损失小；R_{i}越小，则放大电路输入端从信号源分得的电压越小，信号源内阻消耗的能量大，信号源电压损失大，所以希望输入电阻越大越好。

3. 输出电阻

放大电路的输出端电压在带负载时和空载时是不同的，带负载时的输出电压$\dot{U}_{\mathrm{o}}$比空载时的输出电压$\dot{U}_{\mathrm{o}}'$有所降低，这是因为从输出端看放大电路，它可以等效为一个带有内阻的电压源，在输出端接有负载时，内阻上的分压使输出电压降低，这个内阻称为输出电阻R_{o}，它是从放大电路输出端看进去的等效电阻。通常定义输出电阻R_{o}是在信号源短路（即$\dot{U}_{\mathrm{S}}=0$，R_{S}保留）、负载开路的条件下，放大电路的输出端外加电压$\dot{U}$与相应产生的电流$\dot{I}$的比值，即

$$R_{\mathrm{o}}=\left.\frac{\dot{U}}{\dot{I}}\right|_{\substack{\dot{U}_{\mathrm{S}}=0\\ R_{\mathrm{L}}=\infty}} \tag{2-26}$$

在实际工作中，也可根据放大电路空载时测得的输出电压$\dot{U}_{\mathrm{o}}'$和带负载时测得的输出电压$\dot{U}_{\mathrm{o}}$来得到，即

$$\begin{cases}\dot{U}_{\mathrm{o}}=\dfrac{R_{\mathrm{L}}}{R_{\mathrm{o}}+R_{\mathrm{L}}}\dot{U}_{\mathrm{o}}'\\[2ex] R_{\mathrm{o}}=\left(\dfrac{\dot{U}_{\mathrm{o}}}{\dot{U}_{\mathrm{o}}'}-1\right)R_{\mathrm{L}}\end{cases} \tag{2-27}$$

输出电阻是衡量放大电路带负载能力的一项指标，输出电阻越小，表明带负载能力越强。

4. 通频带

由于放大电路中存在半导体器件的极间电容及电路中接入的一些电抗性元件，当输入信号频率过高或过低时，放大倍数都会下降，如图 2-12 所示。图中$\dot{A}_{\mathrm{m}}$为中频放大倍数。

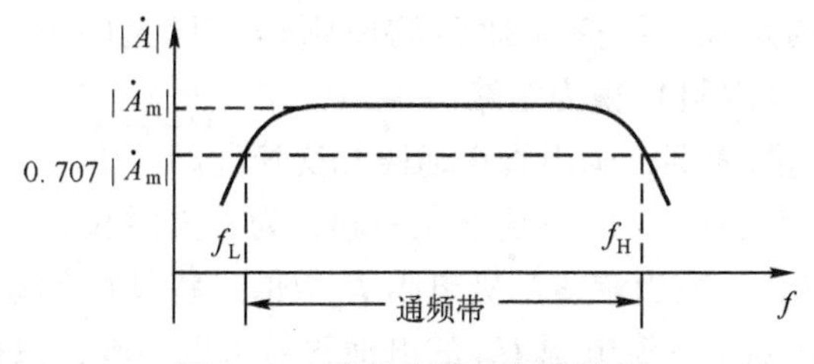

图 2-12　放大电路的频率指标

当放大倍数从$\dot{A}_{\mathrm{m}}$下降到$\dot{A}_{\mathrm{m}}/\sqrt{2}$（即 0. 707$\dot{A}_{\mathrm{m}}$）时，在高频段和低频段所对应的频率分别称为上限截止频率f_{H}和下限截止频率f_{L}。f_{H}和f_{L}之间形成的频带宽度称为通频带，记为 BW。

$$BW = f_H - f_L \tag{2-28}$$

通频带越宽表明放大电路对不同频率信号的适应能力越强。但是通频带宽度也不是越宽越好，超出信号所需要的宽度，一是增加成本，二是把信号以外的干扰和噪声信号一起放大，显然是无益的。所以应根据信号的频带宽度来要求放大电路应有的通频带。

5. 非线性失真系数

由于放大器件具有非线性特性，因此它们的线性放大范围有一定的限度，超过这个限度，将会产生非线性失真。当输入单一频率的正弦信号时，输出波形中除基波成分外，还含有一定数量的谐波，所有的谐波成分总量与基波成分之比，称为非线性失真系数 D。设基波幅值为 A_1、二次谐波幅值为 A_2、三次谐波幅值为 A_3……，则

$$D = \sqrt{\left(\frac{A_2}{A_1}\right)^2 + \left(\frac{A_3}{A_1}\right)^2 + \cdots} \tag{2-29}$$

6. 最大不失真输出电压

最大不失真输出电压是指在输出波形不失真的情况下，放大电路可提供给负载的最大输出电压，一般用有效值 U_{om}表示。

7. 最大输出功率和效率

最大输出功率是指在输出信号不失真的情况下，负载上能获得的最大功率，记为 P_{om}。

在放大电路中，输入信号的功率通常较小，经放大电路放大器件的控制作用将直流电源的功率转换为交流功率，使负载上得到较大的输出功率。通常将最大输出功率 P_{om}与直流电源消耗的功率 P_V之比称为效率 η，即

$$\eta = \frac{P_{om}}{P_V} \tag{2-30}$$

它反映了直流电源的利用率。

2.2.3 直流通路和交流通路

由放大电路的工作原理可知，放大电路工作在放大状态时，电路中交直流信号是并存的。为了便于分析，常将交流信号和直流信号分开研究。这样就需要根据电路的具体情况，正确地画出直流通路和交流通路。所谓直流通路是指在直流电源作用下，直流电流所流经的路径。画直流通路的原则是电容视为开路、电感视为短路。所谓交流通路是指在输入信号作用下，交流电流所流经的路径。画交流通路的原则是容量大的电容视为短路（如耦合电容），直流电压源（忽略其内阻）视为短路。

现以单管共射放大电路为例，画出直流通路和交流通路。

在图 2-10 中，由于 U_{BB}和 U_{CC}的负端连在一起，为了方便起见，只用一个电源即可。方法是省去基极直流电源 U_{BB}，适当调整基极电阻 R_b数值，将其接到集电极直流电源 U_{CC}的正端，同样可保证发射结正偏。直流电源 U_{CC}的电池符号可以不画，只标出它对“地”的电压大小和极性，其正端接集电极电阻 R_c，以保证集电结反偏。如此按习惯画法画出外接信号源和负载的单管共射放大电路如图 2-13a 所示。

根据上述画直流通路和交流通路的原则可得到图 2-13a 的直流通路和交流通路如图 2-13b 和 c 所示。

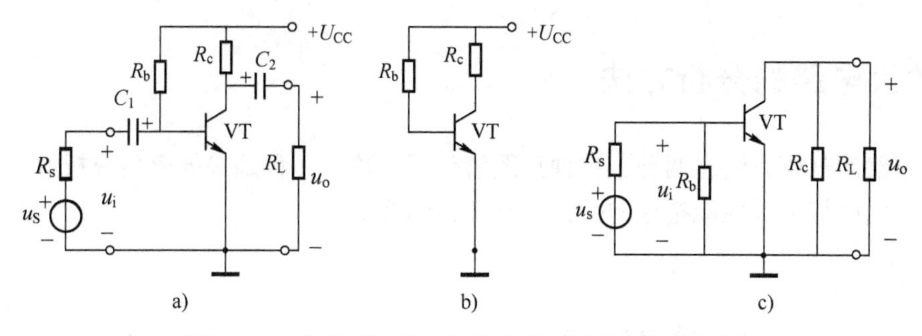

图 2-13　单管共射放大电路的直流通路和交流通路
a）单管共射放大电路　b）直流通路　c）交流通路

2.2.4　静态工作点的设置

当外加输入信号为零时，放大电路处于直流工作状态或静止状态，简称静态。此时，在直流电源 U_{CC}的作用下，晶体管的各电极都存在直流电流和直流电压，这些直流电流和直流电压在晶体管的输入和输出特性曲线上各自对应一点 Q，该点称为静态工作点。静态工作点处的基极电流和基极—发射极之间的电压分别用 I_{BQ}和 U_{BEQ}表示，集电极电流和集电极—发射极之间的电压分别用 I_{CQ}和 U_{CEQ}表示。

由图 2-13b 的直流通路可求得静态基极电流为

$$I_{BQ}=\frac{U_{CC}-U_{BEQ}}{R_b} \tag{2-31}$$

由晶体管的输入特性可知，U_{BEQ}的变化范围很小，可近似认为硅管的 $U_{BEQ}=(0.6\sim0.8)\text{V}$，锗管的 $U_{BEQ}=(0.1\sim0.3)\text{V}$。

已知晶体管的集电极电流与基极电流之间的关系为 $I_C\approx\bar{\beta}I_B$，$\beta\approx\bar{\beta}$，则集电极电流为

$$I_{CQ}\approx\beta I_{BQ} \tag{2-32}$$

由图 2-13b 的集电极回路可得

$$U_{CEQ}=U_{CC}-I_{CQ}R_c \tag{2-33}$$

放大电路必须设置静态工作点。这是为什么呢？如果不设置静态工作点会产生什么后果呢？

假设图 2-13a 是不设静态工作点的放大电路，即将基极电阻 R_b去掉，当输入端加入正弦交流电压信号时，由于晶体管的发射结的单向导电作用，在输入信号的负半周发射结反向偏置，晶体管截止，基极电流和集电极电流均为零，输出端没有输出。在输入信号的正半周，由于输入特性存在导通电压且在起始处弯曲，使基极电流不能马上按比例地随输入电压的大小而变化，导致输出信号失真。所以放大电路中必须设置静态工作点，即在没有输入信号时，就预先给晶体管一个基极直流电流，使晶体管发射结有一个正向偏置电压，当加入交流信号后，交流电压叠加在直流电压上，共同作用于发射结，如果基极电流选择适当，可保证加在发射结上的电压始终为正，晶体管一直工作在线性放大状态，不会使输出波形失真。此外，静态工作点的设置不仅会影响放大电路是否会产生失真，还会影响放大电路的性能指标，如放大倍数、最大输出电压等，这些将在后面几节加以说明。

2.3 放大电路的分析方法

放大电路的分析方法有两种，一种是图解分析方法，一种是等效模型分析方法。每种方法对放大电路的特性及性能指标的分析各有其独到之处。

2.3.1 图解分析法

所谓图解分析法就是利用晶体管的输入、输出特性曲线，通过作图的方法对放大电路的性能指标进行分析。通常先进行静态分析，即对放大电路未加输入信号时的工作状态进行分析，求解电路中各处的直流电压和直流电流；然后进行动态分析，即对放大电路加上输入信号后的工作状态进行分析。

1. 静态分析

图解法静态分析的目的就是确定静态工作点，求出晶体管各极的直流电压和直流电流，分析对象是直流通路，分析的关键是作直流负载线。

对于图 2-14a 所示的单管共射放大电路，根据已知参数，求静态工作点。

（1）由输入回路求 I_{BQ}、U_{BEQ}

图 2-14a 所示的单管共射放大电路的直流通路如图 2-14b 所示。

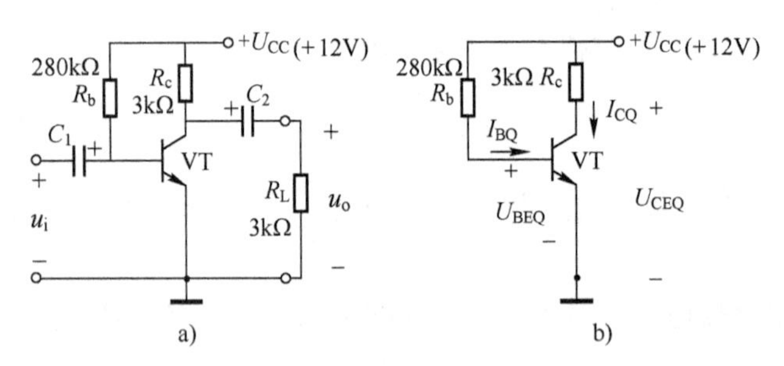

图 2-14 单管共射放大电路

a）电路图 b）直流通路

由基尔霍夫电压定律，列出基极回路电压方程，为

$$U_{BE}=U_{CC}-I_BR_b \tag{2-34}$$

式（2-34）是一个直线方程。令 $U_{BE}=0$，则 $I_B=U_{CC}/R_b=12\ \text{V}/280\ \text{k}\Omega\approx42\ \mu\text{A}$，得 A 点（0 V，42 μA）；令 $U_{BE}=3\ \text{V}$，则 $I_B=(U_{CC}-U_{BE})/R_b=(12-3)\ \text{V}/280\ \text{k}\Omega\approx32\ \mu\text{A}$，得 B 点（3 V，32 μA）。在晶体管的输入特性曲线的坐标上标出 A、B 两点，并连接，直线 AB 就是输入回路的直流负载线，其斜率为 $-1/R_b$。直流负载线与输入特性曲线的交点就是静态工作点 Q。如图 2-15a 所示。由图中读得 $I_{BQ}=40\ \mu\text{A}$，$U_{BEQ}=0.7\ \text{V}$。

（2）由输出回路求 I_{CQ}、U_{CEQ}

在图 2-14b 的直流通路中，其输出回路 I_{CQ} 和 U_{CEQ} 的关系可由两个方程来描述，一个是已确定的 $I_{BQ}=40\ \mu\text{A}$ 所对应的非线性方程，即

$$i_C=f(u_{CE})\big|_{I_{BQ}=40\ \mu\text{A}} \tag{2-35}$$

一个是基尔霍夫电压定律列出集电极回路的电压方程，它是一个线性方程，为

$$U_{CE}=U_{CC}-I_CR_C \tag{2-36}$$

根据这两个方程可在输出特性曲线坐标上画出所对应的伏安特性曲线。由非线性方程可得 I_{CQ}和 U_{CEQ}的关系就是对应于 $I_{BQ}=40\ \mu A$ 的那条输出特性曲线。由线性方程，首先确定两点，令 $I_C=0\ mA$，则 $U_{CE}=U_{CC}=12\ V$，得点 C（12 V，0 mA）；令 $U_{CE}=0\ V$，则 $I_C=4\ mA$，得点 D（0 V，4 mA），连接 C、D 两点，直线 CD 就是线性方程的伏安特性曲线，即输出回路的**直流负载线**。I_{CQ}和 U_{CEQ}应同时满足两个方程，因此两条特性曲线的交点就是静态工作点 Q，如图 2-15b 所示。从图中可以读出 $U_{CEQ}=6\ V$，$I_{CQ}=2\ mA$。

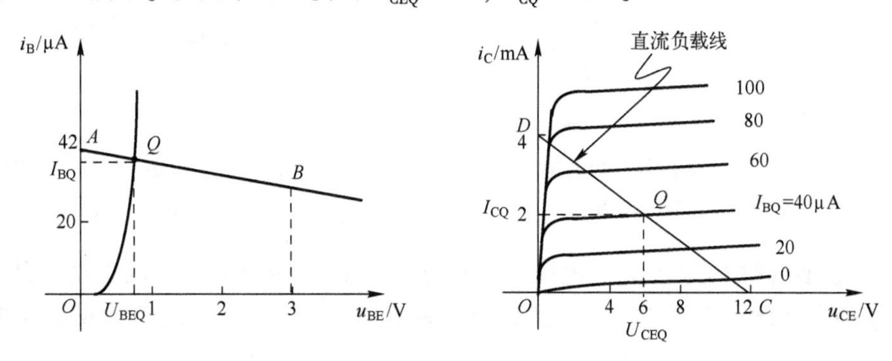

图 2-15　图解分析法

a）用图解法求 I_{BQ}、U_{BEQ}　b）用图解法求 I_{CQ}、U_{CEQ}

2. 动态分析

图解法动态分析的目的是观察放大电路的工作情况，研究放大电路的非线性失真并求解最大不失真电压幅值。动态分析的对象是交流通路，分析的关键是作交流负载线。

（1）根据输入信号 u_i在输入特性曲线上求 i_B

在图 2-14a 所示的单管共射放大电路中，加上输入电压 $u_i=0.02\sin\omega t\ V$ 的正弦交流信号，由于电容 C_1在静态（$u_i=0$）时已充电到 U_{BEQ}，而对于交流电压 u_i 来说，C_1的容抗可忽略不计，所以晶体管基极—射极之间的总电压为

$$u_{BE}=U_{BEQ}+u_i=(0.7+0.02\sin\omega t)\ V \tag{2-37}$$

如图 2-16 所示，当 u_i 足够小时，输入特性的工作范围很小，可近似看作线性段，因此，交流电流 i_b 也是按正弦规律变化。根据 u_{BE}的变化规律，在输入特性上可画出对应的 i_B 波形。从图上可读出对应于峰值为 0.02 V 的输入电压，基极电流 i_B 将在 60 μA 到 20 μA 之间变动，且瞬时基极电流 i_B 是交直流的叠加，即

$$i_B=I_{BQ}+i_b=(40+20\sin\omega t)\ \mu A \tag{2-38}$$

（2）根据 i_B 在输出特性曲线上求 i_C 和 u_{CE}

1）在输出特性曲线上作交流负载线。

将图 2-14a 所示单管共射放大电路的交流通路画于图 2-17。由图可见，在输出回路中，集电极交流电流 i_c 不仅流过集电极电阻 R_c，也流过负载电阻 R_L，因此放大电路的交流负载电阻 R'_L 为

$$R'_L=R_c//R_L \tag{2-39}$$

按图中所给参数得 $R'_L=3\ k\Omega//3\ k\Omega=1.5\ k\Omega$，输出电压 u_o 为

$$u_o=u_{ce}=-i_cR'_L \tag{2-40}$$

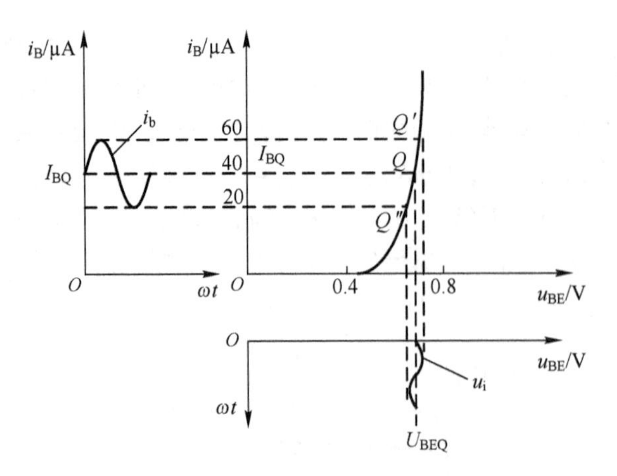

图 2-16 加正弦信号时放大电路输入回路的工作情况

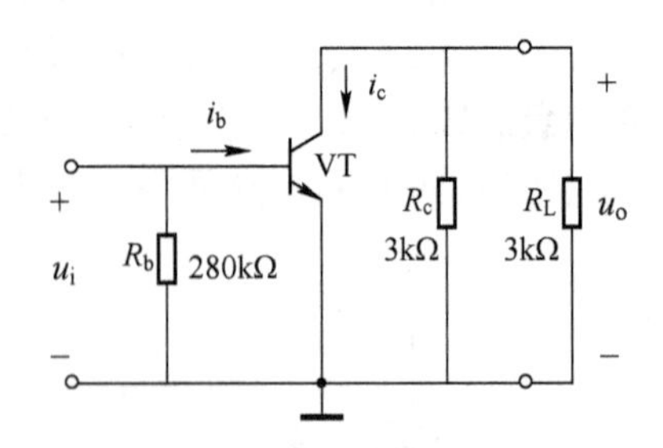

图 2-17 图 2-14a 单管共射放大电路的交流通路

所以，输出回路中交流分量的电压与电流的关系可用斜率为$-1/R_L'$的直线来表示，这条直线称为**交流负载线**。由于$R_L'=R_c//R_L$，所以通常R_L'小于R_c，交流负载线比直流负载线更陡。

交流负载线的作法是：首先通过静态分析作出直流负载线，确定静态工作点Q。**交流负载线和直流负载线必然在Q点相交**。这是因为在线性工作范围内，输入电压在变化过程中一定经过零点。在输入电压$u_i=0$的瞬间，放大电路工作在静态工作点Q。因此在$u_i=0$时刻，Q点既是动态工作中的一点，又是静态工作中的一点。这样，这一时刻的i_C和u_{CE}应同时在两条负载线上，那么，只有两条负载线的交点才满足条件。第二步，确定交流负载线上的另一点。将式（2-40）中的交流电压、电流信号用瞬时信号和直流信号表示，即

$$i_c=i_C-I_{CQ} \tag{2-41}$$

$$u_{ce}=u_{CE}-U_{CEQ} \tag{2-42}$$

则得

$$u_{CE}-U_{CEQ}=-(i_C-I_{CQ})R_L'$$

整理得

$$u_{CE}=U_{CEQ}+I_{CQ}R_L'-i_CR_L' \tag{2-43}$$

显然，式（2-43）是一个直线方程，放大电路Q点坐标值$i_C=I_{CQ}$，$u_{CE}=U_{CEQ}$满足该式的关系。若令$i_C=0$，则$u_{CE}=U_{CEQ}+I_{CQ}R_L'$。由于静态工作点$Q$已确定，则得到$U_{CEQ}$和$I_{CQ}$，由图 2-15 读出$U_{CEQ}=6\,\text{V}$，$I_{CQ}=2\,\text{mA}$，那么在输出特性曲线的横轴上截取$u_{CE}=U_{CEQ}+I_{CQ}R_L'=6+2\times1.5=9\,\text{V}$，即得交流负载线上的另一点$P$（9 V，0 mA）。连接$PQ$就是所要作的交流负载线。如图 2-18 所示。

通过上述分析可知，交流负载线可由静态工作Q和横轴上的一点P（0，$U_{CEQ}+I_{CQ}R_L'$）确定。

2）根据i_B波形和交流负载线，求i_C和u_{CE}波形。

前面由输入特性得到基极电流i_B波形，在i_B作用下，i_C和u_{CE}的动态关系是由交流负载线来描述的。当i_B在 60 μA 到 20 μA 之间变动时，输出特性曲线与交流负载线的交点也随之改变，设对应于$i_B=60\,\mu\text{A}$的那条输出特性曲线与交流负载线的交点为Q'，对应于$i_B=20\,\mu\text{A}$

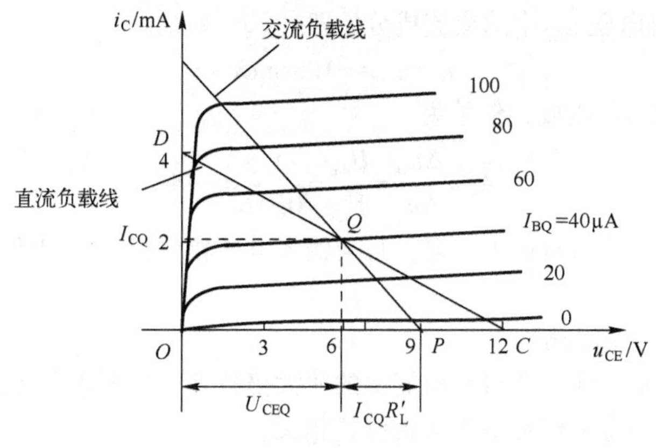

图 2-18　交流负载线

的那条输出特性曲线与交流负载线的交点为 Q''，则放大电路的工作点随着 i_B 的变化将沿着交流负载线在 Q'到 Q''之间移动，因此直线段 $Q'Q''$是工作点运动的轨迹，常称为动态工作范围。

在输入电压 u_i 的正半周，i_B 由 40 μA 增大到 60 μA，放大电路的工作点由点 Q 移到 Q'，相应的 i_C 由 I_{CQ}增大到最大值，而 u_{CE}由 U_{CEQ}减小到最小值；当 i_B 由 60 μA 减小到 40 μA，放大电路的工作点由点 Q'移回到 Q，相应的 i_C 由最大值减小到 I_{CQ}，而 u_{CE}由最小值增大到 U_{CEQ}。在输入电压 u_i 的负半周，其变化规律正好相反，放大电路的工作点在 Q 到 Q''之间移动。

通过上述分析可画出 i_C 和 u_{CE}波形，如图 2-19 所示。

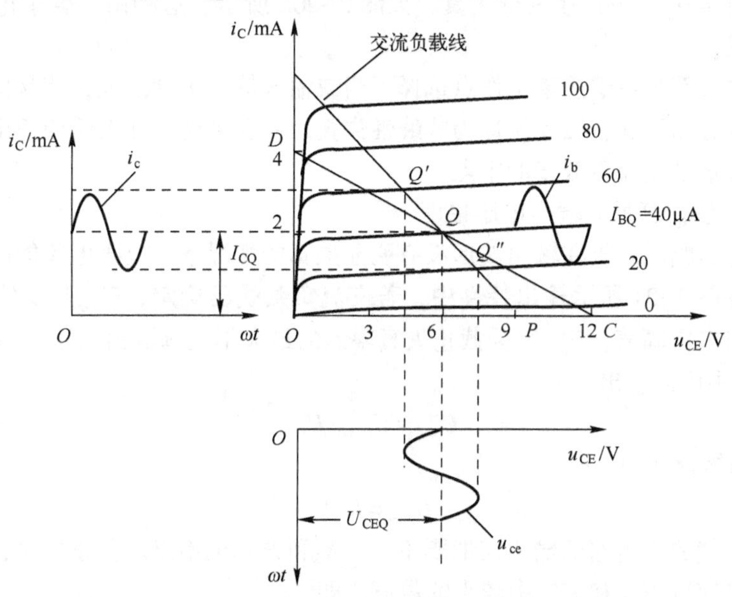

图 2-19　加正弦信号时，放大电路输出回路的动态分析

从图中可得

$$i_C = I_{CQ} + i_c = (2+0.9\sin\omega t)\,\text{mA}$$

$$u_{CE} = U_{CEQ} + u_{ce} = (6-1.5\sin\omega t)\,\text{V}$$

输出电压 u_o 是总电压 u_{CE} 中的交流成分，即

$$u_o = u_{ce} = -1.5\sin\omega t \text{ V}$$

则图 2-14a 所示电路的电压放大倍数为

$$A_u = \frac{\Delta u_O}{\Delta u_I} = \frac{U_{om}}{U_{im}} = \frac{-1.5}{0.02} = -75$$

可见，输出电压比输入电压大得多，且与输入电压相位相反，因此共射放大电路又称为反相电压放大器。

3. 波形的非线性失真分析

对放大电路的要求，除了要得到所需要的放大倍数外，还要求输出波形不失真。然而输出波形是否失真，与静态工作点适当与否密切相关。

（1）截止失真和饱和失真

当输入电压为正弦波时，若静态工作点合适且输入信号幅值较小，则晶体管工作在放大区，集电极电流 i_c 随基极电流 i_b 按 β 倍变化，输出电压是一个被放大了的正弦波，且与输入电压相位相反。

如果静态工作点 Q 过低，在输入信号的负半周的某段时间内，晶体管基极—发射极之间的电压 u_{BE} 小于开启电压 U_{on}，晶体管进入截止区，因此，基极电流 i_b 和集电极电流 i_c 波形将产生底部失真，输出电压 u_o 波形产生顶部失真，如图 2-20a 所示。这种由于管子截止所引起的失真称为**截止失真**。

如果静态工作点 Q 过高，在输入信号的正半周靠近峰值的某段时间内，晶体管工作点进入饱和区，基极电流 i_b 增大，集电极电流 i_c 不再随着增大，使集电极电流 i_c 波形产生顶部失真，输出电压 u_o 波形产生底部失真，如图 2-20b 所示。这种由于管子饱和所引起的失真称为**饱和失真**。

上述两种失真都是由于静态工作点选择不当或输入信号幅度过大，使晶体管工作在特性曲线的非线性部分而引起，因此统称为**非线性失真**。一般来说，如果希望输出幅度大而失真小，工作点最好选在交流负载线的中点。

（2）用图解法估算最大输出电压幅度

最大输出电压幅度是指在输出波形没有明显失真的情况下，放大电路能够输出的最大电压的有效值。在图 2-21 所示输出特性中，若交流负载线已确定，U_{cem}^- 是受饱和失真限制的最大不失真输出电压幅值，U_{cem}^+ 是受截止失真限制的最大不失真输出电压幅值。

从图 2-21 中可以看出

$$U_{cem}^- = U_{CEQ} - U_{CES} \tag{2-44}$$

式中，U_{CES} 是晶体管饱和电压。

$$U_{cem}^+ = I_{CQ}R_L' \tag{2-45}$$

显然，为了使放大电路的输出波形既不出现饱和失真也不出现截止失真，放大电路的最大输出电压幅度应取 U_{cem}^- 和 U_{cem}^+ 中较小的数值，即

$$U_{om} = \frac{1}{\sqrt{2}}\min\{U_{cem}^-, U_{cem}^+\} \tag{2-46}$$

通常为了使 U_{om} 尽可能大，应当使 Q 点设置在放大区内交流负载线的中点，即其横坐标值为 $(U_{CC}-U_{CES})/2$ 的位置。

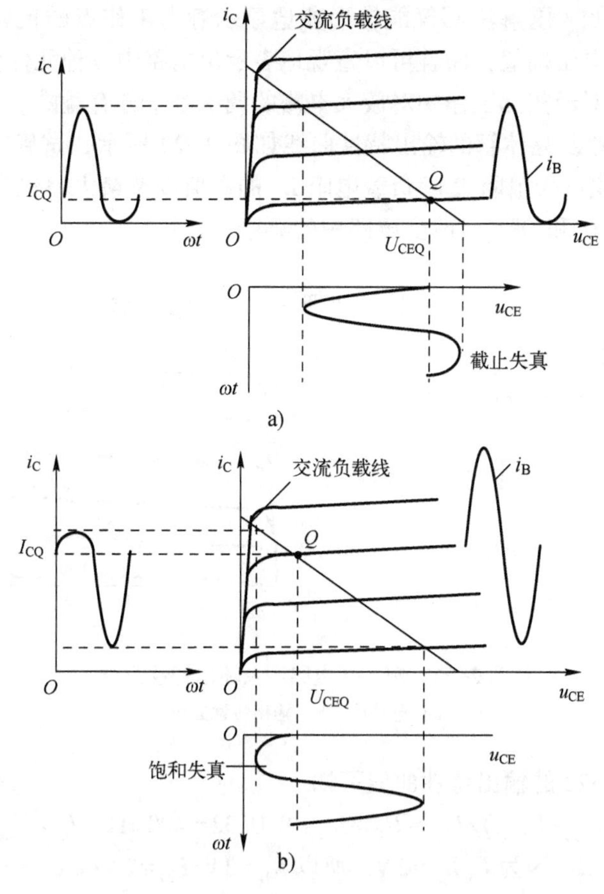

图 2-20　静态工作点对非线性失真的影响

a）截止失真　b）饱和失真

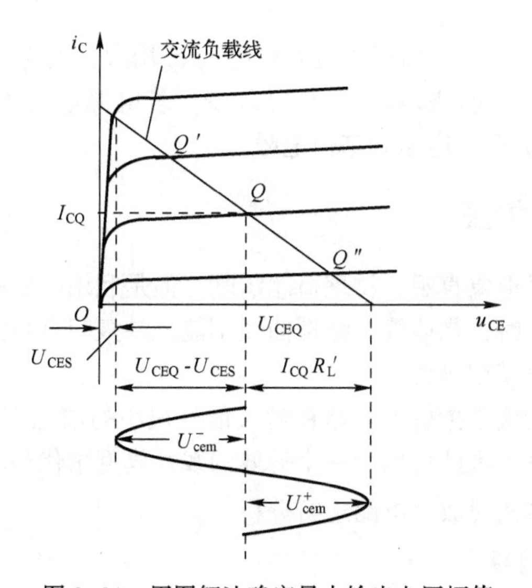

图 2-21　用图解法确定最大输出电压幅值

通过上述分析可知，图解法不仅能够形象地显示静态工作点的位置与非线性失真的关系，估算出最大输出电压幅值，而且可以直观地表示出电路中各种元件参数对静态工作点的影响。这种分析方法对于实际工作中对放大电路的调试是十分有益的。

例 2-3 放大电路及晶体管的输出特性曲线如图 2-22 所示，试确定该电路的电源电压 U_{CC}、基极电阻 R_b、集电极电阻 R_c、负载电阻 R_L 的数值以及最大不失真输出电压幅值 U_{om}。要使静态工作点移到 Q'和 Q''，应改变电路中的哪些参数？

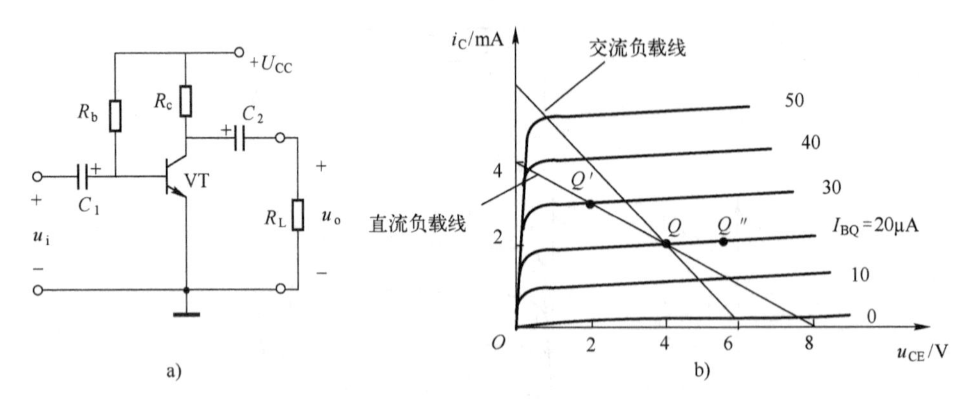

图 2-22 例 2-3 电路图及输出特性曲线

a）电路图 b）输出特性曲线

解：（1）由图 2-22 的输出特性曲线可知

$U_{CC}=8\,V$，$R_b=(U_{CC}-U_{BEQ})/I_{BQ}\approx U_{CC}/I_{BQ}=8/0.02=400\,k\Omega$，$I_C=U_{CC}/R_c=4\,mA$，则 $R_c=U_{CC}/I_C=8\,V/4\,mA=2\,k\Omega$。因为 $I_{CQ}R'_L=2\,V$，所以 $R'_L=2\,V/I_{CQ}=2\,V/2\,mA=1\,k\Omega$，而 $R'_L=R_c//R_L$，故 $R_L=2\,k\Omega$。

由图可读得 $U^-_{cem}=U_{CEQ}-U_{CES}=4\,V-0.3\,V=3.7\,V$，$U^+_{cem}=I_{CQ}R'_L=2\,V$，所以最大不失真输出电压的幅值为 $U_{omax}=2\,V$。

（2）若静态工作点移到 Q'，由图可见基极电流 I_B 增大，则应减小基极电阻 R_b；若静态工作点移到 Q''，由图可见，基极电流 I_B 没有改变，若电源电压不变，应减小集电极电阻 R_c；若 R_c 不变，则应增大电源电压和基极电阻。

2.3.2 小信号模型分析法

图解分析法的优点是形象直观，物理概念清晰，但是利用图解法进行定量分析时误差较大，并且在信号频率较高时，晶体管的特性曲线不能反映极间电容的影响，因此下面介绍另外一种分析方法：小信号模型分析法。

所谓小信号模型分析法是指放大电路在输入信号很小的情况下，晶体管各电极的电压、电流关系可视为线性关系，因此可以用一个等效的线性模型来代替非线性器件晶体管，然后用求解线性电路的分析方法对放大电路进行分析。

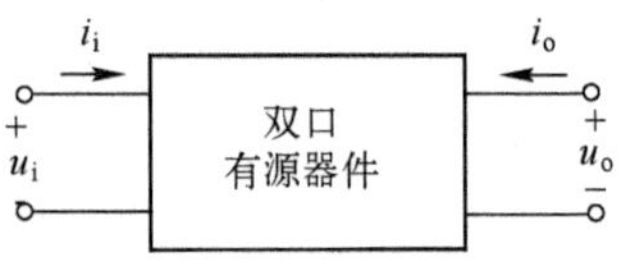

1. 晶体管的小信号建模

由有源器件组成的双口网络如图 2-23 所示。网络的输入端电压和电流分别为 u_i 和 i_i，网络的输出端电压和电流分别

图 2-23 双口网络

为 u_o 和 i_o。如果选择这 4 个参数中的两个作为自变量，另两个作为应变量，则可以得到不同的网络参数，如 Z 参数（开路阻抗参数）、Y 参数（短路导纳参数）及 H 参数（混合参数）等。这里，H 参数的物理意义明确，测量条件易于实现，且在低频范围内为实数，所以被用于电路分析及设计。

（1）H 参数等效模型的引出

晶体管在共射极接法时，可表示成图 2-24a 所示的双口网络，以基极 b 和发射极 e 作为输入端口，以集电极 c 和发射极 e 作为输出端口，则网络端口的电压和电流关系就是晶体管的输入特性和输出特性。

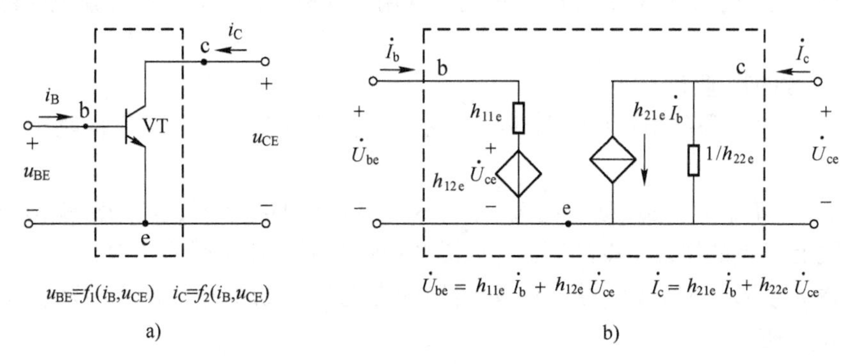

图 2-24　晶体管共射 H 参数小信号模型

a）晶体管共射连接时的双口网络　b）H 参数小信号模型

图 2-24a 的输入回路和输出回路的电压、电流关系可分别表示为

$$u_{BE}=f_1(i_B,u_{CE}) \tag{2-47}$$

$$i_C=f_2(i_B,u_{CE}) \tag{2-48}$$

研究晶体管在小信号作用下，电压、电流各变化量之间的关系，可对式（2-47）和式（2-48）求全微分得

$$\mathrm{d}u_{BE}=\left.\frac{\partial u_{BE}}{\partial i_B}\right|_{U_{CE}}\mathrm{d}i_B+\left.\frac{\partial u_{BE}}{\partial u_{CE}}\right|_{I_B}\mathrm{d}u_{CE} \tag{2-49}$$

$$\mathrm{d}i_C=\left.\frac{\partial i_C}{\partial i_B}\right|_{U_{CE}}\mathrm{d}i_B+\left.\frac{\partial i_C}{\partial u_{CE}}\right|_{I_B}\mathrm{d}u_{CE} \tag{2-50}$$

由于 $\mathrm{d}u_{BE}$、$\mathrm{d}u_{CE}$、$\mathrm{d}i_B$、$\mathrm{d}i_C$ 表示小信号的变化量，所以它们可分别用$\dot{U}_{be}$、$\dot{U}_{ce}$、$\dot{I}_b$、$\dot{I}_c$来取代。根据电路原理网络分析知识，由式（2-49）和式（2-50）可得 H 参数方程

$$\dot{U}_{be}=h_{11e}\dot{I}_b+h_{12e}\dot{U}_{ce} \tag{2-51}$$

$$\dot{I}_c=h_{21e}\dot{I}_b+h_{22e}\dot{U}_{ce} \tag{2-52}$$

h_{11e}、h_{12e}、h_{21e}、h_{22e}称为共射接法下的 H 参数，其中 $h_{11e}=\left.\frac{\partial u_{BE}}{\partial i_B}\right|_{U_{CE}}$、$h_{12e}=\left.\frac{\partial u_{BE}}{\partial u_{CE}}\right|_{I_B}$、$h_{21e}=\left.\frac{\partial i_C}{\partial i_B}\right|_{U_{CE}}$、$h_{22e}=\left.\frac{\partial i_C}{\partial u_{CE}}\right|_{I_B}$。

式（2-51）为输入回路方程，它表明输入电压$\dot{U}_{be}$由两部分组成：第一项表示输入电流$\dot{I}_b$ 在 h_{11e}上产生的电压，所以 h_{11e}是一个电阻，单位为欧姆（Ω）；第二项表示输出电压$\dot{U}_{ce}$

对输入回路的反作用，故用控制参数为 h_{12e}（无量纲）的受控电压源表示。可见输入端 b—e 间等效成一个电阻与一个受控电压源相串联的形式。

式（2-52）为输出回路方程，输出电流$\dot{I}_c$ 也由两部分组成：第一项由$\dot{I}_b$ 控制产生一个电流，因而用一个控制参数为 h_{21e}（无量纲）的受控电流源表示；第二项表示输出电压$\dot{U}_{ce}$ 加在输出电阻 $1/h_{22e}$上引起的电流，h_{22e}为输出电导，单位为西门子（S）。因此输出端 c-e 间等效成一个受控电流源和一个电阻相并联的形式。

由此得到包含 4 个 H 参数的晶体管小信号模型，如图 2-24b 所示，它是一个将晶体管线性化后的线性模型，在分析计算时，将晶体管用线性模型来等效，从而使电路的分析计算大大简化。

（2）H 参数的物理意义

通过研究 H 参数与晶体管特性曲线的关系，可以进一步理解 H 参数的物理意义及求解方法。

h_{11e}是当 $u_{CE}=U_{CEQ}$时，u_{BE}对 i_B 的偏导数。从输入特性曲线上看，就是对应 $u_{CE}=U_{CEQ}$那条输入特性曲线上 Q 点的切线斜率的倒数，如图 2-25a 所示。小信号作用时，$h_{11e}=\partial u_{BE}/\partial i_B \approx \Delta u_{BE}/\Delta i_B$，故 h_{11e}表示小信号作用下 b—e 间的动态电阻，记作 r_{be}。Q 点越高，输入特性曲线越陡，r_{be}值就越小。

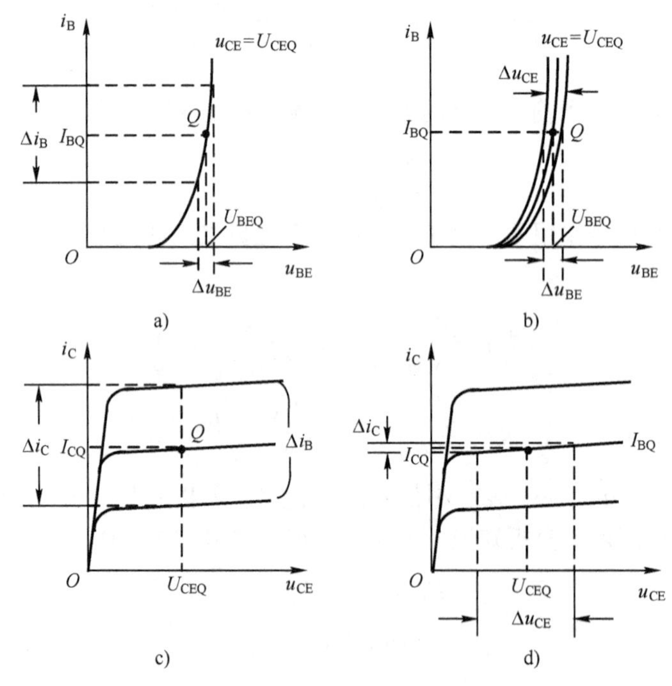

图 2-25　H 参数的物理意义及求解方法

a）求解 h_{11e}　b）求解 h_{12e}　c）求解 h_{21e}　d）求解 h_{22e}

h_{12e}是当 $I_B=I_{BQ}$时 u_{BE}对 u_{CE}的偏导数。从输入特性上看，就是在 $I_B=I_{BQ}$的情况下，u_{CE}对 u_{BE}的影响，如图 2-25b 所示。小信号作用时，$h_{12e}\approx \Delta u_{BE}/\Delta u_{CE}$，表示反向电压传输比，当 $u_{CE}\geqslant 1$ V 时，$\Delta u_{BE}/\Delta u_{CE}$的值很小，一般小于 10^{-2}。

h_{21e}是当 $u_{CE}=U_{CEQ}$ 时 i_C 对 i_B 的偏导数。在小信号作用时，从输出特性上看，$h_{21e}=\partial i_C/\partial i_B\approx\Delta i_C/\Delta i_B$，体现了基极电流对集电极电流的控制作用，如图 2-25c 所示。因此，h_{21e}表示晶体管的电流放大系数 β。

h_{22e}是当 $I_B=I_{BQ}$时 i_C 对 u_{CE}的偏导数。从输出特性上看，h_{22e}是在 $I_B=I_{BQ}$的那条输出特性曲线上 Q 点处的电导，它表示输出特性曲线的上翘程度，如图 2-25d 所示。在小信号作用时，$h_{22e}=\partial i_C/\partial u_{CE}\approx\Delta i_C/\Delta u_{CE}$，则 $1/h_{22e}\approx\Delta u_{CE}/\Delta i_C$，因此 $1/h_{22e}$表示 c—e 间的动态电阻 r_{ce}。

（3）简化的 H 参数等效模型

从晶体管的输入特性可知，当晶体管工作在放大区时，c—e 间的电压对输入特性曲线的影响很小，$U_{CE}>U_{BE}$以后的输入特性基本重合，因此可认为 $h_{12e}\approx\Delta u_{BE}/\Delta u_{CE}\approx 0$，故晶体管的输入回路只等效为一个动态电阻 r_{be}。从晶体管输出特性可知，当晶体管工作在放大区时，c—e 间的电压变化对 i_C 的影响很小，随着 u_{CE}的增大，每条输出特性曲线几乎是平行于横轴的平行线，所以可认为 $h_{22e}\approx\Delta i_C/\Delta u_{CE}\approx 0$，则 r_{ce}近似为∞，所以输出回路只等效为受基极电流控制的受控电流源 $\beta\dot{I}_b$。简化的 H 参数小信号模型如图 2-26 所示。

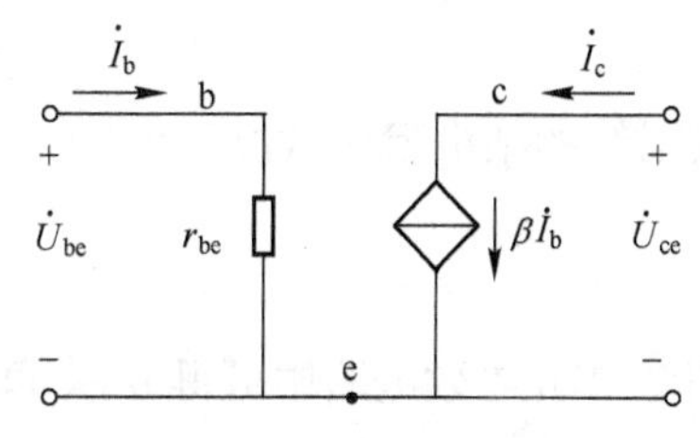

图 2-26　简化的 H 参数小信号模型

需要说明的是，对于小信号模型中的受控电流源，其大小和方向受基极电流的控制，基极电流增大，受控电流源的电流增大，基极电流为零，受控电流源就不存在，并随着基极电流的方向变化而变化。此外，由于放大电路在工作时，放大的是变化量，所以小信号模型所讨论的电压、电流也都是变化量，因此，不能用小信号模型求静态工作点 Q。

（4）r_{be}的物理意义及表达式

在简化的 H 参数小信号模型中，仅有 r_{be}和 β 两个参数，β 可用晶体管特性图示仪测得，r_{be}则可通过公式进行估算。

从图 2-27a 所示的晶体管结构示意图可以看出，晶体管的三个区各具有一定的体电阻，两个 PN 结有结电阻，因此 b—e 间电阻由基区体电阻 $r_{bb'}$、发射结电阻 $r_{b'e'}$和发射区体电阻 r_e 组成。$r_{bb'}$和 r_e 仅与杂质浓度及制造工艺有关，由于基区薄且多数载流子浓度低，所以对于小功率晶体管 $r_{bb'}$数值较大，一般为几十到几百欧姆；而发射区掺杂浓度高，故 r_e 数值较小，只有几欧姆，与发射结电阻 $r_{b'e'}$相比可以忽略不计，于是晶体管输入回路的等效电路如图 2-27b 所示。

由 PN 结电流方程可知，发射结的总电流

$$i_E=I_S(e^{u/U_T}-1)\qquad(u\text{ 为发射结总电压})$$

对上式在 Q 点处求导可得

$$\left.\frac{di_E}{du}\right|_Q=\frac{1}{U_T}I_S e^{u/U_T}$$

由于发射结处于正向偏置，u 大于开启电压，常温下 $U_T\approx 26\text{ mV}$，因此可认为 $i_E\approx I_S e^{u/U_T}$，以 Q 点作切线，其斜率为

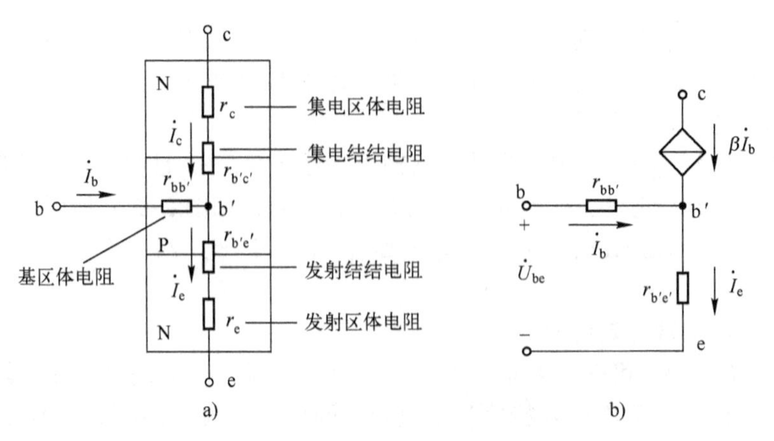

图 2-27　晶体管动态 r_{be}的估算

a）结构　b）等效电路

$$\left.\frac{\Delta i_E}{\Delta u}\right|_Q \approx \left.\frac{di_E}{du}\right|_Q \approx \frac{i_E}{U_T} \approx \frac{I_{EQ}}{U_T}$$

则发射结的结电阻在常温下为

$$r_{b'e'} = \left.\frac{\Delta u}{\Delta i_E}\right|_Q \approx \frac{U_T}{I_{EQ}} = \frac{26\,\text{mV}}{I_{EQ}}$$

从图 2-27b 等效电路中可得 b—e 间电压为

$$\dot{U}_{be} \approx \dot{I}_b r_{bb'} + \dot{I}_e r_{b'e'} = \dot{I}_b r_{bb'} + (1+\beta)\dot{I}_b r_{b'e'} = \dot{I}_b[r_{bb'} + (1+\beta)r_{b'e'}]$$

由此可得 r_{be}的近似表达式为

$$r_{be} = \frac{\Delta u_{BE}}{\Delta i_B} = \frac{\dot{U}_{be}}{\dot{I}_b} = r_{bb'} + (1+\beta)\frac{U_T}{I_{EQ}} \tag{2-53}$$

2. 用小信号模型分析共射基本放大电路

单管共射基本放大电路如图 2-28a 所示，图中 u_s为外接信号源，利用小信号模型分析法进行动态分析。分析步骤如下。

（1）画出小信号等效电路

首先在电路图中确定晶体管的三个电极，然后用 H 参数小信号模型来等效晶体管。其次，由于动态分析是对变化量进行分析，因此画小信号等效电路应是对基本放大电路的交流通路进行等效，所以直流电压源和耦合电容都视为短路，其他元件按照原来的相应位置画出，这样就得到了放大电路的小信号等效电路。图 2-28a 的小信号等效电路如图 2-28b 所示。

（2）求电压放大倍数、输入电阻和输出电阻

1）电压放大倍数。

根据电压放大倍数的定义，利用晶体管$\dot{I}_b$ 对$\dot{I}_c$ 的控制关系，可得输入、输出电压分别为

$$\dot{U}_i = r_{be}\dot{I}_b$$

$$\dot{U}_o = -\dot{I}_c R'_L = -\beta\dot{I}_b R'_L$$

式中，$R'_L = R_c // R_L$。所以电压放大倍数为

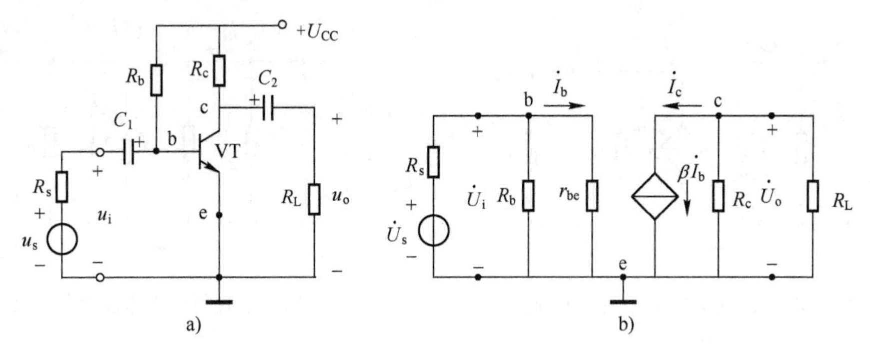

图 2-28　共射基本放大电路的动态分析

a）电路图　b）小信号等效电路

$$\dot{A}_u=\frac{\dot{U}_o}{\dot{U}_i}=-\frac{\beta R_L'}{r_{be}} \tag{2-54}$$

式中，负号表示输出电压与输入电压反相。

放大电路的**源电压放大倍数**为输出电压与信号源电压的比值，用 A_{us} 表示。由图 2-28b 可得

$$\dot{U}_i=\frac{R_i}{R_i+R_s}\dot{U}_s$$

则

$$\dot{A}_{us}=\frac{\dot{U}_o}{\dot{U}_s}=\frac{\dot{U}_o}{\dot{U}_i}\cdot\frac{\dot{U}_i}{\dot{U}_s}=\dot{A}_u\cdot\frac{R_i}{R_i+R_s} \tag{2-55}$$

2）输入电阻。

将共射基本放大电路的小信号等效电路重新画在图 2-29 中。

根据放大电路输入电阻的定义，有

$$R_i=\frac{\dot{U}_i}{\dot{I}_i}$$

由图可见

$$\dot{I}_i=\dot{I}_{R_b}+\dot{I}_b=\frac{\dot{U}_i}{R_b}+\frac{\dot{U}_i}{r_{be}}$$

故

$$R_i=R_b//r_{be} \tag{2-56}$$

3）输出电阻。

图 2-28a 所示电路的输出电阻求解可利用外加电源比电流的方法进行，如图 2-30 所示。

根据输出电阻定义，在外加电压 $\dot{U}$ 作用下，产生相应的电流 $\dot{I}$，则输出电阻为

$$R_o=\left.\frac{\dot{U}}{\dot{I}}\right|_{\dot{U}_s=0}=R_c \tag{2-57}$$

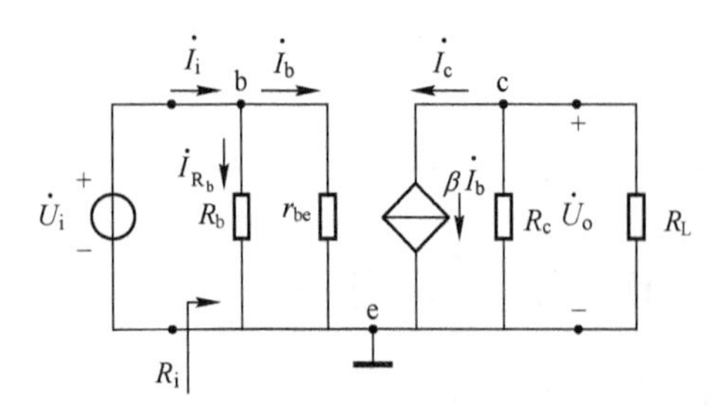

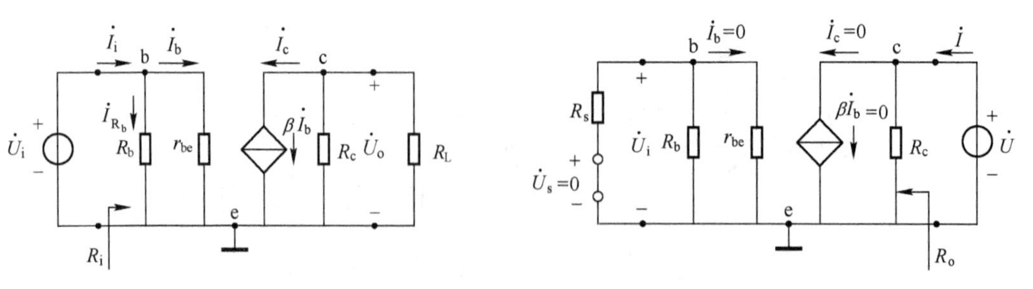

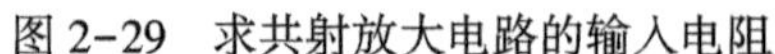

图 2-29　求共射放大电路的输入电阻　　　　图 2-30　求共射放大电路的输出电阻

应当指出，**放大电路的输入电阻与信号源内阻无关，输出电阻与负载无关**。

上面对共射放大电路进行了动态分析，一般来说，希望放大电路的输入电阻高一些好，这样可避免信号过多地衰减；对于输出电阻希望越小越好，从而可以提高带负载能力。此外，由于动态参数与 Q 点紧密相关，所以，只有静态工作点合适，动态分析才有意义，因此，对放大电路进行分析时应遵守“先静态、后动态”的原则。

例 2-4　在图 2-28a 中，已知晶体管参数 $r_{bb'}=300\ \Omega$，$\beta=60$，$U_{BEQ}=0.7\ V$，$U_{CES}=0.4\ V$，电路中的其他参数 $U_{CC}=20\ V$，$R_b=500\ k\Omega$，$R_c=6\ k\Omega$，$R_s=1\ k\Omega$，$R_L=12\ k\Omega$，求该放大电路的$\dot{A}_u$、$\dot{A}_{us}$、R_i、R_o 和最大输出电压有效值。

解：（1）静态分析，求静态工作点 Q。

由电路图中的直流通路可得

$$I_{BQ}=\frac{U_{CC}-U_{BEQ}}{R_b}=\frac{20\ V-0.7\ V}{500\ k\Omega}\approx 0.04\ mA=40\ \mu A$$

$$I_{CQ}=\beta I_{BQ}=60\times 40\ \mu A=2400\ \mu A=2.4\ mA$$

$$I_{EQ}\approx I_{CQ}=2.4\ mA$$

$$U_{CEQ}=U_{CC}-I_{CQ}R_c=20\ V-2.4\ mA\times 6\ k\Omega=5.6\ V$$

（2）动态分析

根据 2-28b 所示放大电路的小信号等效电路，先求晶体管的动态电阻

$$r_{be}=r_{bb'}+(1+\beta)\frac{26(mV)}{I_{EQ}(mA)}=300\ \Omega+(1+60)\frac{26\ mV}{2.4\ mA}\approx 1\ k\Omega$$

然后计算电压放大倍数，因 $R'_L=6\ k\Omega//12\ k\Omega=4\ k\Omega$，则

$$\dot{A}_u=-\frac{\beta R'_L}{r_{be}}=-\frac{60\times 4}{1}=-240$$

$$R_i=R_b//r_{be}=500\ k\Omega//1\ k\Omega\approx 1\ k\Omega$$

$$\dot{A}_{us}=\dot{A}_u\cdot\frac{R_i}{R_i+R_s}=-240\cdot\frac{1}{1+1}=-120$$

$$R_o\approx R_c=6\ k\Omega$$

（3）估算最大输出电压有效值

因为

$$U^-_{cem}=U_{CEQ}-U_{CES}=5.6\ V-0.4\ V=5.2\ V$$

$$U^+_{cem}=I_{CQ}R'_L=2.4\times 4\ V=9.6\ V$$

所以最大输出电压有效值为

$$U_{om}=\frac{1}{\sqrt{2}}U_{cem}^{-}=\frac{1}{\sqrt{2}}\times 5.2\ \text{V}=3.7\ \text{V}$$

2.4 放大电路静态工作点的稳定

2.4.1 静态工作点稳定的必要性

由前面的讨论可知，静态工作点不仅决定输出波形是否失真，而且还影响电压放大倍数及输入电阻等动态参数，所以在设计和调试放大电路时，必须设置一个合适的静态工作点 Q。影响工作点不稳定的原因很多，例如电源电压变化、电路参数变化、管子老化等等，但是最主要的原因是由于晶体管的参数（I_{CBO}、U_{BE}、β 等）随温度的变化而造成静态工作点的不稳定。例如温度升高时，晶体管少子形成的反向饱和电流 I_{CBO}要增大，温度每升高 10℃，I_{CBO}增大一倍，而晶体管的穿透电流 $I_{CEO}=(1+\beta)I_{CBO}$增大的幅度更大。同时，温度升高导致晶体管载流子运动加速，在基区电子和空穴复合的机会减少，使 β 增大。根据实验结果，温度每升高 1℃，β 增加 0.5%~1.0%，U_{BE}减小 2~2.5 mV。

前面所讨论的共射基本放大电路中，当电源电压 U_{CC} 和集电极电阻 R_c 确定后，放大电路的 Q 点就由基极电流 I_B 决定，这个电流称为偏流，而获得偏流的电路称为偏置电路。又由于当 R_b 数值确定后，基极电流 I_B 就固定了，所以它又称为固定偏置的放大电路。

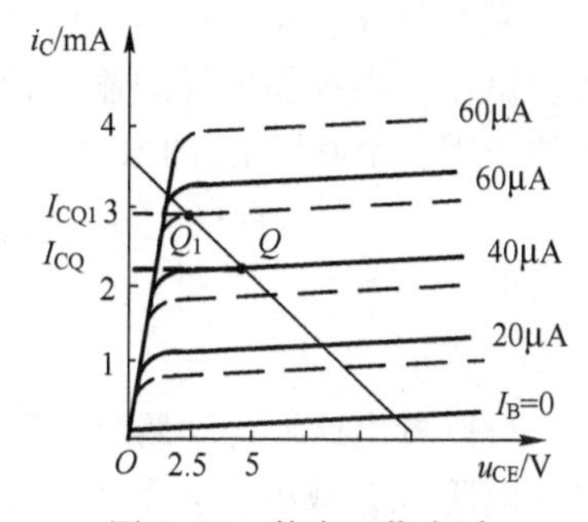

图 2-31 静态工作点受温度影响而移动

在固定偏置的放大电路中，静态工作点 Q 是由基极偏流 I_{BQ}和直流负载线共同决定的，如图 2-31 所示的 Q 点。虽然 $I_{BQ}(I_{BQ}\approx V_{CC}/R_b)$ 和直流负载线斜率（$-1/R_c$）不随温度变化，但是当温度升高时，β 增大，I_C 随之增大，输出特性曲线上移，例如由 Q 点移到 Q_1点而接近于饱和区了。当输入信号较大时，必将出现饱和失真。反之，当温度降低时，Q 点将沿直流负载线下移，靠近截止区，易出现截止失真。

2.4.2 稳定静态工作点的措施

1. Q 点稳定的分压式偏置电路

在实际使用的放大电路中，除了选用温度影响比较小的硅晶体管和改善工作环境温度外，最主要的是找出一种能够自动调节 Q 点位置的偏置电路，使 Q 点能够稳定在合适的位置上。

静态工作点 Q 稳定电路如图 2-32 所示，图 2-32a 为直接耦合方式，图 2-32b 为阻容耦合方式，它们具有相同的直流通路，如图 2-32c 所示。

在图 2-32c 所示的电路中，B 点的电流方程为

$$I_2=I_1+I_{BQ}$$

为了稳定 Q 点，通常情况下，参数的选取应满足

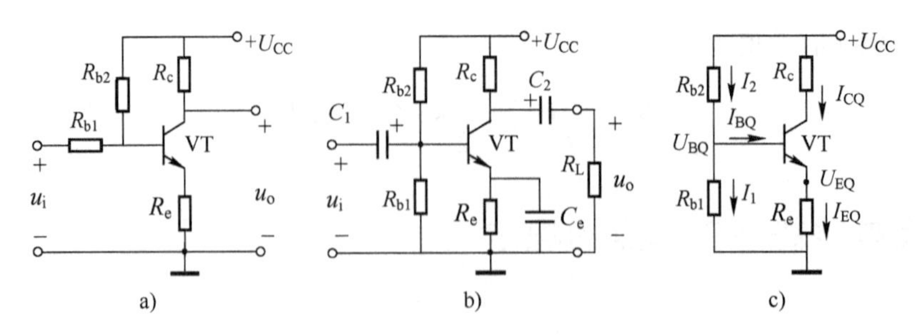

图 2-32　静态工作点稳定电路

a）直接耦合电路　b）阻容耦合电路　c）直流通路

$$I_1 \gg I_{BQ} \tag{2-58}$$

因此，$I_2 \approx I_1$，则 B 点的电位

$$U_{BQ} \approx \frac{R_{b1}}{R_{b1}+R_{b2}} \cdot U_{CC} \tag{2-59}$$

上式表明基极电位只取决于直流电压源和基极电阻值，而与晶体管参数无关，即不受环境温度的影响。

如果温度升高引起集电极电流 I_{CQ}增大，那么，发射极电流 I_{EQ}也相应增大，发射极电阻 R_e 上的电压 $U_{EQ}=I_{EQ}R_e$ 也随之增大；由于 U_{BQ}基本不变，所以当 U_{EQ}增大时，$U_{BEQ}=(U_{BQ}-U_{EQ})$减小。根据晶体管的输入特性，基极电流 I_{BQ}减小，I_{CQ}也随之减小。这样由于发射极电阻的作用，牵制了 I_{CQ}的增大，最终使 Q 点趋于稳定。上述变化过程可表示为

$$T(°\text{C})\uparrow\rightarrow I_{CQ}\uparrow\rightarrow I_{EQ}\uparrow\rightarrow U_{EQ}\uparrow\rightarrow U_{BEQ}\downarrow\rightarrow I_{BQ}\downarrow$$

$$I_{CQ}\downarrow\leftarrow$$

可以看出这种自动调节过程实际上是将输出电流 I_{CQ}通过发射极电阻 R_e 引到输入端，使输入电压 U_{BEQ}减小，从而达到稳定工作点的目的。显然，R_e 越大，R_e 上的电压降越大，自动调节能力越强，电路稳定性越好。但是，R_e 太大，会使电压放大倍数下降，所以 R_e 应适当取值。

如果电路满足 $U_{BQ} \gg U_{BEQ}$，则 $U_{BQ} \approx U_{EQ}=I_{EQ}R_e$，这时

$$I_{CQ} \approx I_{EQ}=\frac{U_{BQ}}{R_e}=\frac{R_{b1} \cdot U_{CC}}{(R_{b1}+R_{b2}) \cdot R_e}$$

综上所述，只要电路满足 $I_1 \gg I_{BQ}$，$U_{BQ} \gg U_{BEQ}$着两个条件，那么，就可以认为 I_{CQ}主要由外电路参数 U_{CC}、R_{b1}、R_{b2}和 R_e 决定，与晶体管的参数几乎无关。这不仅提高了静态工作点的稳定性，并且在更换晶体管时，不必重新调整工作点，给批量生产带来了很大方便。在兼顾其他指标的情况下，通常选用 $I_1=(5\sim10)I_{BQ}$，$U_{BQ}=(5\sim10)U_{BEQ}$。

另外，为了不削弱交流信号的放大作用，通常在电阻 R_e 的两端并联一个大电容 C_e，C_e 称为射极旁路电容。由于 C_e 具有“隔直流、通交流”作用，因此它对静态工作点没有影响，但是对交流信号起旁路作用，即交流信号作用时，C_e 将 R_e 短接，使发射极电阻 R_e 上没有交流信号，防止了放大倍数的下降。

2. 其他稳定 Q 点的方法

当电源电压不变时，晶体管发射结电压 U_{BEQ}会随着温度的升高而减小，导致放大电路

静态工作点不稳定。消除这种不稳定因素的方法是补偿法。利用二极管或热敏电阻等温度敏感元件的温度特性来补偿晶体管 U_{BEQ}随温度的变化，使 Q 点更稳定。

利用二极管的补偿法是在分压式射极偏置电路的支路串联一个二极管，如图 2-33 所示。利用二极管 VD 的正向电压随温度的变化去抵消晶体管 U_{BEQ}随温度变化所产生的影响，从而使静态工作点稳定。

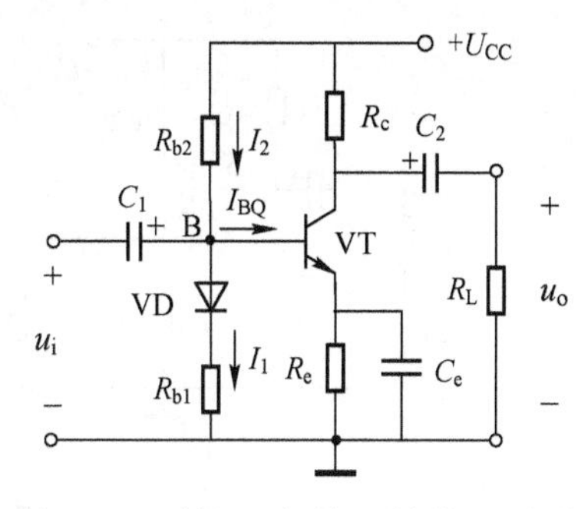

图 2-33　利用二极管 D 补偿 u_{BE}变化

2.4.3　分压式射极偏置电路的分析

下面对图 2-32b 所示的分压式射极偏置电路进行分析。

1. 静态分析

静态分析主要是求解静态工作点。根据图 2-32c 的直流通路，由式（2-58）和式（2-59）可得集电极电流为

$$I_{CQ} \approx I_{EQ} = \frac{U_{BQ} - U_{BEQ}}{R_e} \tag{2-60}$$

管压降为

$$U_{CEQ} = U_{CC} - I_{CQ}(R_c + R_e) \tag{2-61}$$

基极电流为

$$I_{BQ} = \frac{I_{CQ}}{\beta} \tag{2-62}$$

2. 动态分析

画出图 2-32b 的小信号等效电路如图 2-34 所示。

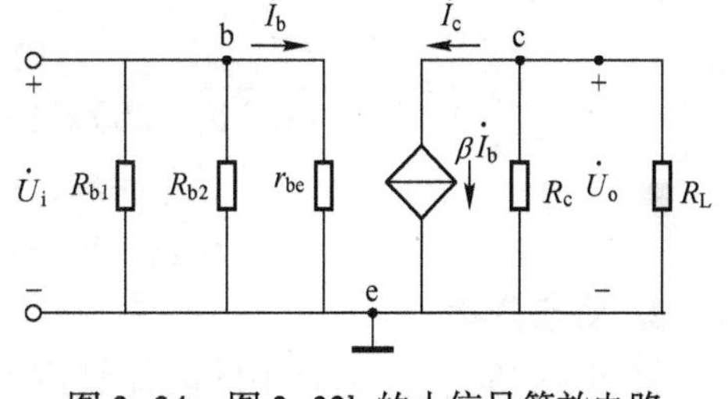

图 2-34　图 2-32b 的小信号等效电路

由图 2-34 可得

$$\dot{A}_u = \frac{\dot{U}_o}{\dot{U}_i} = -\frac{\beta R'_L}{r_{be}} \quad (R'_L = R_c // R_L) \tag{2-63}$$

$$R_i = \frac{\dot{U}_i}{\dot{I}_i} = R_{b1} // R_{b2} // r_{be} \tag{2-64}$$

$$R_o = R_c \tag{2-65}$$

2.5　共集电极放大电路和共基极放大电路

由于晶体管有三个电极，根据不同的连接方法，可有三种不同的电路组态，前面对共射放大电路进行了分析，下面分析另外两种基本放大电路。

2.5.1　共集电极放大电路

共集电极放大电路如图 2-35a 所示。图 2-35b、c 分别是它的直流通路和交流通路。由交流通路可见，输入信号从基极—集电极（即地）之间加入，输出信号从发射极—集电极

之间取出，集电极是输入、输出回路的公共端，所以称为共集电极放大电路。又因为输出信号从发射极引出，故又称射极输出器。

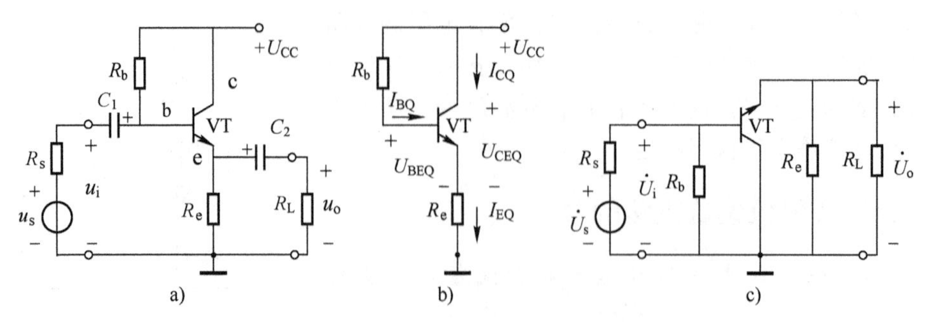

图 2-35　基本共集电极放大电路

a）电路图　b）直流通路　c）交流通路

下面以图 2-35 为例进行共集电极放大电路的分析。

例 2-5　在图 2-35a 所示电路中，已知 $U_{CC}=12\ \text{V}$，$R_b=260\ \text{k}\Omega$，$R_e=6\ \text{k}\Omega$，$R_L=6\ \text{k}\Omega$，$R_s=10\ \text{k}\Omega$ 晶体管的 $\beta=50$，$U_{BEQ}=0.7\ \text{V}$，$r_{bb'}=200\ \Omega$。试估算静态工作点 Q，并计算 A_u、R_i 和 R_o。

解：

1. 静态分析

根据图 2-35b 所示的直流通路，可列出输入回路方程

$$U_{CC}=I_{BQ}R_b+U_{BEQ}+I_{EQ}R_e$$

由于 $I_{EQ}=(1+\beta)I_{BQ}$，所以

$$I_{BQ}=\frac{U_{CC}-U_{BEQ}}{R_b+(1+\beta)R_e}=\frac{12\ \text{V}-0.7\ \text{V}}{260\ \text{k}\Omega+(1+50)\times 6\ \text{k}\Omega}\approx 0.020\ \text{mA}=20\ \mu\text{A}$$

$$I_{CQ}=\beta I_{BQ}=50\times 0.020\ \text{mA}=1\ \text{mA}$$

$$U_{CEQ}\approx V_{CC}-I_{CQ}R_e=12\ \text{V}-1\times 6\ \text{V}=6\ \text{V}$$

2. 动态分析

将图 2-35c 交流通路中的晶体管用 H 参数小信号模型来等效，便得到共集电极放大电路的小信号等效电路，如图 2-36 所示。

（1）电压放大倍数

图 2-36 中的动态电阻 r_{be} 为

$$r_{be}=r_{bb'}+(1+\beta)\frac{26}{I_{EQ}}=200\ \Omega+(1+50)\frac{26}{1}\ \Omega=1.53\ \text{k}\Omega$$

令 $R_L'=R_e//R_L$，则 $R_L'=6\ \text{k}\Omega//6\ \text{k}\Omega=3\ \text{k}\Omega$，由图 2-36 所示小信号等效电路可得

$$\dot{U}_o=\dot{I}_e(R_e//R_L)=\dot{I}_eR_L'=(1+\beta)\dot{I}_bR_L'$$

$$\dot{U}_i=\dot{I}_br_{be}+\dot{I}_eR_L'=\dot{I}_br_{be}+(1+\beta)\dot{I}_bR_L'$$

则电压放大倍数为

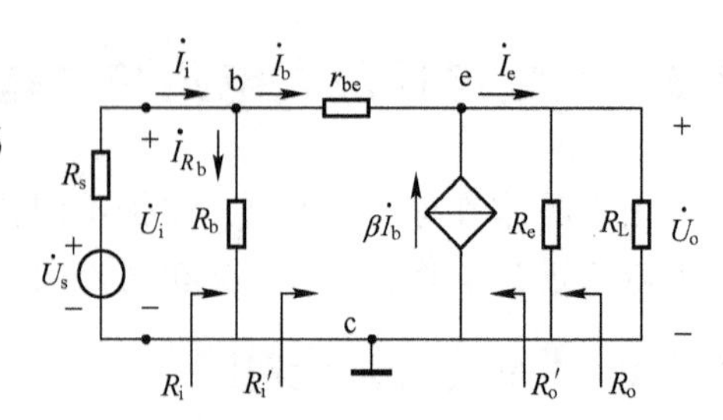

图 2-36　共集电极放大电路的小信号等效电路

$$\dot{A}_u=\frac{\dot{U}_o}{\dot{U}_i}=\frac{(1+\beta)R'_L}{r_{be}+(1+\beta)R'_L} \tag{2-66}$$

代入参数得

$$\dot{A}_u=\frac{(1+50)\times3}{1.53+(1+50)\times3}\approx0.99$$

式（2-66）表明，$\dot{A}_u$ 大于 0 且小于 1，说明输出电压与输入电压同相并且$\dot{U}_o<\dot{U}_i$。通常$(1+\beta)R'_L\gg r_{be}$，则$\dot{A}_u\approx1$，即$\dot{U}_o\approx\dot{U}_i$，所以射极输出器又称为射极跟随器。虽然电压放大倍数$\dot{A}_u<1$，电路没有电压放大能力，但是，输出电流$\dot{I}_e$ 远远大于输入电流$\dot{I}_b$，所以具有电流放大作用。可见，无论是电压放大或电流放大，放大电路都可实现功率放大。

（2）输入电阻

根据图 2-36，若暂不考虑 R_b，则输入电阻 R'_i 为

$$R'_i=\frac{\dot{U}_i}{\dot{I}_b}=\frac{\dot{I}_b r_{be}+(1+\beta)\dot{I}_b R'_L}{\dot{I}_b}=r_{be}+(1+\beta)R'_L \tag{2-67}$$

式中，$R'_L=R_e//R_L$，由于流过 R'_L 上的电流$\dot{I}_e$ 比$\dot{I}_b$ 大$(1+\beta)$倍，所以把发射极回路的电阻 R'_L 折算到基极回路应扩大$(1+\beta)$倍，所以共集电极放大电路的输入电阻比共发射极放大电路的输入电阻大得多。

现将 R_b 考虑进去计算输入电阻，即从 R_b 两端看进去的输入电阻为

$$R_i=\frac{\dot{U}_i}{\dot{I}_i}=\frac{\dot{U}_i}{\dot{I}_{R_b}+\dot{I}_b}=\frac{\dot{U}_i}{\dot{U}_i/R_b+\dot{U}_i/R'_i}=R_b//R'_i$$

因此共集电极放大电路的输入电阻为

$$R_i=\frac{\dot{U}_i}{\dot{I}_i}=R_b//[r_{be}+(1+\beta)R'_L] \tag{2-68}$$

代入参数得

$$R_i=260\,\Omega//[1.53+(1+50)\times3]\,\Omega\approx97\,\text{k}\Omega$$

（3）输出电阻

根据输出电阻的定义，可采用外加电压求电流的方法来计算输出电阻，即

$$R_o=\frac{\dot{U}}{\dot{I}}\bigg|_{\substack{\dot{U}_s=0\\R_L=\infty}}$$

将电压源短路，负载开路，在输出端加交流电压$\dot{U}$，产生电流$\dot{I}$，如图 2-37 所示。

这里需要说明的是，虽然电压源$\dot{U}_s=0$，但是，外加电压$\dot{U}$会在晶体管的基极回路产生基极电流$\dot{I}_b$，所以受控源依然存在，它们的方向如图中箭头所示。

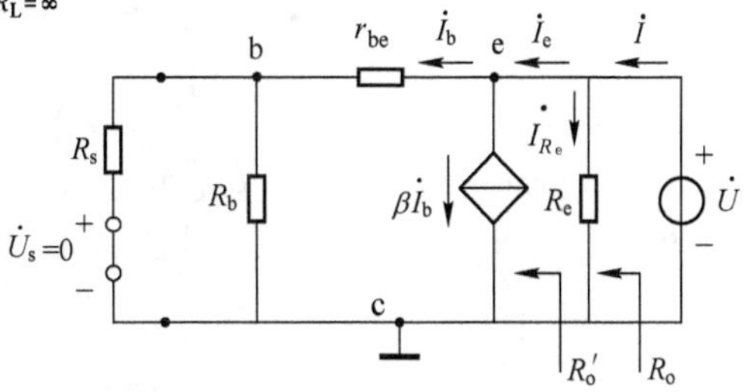

图 2-37　求共集电极放大电路 R_o 的等效电路

若暂不考虑 R_e，则输出电阻 R'_o 为

$$R'_o=\frac{\dot{U}}{\dot{I}_e}=\frac{\dot{I}_b(r_{be}+R_s//R_b)}{\dot{I}_b+\beta\dot{I}_b}=\frac{(r_{be}+R'_s)}{1+\beta} \tag{2-69}$$

式中

$$R'_s=R_s//R_b=10//260\approx9.6\,k\Omega$$

由式（2-69）可见，基极回路的电阻折算到发射极要减小为原来的 $1/(1+\beta)$，所以 R'_o 非常小。

现考虑发射极电阻 R_e，则从放大电路输出端看进去的输出电阻为

$$R_o=\frac{\dot{U}}{\dot{I}}=\frac{\dot{U}}{\dot{I}_{R_e}+\dot{I}_e}=\frac{\dot{U}}{\dot{U}/R_e+\dot{U}/R'_o}=R_e//R'_o$$

故输出电阻为

$$R_o=\frac{\dot{U}}{\dot{I}}=R_e//\frac{(r_{be}+R'_s)}{1+\beta} \tag{2-70}$$

$$R_o=6\,k\Omega//\frac{1.53+9.6}{1+50}\,k\Omega\approx0.21\,k\Omega=210\,\Omega$$

综上所述，共集电极放大电路的输入电阻大、输出电阻小，因而从信号源索取的电流小、带负载能力强，故常用于多级放大电路的输入级和输出级。

2.5.2 共基极放大电路

共基极放大电路如图 2-38a 所示。图 2-38b、c 分别是它的直流通路和交流通路。由交流通路可见，输入信号从发射极—基极（即地）之间加入，输出信号从集电极—基极之间取出，基极是输入、输出回路的公共端，所以称为共基极放大电路。

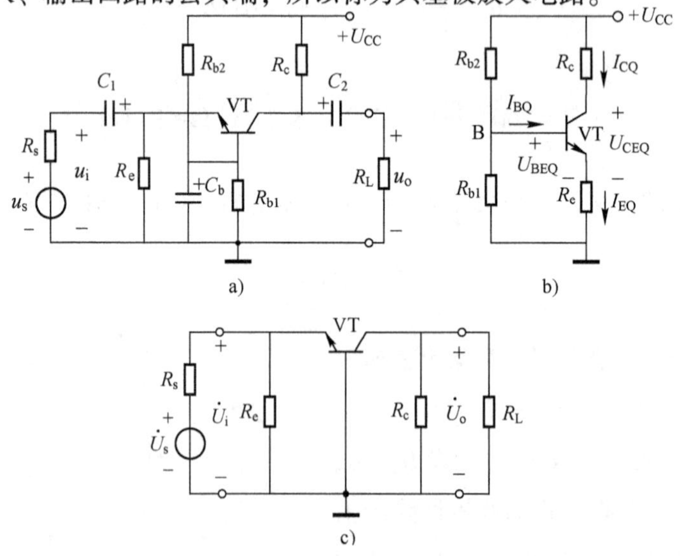

图 2-38 共基极放大电路

a）电路图 b）直流通路 c）交流通路

1. 静态分析

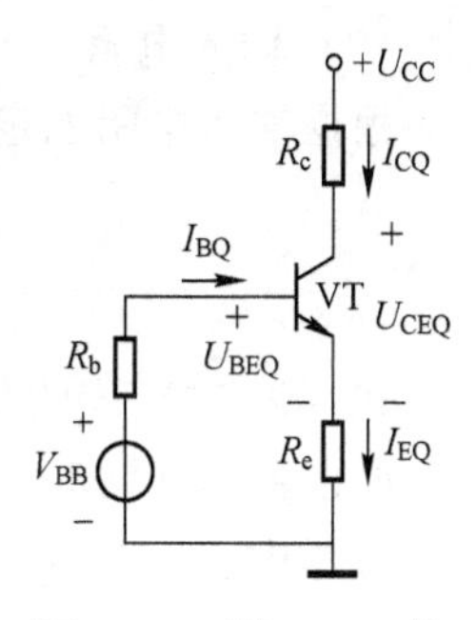

图 2-39 图 2-38b 的简化电路

图 2-38b 所示的直流通路与前面介绍过的分压式射极偏置电路的直流通路相同，因而 Q 点的求解方法相同，这里不再赘述。下面介绍另外一种求解方法。利用戴维南定理可将图 2-38b 所示电路变换成图 2-39 所示电路。

图中 U_{BB} 是戴维南等效电源，R_b 是戴维南等效电阻，它们分别为

$$U_{BB}=\frac{R_{b1}}{R_{b1}+R_{b2}}U_{CC}$$

$$R_b=R_{b1}//R_{b2}$$

列出输入回路方程

$$U_{BB}=I_{BQ}R_b+U_{BEQ}+I_{EQ}R_e$$

得

$$I_{BQ}=\frac{U_{BB}-U_{BEQ}}{R_b+(1+\beta)R_e} \tag{2-71}$$

$$I_{CQ}=\beta I_{BQ} \tag{2-72}$$

$$U_{CEQ}\approx U_{CC}-I_{CQ}(R_c+R_e) \tag{2-73}$$

2. 动态分析

利用晶体管的 H 参数等效模型代替图 2-38c 的交流通路中的晶体管，得到共基极放大电路的小信号等效电路如图 2-40 所示。

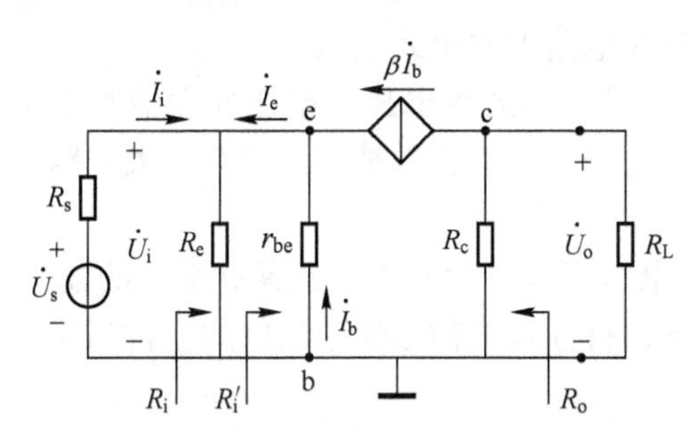

图 2-40 共基极放大电路的小信号等效电路

(1) 电压放大倍数

由图 2-40 可知

$$\dot{A}_u=\frac{\dot{U}_o}{\dot{U}_i}=\frac{-\beta\dot{I}_bR_L'}{-\dot{I}_br_{be}}=\frac{\beta R_L'}{r_{be}} \tag{2-74}$$

式中，$R_L'=R_c//R_L$。

式 (2-74) 表明，共基极放大电路具有足够大的电压放大能力，且输出电压与输入电压同相。

（2）输入电阻

根据输入电阻的定义，若暂不考虑 R_e，则输入电阻为

$$R_i' = \frac{\dot{U}_i}{-\dot{I}_e} = \frac{-\dot{I}_b r_{be}}{-(1+\beta)\dot{I}_b} = \frac{r_{be}}{(1+\beta)} \tag{2-75}$$

式（2-75）表明晶体管共基接法时的输入电阻比共射接法时的输入电阻减小了$(1+\beta)$倍。所以共基接法时，输入电阻是很小的。

现考虑 R_e，则从放大电路的输入端看进去的输入电阻为

$$R_i = \frac{\dot{U}_i}{\dot{I}_i} = R_e // R_i' = R_e // \frac{r_{be}}{(1+\beta)} \tag{2-76}$$

（3）输出电阻

从放大电路的输出端看进去的输出电阻为

$$R_o \approx R_c \tag{2-77}$$

从上面的分析可知，由于共基极放大电路的电流放大系数 $\alpha = \dot{I}_c / \dot{I}_e$ 小于且接近于 1，所以共基极电路又称为电流跟随器。虽然它不能放大电流，但是却可以放大电压，故可实现功率放大。

2.5.3 三种组态电路的比较

根据前面的分析，现对共射、共集和共基三种基本组态电路的特点进行比较。

其主要特点和应用大致可归纳如下：

1）共射电路既能放大电压又能放大电流，输入电阻和输出电阻在三种组态中居中，频带较窄，常用作低频电压放大电路中的单元电路。

2）共集电路只能放大电流不能放大电压，电压放大倍数小于且近似于 1，具有电压跟随的特点，其输入电阻大，输出电阻小，常被用于多级放大电路的输入级和输出级，或作为隔离用的中间级。

3）共基电路只能放大电压不能放大电流，且具有很低的输入电阻，这使得晶体管的结电容影响不明显，所以其频率特性是三种接法中最好的，常用于宽频带放大电路。

习题

2.1　一晶体管工作在放大区，已知 $\overline{\beta}=70$，$I_B = 20\,\mu A$，温度为 25℃时，$I_{CBO} = 3\,\mu A$。求：

（1）集电极电流 I_C 的值。

（2）假设 $\overline{\beta}$ 不随温度变化，而 I_{CBO} 因温度每升高 10℃要增加一倍，求温度为 75℃时 I_C 的值。

2.2　有两个晶体管，一个管子的 $\beta=200$，$I_{CEO} = 3\,\mu A$；另一个管子的 $\beta=50$，$I_{CEO} = 10\,\mu A$，其他参数相同，试问在用作放大时，应选用哪个管子比较合适？

2.3　分别测得放大电路中 4 只晶体管的各极电位如图题 2.3 所示，试识别它们的引脚，标出 e、b、c 三个电极，并判断这 4 个管子分别是 NPN 型还是 PNP 型，是硅管还是锗管。

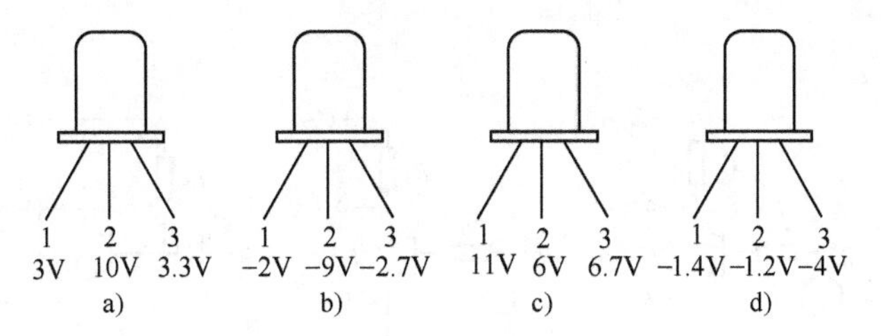

图题 2.3

2.4　测得某电路中几个晶体管的各个电极电位如图题 2.4 所示。试判断各晶体管工作在放大区、饱和区还是截止区。

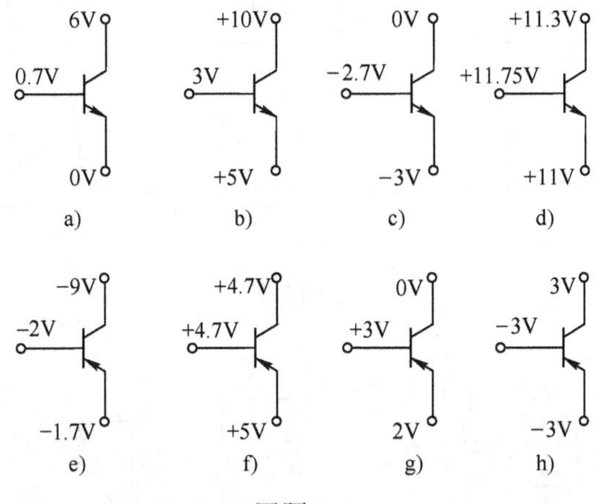

图题 2.4

2.5　晶体管的输出特性曲线如图题 2.5 所示。

（1）求 $U_{CE}=10\,V$，$I_C=2\,mA$ 处的$\bar{\beta}$、$\bar{\alpha}$、β、α，并进行比较。

（2）确定管子的 I_{CEO}和 $U_{(BR)CEO}$。

（3）画出 $P_{CM}=30\,mW$ 的功耗线。

2.6　电路如图题 2.6 所示，设晶体管的$\beta=80$，$U_{BE}=0.6\,V$，I_{CEO}、U_{CES}可忽略不计，试分析当开关 S 分别接通 A、B、C 三个位置时，晶体管各工作在其输出特性曲线的哪个区域，并求出相应的集电极电流 I_C。

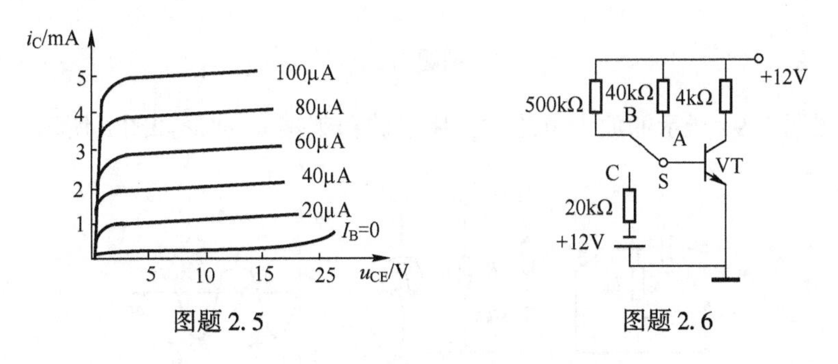

图题 2.5　　图题 2.6

2.7　试判断图题 2.7 所示电路能否正常放大，并说明理由。

2.8　画出图题 2.8 所示电路的直流通路和交流通路。假设电路中电容对交流信号可视为短路。

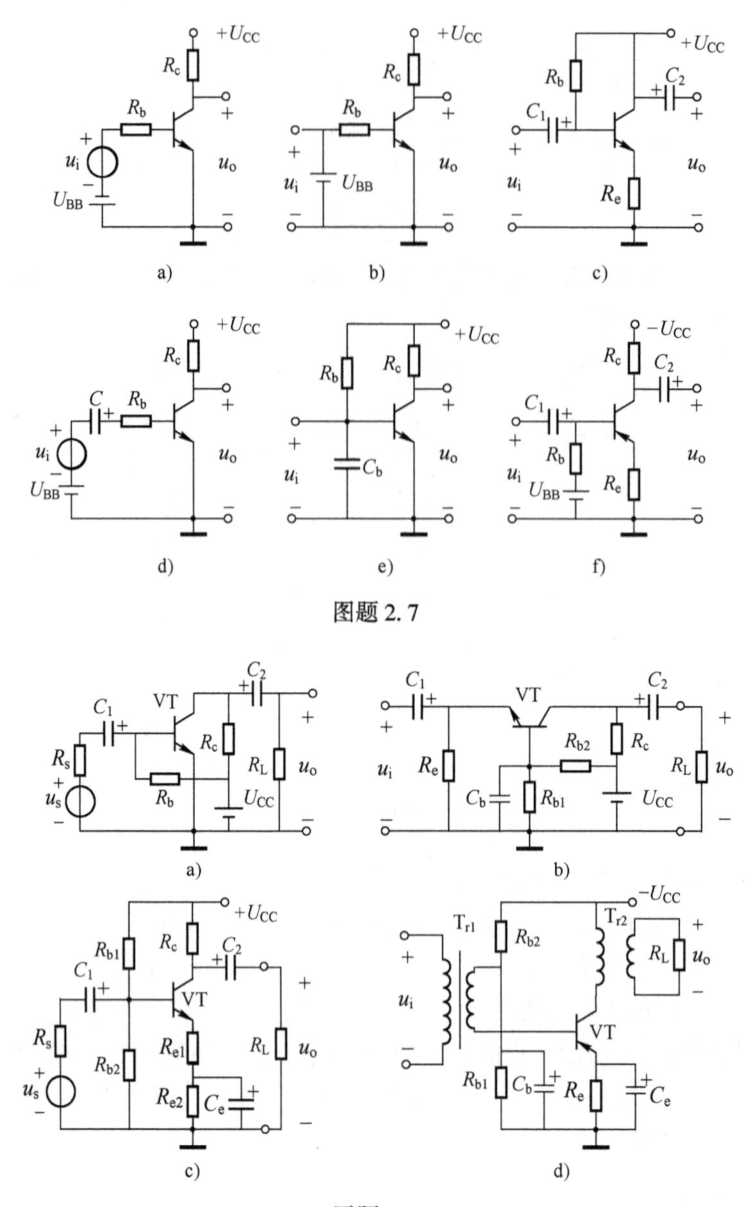

图题 2.7

图题 2.8

2.9 在图题 2.9a 所示的放大电路中，用示波器观察 u_o 波形如图 b 所示。

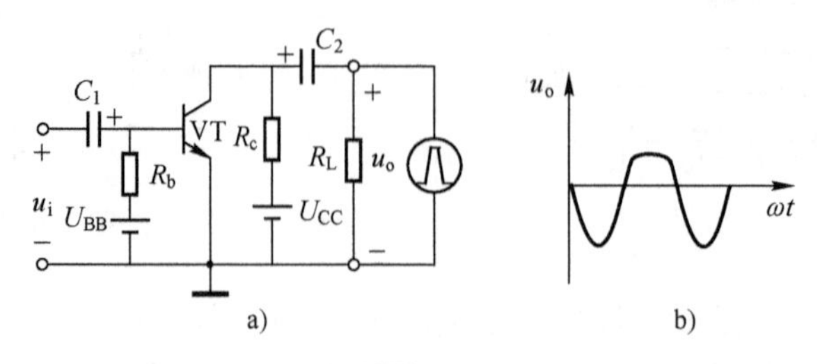

图题 2.9

（1）说明是哪一种失真。

（2）要消除失真，R_b 应增大还是减小？

2.10　某固定偏置放大电路如图题 2.10a 所示，其中晶体管的输出特性曲线和放大电路的交、直流负载线如图题 2.10b 所示，试求：

（1）电源电压 U_{CC}，静态电流 I_{BQ}、I_{CQ}和电压 U_{CEQ}值。

（2）电阻 R_b、R_c、R_L 的值。

（3）输出电压的最大不失真幅度。

（4）要使该电路能不失真地放大，基极正弦电流的最大幅值是多少？

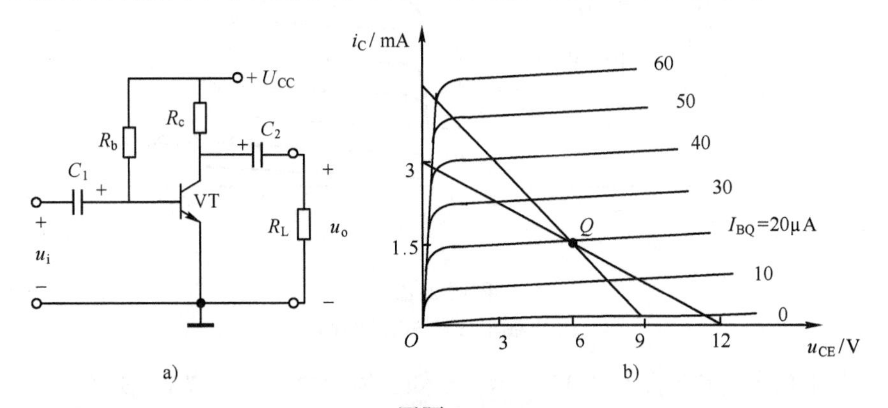

图题 2.10

a）电路图　b）输出特性曲线

2.11　图题 2.11a 所示电路中晶体管的输出特性曲线如图 b 所示。

（1）试画出交、直流负载线。

（2）求出电路的最大不失真电压幅值。

（3）若继续增大 u_i，电路将首先出现什么性质的失真？输出波形的顶部还是底部发生失真？

（4）在不改变晶体管和电源电压 U_{CC}的前提下，为了提高最大不失真电压幅值，应该调整电路中哪个参数？增大还是减小？

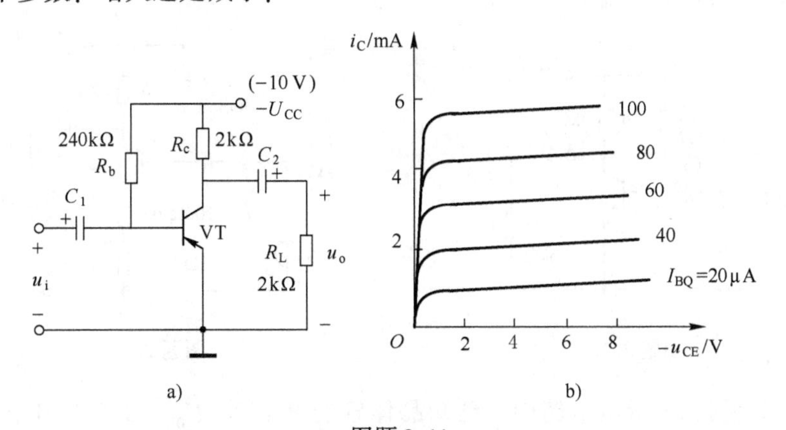

图题 2.11

a）电路图　b）输出特性曲线

2.12 放大电路及晶体管的输出特性如图题 2.12 所示。

(1) 用图解法确定静态工作点 Q。

(2) 在 U_{CC} 和晶体管不变的情况下，为了把晶体管的静态集电极电压 U_{CEQ} 提高到 7 V 左右，可以改变哪些参数？如何改法？

(3) 如果 i_B 的交流分量为 $i_b = 20\sin\omega t(\mu A)$，试用图解法画出 i_C 和 u_{CE} 的波形，并求输出电压的幅值 U_{om}。

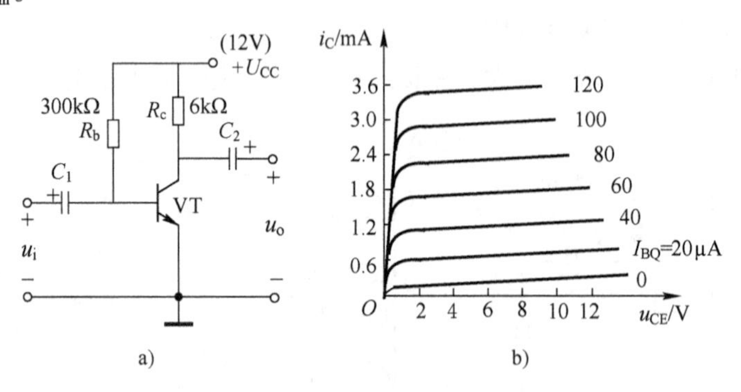

图题 2.12

a) 电路图 b) 输出特性曲线

2.13 共射放大电路如图题 2.13 所示，已知晶体管的 $U_{BE} = 0.7\ V$，$\beta = 50$，$r_{bb'} = 300\ \Omega$。

(1) 求静态工作点 Q。

(2) 画出小信号等效电路。

(3) 求放大电路的输入电阻 R_i 和输出电阻 R_o。

(4) 求电压放大倍数 $\dot{A}_u$ 和源电压放大倍数 $\dot{A}_{us}$。

2.14 在图题 2.14 所示电路中，已知晶体管的 $r_{bb'} = 300\ \Omega$，$U_{BE} = 0.7\ V$，$\beta = 50$。

(1) 求静态工作点 Q。

(2) 画出小信号等效电路。

(3) 求放大电路的 $\dot{A}_{us}$、R_i、R_o。

(4) 当 $u_s = 10\ mV$ 时，输出电压 u_o 是多少？

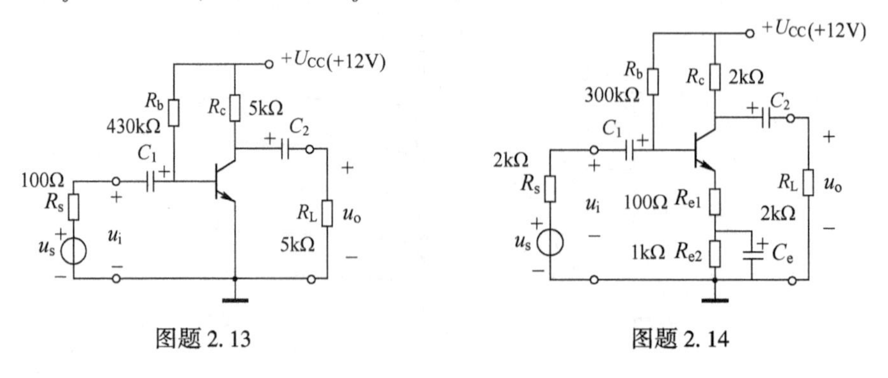

图题 2.13　　　　图题 2.14

2.15 在图题 2.15 所示电路中，已知晶体管的 $\beta = 30$，$U_{BE} = 0.6\ V$，$V_{CC} = 12\ V$，$R_c = 3\ k\Omega$，$R_e = 1\ k\Omega$，$R_{b1} = 10\ k\Omega$，$R_{b2} = 50\ k\Omega$。

(1) 计算电路的静态工作点 I_{CQ}、U_{CEQ}，并求 $\dot{A}_u$、R_i、R_o

（2）如果换一只$\beta=60$的同类型管子，放大电路能否正常工作？

（3）如果温度由10℃上升至50℃，试说明U_{CQ}将如何变化（增大、减小或不变）？为什么？

2.16　射极输出器如图题2.16所示，已知晶体管的$r_{bb'}=100\,\Omega$，$U_{BE}=0.7\,V$，$\beta=100$。

（1）试求静态工作Q。

（2）画出放大电路的小信号等效电路。

（3）分别求出$R_L=\infty$和$R_L=1.2\,k\Omega$时的$\dot{A}_u$、R_i、R_o。

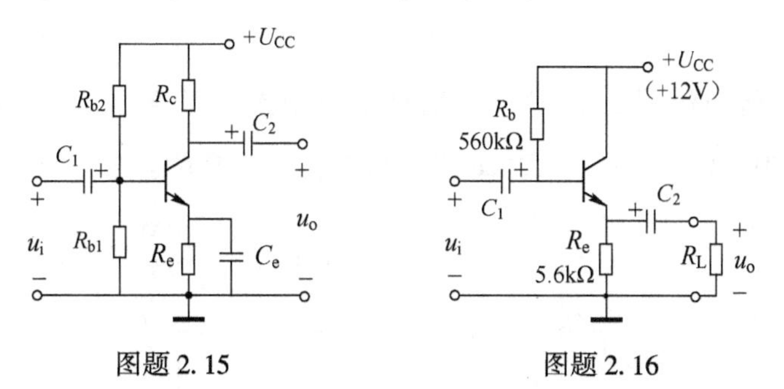

图题 2.15　　　　图题 2.16

2.17　在图题2.17所示的共基放大电路中，已知晶体管的$r_{bb'}=300\,\Omega$，$\beta=50$，$U_{BE}=0.7\,V$，$V_{CC}=12\,V$，$R_c=5.6\,k\Omega$，$R_e=3.3\,k\Omega$，$R_{b1}=10\,k\Omega$，$R_{b2}=20\,k\Omega$，$R_L=5.6\,k\Omega$，试求

（1）静态工作点Q。

（2）电压放大倍数$\dot{A}_u$、输入电阻R_i和输出电阻R_o。

（3）说明输出电压u_o与输入电压u_i的相位关系。

2.18　共射放大电路如图题2.18所示。已知锗晶体管的$\beta=150$，$U_{BE}=0.3\,V$，$U_{CES}=0.2\,V$，$r_{bb'}=0$。

（1）画出小信号等效电路；

（2）试求电压放大倍数$\dot{A}_u$、输入电阻R_i和输出电阻R_o

（3）求最大不失真输出电压的幅值

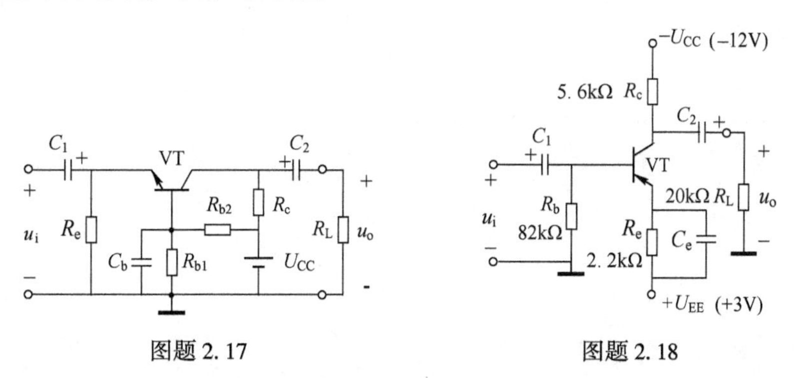

图题 2.17　　　　图题 2.18

2.19　电路如题图2.19所示，已知晶体管的$\beta=100$，$U_{BE}=0.7\,V$，$r_{bb'}=0$，试求：

（1）各电极的静态电压U_B、U_E、U_C。

（2）R_i、R_o、$\dot{A}_u$和$\dot{A}_{us}$。

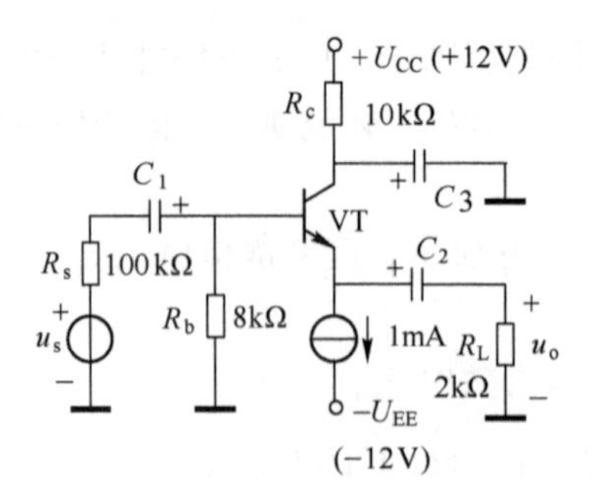

图题 2.19

2.20　共基电路如题图 2.20 所示，射极电路中接一恒流源，已知晶体管的 $\beta=100$，$U_{BE}=0.7\text{ V}$，$r_{bb'}=300\,\Omega$，$R_s=0$，试求放大电路的$\dot{A}_{us}$、R_i 和 R_o。

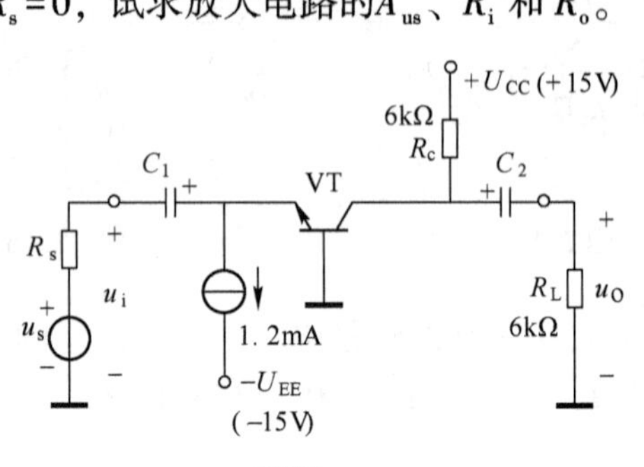

图题 2.20

第 3 章　场效应晶体管及其放大电路

本章讨论的主要问题：

1. 场效应晶体管有几种类型？
2. 场效应晶体管的伏安特性和主要参数有哪些？
3. 场效应晶体管的工作原理？
4. 何为场效应晶体管的开启电压和夹断电压？
5. 场效应晶体管放大电路有什么特点？
6. 如何利用场效应晶体管构成放大电路？它和晶体管构成的放大电路一样吗？
7. 场效应晶体管放大电路的小信号模型与晶体管的小信号模型有何不同？如何应用小信号模型进行分析？

3.1　场效应晶体管

第 2 章介绍的半导体晶体管是一种电流控制型器件，由于它靠半导体中的两种载流子——自由电子和空穴导电，所以又称为双极型晶体管。而场效应晶体管（Field Effect Transistor，FET）是一种**电压控制型器件**，它仅靠半导体中的多数载流子导电，故又称为单极型晶体管。由于场效应晶体管具有体积小、噪声低、稳定性好、制造工艺简单、易于集成等特点，所以目前被广泛地用于大规模集成电路的制造。

场效应晶体管按结构分为绝缘栅型场效应晶体管（Insulated Gate Field Effect Transistor，IGFET）和结型场效应晶体管（Junction Field Effect Transistor，JFET）。根据绝缘层所用材料的不同，有多种不同类型的绝缘栅型场效应晶体管，目前采用最广泛的一种是以二氧化硅（SiO_2）为绝缘层，称为**金属-氧化物-半导体场效应晶体管**（Metal-Oxide Semiconductor Field Effect Transistor，MOSFET），简称 **MOS 管**。这种场效应晶体管输入电阻约为 10^8 ~ 10^{10} Ω，高的可达 10^{15} Ω，并且制造工艺简单，便于集成。

MOSFET 又分为 N 沟道和 P 沟道两种类型，每类根据工作方式不同，又可分为增强型和耗尽型。本节将对场效应晶体管的结构、工作原理、特性及主要参数进行介绍。

3.1.1　绝缘栅型场效应晶体管

1. N 沟道增强型 MOSFET

（1）结构和符号

N 沟道增强型 MOSFET 的结构示意图如图 3-1a 所示。它以一块掺杂浓度较低的 P 型硅片为衬底，利用扩散工艺在衬底的上边制作两个高掺杂的 N^+型区，在两个 N^+型区表面喷上一层金属铝，引出两个电极，分别称为源极 s 和漏极 d，然后在 P 型硅表面制作一层很薄的二氧化硅绝缘层，并在两个 N^+型区之间的绝缘层表面也喷上一层金属铝，引出一个电极称为栅极 g。在衬底底部引出引线 B，通常衬底与源极接在一起使用。这样栅极-SiO_2绝缘层-衬底形成一个平板电容器，通过控制栅源电压改变衬底中靠近绝缘层处感应电荷的多少，从而控制漏极电流。这种在栅极与其他电极之间用一绝缘层隔开的管子称为**绝缘栅型场效应晶体管**。所谓**增强型**就是在 $u_{GS}=0$ 时，没有导电沟道，$i_D=0$。N 沟道增强型 MOSFET 和 P 沟道增强型 MOSFET 的电路符号如图 3-1b、c 所示。漏-源之间用断续线表示增强型，衬底 B 上的箭头方向是 PN 结正向偏置时的正向电流方向。箭头指向管内表示衬底为 P 型半导体的 N 沟道 MOSFET，箭头指向管外表示衬底为 N 型半导体的 P 沟道 MOSFET。下面以 N 沟道 MOS 管为例来讨论其工作原理和特性。

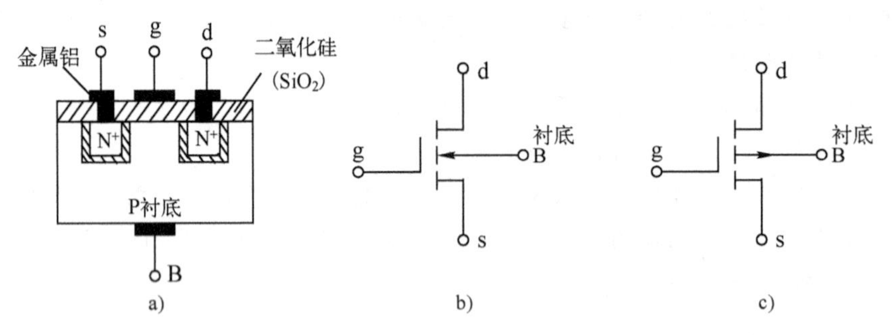

a) b) c)

图 3-1　N 沟道增强型 MOSFET 结构示意图和增强型 MOS 管符号

a）结构示意图　b）N 沟道增强型 MOS 管符号　c）P 沟道增强型 MOS 管符号

（2）工作原理

正常工作时，N 沟道 MOSFET 的栅源电压 u_{GS}和漏源电压 u_{DS}均为正值。

当 $u_{GS}=0$ 时，漏-源之间是两个背靠背的 PN 结，不存在导电沟道。此时，即使漏-源之间加上正电压，也肯定是一个 PN 结导通，一个 PN 截止。因此不会有漏极电流 i_D。

当 $u_{DS}=0$ 且 $u_{GS}>0$ 时，由于 SiO_2绝缘层的作用，栅极电流为零。但是作为平板电容器，在 SiO_2绝缘层中产生一个由栅极指向衬底的电场，该电场排斥栅极附近 P 型衬底的空穴，使之剩下了不能移动的负离子区，形成耗尽层；同时把 P 型衬底内的少子电子吸引到衬底表面，如图 3-2a 所示；随着 u_{GS}增大，一方面耗尽层加宽，另一方面被吸引到衬底表面的电子增多，当 u_{GS}增大到一定数值时，在衬底表面形成了一个电子薄层，称为反型层，如图 3-2b 所示。这个反型层将两个 N^+型区相连，成为漏-源之间的导电沟道。通常将开始形成反型层所需的 u_{GS}值称为**开启电压** $U_{GS(th)}$。u_{GS}越大，反型层越厚，导电沟道电阻越小。

当 $u_{GS}>U_{GS(th)}$后，若在漏-源之间加正向电压，将有漏极电流 i_D产生。当 u_{DS}较小时，i_D随 u_{DS}的增大而线性上升。由于沟道存在电位梯度，从漏极到源极电位逐渐降低，因此加在“平板电容器”上的电压将沿着沟道变化，$u_{GD}=u_{GS}-u_{DS}$，则靠近源端的电压最大，其值为 u_{GS}，相应沟道最深；靠近漏端电压最小，相应沟道最浅，如图 3-2c 所示。当 u_{DS}增大到一定数值时，即 $u_{GD}=u_{GS}-u_{DS}=U_{GS(th)}$时，近漏端的反型层消失，沟道在 A 点被夹断，称为预夹断，如图 3-2d 所示。由 $u_{GD}=u_{GS}-u_{DS}=U_{GS(th)}$有

$$u_{DS(\text{预夹断})}=u_{GS}-U_{GS(th)} \tag{3-1}$$

式（3-1）是预夹断的临界条件，即可变电阻区和饱和区的分界点。如果 u_{DS}继续增大，夹断区域延长，如图 3-2e 所示。以后，由于 u_{DS}的增大部分几乎全部用于克服夹断区对漏极电流的阻力，所以 i_D几乎不随 u_{DS}的增大而变化，管子进入恒流区，i_D基本上由 u_{GS}控制。

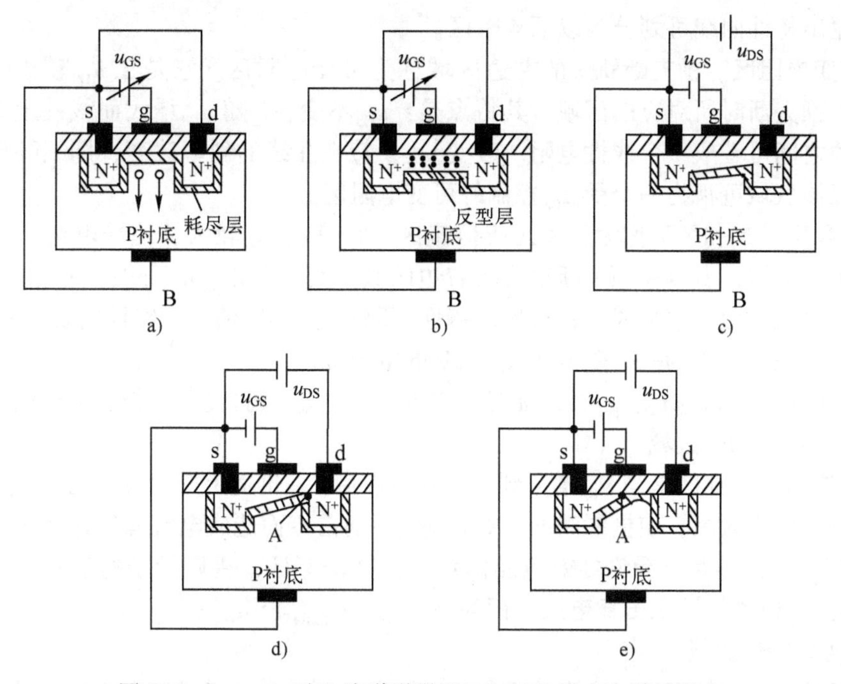

图 3-2　u_{GS}、u_{DS}对 N 沟道增强型 MOSFET 导电沟道的影响

a）$u_{DS}=0$，$u_{GS}<U_{GS(th)}$　b）$u_{DS}=0$，$u_{GS}>U_{GS(th)}$　c）$u_{DS}>0$，$u_{GS}>U_{GS(th)}$

d）$u_{GS}>U_{GS(th)}$，$u_{DS}=u_{GS}-U_{GS(th)}$　e）$u_{GS}>U_{GS(th)}$，$u_{DS}>u_{GS}-U_{GS(th)}$

（3）输出特性曲线

输出特性曲线是指在栅源电压 U_{GS}为某一固定值时，漏极电流 i_D与漏源电压 u_{DS}之间的关系曲线，即

$$i_D=f(u_{DS})\big|_{U_{GS}=\text{常数}} \tag{3-2}$$

对应于一个 u_{GS}，就有一条输出曲线，因此输出特性曲线是一特性曲线族。N 沟道增强型 MOSFET 的输出特性曲线如 3-3a 所示。图中将各条曲线上 $u_{DS}=u_{GS}-U_{GS(off)}$的点连成一条虚线，该虚线为**预夹断轨迹**。

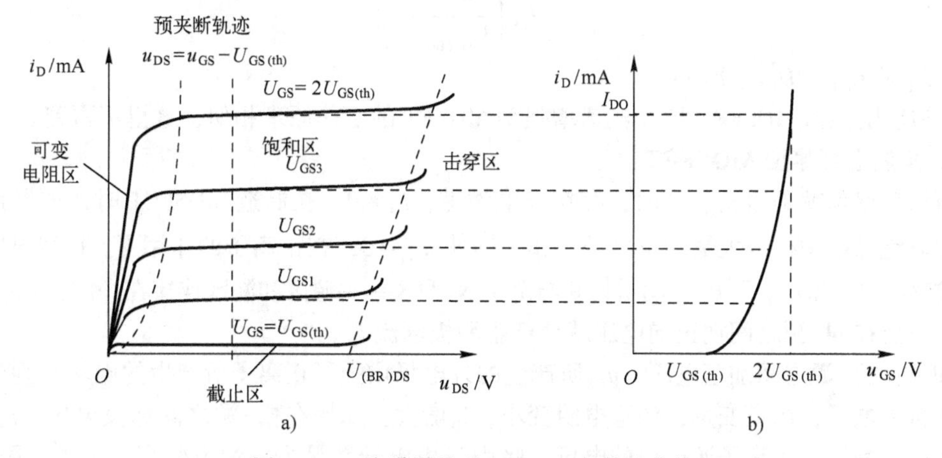

图 3-3　N 沟道增强型 MOSFET 的特性曲线

a）输出特性曲线　b）转移特性曲线

整个输出特性曲线可划分为以下 4 个区。

1）**可变电阻区**。预夹断轨迹的左边区域称为可变电阻区。它是在 u_{DS}较小时，导电沟道没有产生预夹断时所对应的区域。其特点是：u_{GS}不变，i_D随 u_{DS}增大而线性上升，场效应晶体管漏源之间可看成一个线性电阻。改变 u_{GS}，特性曲线的斜率改变，即线性电阻的阻值改变，所以该区域可视为一个受 u_{GS}控制的可变电阻区。

2）**饱和区**。饱和区又称为放大区或恒流区。它是在 u_{DS}较大，使导电沟道产生预夹断以后所对应的区域，所以在预夹断轨迹的右边区域。其特点是：u_{GS}不变，i_D随 u_{DS}增大仅仅略有增加，曲线近似为水平线，具有恒流特性。取 u_{GS}为不同值时，特性曲线是一族平行线。因此，在该区域 i_D可视为一个受电压 u_{GS}控制的电流源。

3）**截止区**。当 $u_{GS}<u_{GS(th)}$时，无导电沟道，$i_D\approx0$，场效应晶体管处于截止状态，即图 3-3a 中靠近横轴的区域。

4）**击穿区**。击穿区是当 u_{DS}增大到一定数值以后，i_D迅速上升所对应的区域。它是由于加在沟道中的电压太高，使栅漏间的 PN 结发生雪崩击穿而造成电流 i_D迅速增大。**栅漏击穿电压**记为 $U_{(BR)GD}$。通常不允许场效应晶体管工作在击穿区，否则管子将损坏。一般把开始出现击穿的 u_{DS}值称为**漏源击穿电压**，记为 $U_{(BR)DS}$，$U_{(BR)DS}=u_{GS}-U_{(BR)GD}$。

（4）转移特性曲线

由于场效应晶体管栅极输入电流近似为零，所以讨论输入特性是没有意义的。但是，场效应晶体管是一种电压控制型器件，其栅源电压 u_{GS}可以控制漏极电流 i_D，故讨论 u_{GS}和 i_D之间的关系可以研究电压对电流的控制作用。所谓**转移特性**曲线就是在漏源电压 U_{DS}为一固定值时，漏极电流和栅源电压之间的关系曲线，即

$$i_D=f(u_{GS})\big|_{U_{DS}=\text{常数}} \tag{3-3}$$

转移特性曲线可以根据输出特性曲线求得。在输出特性曲线的饱和区中作一条垂直于横轴的垂线，如图 3-3b 所示。该垂线与各条输出特性曲线的交点表示场效应晶体管在 U_{DS}一定的条件下 i_D与 u_{GS}关系。把各交点的 i_D与 u_{GS}值画在 i_D-u_{GS}的直角坐标系中，连接各点便得到转移特性曲线。

转移特性可近似地表示为

$$i_D=I_{DO}\left(\frac{u_{GS}}{U_{GS(th)}}-1\right)^2 \tag{3-4}$$

式中，I_{DO}是 $u_{GS}=2U_{GS(th)}$时的 i_D。

P 沟道增强型 MOSFET 与 N 沟道增强型 MOFET 的工作原理相似，这里不再赘述。

2. N 沟道耗尽型 MOSFET

所谓**耗尽型**就是当 $u_{GS}=0$ 时，存在导电沟道，$i_D\neq0$。在制造 MOSFET 时，如果预先在二氧化硅绝缘层中掺入大量的正离子，那么即使 $u_{GS}=0$，在正离子的作用下，P 型衬底表层也会被感应出反型层，形成 N 沟道，并与两个 N^+型区——源区和漏区连接在一起，如图 3-4a 所示。只要在漏-源之间加正向电压就会产生漏极电流 i_D。

如果在栅-源之间加正电压，u_{GS}所产生的外电场增强了正离子所产生的电场，则会吸引更多的自由电子，沟道变宽，沟道电阻变小，i_D增大；如果在栅-源之间加负电压，u_{GS}所产生的外电场削弱了正离子所产生的电场，吸引自由电子数量少，沟道变窄，沟道电阻变大，i_D减小；当 u_{GS}负到一定值时，导电沟道消失，$i_D=0$，此时的 u_{GS}值称为**夹断电压** $U_{GS(off)}$。可

见耗尽型 MOSFET 的栅源电压 u_{GS}可正、可负，改变 u_{GS}可以改变沟道宽度，从而控制漏极电流 i_D。由于这种管子的栅极和源极是绝缘的，所以栅极基本上无电流。

耗尽型 MOSFET 的电路符号如图 3-4b、c 所示。

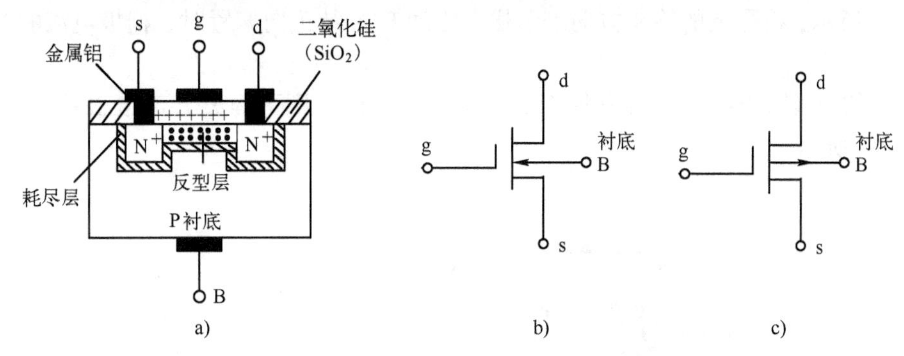

图 3-4　N 沟道耗尽型 MOSFET 结构示意图和耗尽型 MOS 管符号

a）结构示意图　b）N 沟道耗尽型 MOS 管符号　c）P 沟道耗尽型 MOS 管符号

N 沟道耗尽型场效应晶体管的输出特性曲线和转移特性曲线如图 3-5 所示。

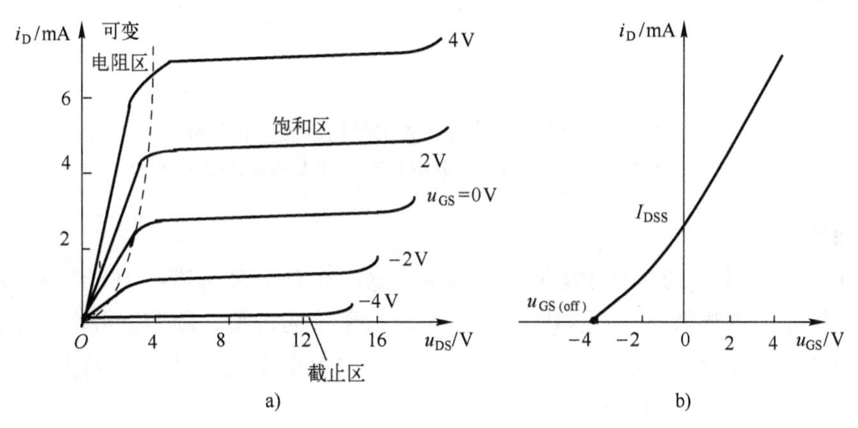

图 3-5　N 沟道耗尽型 MOS FET 的输出特性曲线和转移特性曲线

a）输出特性曲线　b）转移特性曲线

在工程计算中，饱和区里 i_D与 u_{GS}关系可用转移特性方程来描述，即

$$i_D = I_{DSS}\left(1-\frac{u_{GS}}{U_{GS(off)}}\right)^2 \qquad U_{GS(off)} < u_{GS} < 0 \tag{3-5}$$

式中，I_{DSS}是 $u_{GS}=0$ 时的漏极电流，常称为**饱和漏极电流**。$U_{GS(off)}$为夹断电压。

3. P 沟道 MOSFET

与 N 沟道 MOSFET 相对应，P 沟道增强型 MOSFET 的漏-源之间应加负电压，当 $u_{GS} < U_{GS(th)}$时导电沟道才存在，管子导通，所以开启电压 $U_{GS(th)}<0$；P 沟道耗尽型 MOSFET 的栅源电压 u_{GS}可为正或负值，夹断电压 $U_{GS(off)}>0$，改变 u_{GS}可实现对漏极电流 i_D的控制。

3.1.2　结型场效应晶体管

1. 结构和符号

结型场效应晶体管又分为 N 沟道 JFET 和 P 沟道 JFET。在一块 N 型半导体两侧制作两个高掺杂的 P 型区，形成两个 P^+N 结。将两个 P 型区连在一起，引出一个电极称为栅极 g，在 N 型半导体两端各引出一个电极，分别称为漏极 d 和源极 s，两个 P^+N 结中间的 N 型区域称为导电沟道，故该结构是 **N 沟道 JFET**。N 沟道 JFET 的结构示意图和电路符号如图 3-6a、b 所示，符号上的箭头方向表示栅源之间 P^+N 结正向偏置时，栅极电流的方向由 P 指向 N。

若在一块 P 型半导体两侧制作两个高掺杂的 N 型区，则可构成 P 沟道 JFET。其电路符号如图 3-6c 所示。

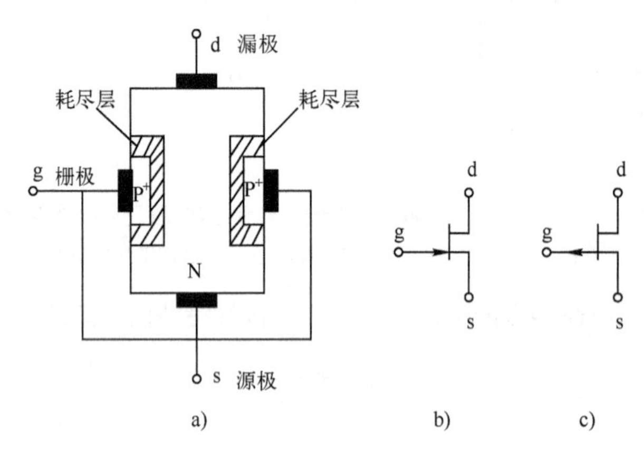

图 3-6　结型场效应晶体管的结构示意图和符号

a）结构示意图　b）N 沟道 JFET 符号　c）P 沟道 JFET 符号

2. 工作原理

JFET 正常工作时，JFET 的 PN 结必须加反偏电压。对于 N 沟道的 JFET，在栅极和源极之间应加负电压（即栅源电压 $u_{GS}<0$），使 P^+N 结处于反向偏置，随着栅源电压 u_{GS} 变化，两个 P^+N 结的加宽，即耗尽层的宽度发生变化，导电沟道也跟着变化；在漏极和源极加正电压（即漏源电压 $u_{DS}>0$），以形成漏极电流 i_D。

（1）u_{GS} 对导电沟道的控制作用

令 $u_{DS}=0$，即将漏极和源极短接，此时 N 沟道宽度仅受栅源电压 u_{GS} 的影响。

当 $u_{DS}=0$，且 $u_{GS}=0$ 时，P^+N 结耗尽层最窄，导电沟道最宽。如图 3-7a 所示。

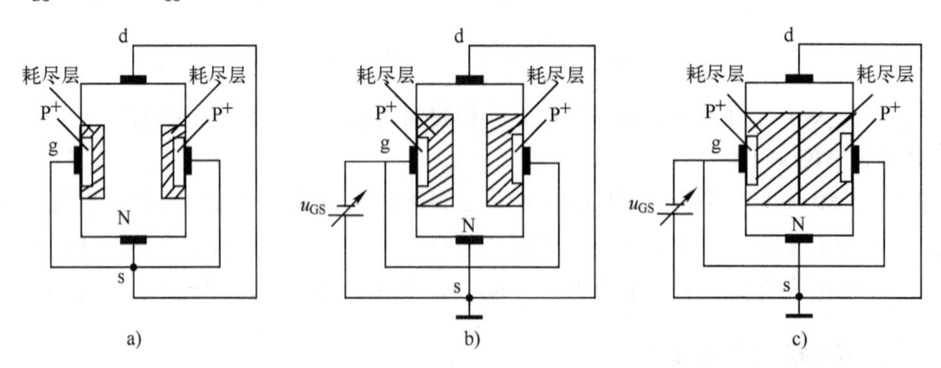

图 3-7　$u_{DS}=0$ 时，栅源电压 u_{GS} 对导电沟道的影响

a）$u_{GS}=0$　b）$U_{GS(off)}<u_{GS}<0$　c）$u_{GS}\leqslant U_{GS(off)}$

当 $|u_{GS}|$ 增大时，反向电压加大，耗尽层加宽，导电沟道变窄，如图 3-7b 所示，沟道电阻增大。当 $|u_{GS}|$ 增大到一定数值时，沟道两侧的耗尽层相碰，导电沟道消失，如图 3-7c 所示，沟道电阻趋于无穷大，称此时的 u_{GS} 为**夹断电压**，记作 $\boldsymbol{U_{GS(off)}}$。N 沟道的夹断电压 $U_{GS(off)}$ 是一个负值。

（2）u_{DS} 对 i_D 的影响

当 u_{GS} 一定时，若 $u_{DS}=0$，虽然存在导电沟道，但是多数载流子不会产生定向移动，所以漏极电流 i_D 为零。

当加上漏源电压 u_{DS} 后，多数载流子，即自由电子在导电沟道上定向移动，形成了漏极电流 i_D，同时在导电沟道上产生了由漏极到源极的电压降。这样从漏极到源极的不同位置上，栅极与沟道之间的 P^+N 结上所加的反向偏置电压是不等的，靠近漏端的 P^+N 结上，反偏电压 $u_{GD}=u_{GS}-u_{DS}$ 最大，耗尽层最宽，沟道最窄；靠近源端的 P^+N 结上，反偏电压 u_{GS} 最小，耗尽层最窄，沟道最宽，导电沟道呈楔形。如图 3-8a 所示，由图可见，由于 u_{DS} 的影响，导电沟道的宽度由漏极到源极逐渐变宽，沟道电阻逐渐减小。

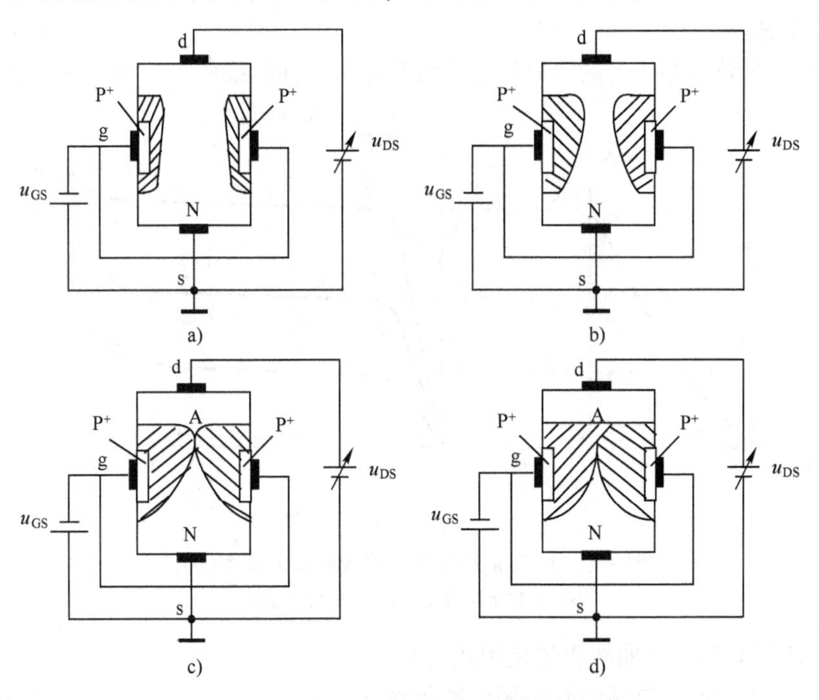

图 3-8　u_{GS} 一定、u_{DS} 对导电沟道的影响

a）$u_{DS}<u_{GS}-U_{GS(off)}$，且较小时　b）$u_{DS}<u_{GS}-U_{GS(off)}$，且增大时

c）$u_{DS}=u_{GS}-U_{GS(off)}$　d）$u_{DS}>u_{GS}-U_{GS(off)}$

在 u_{DS} 较小时，沟道靠近漏端的宽度仍然较大，沟道电阻对漏极电流 i_D 的影响较小，漏极电流 i_D 随 u_{DS} 的增大而线性增加，漏-源之间呈电阻特性。随着 u_{DS} 的增大，靠近漏端的耗尽层加宽，沟道变窄，如图 3-8b 所示，沟道电阻增大，i_D 随 u_{DS} 的增大而缓慢地增加。

当 u_{DS} 的增加使得 $u_{GD}=u_{GS}-u_{DS}=U_{GS(off)}$，即 $u_{DS}=u_{GS}-U_{GS(off)}$ 时，靠近漏端两边的 P^+N 结在沟道中 A 点相碰，这种情况称为**预夹断**，如图 3-8c 所示。在预夹断处，u_{DS} 仍能克服沟道电阻的阻力，将电子拉过夹断点，形成电流 i_D。

当 $u_{DS}>u_{GS}-U_{GS(off)}$ 以后，相碰的耗尽层扩大，A 点向源端移动，如图 3-8d 所示。由于耗尽层的电阻比沟道电阻大得多，所以 $u_{DS}>u_{GS}-U_{GS(off)}$ 的部分几乎全部降在相碰的耗尽层上，夹断点 A 与源极之间沟道上的电场基本保持在预夹断时的强度，i_D 基本不随 u_{DS} 的增加而增大，漏极电流趋于饱和。

若 u_{DS} 继续增加，最终将会导致 P^+N 结发生反向击穿，漏极电流迅速上升。

综上分析，u_{GS} 和 u_{DS} 对导电沟道均有影响，但改变 u_{GS}，P^+N 结的宽度发生改变，整个沟道宽度改变，沟道电阻改变，漏极电流跟着改变，所以漏极电流主要受栅源电压 u_{GS} 的控制。

由以上分析可得下述结论。

1）JFET 栅极和源极之间的 PN 结加反向偏置电压，故栅极电流 $i_G\approx 0$，输入电阻很高。

2）JFET 是一种电压控制型器件，改变栅源电压 u_{GS}，漏极电流 i_D 改变。

3）预夹断前，i_D 与 u_{DS} 呈线性关系；预夹断后，漏极电流 i_D 趋于饱和。

P 沟道 JFET 正常工作时，其各电极间电压的极性与 N 沟道 JFET 的相反。

3. 特性曲线

N 沟道结型场效应晶体管的转移特性曲线和输出特性曲线如图 3-9a、b 所示。

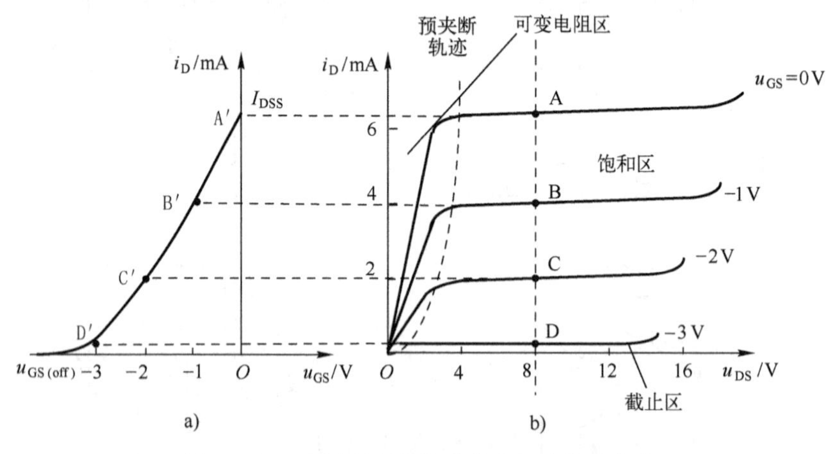

图 3-9　JFET 的转移特性曲线和输出特性曲线

a）转移特性曲线　b）输出特性曲线

描述 JFET 的转移特性曲线仍然是用式（3-5）。

例 3-1　耗尽型场效应晶体管共源电路如图 3-10 所示。已知管子的 $U_{GS(off)}=-3\text{ V}$，试分析：(1) $U_{GS}=-5\text{ V}$，$U_{DS}=4\text{ V}$；(2) $U_{GS}=-2\text{ V}, U_{DS}=4\text{ V}$；(3) $U_{GS}=1\text{ V}, U_{DS}=2\text{ V}$ 三种情况下，场效应晶体管的工作状态。

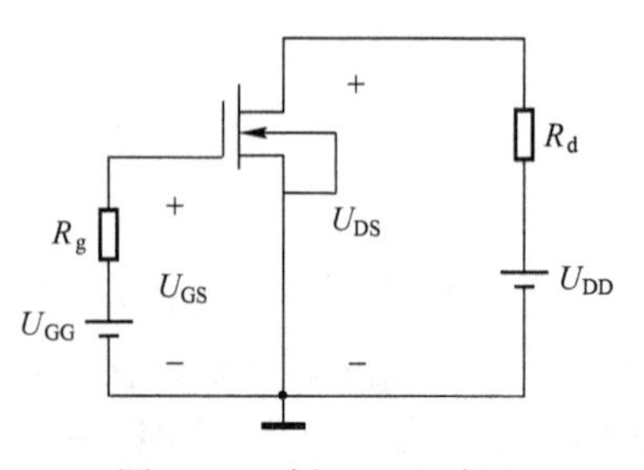

图 3-10　例 3-1 电路图

解：(1) 因为 $U_{GS}=-5\text{ V}<U_{GS(off)}=-3\text{ V}$，所以 N 沟道耗尽型 FET 的导电沟道全部夹断，无论 U_{DS} 为任何值，漏极电流 $i_D=0$，故管子工作在截止状态。

(2) 因为 $U_{GS}=-2\text{ V}>U_{GS(off)}=-3\text{ V}$，且预夹断点的漏源电压 $U_{DS(预夹断)}=U_{GS}-U_{GS(off)}=-2\text{ V}-(-3\text{ V})=1\text{ V}$，$U_{DS}=4\text{ V}$ 大于预夹断处的 U_{DS} 值，故管子工作在饱和区。

(3) 因为 $U_{GS}=1\text{ V}>U_{GS(off)}=-3\text{ V}$，且预夹断点的漏源电压 $U_{DS(预夹断)}=U_{GS}-U_{GS(off)}=1\text{ V}-(-3\text{ V})=4\text{ V}$，$U_{DS}=1\text{ V}$ 小于预夹断处的 U_{DS} 值，故管子工作在可变电阻区。

各种 MOSFET 的特性比较如表 3-1 所示。

表 3-1 各种 FET 的特性比较

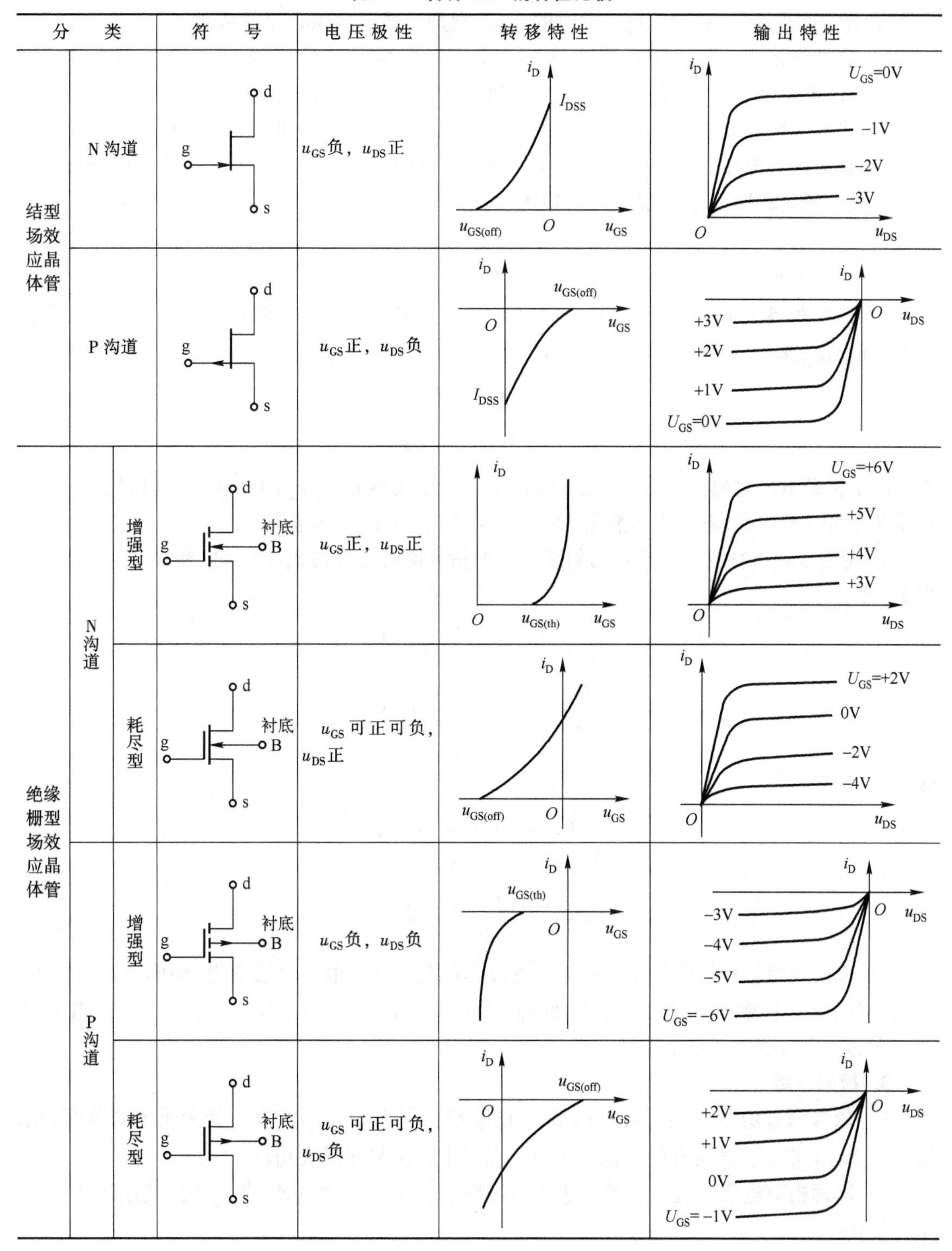

分类			符号	电压极性	转移特性	输出特性
结型场效应晶体管	N 沟道		g, d, s	u_{GS}负，u_{DS}正	i_D, I_{DSS}, $u_{GS(off)}$, O, u_{GS}	i_D, U_{GS}=0V, −1V, −2V, −3V, O, u_{DS}
	P 沟道		g, d, s	u_{GS}正，u_{DS}负	i_D, $u_{GS(off)}$, O, u_{GS}, I_{DSS}	i_D, O, u_{DS}, +3V, +2V, +1V, U_{GS}=0V
绝缘栅型场效应晶体管	N 沟道	增强型	g, d, s, 衬底 B	u_{GS}正，u_{DS}正	i_D, O, $u_{GS(th)}$, u_{GS}	i_D, U_{GS}=+6V, +5V, +4V, +3V, O, u_{DS}
		耗尽型	g, d, s, 衬底 B	u_{GS}可正可负，u_{DS}正	i_D, $u_{GS(off)}$, O, u_{GS}	i_D, U_{GS}=+2V, 0V, −2V, −4V, O, u_{DS}
	P 沟道	增强型	g, d, s, 衬底 B	u_{GS}负，u_{DS}负	i_D, $u_{GS(th)}$, O, u_{GS}	i_D, O, u_{DS}, −3V, −4V, −5V, U_{GS}=−6V
		耗尽型	g, d, s, 衬底 B	u_{GS}可正可负，u_{DS}负	i_D, $u_{GS(off)}$, O, u_{GS}	i_D, O, u_{DS}, +2V, +1V, 0V, U_{GS}=−1V

3.1.3 场效应晶体管的主要参数

1. 直流参数

1）**开启电压 $U_{GS(th)}$**：u_{DS}为某一固定值，使 i_D 大于零所需的最小 $|u_{GS}|$。手册给出的是在 i_D 为规定的微小电流（如 5 μA）时的 u_{GS}。它是增强型 MOSFET 的参数。

2）**夹断电压 $U_{GS(off)}$**：实际测试时，u_{DS}为某一固定值，使 i_D 等于一个微小电流（如 5 μA）时的栅源电压 u_{GS}。它是耗尽型 MOSFET 和 JFET 的参数。

3）**饱和漏极电流 I_{DSS}**：指 $u_{GS}=0$，u_{DS}大于夹断电压$|U_{GS(off)}|$时所对应的漏极电流。

4）**直流输入电阻 $R_{GS(DC)}$**：栅源电压与栅极电流的比值。由于场效应晶体管的栅极几乎不取电流，所以其输入电阻很大。一般 MOSFET 的 $R_{GS(DC)}$ 大于$10^9\ \Omega$，JFET 的 $R_{GS(DC)}$ 大于 $10^7\ \Omega$。

2. 交流参数

1）**低频跨导 g_m**：在管子工作于恒流区且 u_{DS}为常数时，i_D 的微变量 Δi_D 和引起它变化的微变量 Δu_{GS}之比，称为低频跨导，即

$$g_m=\left.\frac{\Delta i_D}{\Delta u_{GS}}\right|_{U_{DS}=常数} \tag{3-6}$$

它反映了栅源电压对漏极电流的控制能力，g_m 越大表示 u_{GS}对 i_D 的控制能力越强。g_m 的单位是 S（西门子）或 mS。通常情况下它在十分之几至几 mS 的范围内。

g_m 相当于转移特性上工作点的斜率。它的估算值可通过对式（3-4）和式（3-5）求导得到，即

$$\begin{aligned} g_m&=\frac{\mathrm{d}[I_{DO}(u_{GS}/U_{GS(th)}-1)^2]}{\mathrm{d}u_{GS}}\\ &=\frac{2I_{DO}(u_{GS}/U_{GS(th)}-1)}{U_{GS(th)}} \end{aligned} \tag{3-7}$$

或

$$\begin{aligned} g_m&=\frac{\mathrm{d}[I_{DSS}(1-u_{GS}/U_{GS(off)})^2]}{\mathrm{d}u_{GS}}\\ &=-\frac{2I_{DSS}(1-u_{GS}/U_{GS(off)})}{U_{GS(off)}} \end{aligned} \tag{3-8}$$

2）**极间电容**：场效应晶体管的三个电极间存在着极间电容。通常栅-源间极间电容 C_{gs} 和栅-漏间极间电容 C_{ds}约为 1～3 pF，而漏-源间极间电容 C_{ds}约为 0.1～1 pF。它们是影响高频性能的微变参数，应越小越好。

3. 极限参数

1）**最大耗散功率 P_{DM}**：等于 u_{DS}和 i_D 的乘积，即 $P_{DM}=u_{DS}i_D$。P_{DM}受管子最高温度的限制，当 P_{DM}确定后，便可在管子的输出特性曲线上画出临界最大功耗线。

2）**漏源击穿电压 $U_{(BR)DS}$**：管子进入恒流区后，使 i_D 急剧上升的 u_{DS}值，超过此值，管子会烧坏。

3）**栅源击穿电压** $U_{(BR)GS}$：对于 MOSFET，使栅极与沟道之间的绝缘层击穿的 u_{GS}值；对于 JFET，使栅极与沟道间 PN 结反向击穿的 u_{GS}值。

3.2 场效应晶体管放大电路

3.2.1 场效应晶体管的特点

与晶体管相比，场效应晶体管有如下特点。

1）场效应晶体管是一种电压控制型器件，而双极型晶体管是一种电流控制型器件。在场效应晶体管的放大区，漏极电流 i_D 的大小受栅源电压 u_{GS}的控制；而在晶体管的放大区，集电极电流 i_C 的大小受基极电流 i_B 的控制。

2）场效应晶体管的栅极几乎不取电流，所以其输入电阻很大。通常结型场效应晶体管的输入电阻在 $10^7\ \Omega$ 以上，MOS 场效应晶体管的输入电阻则为 $10^8\sim10^{10}\ \Omega$，高的可达 $10^{15}\ \Omega$。而双极型晶体管的基极与发射极之间处于正向偏置，因此输入电阻较小，一般为几千欧的数量级。

3）由于场效应晶体管靠多数载流子导电，是一种单极型器件，所以具有噪声小、温度稳定性好的特点。而双极型晶体管靠两种载流子导电，是一种双极型器件，易受环境温度的影响。

4）场效应晶体管的制造工艺简单，易于大规模集成。特别是 MOS 场效应晶体管的集成度更高。

5）由于场效应晶体管的跨导较小，所以在组成放大电路时，在相同的负载下其电压放大倍数一般比晶体管的要低。

3.2.2 场效应晶体管放大电路的三种组态电路

场效应晶体管和晶体管一样，具有放大作用，场效应晶体管的三个电极栅极、漏极和源极对应着晶体管的基极、集电极和发射极。因此场效应晶体管组成放大电路时也有三种组态，即共源放大电路、共漏放大电路和共栅放大电路。以 N 沟道增强型 FET 为例，三种组态的交流通路如图 3-11 所示。由于共栅电路很少使用，本节只介绍共源和共漏两种放大电路。

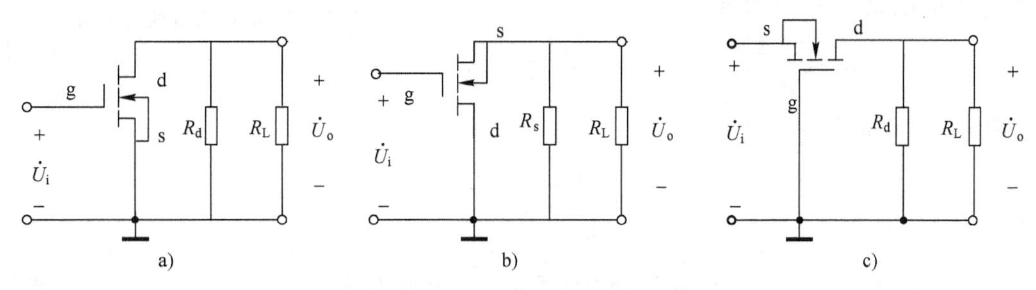

图 3-11 场效应晶体管放大电路的三种组态

a）共源放大电路 b）共漏放大电路 c）共栅放大电路

3.2.3 场效应晶体管放大电路的直流偏置电路及静态分析

与晶体管放大电路一样，为使场效应晶体管放大电路正常工作，必须给放大电路一定的偏置，建立合适的静态工作点。通常有两种偏置形式，现以 N 沟道耗尽型 FET 为例进行介绍。

1. 自给偏压电路

自给偏压电路如图 3-12 所示。

由图可见，由于栅极电流为零，电阻 R_g 上压降也为零，即 $U_g=0$。因为耗尽型场效应晶体管（包括耗尽型 MOSFET 和 JFET）在 $U_{GS}=0$ 时，导电沟道存在，静态漏极电流 I_{DQ}流过源极电阻 R_s，使源极电位 $U_{SQ}=I_{DQ}R_s$，结果在栅-源之间形成一个负偏置电压，即

$$U_{GSQ}=U_{GQ}-U_{SQ}=-I_{DQ}R_s \tag{3-9}$$

由于这个偏置电压是场效应晶体管本身的电流 I_{DQ}产生的，故称为自给偏压。

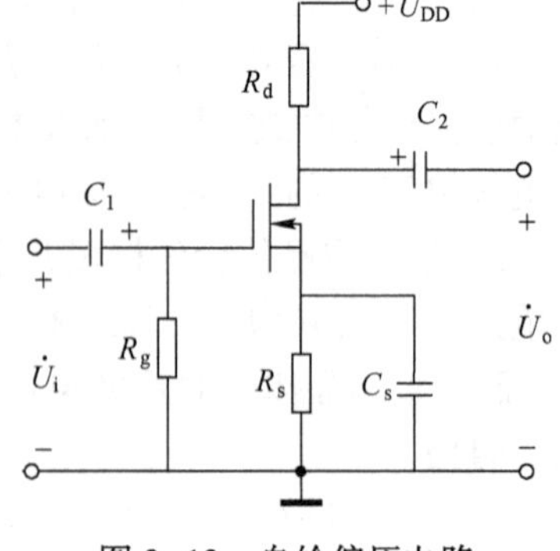

图 3-12 自给偏压电路

根据场效应晶体管的电流方程可得

$$I_{DQ}=I_{DSS}\left(1-\frac{U_{GSQ}}{U_{GS(off)}}\right)^2 \tag{3-10}$$

联立式（3-9）和式（3-10），可求得 U_{GSQ}和 I_{DQ}。

再由图 3-12 所示电路，列出输出回路方程，可求得 U_{DSQ}为

$$U_{DSQ}=U_{DD}-I_{DQ}(R_d+R_s) \tag{3-11}$$

2. 分压式自偏压电路

图 3-13 所示电路为 N 沟道耗尽型 MOSFET 构成的共源放大电路，图中漏极电源 U_{DD}经分压电阻 R_{g1}、R_{g2}分压后，通过电阻 R_g 供给栅极电压 U_G，同时漏极电流在源极电阻 R_s 上产生压降 U_S，因此该电路称为分压式自偏压电路。这种偏置方式适用于各种场效应晶体管。

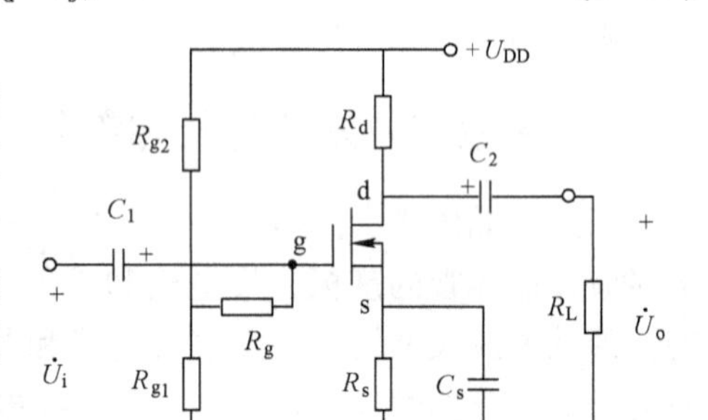

图 3-13 分压式自偏压电路

由图可知，静态时，由于栅极电流为 0。所以电阻 R_g 上的电流为 0。由此可得栅极电位为

$$U_{GQ}=\frac{R_{g1}}{R_{g1}+R_{g2}}U_{DD} \tag{3-12}$$

由上面的分析可知源极电位为

$$U_{SQ}=I_{DQ}R_s$$

则栅源电压

$$U_{GSQ}=U_{GQ}-U_{SQ}=\frac{R_{g1}}{R_{g1}+R_{g2}}U_{DD}-I_{DQ}R_s \tag{3-13}$$

改变 R_{g1}、R_{g2}、R_s 就能改变电路的偏压 U_{GSQ}，也就是改变静态工作点。

对于耗尽型场效应晶体管，求解静态工作点可根据式（3-13）、场效应晶体管的电流方

程式（3-5）和输出回路方程

$$U_{DSQ}=U_{DD}-I_{DQ}(R_d+R_s) \tag{3-14}$$

联立求得。若图 3-13 所示电路中的场效应晶体管改为 N 沟道增强型 MOSFET，求解静态工作点应根据式（3-13）、式（3-14）以及以下增强型场效应晶体管电流方程联立求得。

$$I_{DQ}=I_{DO}\left(\frac{U_{GSQ}}{U_{GS(th)}}-1\right)^2 \tag{3-15}$$

3.2.4 场效应晶体管放大电路的动态分析

1. 场效应晶体管的小信号模型

如果输入信号很小，场效应晶体管工作在线性放大区（即输出特性中的恒流区）时，与晶体管一样，可用小信号模型法进行动态分析。

将场效应晶体管看成一个二端口网络，栅极与源极之间视为输入端口，漏极与源极之间视为输出端口。以 N 沟道耗尽型 MOS 管为例，可认为栅极电流为零，栅-源之间只有电压存在。漏极电流 i_D 是栅源电压 u_{GS}和漏源电压 u_{DS}的函数，即

$$i_D=f(u_{GS},u_{DS})$$

对上式求 i_D 的全微分可得

$$di_D=\left.\frac{\partial i_D}{\partial u_{GS}}\right|_{U_{DS}}du_{GS}+\left.\frac{\partial i_D}{\partial u_{DS}}\right|_{U_{GS}}du_{DS} \tag{3-16}$$

式中，

$$\left.\frac{\partial i_D}{\partial u_{GS}}\right|_{U_{DS}}=g_m \tag{3-17}$$

$$\left.\frac{\partial i_D}{\partial u_{DS}}\right|_{U_{GS}}=\frac{1}{r_{ds}} \tag{3-18}$$

从场效应晶体管的特性曲线可知，当小信号作用时，管子的电压、电流在 Q 点附近变化，因此可认为在 Q 点附近的特性是线性的，则 g_m 和 r_{ds}近似为常数。用正弦相量$\dot{I}_d$、$\dot{U}_{gs}$、$\dot{U}_{ds}$取代变化量 di_D、du_{GS}、du_{DS}，式（3-16）可写成

$$\dot{I}_d=g_m\dot{U}_{gs}+\frac{1}{r_{ds}}\dot{U}_{ds} \tag{3-19}$$

由此可构造出场效应晶体管的小信号模型如图 3-14 所示。图中栅-源之间只有一个栅源电压$\dot{U}_{gs}$，没有栅极电流；漏-源之间是一个受电压控制的电流源和电阻 r_{ds}相并联。

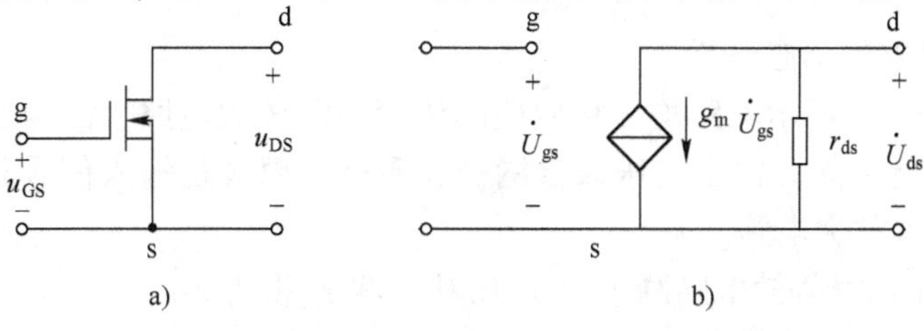

图 3-14 场效应晶体管的小信号模型

a）N 沟道耗尽型 MOSFET b）小信号模型

小信号模型中的参数 g_m 和 r_{ds} 可以从场效应晶体管的转移特性曲线和输出特性曲线求出，如图 3-15 所示。

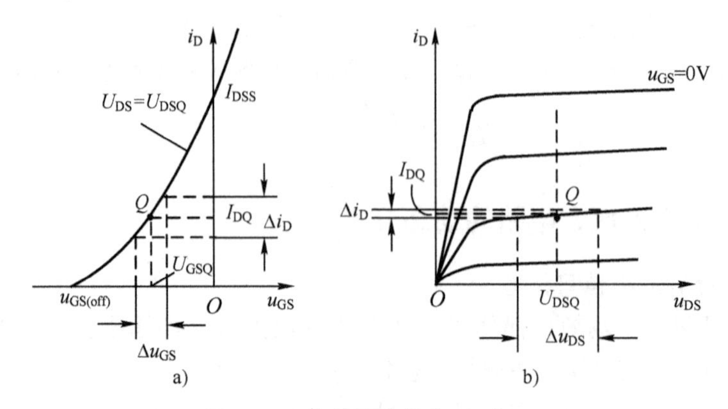

图 3-15　从特性曲线求 g_m 和 r_{ds}

a）从转移特性求解 g_m　b）从输出特性求解 r_{ds}

由转移特性可知，g_m 是 $U_{DS}=U_{DSQ}$ 那条转移特性曲线上以 Q 点为切点的切线斜率。在小信号作用时，可用切线来等效 Q 点附近的曲线，由于 g_m 是输出电流与输入电压的比值，故称为跨导，其单位为西门子（S）。

从输出特性可知，r_{ds} 是 $U_{GS}=U_{GSQ}$ 那条输出特性曲线上 Q 点处斜率的倒数，它表示曲线的上翘程度，r_{ds} 越大，曲线越平。通常 r_{ds} 在几十千欧到几百千欧之间，若外电路电阻较小时，可将 r_{ds} 视为开路，即忽略 r_{ds} 中的电流，将输出回路只等效成一个受控电流源。

对耗尽型 MOSFET 的电流方程在 Q 点求导可得 g_m 表达式为

$$\begin{aligned} g_m &= \left.\frac{\partial i_D}{\partial u_{GS}}\right|_{U_{DS}} = -\frac{2I_{DSS}}{U_{GS(off)}}\left(1-\frac{U_{GSQ}}{U_{GS(off)}}\right) \\ &= -\frac{2}{U_{GS(off)}}\sqrt{I_{DSS}I_{DQ}} \end{aligned} \tag{3-20}$$

式（3-20）表明 g_m 与 Q 点有关，Q 点越高，g_m 越大。

同理，若对增强型 MOSFET 的电流方程在 Q 点求导可得 g_m 表达式为

$$\begin{aligned} g_m &= \left.\frac{\partial i_D}{\partial u_{GS}}\right|_{U_{DS}} = \frac{2I_{DO}}{U_{GS(th)}}\left(\frac{U_{GSQ}}{U_{GS(th)}}-1\right) \\ &= -\frac{2}{U_{GS(th)}}\sqrt{I_{DO}I_{DQ}} \end{aligned} \tag{3-21}$$

2. 共源放大电路的动态分析

图 3-12 和图 3-13 所示电路均为场效应晶体管共源放大电路，因为这两个电路中输入电压加在栅极和源极之间，输出电压取自漏极和源极，源极是输入信号和输出信号的公共端，故称为共源基本放大电路。

将图 3-13 的小信号等效电路画于图 3-16 中，将 r_{ds} 视为∞。

由图可知，电压放大倍数为

$$\dot{A}_{\mathrm{u}}=\frac{\dot{U}_{\mathrm{o}}}{\dot{U}_{\mathrm{i}}}=\frac{-g_{\mathrm{m}}\dot{U}_{\mathrm{gs}}(R_{\mathrm{d}}//R_{\mathrm{L}})}{\dot{U}_{\mathrm{gs}}}=-g_{\mathrm{m}}R_{\mathrm{L}}' \tag{3-22}$$

式中，$R_{\mathrm{L}}'=R_{\mathrm{d}}//R_{\mathrm{L}}$。由式（3-22）可见，共源放大电路与共射放大电路一样具有一定的电压放大能力，且输出电压与输入电压反相。

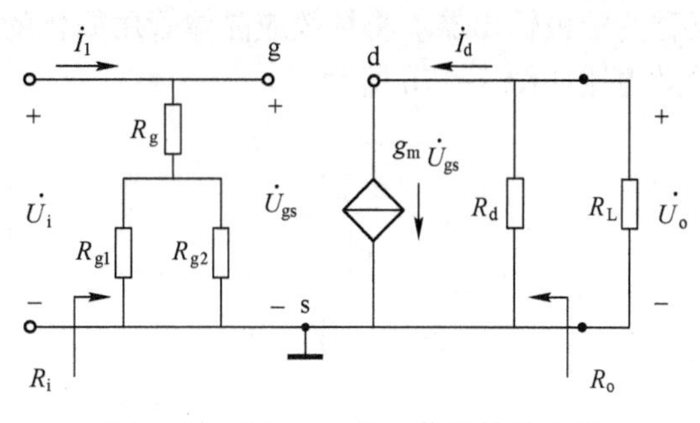

图 3-16　图 3-13 的小信号等效电路

由图 3-16 可知，共源放大电路输入电阻为

$$R_{\mathrm{i}}=R_{\mathrm{g}}+R_{\mathrm{g1}}//R_{\mathrm{g2}} \tag{3-23}$$

电阻 R_{g} 的作用是提高分压式自偏压电路的输入电阻，通常情况下 $R_{\mathrm{g}}\gg R_{\mathrm{g1}}$、$R_{\mathrm{g2}}$。

共源放大电路的输出电阻为（从放大电路输出端看进去）：

$$R_{\mathrm{o}}=R_{\mathrm{d}} \tag{3-24}$$

例 3-2　在图 3-13 所示放大电路中，已知场效应晶体管的参数 $U_{\mathrm{GS(off)}}=-0.8\,\mathrm{V}$，$I_{\mathrm{DSS}}=0.18\,\mathrm{mA}$，静态工作点处的 $g_{\mathrm{m}}=2\,\mathrm{mA/V}$，电路中的其他元件 $U_{\mathrm{DD}}=24\,\mathrm{V}$，$R_{\mathrm{g1}}=64\,\mathrm{k\Omega}$，$R_{\mathrm{g2}}=200\,\mathrm{k\Omega}$，$R_{\mathrm{g}}=1\,\mathrm{M\Omega}$，$R_{\mathrm{s}}=12\,\mathrm{k\Omega}$，$R_{\mathrm{d}}=10\,\mathrm{k\Omega}$，$R_{\mathrm{L}}=10\,\mathrm{k\Omega}$，试计算该电路的静态工作点、电压放大倍数、输入电阻和输出电阻。

解：（1）求解静态工作点

$$\begin{cases}I_{\mathrm{DQ}}=I_{\mathrm{DSS}}\left(1-\dfrac{U_{\mathrm{GSQ}}}{U_{\mathrm{GS(off)}}}\right)^2\\ U_{\mathrm{GSQ}}=\dfrac{R_{\mathrm{g1}}}{R_{\mathrm{g1}}+R_{\mathrm{g2}}}U_{\mathrm{DD}}-I_{\mathrm{DQ}}R_{\mathrm{s}}\end{cases}$$

将已知参数代入得

$$\begin{cases}I_{\mathrm{DQ}}=0.18\left(1-\dfrac{U_{\mathrm{GSQ}}}{-0.8}\right)^2\\ U_{\mathrm{GSQ}}=\dfrac{64}{64+200}\times24-I_{\mathrm{DQ}}12\end{cases}$$

解方程得 $I_{\mathrm{DQ}}=0.45\,\mathrm{mA}$，$U_{\mathrm{GSQ}}=0.4\,\mathrm{V}$（要注意 $U_{\mathrm{GSQ}}>U_{\mathrm{GS(off)}}$，否则不合理，舍去）。

$$U_{\mathrm{DSQ}}=U_{\mathrm{DD}}-I_{\mathrm{DQ}}(R_{\mathrm{d}}+R_{\mathrm{s}})=[24-0.45\times(10+12)]\,\mathrm{V}=14.1\,\mathrm{V}$$

（2）电压放大倍数

$$\dot{A}_{\mathrm{u}}=\frac{\dot{U}_{\mathrm{o}}}{\dot{U}_{\mathrm{i}}}=-g_{\mathrm{m}}(R_{\mathrm{d}}//R_{\mathrm{L}})=-2\times(10//10)=-10$$

（3）输入电阻和输出电阻分别为

$$R_{\mathrm{i}}=R_{\mathrm{g}}+R_{\mathrm{g1}}//R_{\mathrm{g2}}\approx R_{\mathrm{g}}=1\,\mathrm{M\Omega}$$
$$R_{\mathrm{o}}=R_{\mathrm{d}}=10\,\mathrm{k\Omega}$$

3. 共漏放大电路的动态分析

场效应晶体管构成的共漏放大电路如图 3-17a 所示。由于其输出电压从源极输出，故又称为源极输出器。将场效应晶体管用简化的小信号模型代替，得到共漏放大电路的小信号等效电路如图 3-17b 所示。

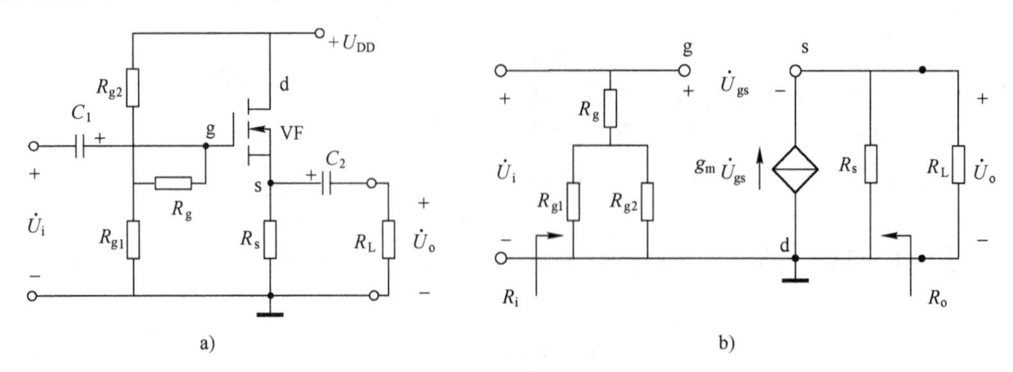

图 3-17　基本共漏放大电路

a）电路图　b）小信号等效电路

由图可知

$$\dot{A}_u=\frac{\dot{U}_o}{\dot{U}_i}=\frac{g_m\dot{U}_{gs}(R_s//R_L)}{\dot{U}_{gs}+g_m\dot{U}_{gs}(R_s//R_L)} \tag{3-25}$$

式（3-25）表明源极输出器的电压放大倍数小于 1，且输出电压与输入电压同相，当 $g_m(R_d//R_L)\gg 1$ 时，$\dot{A}_u\approx 1$，所以源极输出器又称为电压跟随器。

输入电阻为

$$R_i=R_g+R_{g1}//R_{g2} \tag{3-26}$$

根据输出电阻的定义，由图 3-18 所示等效电路可求得输出电阻。

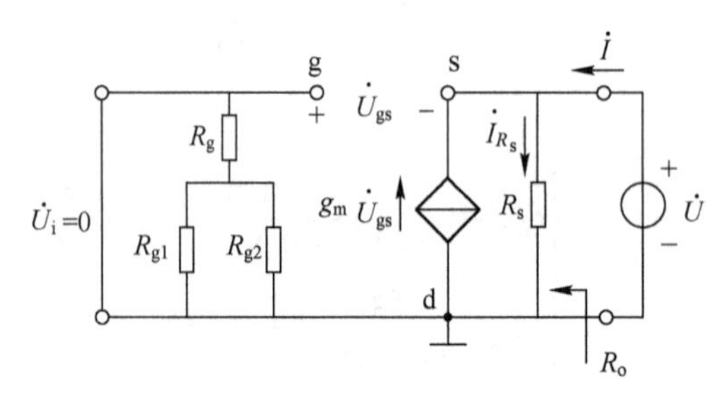

图 3-18　求共漏放大电路输出电阻的等效电路

由图 3-18 可见，令 $\dot{U}_i=0$，负载 R_L 开路，外加电压 $\dot{U}$，则产生电流 $\dot{I}$ 为

$$\dot{I}=\dot{I}_{R_s}-g_m\dot{U}_{gs}$$

又因为

$$\dot{U}_{gs}=-\dot{U}$$

所以

$$\dot{I}=\frac{\dot{U}}{R_s}+g_m\dot{U}=\left(\frac{1}{R_s}+g_m\right)\dot{U}$$

则输出电阻为

$$R_o=\frac{\dot{U}}{\dot{I}}\bigg|_{\substack{\dot{U}_i=0\\R_L=\infty}}=\frac{\dot{U}}{(1/R_s+g_m)\dot{U}}$$

$$=\left(R_s//\frac{1}{g_m}\right)\tag{3-27}$$

上式表明场效应晶体管的跨导越大，源极输出电阻越小。可见，共漏放大电路的输出电阻比共源放大电路小得多。

共栅放大电路与晶体管共基极放大电路特性十分相似，其输出电压与输入电压同相，输入电阻较小。这种电路在低频放大器中用处不大，所以这里不做介绍。顺便指出的是，共栅放大电路中场效应晶体管极间电容对高频特性的影响小，故适用于高频电路。

习题

3.1 图题 3.1b、c、d 所示是三种不同类型的场效应晶体管的转移特性曲线，试判断它们各属于什么类型的场效应晶体管（N 沟道、P 沟道；结型、绝缘栅型；增强型、耗尽型）。

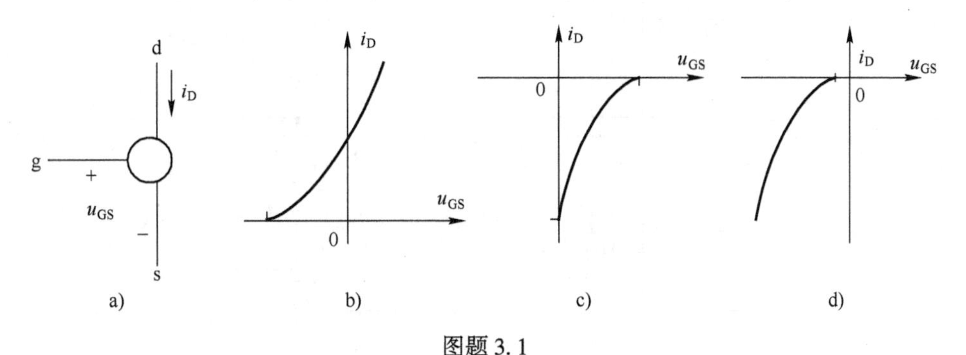

图题 3.1

3.2 已知某 N 沟道增强型 MOS 场效应晶体管的 $U_{GS(th)}=4\text{ V}$。表题 3.2 给出了四种状态下 u_{GS}和 u_{DS}的值，判断各状态下管子工作在什么区，用 A、B、C 填入表内。（A. 恒流区；B. 可变电阻区；C. 截止区）

表题 3.2

状　态	1	2	3	4
u_{GS}/V	2	5	8	8
u_{DS}/V	10	3	3	8
工作区				

3.3 已知某场效应晶体管的输出特性如图题 3.3 所示，试求管子的下列参数。

（1）试判断它是何种类型的场效应晶体管？求其夹断电压 $U_{GS(off)}$或开启电压 $U_{GS(th)}$。

（2）$u_{GS}=3\text{ V}$ 时的漏源击穿电压 $U_{(BR)DS}$。

（3）$u_{DS}=10\text{ V}$、$i_D=3\text{ mA}$ 时的跨导 g_m。

（4）画出 $u_{DS}=10\text{ V}$ 时的转移特性曲线。

3.4　电路如图题 3.4 所示，管子的 $U_{GS(th)}=3\,V$，输出特性曲线如图题 3.4 所示，试分析当 $u_I=2\,V$、$5\,V$、$6\,V$ 三种情况下，场效应晶体管分别工作在什么区域。

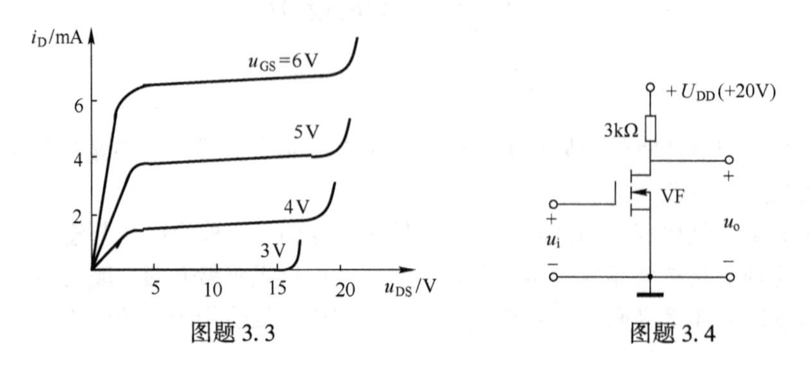

图题 3.3　　　　图题 3.4

3.5　判断图题 3.5 所示场效应晶体管放大电路能否进行正常放大，并说明理由。

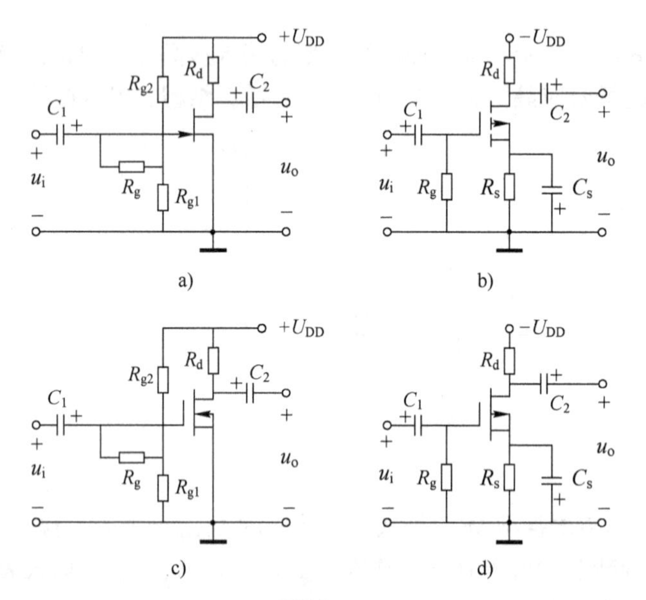

图题 3.5

3.6　在图题 3.6 所示电路中，$U_{DD}=20\,V$，$R_d=R_s=10\,k\Omega$，$R_g=1\,M\Omega$，$R_{g1}=50\,k\Omega$，$R_{g2}=150\,k\Omega$，管子的参数为 $I_{DSS}=1\,mA$，$U_{GS(off)}=-5\,V$。

（1）求静态工作点 Q。

（2）画出小信号等效电路。

（3）计算电压放大倍数 $\dot{A}_u$、输入电阻 R_i 和输出电阻 R_o。

3.7　共漏场效应晶体管放大电路如图题 3.7 所示。已知场效应晶体管在工作点处的跨导 $g_m=0.9\,mS$，试画出小信号等效电路，并求 $\dot{A}_u$、R_i 和 R_o。

3.8　场效应晶体管放大电路如图题 3.8a 所示，已知放大电路工作时 i_D 与 u_{GS} 的关系如图题 3.8b 所示，试确定电路中的 U_{GSQ}、I_{DQ}、U_{DSQ} 以及电路的电压放大倍数。

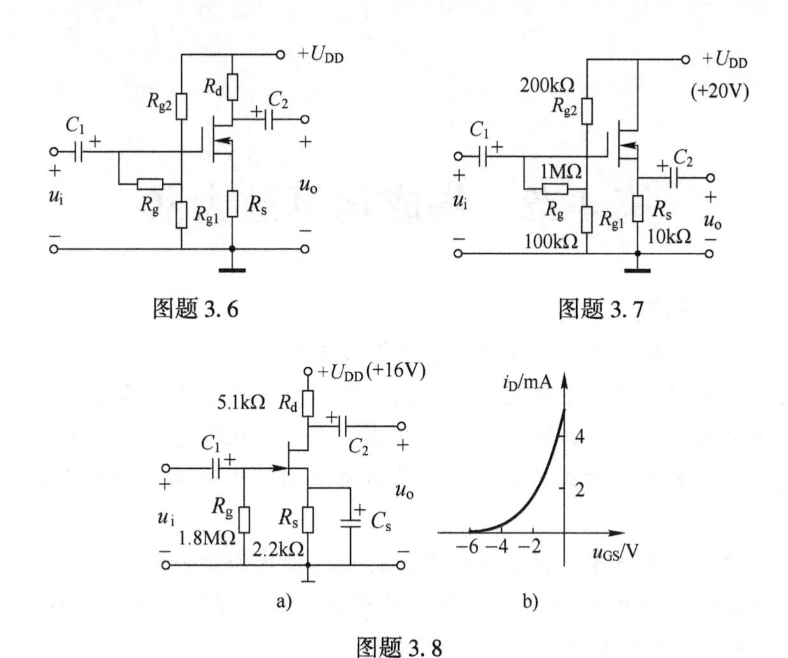

图题 3.6　　图题 3.7

图题 3.8

3.9　已知图题 3.9 所示电路中场效应晶体管的跨导 $g_m = 3\ \text{mS}$，电容足够大，对交流信号可视为短路。

(1) 求电压放大倍数$\dot{A}_u$、输入电阻 R_i、输出电阻 R_o。

(2) 若 C_s 开路，则$\dot{A}_u$ 变为多大?

3.10　增强型 MOS 管电路如图题 3.10 所示，当逐渐增加 U_{DD}时，R_d 两端电压也不断增大，但当 $U_{DD} \geqslant 18\ \text{V}$ 后，R_d 两端电压固定为 15 V，不再随之增大，试求该管子的 $U_{GS(th)}$ 和 I_{DO}。

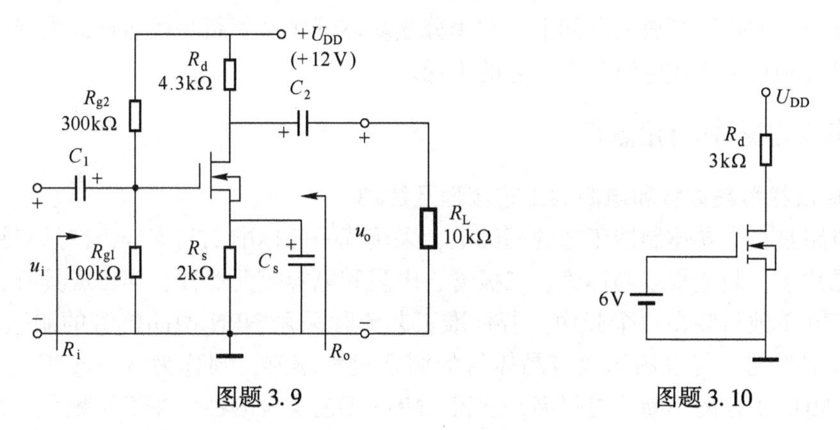

图题 3.9　　图题 3.10

第4章　集成运算放大器

本章讨论的主要问题：

1. 集成运算放大器的符号及电压传输特性曲线是什么？
2. 集成运算放大器理想化条件是什么，线性区和非线性区分别具有什么特点？
3. 集成运算放大器的内部各级采用何种电路，各部分电路的作用是什么？
4. 多级放大电路的耦合方式及其各自的优缺点是什么？集成运算放大器采用哪种耦合方式？
5. 两级放大电路的交流等效模型是什么，其性能指标如何分析？
6. 差分放大电路的作用是什么？分别在双端输出和单端输出时，如何抑制共模信号、放大差模信号，其工作原理是什么？
7. 长尾式差分放大电路的发射极电阻用恒流源取代的原因是什么？取代后抑制共模信号、放大差模信号的效果如何？
8. 用恒流源作为有源负载的作用是什么？其性能指标有什么改善？

4.1　集成运算放大器概述

前面学习了二极管、晶体管和场效应晶体管等电子器件，这些电子器件都是独立封装，与电阻、电容等其他元器件相互连接构成典型功能的电路，称为分立元器件。正因为晶体管的出现，显著小型化运算放大器问世，利用分立晶体管实现了新一代运算放大器，集成运算放大器的研发则源于集成电路制造工艺的出现。

4.1.1　集成电路中的元器件

1. 集成双极型晶体管和电阻的工艺流程及结构

集成电路是在半导体制造工艺的基础上，采用统一的标准工艺流程，在只有针尖大小的半导体硅晶片上，制造很多晶体管、二极管、电阻和电容等元器件，连接成具有特定功能的电子电路，并单独封装在一个壳中。若标准工艺流程采用NPN型晶体管的制造过程编制，则称为双极型工艺；若采用场效应晶体管的制造过程编制，则称为NMOS工艺、CMOS工艺。随着CMOS工艺的不断改进提高，使得CMOS工艺实现的器件在工作频率、芯片面积和工艺成本等方面具有很强的优势，其应用领域相当广泛。

目前广泛应用的集成电路一般都是以硅平面工艺为基础。如图4-1a、b所示是集成电路中的NPN型晶体管与电阻构成的电路，以及工艺流程图。集成电路中的电阻有扩散电阻和金属膜电阻，扩散电阻由掺入杂质的半导体构成，阻值大小通过线条的长和宽来改变，大电阻细而长，小电阻短而宽。金属膜电阻在SiO_2表面上淀积金属膜，具有低温度系数、性能好的特点，但是阻值小，图中电阻采用扩散电阻制成。

图 4-1 中，NPN 型晶体管在制作时采用 P 型单晶硅作衬底，表面形成 SiO_2 氧化层。在基片上经过光刻、去除薄膜氧化层、腐蚀、扩散、生成外延层、再次氧化等重复过程，便形成隔离层，也称为隔离岛或孤立岛。每个孤立岛上可以制作一个元器件。由于集成电路是将所有元器件制作在同一硅片上，为了避免元器件的相互影响，最常用的办法就是采用反向 PN 结隔离，具有很高的绝缘电阻，从而实现了元器件之间的隔离。利用再次氧化等工艺流程，在隔离岛中准备制作 NPN 管的位置上先制作基区，再制造发射区和集电区，最后制造基区、发射区、集电区窗口，左边隔离岛制成 NPN 型晶体管，右边隔离岛制成扩散电阻。再次利用氧化等工艺流程，引出电极并进行内部配线。图 4-1 中 NPN 型晶体管引出电极为 B、E、C，扩散电阻引出线为 R_1 和 R_2。

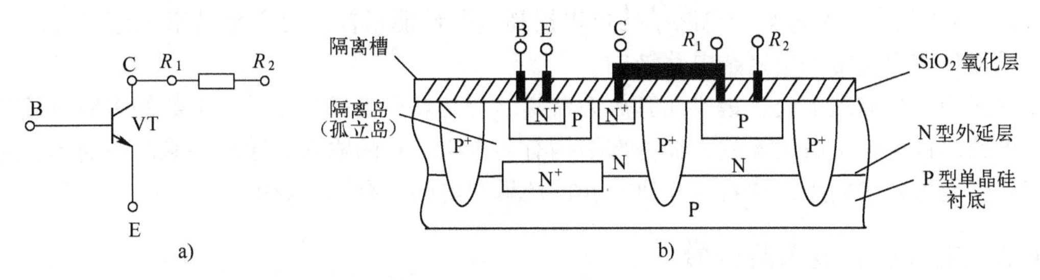

图 4-1　集成电路中的 NPN 型晶体管与电阻的工艺流程

a）电路原理图　b）工艺流程图

2. 集成单极型场效应晶体管工艺结构

集成 CMOS 工艺中，常采用 NMOS 和 PMOS 管构成反相器功能电路，如图 4-2 所示。图 4-2a 上面为 PMOS 管，源极接电源；下面为 NMOS 管，源极接地，两管栅极接在一起作为信号输入，漏极接在一起作为信号输出。图 4-2b 是 CMOS 反相器的剖面结构，工艺为 P 型衬底 N 阱工艺，NMOS 管直接制作于 P 型衬底中，而 PMOS 制作于 N 阱中，通过上层金属实现电路的连接。

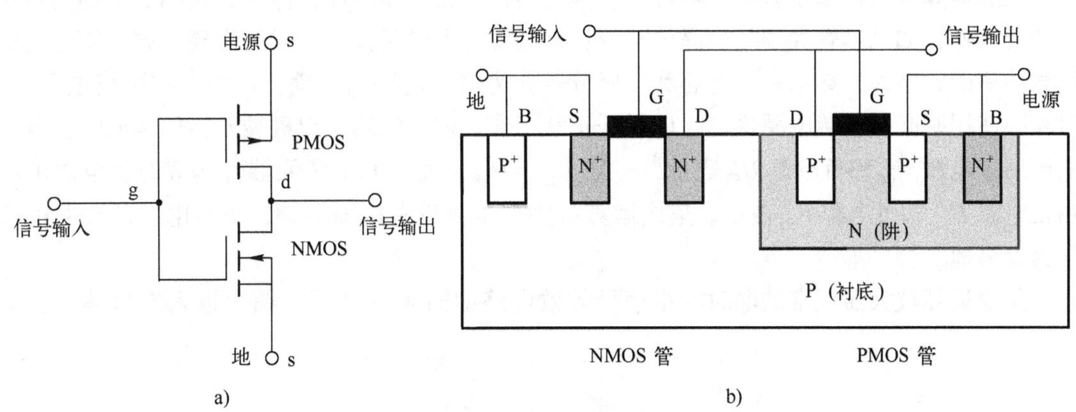

图 4-2　单极型 CMOS 反相器原理图和剖面结构

a）电路原理图　b）剖面结构

3. 集成电路中元器件的特点

由于集成电路制造工艺的原因，集成电路具有以下主要特点。

1）具有良好的器件匹配性。由于各元器件都是采用相同工艺且制作在同一块硅片上，因此同类元器件之间性能参数的相对误差小，温度特性比较一致，或者说元器件的匹配性较好，适用于集成电路中结构对称的单元电路制造。存在的很小差别主要是由光刻工艺尺寸的相对误差和掺杂不均匀造成。

2）寄生参量影响严重。

3）电阻和电容的数值受到限制。因为当电阻、电容数值太大时，占用硅片的面积就会过大，严重影响电路的集成度。

4）用有源器件取代无源器件。由于 NPN 管和 PNP 管占用硅片面积小且性能好，制作方便，因此常用晶体管取代大电阻、高精度的电阻，用以减小集成电路体积和成本。

5）多级放大电路等复杂电路结构可以提高电路性能指标，也不会带来工艺制造的复杂性，因而集成电路常采用复杂电路结构。

事实上，从原理上说，集成运算放大器实质上是具有很高电压放大倍数的多级直接耦合放大电路。但无论集成运算放大器内部结构有多复杂，它的输入、输出关系却很简单，完全可以看作元器件来使用，这对当今研究和设计模拟电路具有深远影响。

4.1.2 集成运算放大器符号

集成运算放大器图形符号如图 4-3 所示。它有两个输入端和一个输出端，其中标记符号“+”称为同相输入端，“-”称为反相输入端；它们对地的电压依次称为同相输入电压和反相输入电压，分别用 u_+和 u_-表示，u_o是输出电压；同相和反相是指输出电压与输入电压的相位关系。因为两个输入端对地都有电位，输入端口称为双端型，而输出端口为单端型。显然，集成运算放大器对输入电压的差值进行放大，也称为差分放大器。

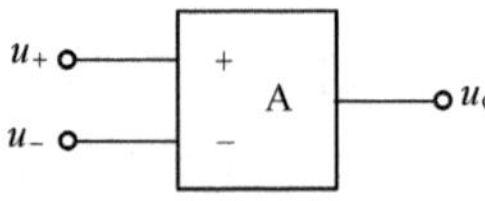

图 4-3　集成运算放大器图形符号

集成运算放大器属于有源元器件，有源元器件是指工作时需要电源，是能够增加信号功率的元器件，如晶体管和场效应晶体管等；而无源元器件是指工作时不需要电源，不能增加信号功率的元器件，如电阻、电容和二极管等。为避免电路图烦琐，习惯上不画出电源线，但实际使用时必须连接电源供电，以保证正常工作。内部电路由双极型元器件构成时，电源电压用正电源 U_{CC}和负电源 U_{EE}表示，一般 $U_{CC}=U_{EE}$，而由 CMOS 元器件构成时，电源电压用正电源 U_{DD}和负电源 U_{SS}表示。集成运算放大器本身没有接地引脚，正负电源的公共地端作为参考地。

集成运算放大器正常供电时的小信号等效电路如图 4-4 所示，图中输入端口等效为差

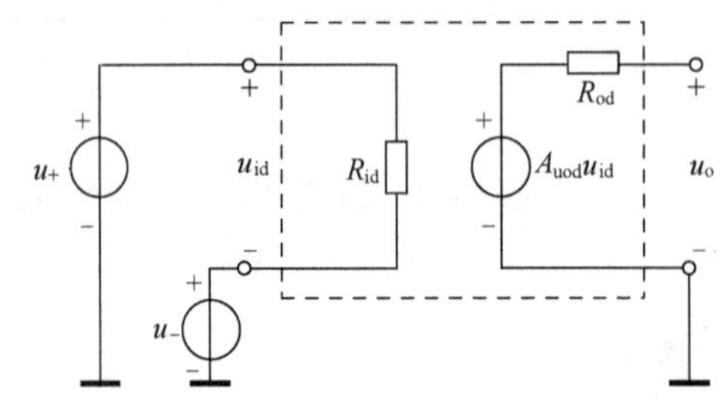

图 4-4　集成运算放大器正常供电时的小信号等效电路

模输入电阻 R_{id}，输出端口等效为输出电阻 R_{od}和电压源 $A_{uod}u_{id}$串联，其中 A_{uod}是开环差模电压放大倍数，u_{id}称为差模输入电压，即 $u_{id}=u_{+}-u_{-}$。

4.1.3 集成运算放大器电压传输特性曲线

集成运算放大器外部电压传输特性曲线如图 4-5 所示，从图中曲线可以看出，集成运算放大器具有线性区和非线性区两个工作区。所谓线性区是指输出电压与输入电压之间为线性放大关系，当输出端负载开路时，输出电压 u_o 为

$$u_o=A_{uod}u_{id}=A_{uod}(u_{+}-u_{-}) \tag{4-1}$$

由于 A_{uod}值很大，又由于集成运算放大器的输出电压受其正/负电源的影响，最大输出电压 $u_o \approx \pm U_{CC}$，导致输入电压 $u_{id}=u_{+}-u_{-}$ 很小很小，使得线性区很窄。**请注意：**输入电压 u_{id} 是两输入端之间的差值，因此输出放大的是差值，而不仅是某一端的输入电压值。

所谓集成运算放大器的非线性区是指输入信号 u_{id}超过线性区范围时，将进入非线性区，即输出信号与输入信号不再是线性关系。在非线性区，输出电压 $u_o=\pm U_{OM}$，只有正负两种饱和状态。

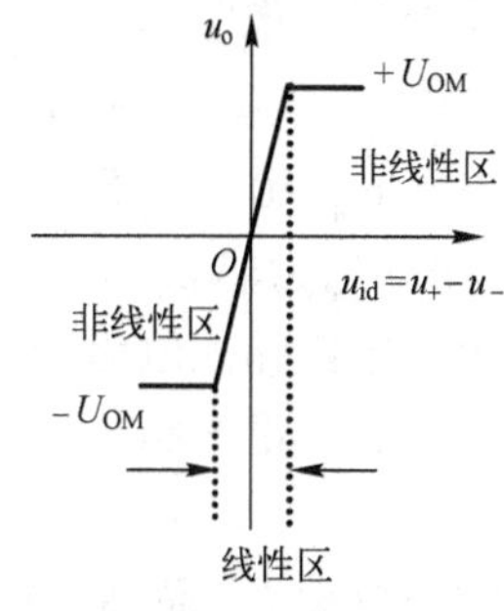

图 4-5 集成运算放大器外部电压传输特性曲线

4.1.4 理想集成运算放大器

1. 理想化条件

前面学过理想的电压放大器必须能够将信号源电压 u_s 毫无损失的作用在电压放大器上，理想情况下，从信号源流出的电流为 0，要求输入电阻 R_i 无穷大；输出端应将放大的电压完全加载到负载上，要求等效的输出电阻 R_o 为 0。那么，理想集成运算放大器就是一个具有无穷大增益的理想电压放大器，理想电压传输特性曲线如图 4-6a 所示。同理，理想集成运算放大器的主要性能指标为 $A_{uod}\to\infty$，$R_{id}\to\infty$，$R_{od}\to 0$。由于输出电阻 $R_{od}\to 0$，因此理想集成运算放大器的输出电压与负载大小无关。理想化模型如图 4-6b 所示。

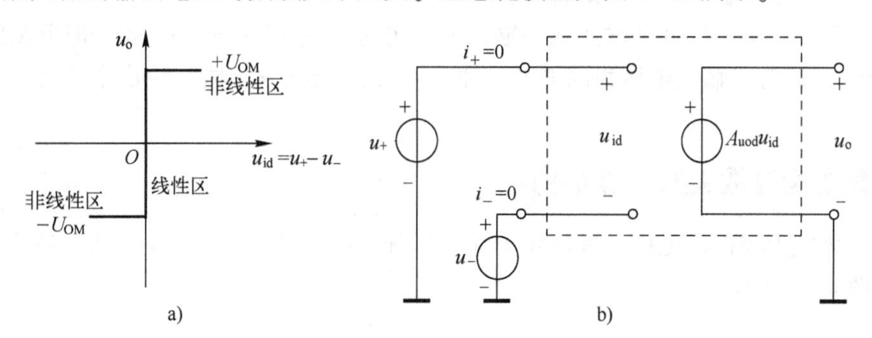

图 4-6 理想集成运算放大器电压传输特性曲线及理想化模型
a）理想电压传输特性曲线 b）理想化模型

2. 线性区特点

根据集成运算放大器理想化条件，如图 4-6a 所示的线性区有

$$u_{id}=u_{+}-u_{-}=\frac{u_o}{A_{uod}} \tag{4-2}$$

由于开环差模电压放大倍数 $A_{uod}\to\infty$，输出电压 u_o 是有限值，一般在 10~14 V 之间，因此差模输入电压 $u_{id}=u_{+}-u_{-}\to 0$，即

$$u_{+}\approx u_{-} \tag{4-3}$$

输入端看起来像短路，称为“虚短路”，简称“虚短”。而事实并不如此，若 $A_{uod}=2\times10^5$，$u_o=10\text{ V}$ 时，差模输入电压 $u_{id}=10/(2\times10^5)\text{ V}=50\ \mu\text{V}$，仅是很小的值而已。**请注意：**差模输入电压 $u_{id}\to 0$，并不是真正的 0，不能认为没有输入，仅以一个很微小的值便使得输出电压 $u_o=u_{id}A_{uod}$ 为非 0。

由于差模输入电阻 $R_{id}\to\infty$，因此流进集成运算放大器两个输入端的电流必然趋于 0，输入端看起来像开路，即

$$i_{+}=i_{-}\approx 0 \tag{4-4}$$

称为“虚断路”，简称“虚断”。

因此，理想集成运算放大器工作在线性区具有的两个重要特点是“虚短”和“虚断”。这为集成运算放大器的线性应用电路分析和设计带来了便捷。

显然，线性区是很窄的，如何保证集成运算放大器工作在线性区，实现线性应用电路呢？当集成运算放大器引入串联负反馈网络（将在后续章节中介绍）时，由于串联负反馈使得输入端的净输入电压减小，无论输出端是多大的电压或是电流，都会将 $u_{id}\to 0$，而 $u_{id}=u_{+}-u_{-}$，意味着 $u_{-}=u_{+}-u_{id}$，使得 u_{-} 跟随着 u_{+}，且两者方向一致。这也是必须引入负反馈的原因，通过负反馈网络来控制 u_{-}，使其工作在线性区。

3. 非线性区特点

如图 4-5 所示，所谓集成运算放大器的非线性区是指输入信号 u_{id} 超过线性区范围时，将进入非线性区，即输入信号与输出信号不再是线性关系。开环的集成运算放大器工作在非线性区，引入正反馈的集成运算放大器也可工作在非线性区，可以实现电压比较器等非线性应用电路。非线性区也有两个**重要特点：**

1）由于 $R_{id}\to\infty$，因此两输入端的输入电流仍为 0，仍存在 $i_{+}=i_{-}\approx 0$，即**虚断路**特点。

2）当 $u_{+}>u_{-}$ 时，输出电压为高电平，即 $u_o=U_{OH}$；当 $u_{+}<u_{-}$ 时，输出电压为低电平，即 $u_o=U_{OL}$。

4.1.5 集成运算放大器内部结构

集成运算放大器内部电路一般由 4 个基本部分组成，即输入级、中间级、输出级和偏置电路，如图 4-7 所示。

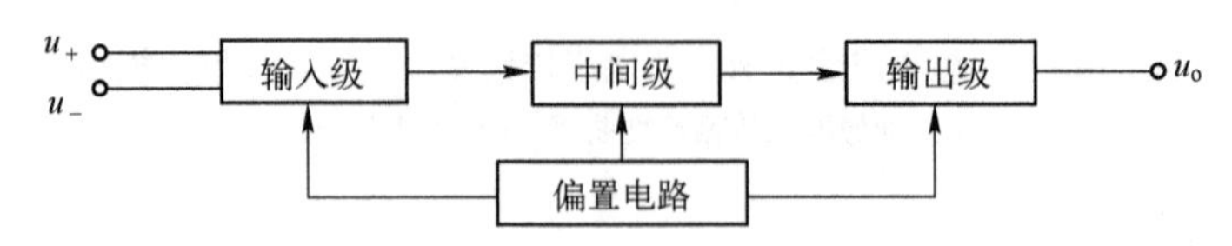

图 4-7 集成运算放大器内部结构

偏置电路用于设置各级放大电路的静态工作点。分立元器件放大电路中，静态工作点的设置一般采用外接电阻来实现。但在集成运算放大器中，考虑到体积要小，且晶体管（场效应晶体管）在放大区（饱和区）时具有恒流特性，因此多采用晶体管（场效应晶体管）构成电流源，以满足各级放大电路静态工作点的需求。一般采用镜像电流源或多路电流源等。

输入级通常要求有尽可能低的零点漂移，较高的共模抑制能力，输入阻抗高及偏置电流小，所以一般采用晶体管（场效应晶体管）差分对构成的差分放大电路。但是由于输入级的两输入端“虚断路”，即电流为 0，晶体管差分对由于存在输入端的基极电流，导致周围电路产生压降，精度要求高的场合就不适用。而场效应晶体管差分对输入端是栅极电流，近似为 0，因此场效应晶体管差分对构成的差分放大电路应用广泛。

中间级主要承担电压放大的任务，多采用共射或共源放大电路。为了提高电压放大倍数，经常采用复合管作为放大管，也可采用恒流源作为有源负载。

输出级要求具有较强的带负载能力和较高的输出电压和电流动态范围。因此输出级多采用射极输出器或互补对称功率放大电路。下面将重点讲述每一级单元电路的工作原理。

4.2 多级放大电路

4.2.1 多级放大电路的模型

晶体管和场效应晶体管构成的基本放大电路的主要功能是放大信号电压。无论哪种组态的基本放大电路，都不能同时满足放大倍数大、输入电阻大、输出电阻小的设计要求。因此，为满足性能指标的设计需求，必须将两个或多个基本放大电路合理地连接起来以提高其性能，这就是多级放大电路设计的初衷。放大信号的每个晶体管或场效应晶体管称为一级，如图 4-8 所示是两级放大电路的级联框图，也可以扩展到更多级。

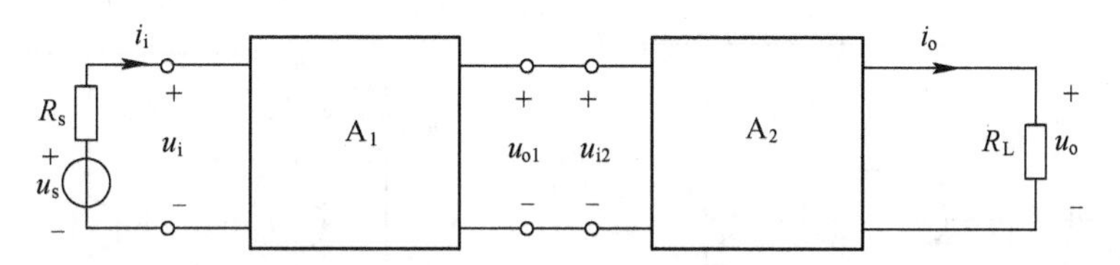

图 4-8 两级放大电路的级联框图

4.2.2 多级放大电路的耦合方式

多级放大电路之间的连接方式称为耦合方式，即信号源与放大电路之间、两级放大电路之间、放大电路与负载之间的连接。常见的耦合方式有阻容耦合、直接耦合、变压器耦合、光电耦合等。对耦合电路的设计要求是：静态设计时各级保证有合适的静态工作点；动态设计时能够不失真地传递交流信号，使得交流信号传输的电压降损耗小。

1. 阻容耦合方式

提高电压放大倍数最简单的方法就是将两级通过电容耦合连接。如图 4-9 所示，两级都是相同的共射放大电路，耦合电容 C_1 连接在信号源与第一级放大电路输入端（基极 b_1）

之间；C_2连接在第一级放大电路的输出端（集电极 c_1）与第二级放大电路的输入端（基极 b_2）之间；电容 C_3连接在第二级放大电路输出端（集电极 c_2）与负载之间，称为**阻容耦合**方式。这种耦合方式的优点是由于耦合电容的隔直流作用，因此电容耦合会阻止第一级的直流偏置影响第二级的直流偏置。静态时各级直流通路彼此独立，各级静态工作点互不影响，为电路的设计和调试带来了很大的方便。同时可以让交流信号顺利地传输到下一级。

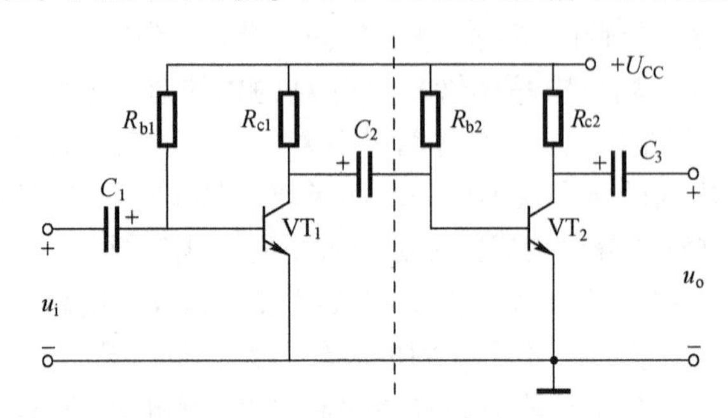

图 4-9　阻容耦合两级共射放大电路

阻容耦合方式的缺点是低频特性差，不能放大直流信号或变化缓慢的信号。根据电容容抗（$x_C=1/\omega C$）可知，当输入信号频率较低时，电容呈现较大的容抗，使输入信号在电容上有较大的衰减。若选择大容量的电容来达到减小容抗的目的，会使得集成电路的设计很困难，因此阻容耦合方式不易于集成化。

2. 直接耦合方式

直接耦合方式是耦合信号的重要方式。如图 4-10a 所示，第一级共射放大电路的输出端（集电极 c_1）通过导线直接连接到第二级共集放大电路的输入端（基极 b_2），称为**直接耦合**方式。为避免外部信号源和负载干扰直流电压，有必要在输入端和输出端加入电容对交流信号进行耦合。直接耦合方式的优点是放大低至直流的任何频率信号。在实际使用的集成电路中一般都采用直接耦合方式。

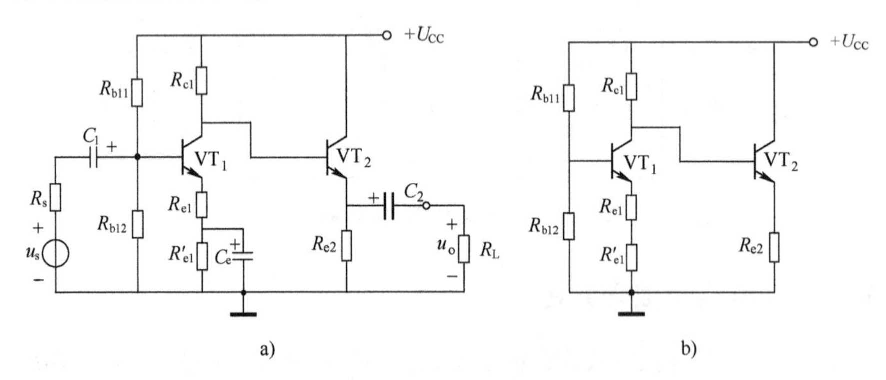

图 4-10　直接耦合放大电路

a）电路图　b）直流通路

直接耦合方式的缺点是各级静态工作点不再彼此独立，而是相互影响。直流通路如图 4-10b 所示，两级放大电路的直流通路是相通的，第二级的基极电流由第一级提供，因此 VT2 管不需要任何偏置电阻。若设计不合理，会使放大电路无法正常工作。因此直接耦合方式放大电路在设计时应首先解决级间匹配问题，保证各级都有合适的静态工作点；其次是消除零点漂移问题。

第 3 章中讲述了温度对晶体管参数的影响，受温度、电源电压波动以及元器件老化等因素影响时，直接耦合放大电路中各级静态工作点将随之缓慢变化。这种输入电压 $u_i = 0\,\text{V}$，输出电压 $u_0 \neq 0\,\text{V}$ 且缓慢变化的现象称为**零点漂移**，如图 4-11 所示。由于主要受温度影响，简称**温漂**。温漂的危害表现在，第一级放大电路产生的温漂会直接传输到第二级放大电路，若级数更多，会被逐级放大并传输到下一级，造成有用信号传输失真，温漂电压将淹没有用信号，以至于在输出端无法区分有用信号与温漂电压，造成放大电路不能正常工作。因此通常在第一级采用差分放大电路来抑制温漂。

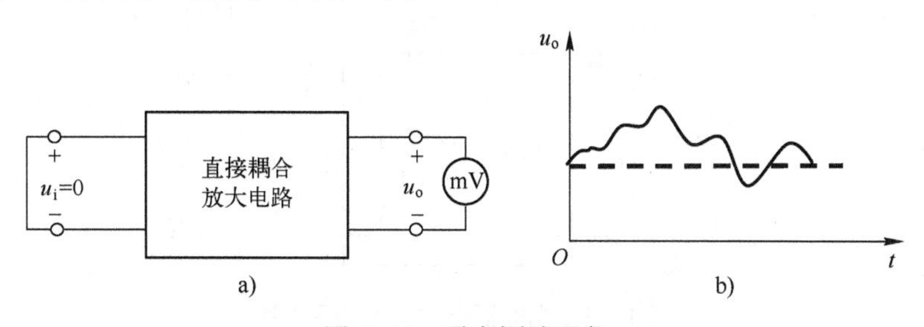

图 4-11　零点漂移现象

a）测试电路　b）输出电压的漂移

3. 变压器耦合方式

如图 4-12 所示，将共射放大电路的第一级输出端（集电极 c_1）通过变压器连接到第二级输入端（基极 b_1），称为**变压器耦合**方式。变压器也具有隔直流通交流的性能。其优点是各级静态工作点相互独立，便于分析、设计和调试；并且利用阻抗变换的特点，选择适当的匝数比满足放大倍数的设计要求，使负载电阻上获得足够大的电压，匹配得当将获得足够大的功率。因此 A 类功率放大电路常采用变压器耦合方式。虽然变压器耦合效率高，但是不能广泛应用在低频电路，且变压器体积大、造价高、不易于集成，目前集成功放也较少采用变压器耦合方式，若集成功放无法满足需求时才考虑采用分立元器件构成变压器耦合放大电路。变压器耦合方式多用于高频设计中，放大电路的各级之间常用调谐变压器进行耦合，形成一个谐振回路。

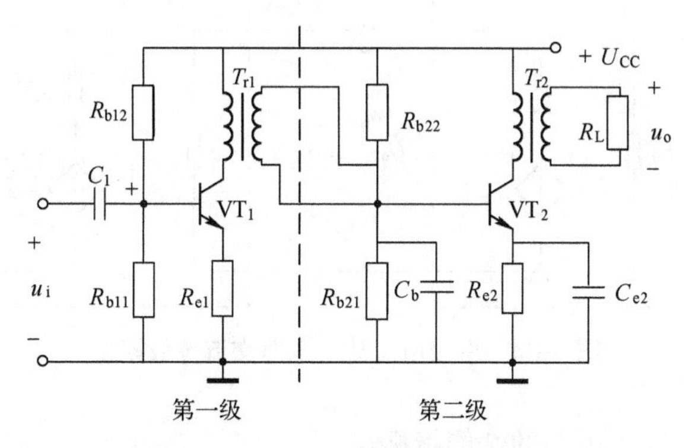

图 4-12　变压器耦合放大电路

4. 光电耦合方式

如图 4-13 所示为光电耦合放大电路示意图。**光电耦合**方式以光电耦合器来实现电信号的耦合和传递。光电耦合器由发光器件（如发光二极管）与光敏器件（如光电晶体管）组合在一起（必须相互绝缘），发光二极管作为第一级放大电路的负载，将电能转换成光能；光电晶体管为输出回路，将光能转换成电能，该结构实现了两级之间的电气隔离，安全性高，从而有效抑制电干扰。光电耦合方式可以放大变化缓慢的信号，集成度高，因而得到越来越广泛的应用。

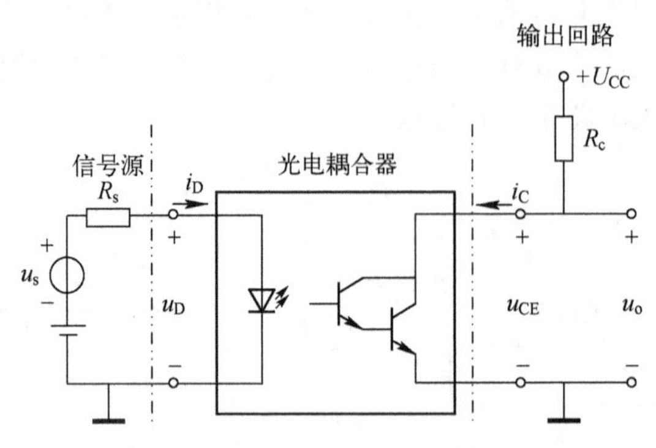

图 4-13　光电耦合放大电路示意图

4.2.3　多级放大电路的性能指标

单管放大电路可以用双端口框图来表示，同理，多级放大电路中的每一级都可以看成双端口网络，用同样的方法来等效。以直接耦合两级放大电路为例，图 4-14 为两级电压放大电路交流等效模型，左边为输入端口，外接正弦信号源 $\dot{U}_s$，R_s 是信号源内阻，与信号源相连接的电路称为第一级；右边为输出端口，等效为受控电压源和输出电阻的串联（戴维南等效），外接负载电阻 R_L，与负载相连接的电路称为第二级。可见，两级之间的连接关系为：第一级的输出信号作为第二级的输入信号，即 $\dot{U}_{o1}=\dot{U}_{i2}$；第二级的输入电阻是第一级的负载电阻，即 $R_{L1}=R_{i2}$；第一级的输出电阻是第二级的信号源内阻，即 $R_{s2}=R_{o1}$。

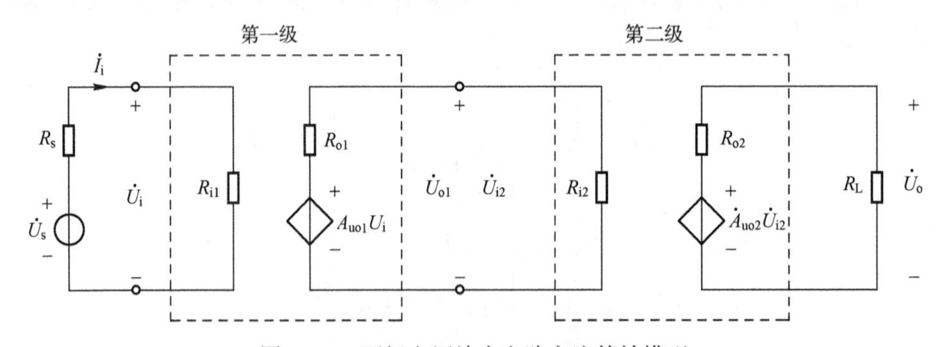

图 4-14　两级电压放大电路交流等效模型

下面具体分析两级放大电路的性能指标。

(1) 电压放大倍数

根据电压放大倍数的定义，电压放大倍数等于各级放大倍数的乘积，即

$$\dot{A}_{u}=\frac{\dot{U}_{o}}{\dot{U}_{i}}=\frac{\dot{U}_{o2}}{\dot{U}_{i1}}=\frac{\dot{U}_{o2}}{\dot{U}_{i2}}\frac{\dot{U}_{o1}}{\dot{U}_{i1}}=\dot{A}_{u1}\dot{A}_{u2} \tag{4-5}$$

单独求解单管放大电路的$\dot{A}_{u1}$和$\dot{A}_{u2}$即可。需要注意的是，求解$\dot{A}_{u1}$时，第一级的负载电阻R_{L1}是第二级的输入电阻R_{i2}，即$R_{L1}=R_{i2}$。

（2）输入电阻

根据输入电阻的定义，两级放大电路的输入电阻是第一级的输入电阻，即

$$R_i=R_{i1} \tag{4-6}$$

需要注意的是，当共集放大电路作为两级放大电路的输入级时，输入电阻R_i与其负载，即第二级的输入电阻R_{i2}有关。

（3）输出电阻

根据输出电阻的定义，两级放大电路的输出电阻是第二级的输出电阻，即

$$R_o=R_{o2} \tag{4-7}$$

需要注意的是，当共集放大电路作为两级放大电路的输出级时，输出电阻与信号源内阻，即第一级的输出电阻R_{o1}有关。

4.2.4 多级放大电路的分析

例4-1 现由电路结构和参数都相同的两个单管共射放大电路构成两级放大电路。已知每级空载电压放大倍数$|\dot{A}_{uo1}|=|\dot{A}_{uo2}|=50$，输入电阻$R_{i1}=R_{i2}=1\ \text{k}\Omega$，输出电阻$R_{o1}=R_{o2}=1\ \text{k}\Omega$。试求两级放大电路空载电压放大倍数$|\dot{A}_{uo}|=?$输入电阻$R_i=?$输出电阻$R_o=?$

解：在求解电压放大倍数时，需要注意的是，已知给定的是每级空载的电压放大倍数，两级级联后，第二级的输入电阻是第一级的负载电阻。根据两级放大电路的交流等效模型图4-14可知：空载电压放大倍数为

$$|\dot{A}_{uo}|=|\dot{A}_{u1}|\cdot|\dot{A}_{u2}|=\left|\frac{\dot{u}_{o1}}{\dot{u}_{i1}}\right|\cdot\left|\frac{\dot{u}_{o2}}{\dot{u}_{i2}}\right|=\frac{|\dot{A}_{uo1}|\dot{u}_{i1}\cdot R_{i2}}{(R_{o1}+R_{i2})\dot{u}_{i1}}|\dot{A}_{uo2}|=\frac{|\dot{A}_{uo1}|\cdot R_{i2}}{(R_{o1}+R_{i2})}|\dot{A}_{uo2}|=1250$$

输入电阻为

$$R_i=R_{i1}=1\ \text{k}\Omega$$

输出电阻为

$$R_o=R_{o2}=1\ \text{k}\Omega$$

例4-2 阻容耦合放大电路如图4-15所示。已知$U_{CC}=12\ \text{V}$，$R_{b1}=R_{b2}=500\ \text{k}\Omega$，$R_{c1}=R_{c2}=3\ \text{k}\Omega$，晶体管$VT_1$、$VT_2$特性相同，且$\beta_1=\beta_2=29$，$r_{bb'1}=r_{bb'2}=300\ \Omega$，$U_{BE1}=U_{BE2}=0.7\ \text{V}$，耦合电容$C_1$、$C_2$、$C_3$的电容量均足够大。

（1）指出电路中晶体管VT_1、VT_2所组成的基本放大电路的组态。

（2）求静态工作电流和电压：I_{BQ1}，I_{CQ1}，U_{CEQ1}和I_{BQ2}，I_{CQ2}，U_{CEQ2}。

（3）求电压放大倍数$\dot{A}_u=\frac{\dot{U}_o}{\dot{U}_i}$，以及输入电

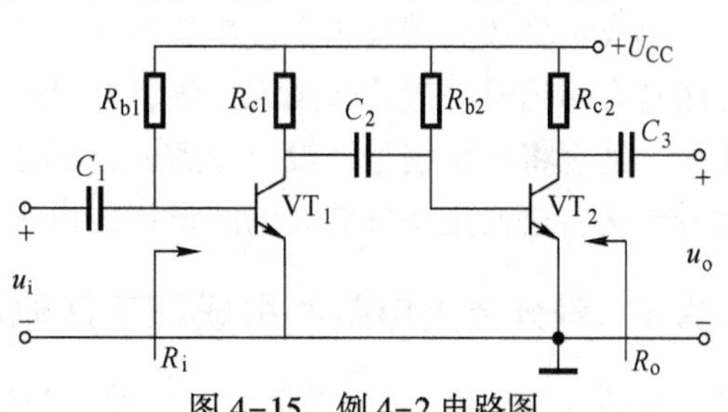

图4-15 例4-2电路图

阻 R_i 和输出电阻 R_o。

解：（1）VT_1、VT_2所组成的基本放大电路都属于共射组态。

（2）由于采用阻容耦合，两级静态工作点相互独立，直流通路均为固定偏置电路，电路图略，有

$$I_{BQ1}=I_{BQ2}=\frac{U_{CC}-U_{BE}}{R_b}=22.6\ \mu A$$

$$I_{CQ1}=I_{CQ2}=\beta I_{BQ}\approx 0.66\ mA$$

$$U_{CEQ1}=U_{CEQ2}=U_{CC}-I_{CQ}R_c=10.02\ V$$

（3）分析两级放大电路性能指标的关键是，会分析单管放大电路的性能指标，清楚两级放大电路之间的连接关系以及参数关系。可以不必画出小信号等效电路，直接利用单管放大电路的性能指标参数来求解。

$$r_{be1}=r_{be2}=r_{bb'}+(1+\beta)\frac{26}{I_{EQ}}\approx 1.5\ k\Omega$$

由于第一级的负载电阻是第二级的输入电阻，第二级为共射放大电路，即

$$R_{L1}=R_{i2}=R_{b2}//r_{be2}$$

$$\dot{A}_{u1}=\frac{\dot{U}_{o1}}{\dot{U}_i}\approx-\frac{\beta R_{c1}//R_{L1}}{r_{be1}}=-\frac{\beta[R_{c1}//(R_{b2}//r_{be2})]}{r_{be1}}\approx-19.3$$

由于第二级也为共射放大电路，电路空载，则

$$\dot{A}_{u2}=\frac{\dot{U}_o}{\dot{U}_{i2}}\approx-\frac{\beta R_{c2}}{r_{be2}}\approx-58$$

两级放大电路的放大倍数为

$$\dot{A}_u=\frac{\dot{U}_o}{\dot{U}_i}=\dot{A}_{u1}\cdot\dot{A}_{u2}\approx 1120$$

输入电阻为

$$R_i=R_{i1}=R_{b1}//r_{be1}\approx r_{be1}=1.5\ k\Omega$$

输出电阻为

$$R_o=R_{o2}\approx R_{c2}=3\ k\Omega$$

4.3 差分放大电路

集成运算放大器采用直接耦合方式，由于各级直接相连接，第一级受到的噪声干扰信号必然与有用信号一起传递到第二级，并且逐级放大。由温度造成的零点漂移现象也会被逐级放大，甚至将有用信号淹没，导致电路无法正常工作。因此必须在第一级抑制零点漂移以及信号干扰，这便是差分放大电路设计的由来。

4.3.1 差分放大电路的组成和工作原理

如图 4-16 所示单管共射放大电路，当输入电压 $u_i=0$ 时，输出电压 u_o 必受到温度等环

境的影响，产生缓慢变化的波形输出。虽说引入了负反馈电阻 R_e 能够稳定静态工作点，但不能从根本上消除零点漂移现象。若想完全消除输出端零点漂移，使得输入 $u_i=0$ 时，输出电压 $u_o=0$，则电路设计可采用工艺制作一致匹配的两只晶体管，电路参数完全一样的单管共射放大电路，通过射极电阻 R_e 耦合而成，如图 4-17 所示射极耦合差分放大电路。电路通常采用正、负两个极性的电源供电。

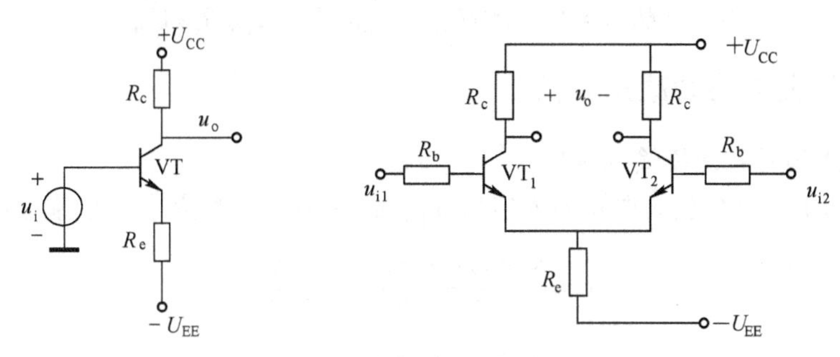

图 4-16　单管共射放大电路　　　　图 4-17　射极耦合差分放大电路

那么，射极耦合差分放大电路是如何抑制零点漂移的呢？在两个输入电压 $u_{i1}=u_{i2}=0$ 的条件下，且电路采用双端输出，即 $u_o=u_{o1}-u_{o2}$，由于在相同的环境下，两边单管共射放大电路产生的零点漂移完全相同，此时输出电压取自两输出端之差，即 $u_o=u_{o1}-u_{o2}=0$，相互抵消，可完全抑制零点漂移。

4.3.2　差分放大电路的静态分析

所谓差分放大电路的静态分析，与单管放大电路类似，根据直流通路分析静态时的 I_{BQ}、I_{CQ}和 U_{CEQ}的具体值。图 4-17 的直流通路如图 4-18 所示，将输入信号短路，即 $u_{i1}=u_{i2}=0$。由于电路两边理想对称，VT$_1$管和 VT$_2$管一致匹配，即 $\beta=\beta_1=\beta_2$，$r_{be}=r_{be1}=r_{be2}$。

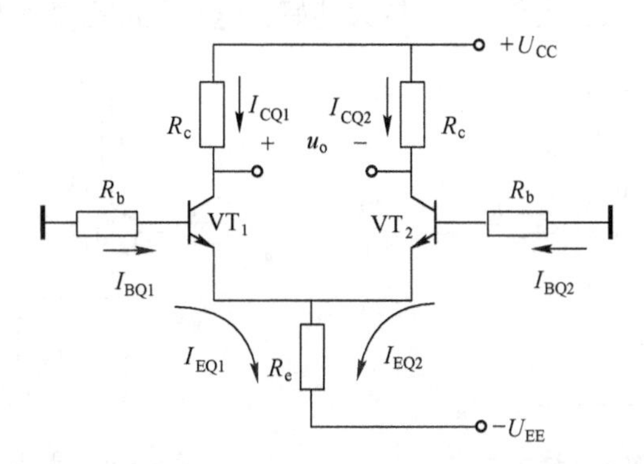

图 4-18　双端输出时差分放大电路的直流通路

采用估算法，基极回路中 R_b 阻值很小（很多情况下 R_b 视为信号源内阻），I_{BQ1}也很小，故 R_b 上的电压降可忽略不计，发射极电位 $U_{EQ}\approx-U_{BEQ}=-0.7\text{V}$，$I_{EQ1}$是发射极电阻 R_e 上电流的一半，则发射极的静态电流为

$$I_{EQ}=I_{EQ1}=I_{EQ2}=\frac{1}{2}I_{Re}=\frac{1}{2}\ \frac{U_{EE}-U_{BEQ}}{R_e} \tag{4-8}$$

$$I_{BQ}=I_{BQ1}=I_{BQ2}\approx\frac{I_{EQ}}{1+\beta} \tag{4-9}$$

$$I_{CQ}=I_{CQ1}=I_{CQ2}\approx I_{EQ1}=I_{EQ2} \tag{4-10}$$

$$U_{CEQ}=U_{CEQ1}=U_{CEQ2}=U_{CQ1}-U_{EQ1}=U_{CC}-I_{CQ1}R_c+U_{BEQ} \tag{4-11}$$

4.3.3 差分放大电路的动态分析

1. 共模输入信号和差模输入信号

在实际应用中，差分放大电路输入信号 u_{i1}、u_{i2}往往是任意信号，可将其分解为

$$u_{i1}=\frac{u_{i1}+u_{i2}}{2}+\frac{u_{i1}-u_{i2}}{2}=u_{ic}+\frac{u_{id}}{2} \tag{4-12}$$

$$u_{i2}=\frac{u_{i1}+u_{i2}}{2}-\frac{u_{i1}-u_{i2}}{2}=u_{ic}-\frac{u_{id}}{2} \tag{4-13}$$

观察上述变换式子不难发现其特点，第一项 $(u_{i1}+u_{i2})/2$ 是一对幅度相等、相位相同的信号，称为共模信号，记作 u_{ic}，共模输入电压记作 $u_{ic}=(u_{i1}+u_{i2})/2$，同时作用在两输入端，如图 4-19 所示。u_{ic}可以理解为两个输入端同时受到的干扰信号，即无用信号，电路应该将其抑制而不放大，理想情况下完全抑制，预期共模放大倍数 $A_{uc}=0$；第二项分别为$+(u_{i1}-u_{i2})/2$ 和$-(u_{i1}-u_{i2})/2$，是一对幅度相等、相位相反的信号，称为差模信号，差模输入电压记作

$$u_{id}=\left(+\frac{u_{i1}-u_{i2}}{2}\right)-\left(-\frac{u_{i1}-u_{i2}}{2}\right)=u_{i1}-u_{i2} \tag{4-14}$$

作用在两端的差模输入信号分别为$+u_{id}/2$ 和$-u_{id}/2$，如图 4-20 所示。u_{id}是有用信号，需要被放大，显然差模电压放大倍数 A_{ud}越大越好，这正是差分放大电路名称的由来。

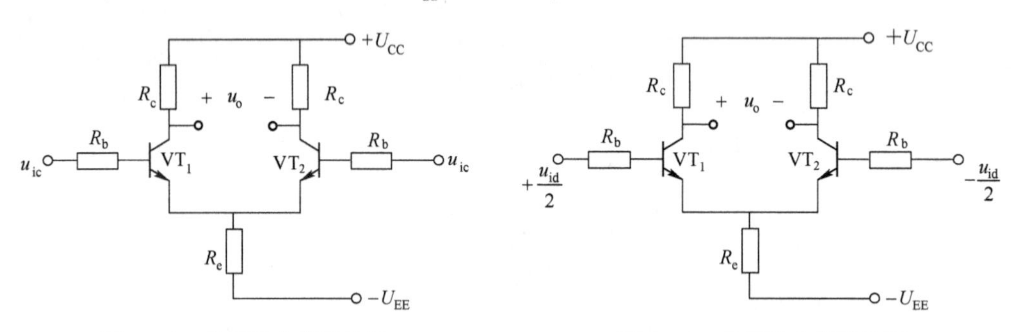

图 4-19　共模输入信号作用　　　　图 4-20　差模输入信号作用

根据电路理论的叠加定理，当差分放大电路任意信号作用在两个输入端时，可以单独分析共模输入信号作用时的共模输出电压 u_{oc}，以及差模输入信号作用时的差模输出电压 u_{od}，将共模输出电压 u_{oc}和差模输出电压 u_{od}叠加，便可得到任意信号作用时的输出电压 u_o，即

$$u_o=u_{od}+u_{oc}=A_{ud}u_{id}+A_{uc}u_{ic} \tag{4-15}$$

衡量差分放大电路放大差模信号、抑制共模信号的能力，常引入共模抑制比这个概

念，即

$$K_{\mathrm{CMR}}=\left|\frac{A_{\mathrm{ud}}}{A_{\mathrm{uc}}}\right| \tag{4-16}$$

有时也用分贝来描述，即

$$K_{\mathrm{CMR(dB)}}=20\lg\left|\frac{A_{\mathrm{ud}}}{A_{\mathrm{uc}}}\right| \tag{4-17}$$

K_{CMR}越大，说明差分放大电路抑制共模、放大差模的性能越好，理想情况下 K_{CMR} 趋于∞。

下面，从差分放大电路抑制共模信号、放大差模信号的角度，分析差分放大电路对两种信号的不同特性。

2. 对共模信号的抑制作用

共模信号 u_{ic} 即干扰信号、无用信号（噪声），画出图 4-19 共模输入信号作用的交流通路，如图 4-21a 所示。由于两边电路输入信号完全一样，因此两个管子发射极的变化电流 $i_{\mathrm{e1}}=i_{\mathrm{e2}}$，发射极电阻 R_{e} 上流过的变化电流等于 $2i_{\mathrm{e1}}$ 或 $2i_{\mathrm{e2}}$。发射极和地之间的电压 $u_{\mathrm{e}}=2i_{\mathrm{e1}}\cdot R_{\mathrm{e}}=i_{\mathrm{e1}}\cdot 2R_{\mathrm{e}}=i_{\mathrm{e2}}\cdot 2R_{\mathrm{e}}$，因此图 4-21a 通过发射极电阻 R_{e} 耦合的交流通路等效为各管 $2R_{\mathrm{e}}$ 电阻，耦合电路拆分后如图 4-21b 所示。

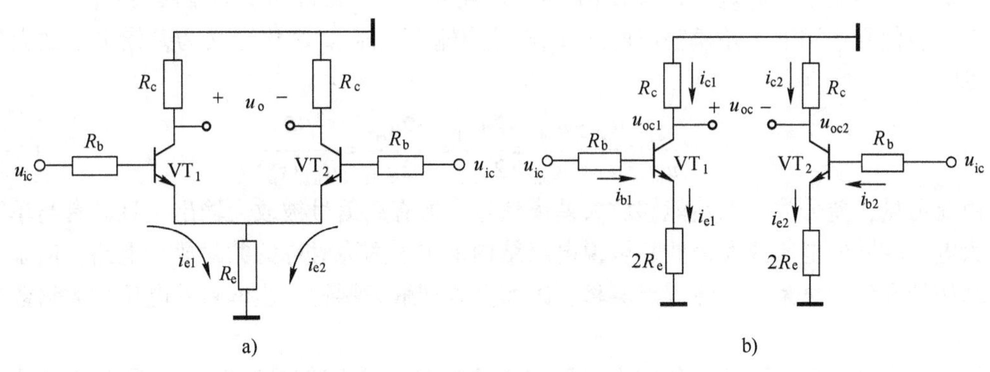

图 4-21　共模输入信号作用时交流通路

a）交流通路　b）交流通路等效变换（R_{e} 电阻等效拆分）

根据图 4-21b 分析，电路两边对称，在共模信号 u_{ic} 作用下，两只管子产生的变化电流 $i_{\mathrm{b1}}=i_{\mathrm{b2}}$，$i_{\mathrm{c1}}=i_{\mathrm{c2}}$，$i_{\mathrm{e1}}=i_{\mathrm{e2}}$，因此集电极输出电压 $u_{\mathrm{oc1}}=u_{\mathrm{oc2}}$，可见输出也是一对共模信号，从而使得输出电压 $u_{\mathrm{oc}}=u_{\mathrm{oc1}}-u_{\mathrm{oc2}}=0$。

在共模信号作用下，共模输出电压 u_{oc} 与共模输入电压 u_{ic} 之比定义为共模电压放大倍数 A_{uc}，则双端输出时，共模电压放大倍数为

$$A_{\mathrm{uc}}=\frac{u_{\mathrm{oc}}}{u_{\mathrm{ic}}}=0 \tag{4-18}$$

差分放大电路能够将共模信号（噪声）抵消，不出现在输出端，不会对输出端信号造成波形失真。前面讨论的温度漂移，可以看作是共模信号 $u_{\mathrm{ic1}}=u_{\mathrm{ic2}}=0$ 的情况，因此能够完全抑制温度漂移现象。

3. 对差模信号的放大作用

差模信号即有用信号，图 4-20 差模输入信号作用时的交流通路如图 4-22a 所示。

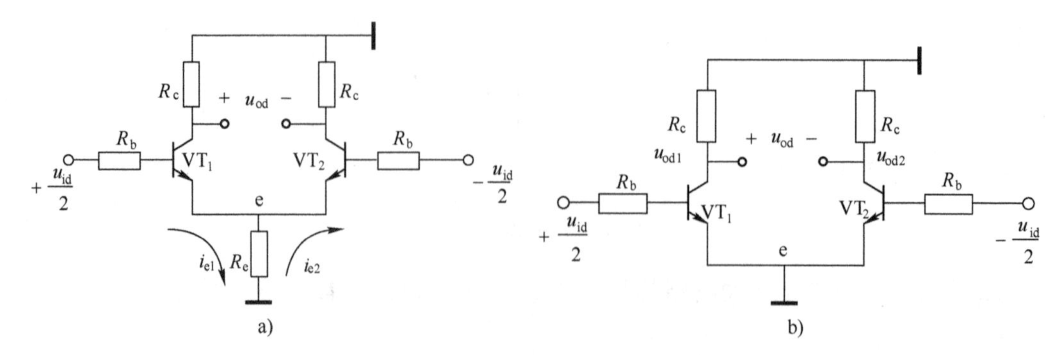

图 4-22　差模输入信号作用时的交流通路

a）交流通路　b）交流通路等效变换（无 R_e 电阻）

由于作用在基极的差模信号幅度相等，相位相反，且两边电路完全对称，若 VT_1 管的发射极电流 i_{e1} 增大，VT_2 管的发射极电流 i_{e2} 则减小，增大量等于减小量，即 $i_{e1}=-i_{e2}$，发射极电阻 R_e 上流过的变化电流等于 0，变化压降为 0，R_e 电阻相当于被短路，因此 e 点电位相当于接地，等效电路如图 4-22b 所示。

由于输入差模信号，两个管子的集电极输出电位，若 u_{od1} 升高，则 u_{od2} 降低，且升高量等于降低量，即 $u_{od1}=-u_{od2}$。可见输出电压也是幅度相等、相位相反的差模信号。

在差模信号作用下，差模输出电压 u_{od} 与差模输入电压 u_{id} 之比定义为差模电压放大倍数 A_{ud}，即

$$A_{ud}=\frac{u_{od}}{u_{id}}=\frac{u_{od1}-u_{od2}}{u_{id1}-u_{id2}}=\frac{2u_{od1}}{2u_{id1}}=\frac{-2u_{od2}}{-2u_{id2}}=\frac{-\beta R_c}{R_b+r_{be}} \tag{4-19}$$

由此可见，差分放大电路能够放大差模信号，即有用信号被放大输出，且具有与单管共射放大电路相同的电压放大倍数。虽说电路结构采用了两边对称的共射放大电路，但是这种电路结构的设计初衷是为消除零点漂移，因而可以理解为牺牲一边电路的电压放大倍数来抑制温漂。

综上，在理想情况下，差分放大电路对差模信号（有用信号）放大，具有较高的电压放大倍数，对共模信号抑制，共模电压放大倍数为 0，在抑制共模信号方面作用突出。

差模信号作用下，从差分放大电路两端看进去的等效电阻，称为差模输入电阻 R_{id}，根据电路图 4-22b，其值为两单管共射放大电路输入电阻之和，即

$$R_{id}=2(R_b+r_{be}) \tag{4-20}$$

差模信号作用下的输出电阻，则为单管共射放大电路输出电阻的两倍，即

$$R_{od}=2R_c \tag{4-21}$$

4. 差分放大电路的输出方式

（1）双端输出（带负载）

由图 4-17 可见，差分放大电路有两个输入端，即输入电压信号 u_{i1} 和 u_{i2}。若两个输入端都有信号输入，且输出电压 $u_o=u_{o1}-u_{o2}$，则称为双端输入、双端输出方式。但在实际应用电路中，为防止干扰，只有一端有信号输入，信号源的另一端接地，因此输入称为单端输入，即 $u_{i1}=u_i$，$u_{i2}=0$，或是 $u_{i1}=0$，$u_{i2}=u_i$。此时输入信号一端接地，也可认为有信号，只不过以信号等于 0 来处理，是双端输入的特例。因此输入端不再做区分，都可看作是双端输

入情况，故所有动态技术指标的计算与上述双端输入电路一样。

如图 4-17 所示，若输出信号取自 VT_1 管和 VT_2 管的集电极之差，即输出电压 u_o 在两集电极之间，则称为双端输出（空载）。双端输出带有负载的电路，如图 4-23 所示。当共模信号输入、双端输出带负载时，由于电路对称性，共模电压放大倍数仍为 $A_{uc}=0$，能够完全消除共模干扰。

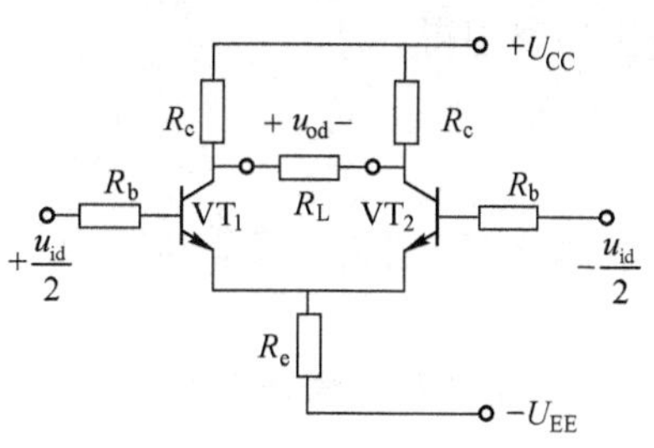

图 4-23 双端输出带负载

当差模信号输入时，由于电路的对称性，当 VT_1 管集电极电位升高时，则 VT_2 管集电极电位降低，且升高量等于降低量，反之亦然，因此输出端也是差模信号。当双端输出带负载时，负载电阻 R_L 的中性点电位等效为差模接地，此时双端输出（带负载）时，差模电压放大倍数为

$$A_{ud}=\frac{u_{od}}{u_{id}}=\frac{u_{od1}-u_{od2}}{u_{id1}-u_{id2}}=\frac{2u_{od1}}{2u_{id1}}=\frac{-2u_{od2}}{-2u_{id2}}=\frac{-\beta\left(R_c//\frac{R_L}{2}\right)}{R_b+r_{be}} \tag{4-22}$$

其中，差模输入电阻和差模输出电阻同式（4-20）和式（4-21）。

（2）单端输出（带负载）

在实际应用时，为保证负载的使用安全，通常负载电阻一端接地，若输出信号仅从 VT_1 管和地之间取出，即负载连接 VT_1 管和地之间，则称为单端输出，同样也可将负载仅接在 VT_2 管和地之间，如图 4-24 所示。因此在差分放大电路分析时，要先明确是双端输出方式还是单端输出方式，再进一步分析。

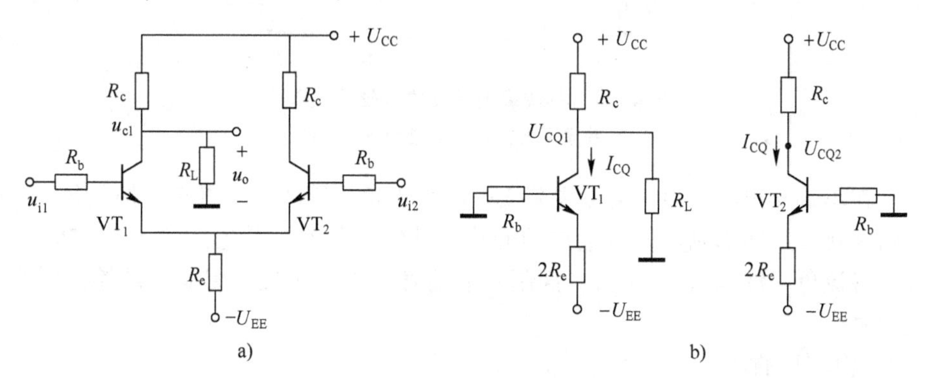

图 4-24 单端输出带负载差分放大电路

a）电路 b）直流通路

图 4-24a 为单端输出带负载差分放大电路，单端输出时的直流通路如图 4-24b 所示。由于放大电路与负载电阻 R_L 之间是直接耦合方式，因此 U_{CEQ1} 和 U_{CEQ2} 不再相同，而静态电流 I_{EQ1} 和 I_{EQ2}、I_{CQ1} 和 I_{CQ2}、I_{BQ1} 和 I_{BQ2} 依然相等。

$$I_{CQ1}=I_{CQ2}=I_{CQ}\approx I_{EQ}=\frac{1}{2}\cdot-\frac{U_{BEQ}-(-U_{EE})}{R_e} \tag{4-23}$$

$$I_{BQ1}=I_{BQ2}=I_{BQ}=\frac{I_{EQ}}{1+\beta} \tag{4-24}$$

根据节点电位分析法，VT_1 管的集电极电位满足

$$\frac{U_{CC}-U_{CQ1}}{R_c}=\frac{U_{CQ1}}{R_L}+I_{CQ} \tag{4-25}$$

将上式整理得

$$U_{CQ1}=\frac{U_{CC}R_L-I_{CQ}R_cR_L}{R_c+R_L} \tag{4-26}$$

因此 VT_1 管的静态管压降为

$$U_{CEQ1}=U_{CQ1}-U_{EQ} \tag{4-27}$$

VT_2 管的静态管压降为

$$U_{CEQ2}=U_{CC}-I_{CQ}R_c-U_{EQ} \tag{4-28}$$

1）对共模信号的抑制。

图 4-24a 所示的单端输出带负载差分放大电路，当共模信号作用时，等效电路如图 4-25a 所示，每边电路仍为单管共发射极放大电路，此时共模电压放大倍数为

$$A_{uc1}=\frac{u_{oc1}}{u_{ic}}=\frac{-\beta(R_c//R_L)}{R_b+r_{be}+(1+\beta)2R_e} \tag{4-29}$$

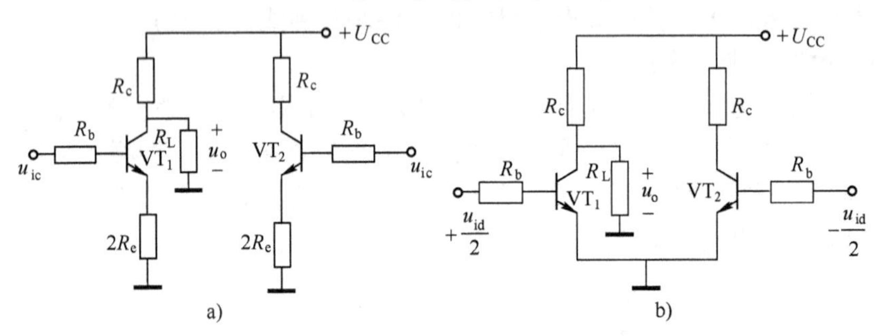

图 4-25　单端输出带负载差分放大电路

a）共模等效电路　b）差模等效电路

可见，在单端输出时，由于射极电阻 $2R_e$ 的直流负反馈作用，将有效抑制每只晶体管集电极电流的变化，从而抑制集电极电位的变化，抑制过程类似静态工作点稳定电路的 Q 点稳定过程。直流负反馈电阻 R_e 越大，抑制共模信号的能力越强。因此单端输出时也能有效抑制共模信号。

2）对差模信号的放大。

图 4-24a 所示的单端输出带负载差分放大电路，当差模信号作用时，等效电路如图 4-25b 所示。单端输出时的差模电压放大倍数为

$$A_{ud1}=\frac{u_{od1}}{u_{id}}=\frac{u_{od1}}{u_{id1}-u_{id2}}=\frac{u_{od1}}{2u_{id1}}=-\frac{1}{2}\,\frac{\beta(R_c//R_L)}{R_b+r_{be}} \tag{4-30}$$

若是负载连接在 VT_2 管的集电极和地之间，则单端输出时的差模电压放大倍数为

$$A_{ud2}=\frac{u_{od2}}{u_{id}}=\frac{u_{od2}}{u_{id1}-u_{id2}}=\frac{u_{od1}}{-2u_{id2}}=\frac{1}{2}\,\frac{\beta(R_c//R_L)}{R_b+r_{be}} \tag{4-31}$$

由式（4-30）和式（4-31）可知，单端输出时的差模电压放大倍数等于单管共射放大电路电压放大倍数的一半，且极性与信号取出端一致。

由于电路的输入端没有变，仍为双端输入，因此单端输出时的差模输入电阻等于

$$R_{id}=2(r_{be}+R_b) \tag{4-32}$$

由于是单端输出，差模输出电阻为双端输出时的一半，即

$$R_{od}=R_c \tag{4-33}$$

5. 差分放大电路的电压传输特性

所谓电压传输特性，是指差分放大电路的输出电压 u_{od} 与差模输入电压 u_{id} 之间的关系，描述该关系的曲线称为电压传输特性曲线，即

$$u_{od}=f(u_{id}) \tag{4-34}$$

观察图 4-26 电压传输特性曲线，当加入的差模输入信号 $|u_{id}|\leqslant U_T$ 时，传输特性近似为直线，其斜率为差模电压放大倍数，并且是常数，此时两只管子工作在线性放大区；当 $|u_{id}|=U_T\sim 4U_T$ 时，电压传输特性处于非线性区，仍有放大作用，但是差模电压放大倍数将随着信号的增大而减小；当 $|u_{id}|\geqslant 4U_T$ 时，差模输出电压趋近于常数，其数值取决于电源电压，差分放大电路两个管子的工作状态分别为截止、饱和状态。若改变差模输入信号的极性，则可得到如图 4-26 中虚线所示的曲线。

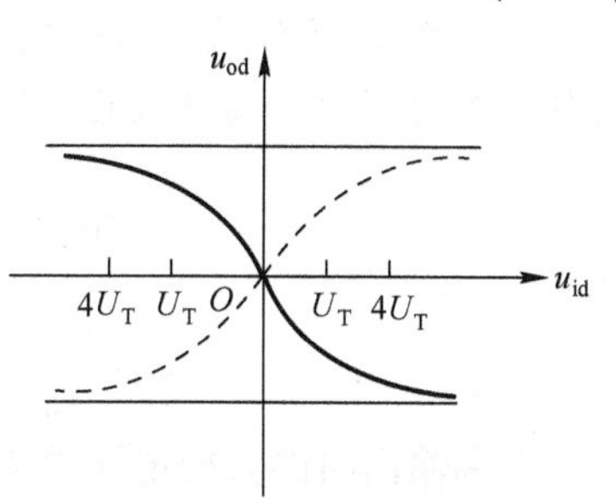

图 4-26　差分放大电路的电压传输特性

例 4-3　射极耦合差分放大电路如图 4-27 所示，电路由两个理想对称的单管共射放大电路通过 R_e 直接耦合而成，VT_1、VT_2 两个管子的特性、参数完全相同。$\beta_1=\beta_2=50$，$r_{bb'}=0$，$U_{BE1}=U_{BE2}=0.7\,V$。试分析：

（1）静态时 VT_1、VT_2 管的静态工作点。

（2）动态时估算双端输出时的差模电压放大倍数 A_{ud} 和共模电压放大倍数 A_{uc}。

（3）若从 VT_1 管集电极与地之间取输出，求差模电压放大倍数 A_{ud1}、共模电压放大倍数 A_{uc1} 和共模抑制比 K_{CMR}。

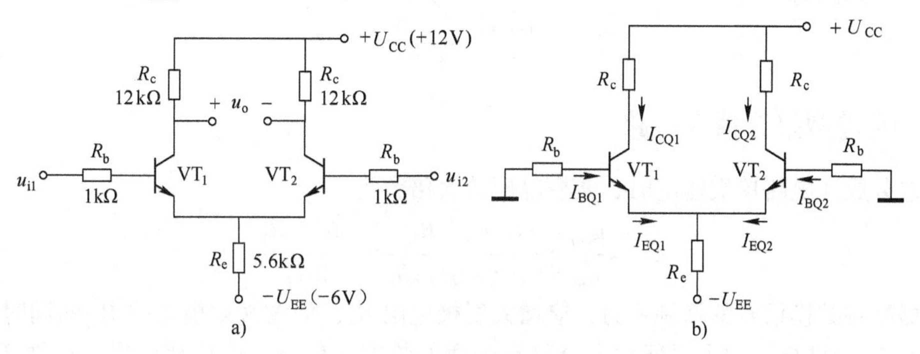

图 4-27　差分放大电路

a）电路图　b）直流通路

解：图 4-27a 所示电路为典型的双端输入双端输出差分放大电路，且由发射极电阻 R_e 耦合连接，输入信号为任意信号 u_{i1} 和 u_{i2}。

（1）静态分析

其直流通路如图 4-27b 所示，令 $u_{i1}=u_{i2}=0$。由于两管参数相同、电路对称，因此 $I_{CQ1}=I_{CQ2}=I_{CQ}$，$I_{BQ1}=I_{BQ2}=I_{BQ}$。

对每只管子的基极回路利用 KVL，列方程：$I_{BQ}R_b+U_{BE}+2I_{EQ}R_e=U_{EE}$，因此

$$I_{CQ}\approx I_{EQ}=\frac{U_{EE}-U_{BE}}{R_b/(1+\beta)+2R_e}\approx\frac{U_{EE}-U_{BE}}{2R_e}=\frac{6-0.7}{2\times5.6}\text{ mA}=0.47\text{ mA}\ (\text{忽略 }R_b)$$

$$I_{BQ}=\frac{I_{EQ}}{1+\beta}\approx\frac{0.47}{51}\text{ mA}=0.0092\text{ mA}=9.2\ \mu\text{A}$$

$$U_{CEQ}=U_{CC}-I_{CQ}R_c-U_{EQ}\approx U_{CC}-I_{CQ}R_c+U_{BE}=(12-0.47\times12+0.7)\text{ V}=7.06\text{ V}$$

（2）双端输出时的动态分析

要计算 A_{ud}需先求出管子的 r_{be}，双端输出时的差模电压放大倍数等于单管共射放大电路的电压放大倍数，基极电流流过的总电阻是 R_b+r_{be}，且注意 $R_L=\infty$。

$$r_{be}=r_{bb'}+(1+\beta)\frac{U_T}{I_{EQ}}=51\times\frac{26}{0.47}\ \Omega=2821\ \Omega\approx2.82\text{ k}\Omega$$

$$A_{ud}=\frac{u_{od}}{u_{id}}=\frac{u_{od1}}{u_{i1}}=\frac{u_{od2}}{u_{i2}}=-\frac{\beta R_c}{R_b+r_{be}}\approx-\frac{50\times12}{1+2.82}\approx-157.1$$

双端输出时的共模电压放大倍数为

$$A_{uc}=0$$

（3）单端输出时的动态分析

若从 VT_1管的集电极与地之间取出信号，则为单端输出电路，因此单端输出时的差模电压放大倍数为

$$A_{ud1}=\frac{1}{2}A_{ud}=-\frac{\beta R_c}{2(R_b+r_{be})}\approx-78.5$$

单端输出时的共模电压放大倍数为（注意单管放大器发射极等效电阻为 $2R_e$）

$$A_{uc1}=\frac{u_{oc1}}{u_{ic}}=\frac{u_{oc1}}{u_{ic1}}=-\frac{\beta R_c}{R_b+r_{be}+2(1+\beta)R_e}=\frac{-50\times12}{1+2.82+2\times51\times5.6}\approx-1.04$$

共模抑制比为

$$K_{CMR}=\left|\frac{A_{ud}}{A_{uc}}\right|\approx\frac{78.5}{1.04}\approx75.5$$

4.3.4 改进型差分放大电路

在差分放大电路单端输出时，共模电压放大倍数为

$$A_{uc1}=\frac{u_{oc1}}{u_{ic}}=\frac{-\beta(R_c//R_L)}{r_{be}+(1+\beta)2R_e}\approx\frac{-R_c//R_L}{2R_e}\tag{4-35}$$

要提高对共模信号的抑制能力，应增大射极电阻 R_e，但增大射极电阻 R_e 的同时，静态工作电流 I_{EQ}会减少，为了保证放大电路有合适的静态工作点，也要相应增大电源 U_{CC}，这在实际应用中显然是不可行的。那么，有没有这样一种电路，在静态时能提供合适的静态电流，而动态时等效为无穷大的电阻，从而有效地抑制共模信号呢？

如图 4-28a 所示是静态工作点稳定的分压式偏置电路，忽略基极电流估算可知，晶体管的基极电位 U_{Rb2}由电阻 R_{b1}和 R_{b2}分压得到，其表达式为

$$U_{Rb2}=\frac{R_{b2}}{R_{b1}+R_{b2}}(U_{CC}+U_{EE})\tag{4-36}$$

U_{Rb2}基本不受温度变化的影响，则晶体管的发射极静态电流 I_{EQ}基本保持恒定，静态电

流 I_{CQ} 也基本保持恒定，能够提供恒定的静态直流电流输出 I_o，其表达式为

$$I_o = I_{CQ} = I_{EQ} = \frac{U_{Rb2} - U_{BEQ}}{R_e} \tag{4-37}$$

I_{EQ} 与集电极电阻 R_c 无关，如图 4-28b 所示，输出电流 I_o 是恒定电流，可连接任意负载。

晶体管工作在放大区，根据输出特性曲线可知，每条特性曲线几乎是平行于横轴的平行线，可见当集电极电压有一个较大的变化量 u_{ce} 时，集电极电流 i_c 基本不变，此时晶体管 c-e 之间的动态等效电阻 $r_{ce} = \frac{u_{ce}}{i_c}$ 的值很大。

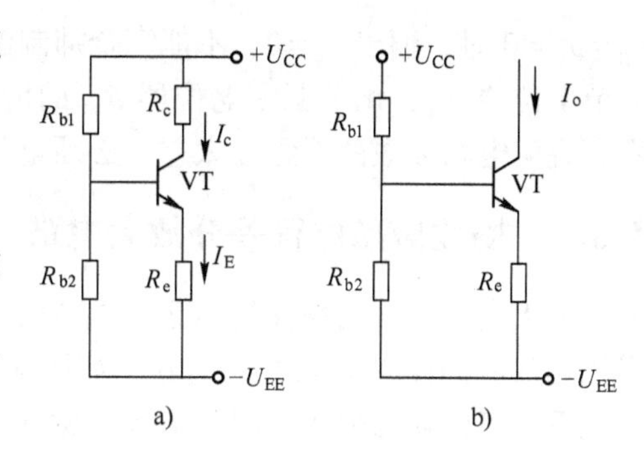

图 4-28　恒流源电路
a）分压式偏置　b）等效恒流源电路

因此用恒流源替代发射极电阻 R_e，既满足静态时提供恒定的电流，动态时可有效抑制共模信号，又满足集成电路制作工艺中避免使用大电阻，用晶体管器件来代替的特点。

如图 4-29a 所示恒流源式差分放大电路，用图 4-28b 代替发射极电阻 R_e，恒流管 VT_3 的发射极电流 I_{E3} 基本保持恒定，由图可得

$$I_{EQ3} = \frac{U_{Rb2} - U_{BEQ3}}{R_e} \tag{4-38}$$

两个放大管 VT_1 和 VT_2 的静态发射极电流为

$$I_{EQ1} = I_{EQ2} = \frac{1}{2} I_{EQ3} = \frac{1}{2} \frac{U_{Rb2} - U_{BEQ3}}{R_e} \tag{4-39}$$

动态时，$r_{ce3} = \frac{u_{ce3}}{i_{c3}} \to \infty$，可见恒流源式差分放大电路，为差分放大电路提供了合适的静态工作点，且无论双端输出还是单端输出时，都能有效地抑制共模信号。

在图 4-28 恒流源电路的基础上，可设计各种各样的电流源电路，具体电路将在 4.4 节电流源电路中讲述。此处采用恒流源符号表示，简化的恒流源式差分放大电路如图 4-29b 所示。在实际电路中，工艺制造时管子参数理想的一致匹配性很难实现，无法满足电路在

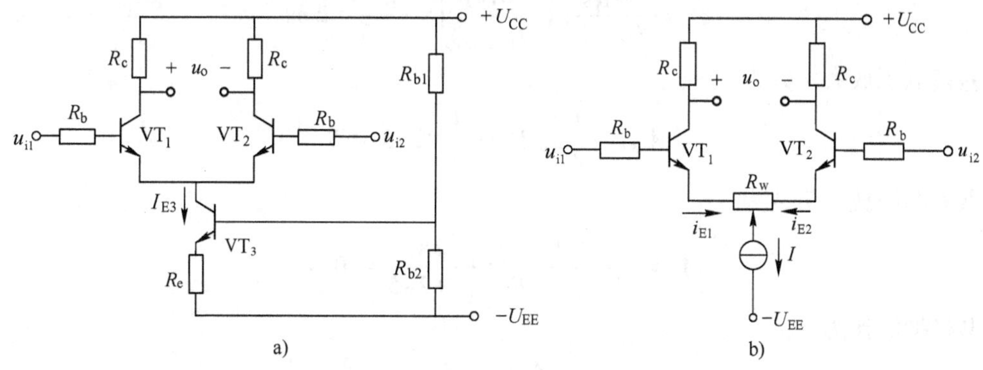

图 4-29　恒流源式差分放大电路
a）用恒流源取代 R_e 的差分　b）恒流源简化及电路调零

$u_{i1}=u_{i2}=0$ 时，输出 $u_o=0$，不能完全抑制温漂。常在两只管子的发射极之间加入阻值很小的调节电位器 R_W，调节调零电位器 R_W 的滑动端即可。若选用很大的 R_W 阻值才能使输出调零，说明电路参数的对称性太差，必须重新设计电路元器件。

4.3.5 场效应晶体管差分放大电路

放大电路设计的性能指标之一是高输入电阻，为设计高输入电阻的差分放大电路，通常采用场效应晶体管差分放大电路，如图 4-30 所示。理想情况下，可以认为输入电阻无穷大，常作为直接耦合多级放大电路的输入级。和晶体管差分放大电路相同，场效应晶体管也有双端输入、双端输出，双端输入、单端输出的接法，又由于晶体管的共射组态电路与场效应晶体管的共源组态电路分析类似，可以采用前面的分析方法对场效应晶体管差分放大电路进行分析。实际应用电路中，常采用单端输出方式，如例 4-4 所示。

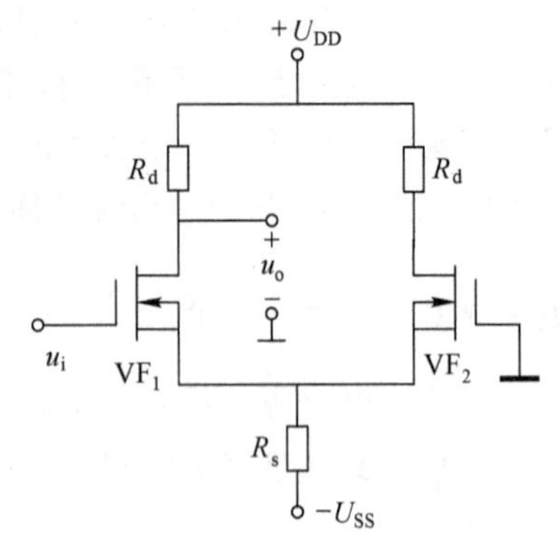

图 4-30 场效应晶体管差分放大电路

例 4-4 场效应晶体管差分放大电路如图 4-30 所示。已知 $U_{DD}=U_{SS}=15\,V$，$R_d=5\,k\Omega$，两只 MOS 管的参数相等，$U_{GS(off)}=-3\,V$，$I_{DSS}=3\,mA$，$U_{GSQ}=0$。试求：

（1）管子的静态电流 I_{DQ} 和 R_s。

（2）差模电压放大倍数 A_{ud}、共模电压放大倍数 A_{uc} 和共模抑制比 K_{CMR}。

解：（1）因为 $U_{GSQ}=0$，所以 $I_{DQ}=I_{DSS}=3\,mA$，利用基尔霍夫电压定律，对管子的输入回路列静态方程，有

$$U_{GSQ}+2I_{DQ}R_s-U_{SS}=0$$

所以

$$R_s=\frac{U_{SS}-U_{GSQ}}{2I_{DQ}}=\frac{15-0}{6}\,k\Omega=2.5\,k\Omega$$

（2）场效应晶体管差分放大电路的技术指标与晶体管差分放大电路相类似，单管共源放大电路的技术指标与单管共射放大电路类似。先求出场效应晶体管跨导，注意输出电压是从 VF_1 管的漏极与地之间取出，属于单端输出方式。

$$g_m=-\frac{2I_{DSS}}{U_{GS(off)}}\left(1-\frac{U_{GSQ}}{U_{GS(off)}}\right)=-\frac{2\times3}{-3}=2\,ms$$

差模电压放大倍数为

$$A_{ud}=-\frac{1}{2}g_mR_d=-\frac{1}{2}\times2\times5=-5$$

共模电压放大倍数为

$$A_{uc}=-\frac{g_mR_d}{1+g_m\cdot2R_s}=-\frac{2\times5}{1+2\times5}=-0.91$$

共模抑制比为

$$K_{CMR}=\left|\frac{A_{ud}}{A_{uc}}\right|=\frac{5}{0.91}\approx5.5$$

4.4 电流源电路

直接耦合放大电路易于集成，在实际使用的集成放大电路中一般采用直接耦合方式。但直接耦合方式各级静态工作点相互影响，给分析、设计与调试带来不便。常采用电流源电路为各级提供合适的静态工作电流；或取代放大电路中的高阻值电阻作为有源负载，从而提高放大电路的放大能力。电流源电路通常采用晶体管或场效应晶体管构成。

4.4.1 比例电流源

如图 4-31 所示，VT_2管集电极电流 I_{C2}作为恒定输出电流 I_o，以便连接任意负载，考虑输出恒定电流的温度稳定性问题，常利用二极管来补偿晶体管的 U_{BE}随温度变化对输出电流的影响，称为二极管温度补偿电路。在实际集成电路设计中，常将晶体管 VT_1连接成二极管来实现温度补偿问题，且图中 VT_1管和 VT_2管的参数完全相同，便构成了如图 4-32 所示的比例电流源。

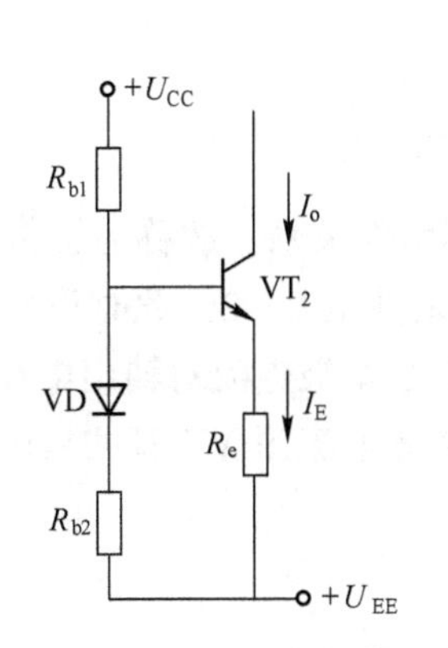

图 4-31　二极管温度补偿电路

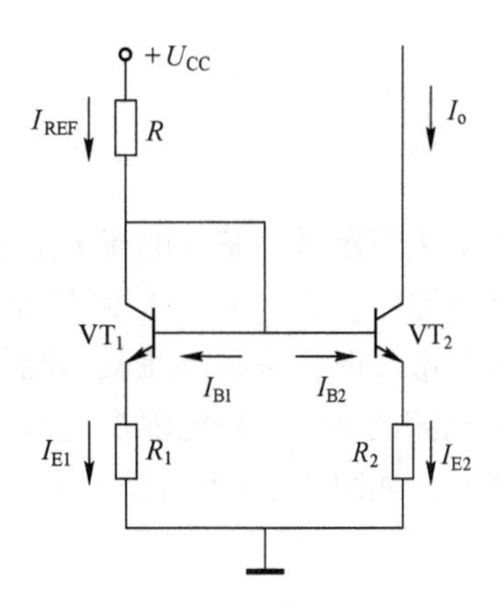

图 4-32　比例电流源

在图 4-32 中，电源 U_{CC}通过电阻 R、VT_1管和电阻 R_1 产生一个基准电流 I_{REF}，即

$$I_{REF}=\frac{U_{CC}-U_{BE1}}{R+R_1} \tag{4-40}$$

同时具有电压相等关系：

$$U_{BE1}+I_{E1}R_1=U_{BE2}+I_{E2}R_2 \tag{4-41}$$

$$U_{BE1}-U_{BE2}+I_{E1}R_1=I_{E2}R_2 \tag{4-42}$$

若两管发射结电压之差 $U_{BE1}-U_{BE2}\leqslant I_E R_1$，则

$$I_{E1}R_1\approx I_{E2}R_2 \tag{4-43}$$

若忽略两管的基极电流，$I_{E1}\approx I_{REF}$，$I_o=I_{C2}\approx I_{E2}$，则

$$I_{REF}R_1\approx I_o R_2 \tag{4-44}$$

于是

$$I_o\approx\frac{R_1}{R_2}I_{REF} \tag{4-45}$$

综上，比例电流源的输出电流 I_o 与基准电流 I_{REF} 之间成比例关系，因此称为比例电流源。其中 I_{REF} 主要与电阻 R 有关，改变发射极电阻 R_1 和 R_2 的比值，便可得到不同的输出恒定电流 I_o。

4.4.2 镜像电流源

若将图 4-32 中的两个发射极电阻 R_1 和 R_2 短路，且图中 VT_1 管和 VT_2 管的参数完全相同，且 VT_1 管的管压降 $U_{CE1}=U_{BE1}$，保证 VT_1 管工作在临界放大区，故集电极电流 $I_{C1}=\beta_1 I_{B1}$，便可得到如图 4-33 所示的镜像电流源。

在图 4-33 中，基准电流 I_{REF} 为

$$I_{REF}=\frac{U_{CC}-U_{BE1}}{R} \tag{4-46}$$

根据节点电流得

$$I_{REF}=I_{C1}+2I_{B1}=I_{C1}+2\frac{I_{C1}}{\beta}=\frac{\beta+2}{\beta}I_{C1} \tag{4-47}$$

当满足 $\beta\gg2$ 时

$$I_o=I_{C2}\approx I_{C1}\approx I_{REF}=\frac{U_{CC}-U_{BE1}}{R} \tag{4-48}$$

由于输出电流 I_o 恒定且与基准电流 I_{REF} 相等，如同镜像关系，故称为镜像电流源。

镜像电流源电路中，式（4-47）满足镜像关系的条件是 $\beta\gg2$，此时可忽略基极电流的影响。但是当 β 足够小时，基极电流就不能忽略。为减小基极电流对输出电流的影响，提高输出电流与基准电流的精度，稳定输出电流，采用在镜像电流源 VT_1 管的集电极与基极之间加一个缓冲管 VT_3，如图 4-34 所示。

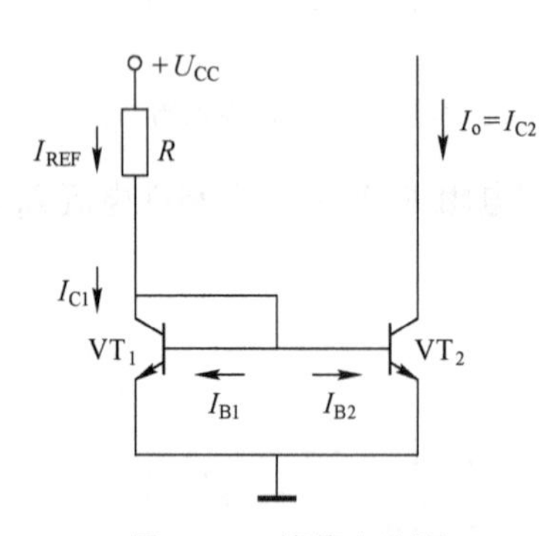

图 4-33　镜像电流源

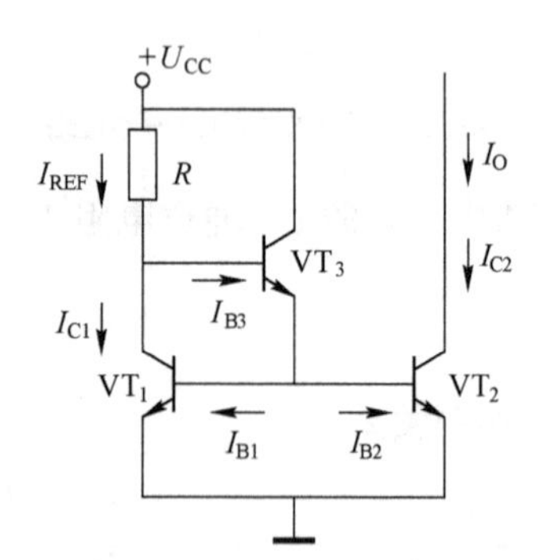

图 4-34　改进型镜像电流源

管子的参数 $\beta_1=\beta_2=\beta_3=\beta$，$I_{B1}=I_{B2}=I_B$，$U_{BE1}=U_{BE2}$，基准电流 I_{REF} 等于

$$I_{REF}=\frac{U_{CC}-2U_{BE}}{R} \tag{4-49}$$

$$I_o=I_{C2}\approx I_{C1}=I_{REF}-I_{B3}=I_{REF}-\frac{I_{E3}}{1+\beta}=I_{REF}-\frac{2I_{B2}}{1+\beta}=I_{REF}-\frac{2I_{C2}}{\beta(1+\beta)} \tag{4-50}$$

整理得

$$I_o = I_{C2} = \frac{(1+\beta)\beta}{2+(1+\beta)\beta} I_{REF} \approx I_{REF} \tag{4-51}$$

利用 VT_3管的电流放大作用减小 I_{B1}和 I_{B2}对 I_{REF}的分流作用，从而提高输出电流 I_o的精度。

4.4.3 微电流源

若只将图 4-32 中的发射极电阻 R_1 短路，就构成了微电流源，如图 4-35 所示。在集成运算放大器中，输入级晶体管的集电极（发射极）静态电流很小，仅有几十微安，为了提高输入电阻，减小输入电流，输入级常用到微电流源。

根据电压相等关系，有

$$U_{BE1} = U_{BE2} + I_{E2}R_2 \tag{4-52}$$

$$U_{BE1} - U_{BE2} = I_{E2}R_2 \tag{4-53}$$

则

$$I_o = I_{C2} \approx I_{E2} = \frac{U_{BE1} - U_{BE2}}{R_2} \tag{4-54}$$

式中，$U_{BE1}-U_{BE2}$差值很小，只有几十毫伏，因此只要采用几千欧的电阻 R_2，就可获得微安级的电流 I_o。

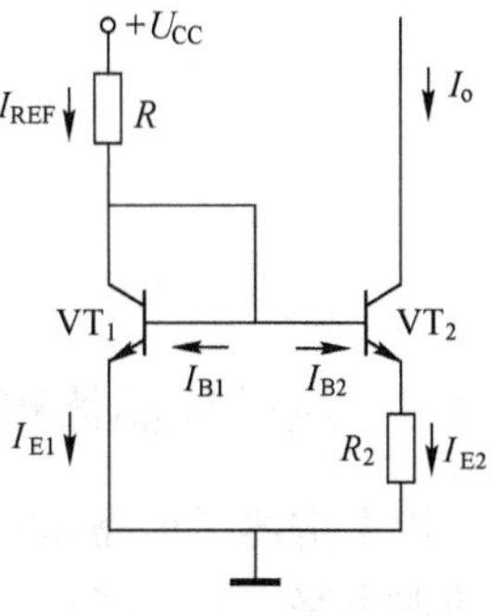

图 4-35　微电流源

根据晶体管发射结电压与发射极电流之间的关系可得

$$I_E = I_C = I_S(e^{\frac{U_{BE}}{U_T}} - 1) \approx I_S e^{\frac{U_{BE}}{U_T}} \tag{4-55}$$

整理得

$$U_{BE} \approx U_T \ln \frac{I_C}{I_S} \tag{4-56}$$

$$U_{BE1} - U_{BE2} = U_T \ln \frac{I_{C1}}{I_S} - U_T \ln \frac{I_{C2}}{I_S} = U_T \ln \frac{I_{C1}}{I_{C2}} = I_{C2}R_2 \tag{4-57}$$

实际设计电路时，需明确电路所需的静态电流大小，即已知基准电流 $I_{REF} \approx I_{C1}$和 I_{C2}，这样很方便求解电阻 R_2，从而设计所需要的微电流源。

4.4.4 多路电流源

在设计集成运算放大器内部的多级电路时，各级电路都需要合适的静态工作电流，以满足各级静态工作点的需要。在镜像电流源、比例电流源等电路基础上，设计多个不同的电流输出支路，便可由一个基准电流产生多个不同输出电流。如图 4-36 所示，在改进型比例电流源基础上构造的多路电流源，I_{REF}为基准电流，I_{C1}、I_{C2}和 I_{C3}是三路输出电流。

由图 4-36 可得

$$U_{BE1} + I_{E1}R_1 = U_{BE2} + I_{E2}R_2 = U_{BE3} + I_{E3}R_3 = U_{BE4} + I_{E4}R_4 \tag{4-58}$$

因为各管发射结电压 U_{BE}数值近似相等，上式近似为

$$I_{E1}R_1 \approx I_{E2}R_2 \approx I_{E3}R_3 \approx I_{E4}R_4 \tag{4-59}$$

基准电流为

$$I_{REF} \approx I_{E1} = \frac{U_{CC} - 2U_{BE}}{R_1} \tag{4-60}$$

$$I_{REF}R_1 \approx I_{E2}R_2 \approx I_{E3}R_3 \approx I_{E4}R_4 \tag{4-61}$$

设计好基准电流，再根据各支路所需要的电流，便可选择合适的电阻。

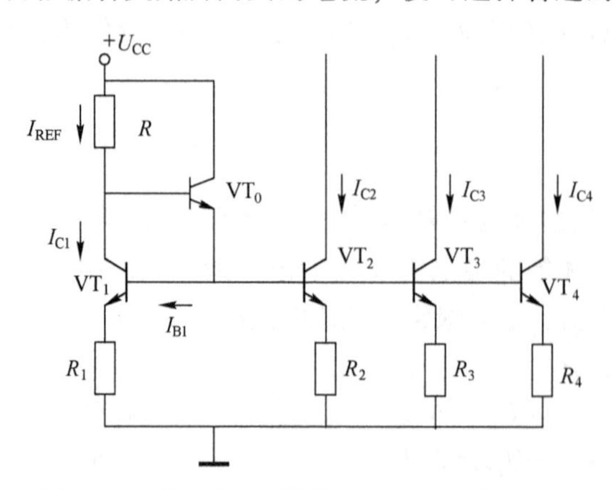

图 4-36　基于改进型镜像电流源的多路电流源

4.4.5　场效应晶体管电流源

以上讲述了由晶体管构成的各种电流源电路，与其类似也可以由场效应晶体管构成各种电流源电路。随着芯片上集成晶体管数量的增加，且模拟数字混合方式集成，现在进入到了超大规模集成电路时代。CMOS（互补金属-氧化物半导体）技术，能够满足数字电路集成度高、功耗低的特点；同时满足模拟电路单元电路级联的设计要求。因此，模拟电路中的功能电路，其器件常采用 CMOS 工艺，使得 CMOS 技术成为研究主流。

由增强型 NMOS 管构成的场效应晶体管镜像电流源电路如图 4-37 所示。图中 I_{REF}是基准电流，I_o和 I_{REF}成比例关系，通过设置管子的宽长比来改变电流的大小关系，若两只管子的宽长比相同，则 I_o和 I_{REF}成镜像关系，即 $I_o \approx I_{REF}$。由于集成电路要求体积小，且场效应晶体管可以工作在可变电阻区，在实际应用中，电路中的电阻器件通常用场效应晶体管来代替。其他类型的电流源电路，在晶体管电流源电路的基础上，将晶体管器件替换为场效应晶体管即可，这里不再一一赘述。

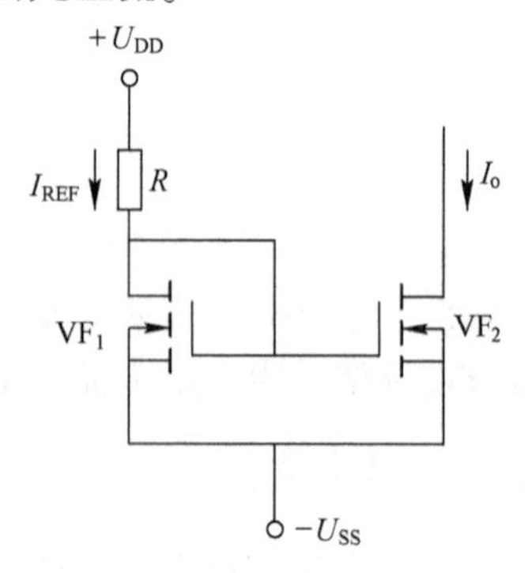

图 4-37　增强型 NMOS 管镜像电流源

4.4.6　以电流源作为有源负载的放大电路

在多级放大电路中，为了给各级放大电路提供不同的静态电流，保证各级设置有合适的静态工作点，通常采用电流源电路提供静态偏置电流，如构成多路比例电流源、多路镜像电流源等以获得不同的静态电流输出。

除此之外，也可采用电流源电路取代集电极电阻 R_c，由于电流源电路的晶体管和场效应晶体管是有源器件，且以它们作为负载，因此称为有源负载。静态时可获得合适的静态工作电流，动态时电流源等效为很大的动态电阻，从而提高放大电路的电压放大倍数。

1. 电流源作为有源负载的共射放大电路

（1）电路结构

电流源作为有源负载的共射放大电路如图 4-38a 所示，VT_1为放大管，VT_2与VT_3构成的镜像电流源取代集电极电阻R_c，作为VT_1管的负载，由于晶体管是有源器件，故而称为有源负载。

（2）电路分析

电流源的作用是一方面在静态工作时能够提供恒定的电流；另一方面在动态工作时交流电阻很大。下面从静态、动态两个方面来分析。

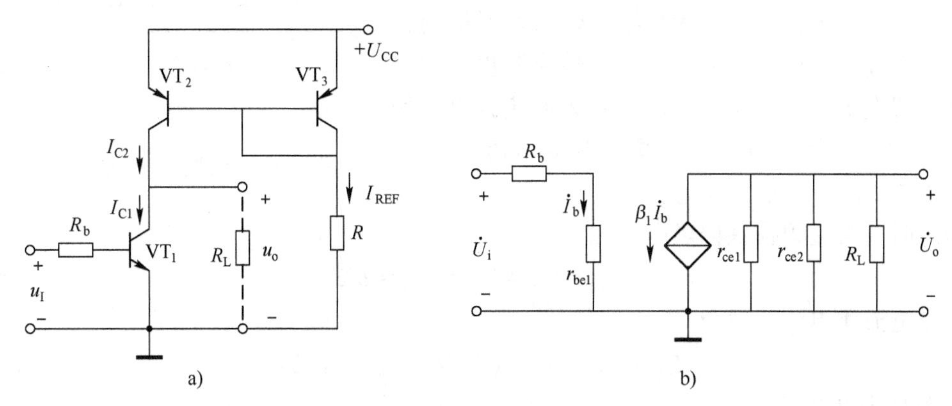

图 4-38　电流源作为有源负载的共射放大电路

a）电路　b）交流等效电路

1）静态分析（VT_1空载时）：

$$I_{CQ1}=I_{CQ2}\approx I_{REF}=\frac{U_{CC}-|U_{BE}|}{R} \tag{4-62}$$

📖 注意：输入端的u_I中应含有直流分量，为VT_1管提供静态基极电流I_{BQ1}（其值应等于I_{CQ1}/β_1）。另外，当电路带上负载R_L后，由于它的分流作用，I_{CQ1}将有变化。

2）动态分析：放大电路的交流等效电路如图 4-38b 所示。图中r_{ce1}、r_{ce2}分别为VT_1和VT_2的动态电阻，根据图 4-38b 分析可以得出电路的性能指标。

电压放大倍数为

$$\dot{A}_u=-\frac{\beta_1(r_{ce1}//r_{ce2}//R_L)}{R_b+r_{be1}}\approx-\frac{\beta_1 R_L}{R_b+r_{be1}} \tag{4-63}$$

输入电阻为

$$R_i=R_b+r_{be1} \tag{4-64}$$

输出电阻为

$$R_o=r_{ce1}//r_{ce2} \tag{4-65}$$

可见，有源负载使共射放大电路的电压放大倍数$\dot{A}_u$的数值大大提高了。若将图 4-38a 电路中的晶体管用合适的场效应晶体管取代，便可构成有源负载的共源放大电路，分析过程类似，这里不再赘述。

2. 电流源作为有源负载的晶体管差分放大电路

具有恒流源的差分放大电路，无论双端输出还是单端输出时，共模电压放大倍数都趋于0，有效地抑制了共模信号。由于采用集电极电阻 R_c 作为无源负载，当单端输出时的差模电压放大倍数仅为双端输出时的一半，差模信号虽得到了放大，但是电压放大倍数相对较小。采用镜像电流源电路作为有源负载替代 R_c，在单端输出时，差模电压放大倍数可提高到接近于双端输出的情况。

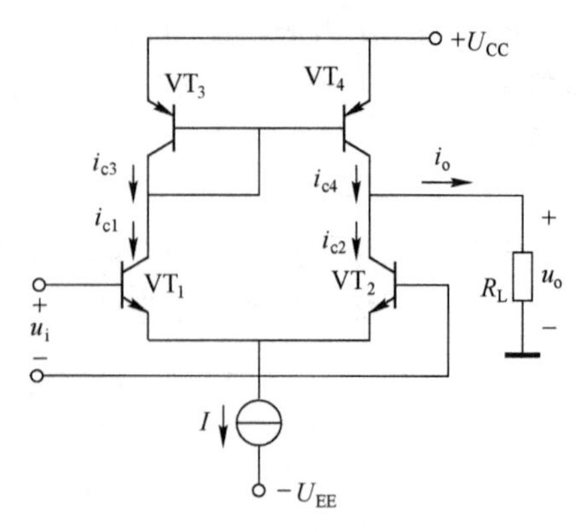

图 4-39　有源负载的差分放大电路

如图 4-39 所示，VT_1、VT_2晶体管的发射极通过恒流源耦合连接构成差分放大电路，恒流源提供恒定的直流偏置电流 I；VT_3与 VT_4构成镜像电流源电路作为有源负载。显然，镜像电流源的基准电流为 I_{CQ1}，输出电流为 I_{CQ4}，且 $I_{CQ1} \approx I_{CQ4}$。

静态时，恒流源提供偏置电流为

$$I_{CQ1}=I_{CQ2}=I_{EQ1}=I_{EQ2}\approx I/2 \tag{4-66}$$

镜像电流源电流关系为

$$I_{CQ4}=I_{CQ1}\approx I_{CQ3}\text{（只要 }\beta_3\text{ 远大于 2）} \tag{4-67}$$

静态时输出电流为

$$I_o=I_{CQ4}-I_{CQ2}\approx 0 \tag{4-68}$$

可见，单端输出时也能完全抑制零点漂移。

动态时，输入差模信号时，由于差模信号大小相等，极性相反这个重要特点，可知交流电流为

$$i_{b1}=-i_{b2},\ i_{c1}=-i_{c2} \tag{4-69}$$

由于镜像电流源的电流关系

$$i_{c4}=i_{c1}\approx i_{c3} \tag{4-70}$$

交流输出的电流为

$$i_o=i_{c4}-i_{c2}\approx i_{c1}-(-i_{c1})=2i_{c1} \tag{4-71}$$

可见，镜像电流源电路作为有源负载的晶体管差分放大电路，单端输出时的交流输出电流约为 R_c无源负载电路的两倍，因而电压放大倍数接近双端输出时的情况。

由此可以求得单端输出时，镜像电流源电路作为有源负载的晶体管差分放大电路的差模电压放大倍数为

$$\begin{aligned}A_{ud}&=\frac{u_{od}}{u_{id}}=\frac{i_o(R_L//r_{ce2}//r_{ce4})}{2i_{b1}r_{be1}}\\&=\frac{2i_{c1}(R_L//r_{ce2}//r_{ce4})}{2i_{b1}r_{be1}}=\frac{\beta_1(R_L//r_{ce2}//r_{ce4})}{r_{be1}}\end{aligned} \tag{4-72}$$

若 $R_L \ll r_{ce2}//r_{ce4}$，则

$$A_{ud}=\frac{u_{od}}{u_{id}}\approx\frac{\beta_1 R_L}{r_{be1}} \tag{4-73}$$

3. 电流源作为有源负载的 MOS 管差分放大电路

同晶体管构成的有源负载差分放大电路类似，场效应晶体管构成的有源负载差分放大电路如图 4-40 所示。该电路也能使单端输出时的差模电压放大倍数提高到双端输出时的情况。

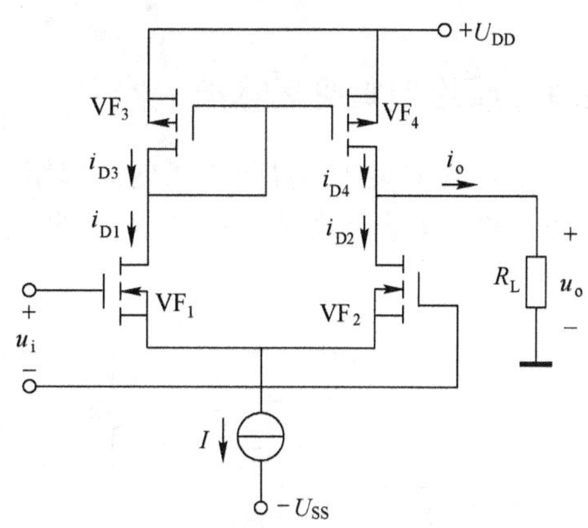

图 4-40　MOS 管有源负载差分放大电路

图 4-40 中，VF_1、VF_2两只 NMOS 管的源极通过恒流源耦合连接构成差分放大电路，恒流源提供恒定的直流偏置电流；VF_3、VF_4两只 PMOS 管构成镜像电流源电路作为有源负载。显然，镜像电流源的基准电流为 I_{DQ1}，输出电流为 I_{DQ4}，且 $I_{DQ1} \approx I_{DQ4}$。

静态时，恒流源提供偏置电流为

$$I_{DQ1}=I_{DQ2}=I_{SQ1}=I_{SQ2}\approx I/2 \tag{4-74}$$

镜像电流源电流关系为

$$I_{DQ4}=I_{DQ1}\approx I_{DQ3} \tag{4-75}$$

静态时输出电流为

$$I_o=I_{DQ4}-I_{DQ2}\approx 0 \tag{4-76}$$

可见，单端输出时也能完全抑制零点漂移。

动态时，输入差模信号时，由于差模信号大小相等，极性相反这个重要特点，可知交流电流为

$$i_{d1}=-i_{d2} \tag{4-77}$$

由于镜像电流源的电流关系

$$i_{d4}=i_{d1}\approx i_{d3} \tag{4-78}$$

交流输出的电流为

$$i_o=i_{d4}-i_{d2}\approx i_{d1}-(-i_{d1})=2i_{d1} \tag{4-79}$$

可见，单端输出时将 VF_1 管的变化漏极电流转换为输出电流，且将所有变化电流流向负载电阻 R_L，约为无源 R_c负载电路的两倍。由此可以求得单端输出时电流源作为有源负载的 MOS 管差分放大电路的差模电压放大倍数为

$$\begin{aligned} A_{ud}&=\frac{u_{od}}{u_{id}}=\frac{i_o(R_L//r_{ds2}//r_{ds4})}{2u_{gs}} \\ &=\frac{2i_{d1}(R_L//r_{ds2}//r_{ds4})}{2u_{gs}}=g_m(R_L//r_{ds2}//r_{ds4}) \end{aligned} \tag{4-80}$$

若 $R_L \ll r_{ds2}//r_{ds4}$，则

$$A_{ud}=g_mR_L \tag{4-81}$$

可见，单端输出时差模电压放大倍数接近双端输出时，提高了差模电压放大倍数。

4.5 典型集成运算放大器和性能指标

4.5.1 通用型集成运算放大器

为更好理解集成运算放大器的内部结构，图 4-41 为集成运算放大器的典型代表产品即通用型 F007 电路原理图。F007 内部电路包括偏置电路、输入级、中间级和输出级 4 个部分。

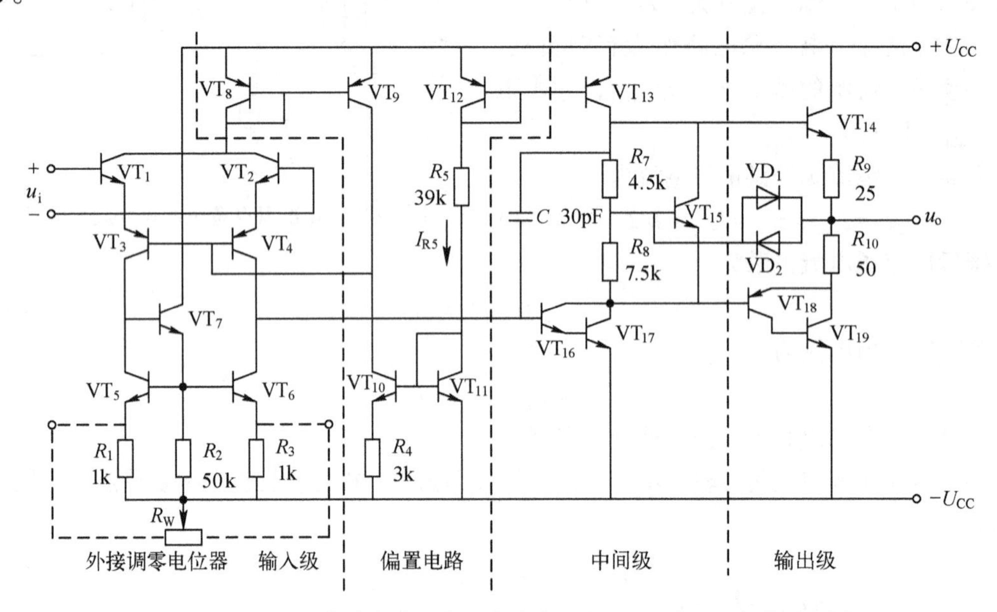

图 4-41 集成运算放大器的典型代表产品即通用型 F007 电路原理图

1. 偏置电路

偏置电路的作用是设置各级合适的静态工作点，为各级放大电路提供所需的静态偏置电流，常由各种电流源电路构成。图 4-41 中 VT_8和 VT_9构成镜像电流源，提供 VT_1和 VT_2所需的集电极电流；VT_{12}和 VT_{13}构成镜像电流源，提供中间级复合管 VT_{16}和 VT_{17}的静态集电极电流，并且作为复合管放大电路的有源负载提高电压放大倍数；VT_{10}、VT_{11}和电阻 R_4 构成微电流源，提供 VT_3和 VT_4所需的基极电流。偏置电路的基准电流由$+U_{CC}$、VT_{12}、电阻 R_5、VT_{11}、$-U_{CC}$构成，可知基准电流 I_{R5}为

$$I_{R5}=\frac{(+U_{CC})-U_{BE12}-U_{BE11}-(-U_{CC})}{R_5}\approx\frac{2U_{CC}}{R_5} \tag{4-82}$$

若忽略 U_{BE12}和 U_{BE11}，则基准电流 I_{R5}恒定。

2. 输入级

输入级通常采用有源负载的差分放大电路来提高共模抑制比。图 4-41 中 VT_1和 VT_2接成共集电极组态作为输入端，以提高输入电阻；VT_3和 VT_4接成共基极组态使之具有较好的频率特性；VT_1、VT_2和 VT_3、VT_4共同组成共集-共基差分放大电路，输入信号从 VT_1和 VT_2的基极双端输入，输出信号从 VT_4和 VT_6的集电极单端取出，VT_5、VT_6和 VT_7以及电阻 R_1、

R_2 和 R_3 构成改进型电流源电路，作为差分放大电路的有源负载，使单端输出时的电压放大倍数等于双端输出，提高了电压放大倍数。

若有共模信号输入时，VT_3和 VT_4管的集电极电流相等（忽略 VT_7的基极电流），VT_3和 VT_5管的集电极电流相等，又由于 $R_1=R_3$，因此 VT_5和 VT_6管的集电极电流相等，可知 VT_4和 VT_6管的集电极电流相等，而中间级放大管 VT_{16}的基极电流为 VT_4管和 VT_6管的集电极电流之差，因此 VT_{16}管的基极电流近似为零，可见共模信号输出为零，电路具有较高的抑制共模信号的能力。

3. 中间级

中间级电路的作用是提高放大电路的电压放大倍数，常采用共射组态电路。图 4-41 所示电路中间级采用 VT_{16}和 VT_{17}复合管作为放大管，以 VT_{12}和 VT_{13}构成镜像电流源作为有源负载，组成共射级放大电路，具有较高的输入电阻。采用复合管增大了电流放大系数；另一方面有源负载代替电阻 R_c，因而放大电路能够获得较高的电压放大倍数。在 VT_{16}管的基极和 VT_{13}的集电极之间跨接了一个消振补偿电容，以保证电路稳定工作。

4. 输出级

输出级的作用是能够向负载提供足够大的功率，通常采用互补对称的功率放大电路。图 4-41 中输出级是准互补对称电路，NPN 管 VT_{14}与 VT_{18}、VT_{19}复合而成的 PNP 管构成互补结构；电阻 R_9、R_{10}和二极管 VD_1、VD_2 组成过电流保护电路；晶体管 VT_{15}和电阻 R_7、R_8 的作用是为功率管提供静态基极电流，使输出级工作在 AB 类状态，以减小交越失真。

4.5.2 集成运算放大器主要性能指标

1. 基本参数

（1）开环差模电压增益 A_{uod}

开环是指集成运算放大器输出端与输入端之间没有外部元器件反馈，仅由集成运算放大器的内部元器件产生的电压增益，完全由内部电路设计决定。开环差模电压增益记作

$$A_{uod}=\frac{u_o}{u_{id}}=\frac{u_o}{u_+-u_-} \tag{4-83}$$

由于开环差模电压增益很高，通常能超过 2×10^5，因此常用 $20\lg|A_{uod}|$表示，其单位为分贝（dB）。

（2）差模输入电阻 R_{id}

差模输入电阻 R_{id}是指集成运算放大器开环时，且当差模输入信号作用时，差模输入电压与输入电流变化量之比，是反相输入端和同相输入端之间的总电阻。R_{id}越大越好，通用型集成运算放大器的 R_{id}均在兆欧级以上。如图 4-4 所示电路的输入端等效电路。

共模输入电阻是每个输入端与地之间的等效电阻，且当共模信号作用时，共模输入电压与各自输入端电流变化量之比。

（3）差模输出电阻 R_{od}

差模输出电阻 R_{od}是指从集成运算放大器输出端和地之间看进去的动态电阻，如图 4-4 所示电路的输出端等效电路。当 R_{od}越小时，表明集成运算放大器带负载能力越强。通用型运算放大器的 R_{od}一般在 100 Ω~1 kΩ。

（4）共模抑制比 K_{CMR}

共模抑制比 K_{CMR}是指集成运算放大器的开环差模电压增益与共模电压增益之比，是衡量放大差模信号、抑制共模信号的能力指标。若 K_{CMR}值为无穷大，表明当共模信号（两输入端信号相同）作用时，输出为0。但在实际中，K_{CMR}不可能达到无穷大，但是性能较好的运算放大器，能具有很高的共模抑制比。共模信号是干扰信号，是输出端不想得到的信号，K_{CMR}越高使得集成运算放大器在输出端能够基本消除干扰信号。共模抑制比通常用分贝表示，其数值为 $20\lg K_{CMR}$。

2. 失调参数及最大值

（1）输入失调电压 U_{io}

集成运算放大器的输入级通常采用差分放大电路，要求当输入电压为零时，输出电压也为零，克服零点漂移，理想情况下零输入时达到零输出。但实际上差分放大电路的对称性很难做到，差分输入级的基极与发射极之间的电压存在微小差别，导致集电极电流产生微小差别，因而输出不为零。需要基极与发射极之间外加补偿电压 $U_{BE1}-U_{BE2}$，来满足输入电压为零时输出电压也为零。外加补偿电压称为输入失调电压，记为 $U_{io}=U_{BE1}-U_{BE2}$。U_{io}是衡量集成运算放大器内部输入级电路对称性的指标，典型值为2 mV以内或更小，理想情况为0 V。

（2）输入失调电压温漂 dU_{io}/dT

输入失调电压温漂 dU_{io}/dT 是指在规定工作温度范围内 U_{io}的温度系数，温度每变化1℃时，对应的输入失调电压的变化值，它是衡量电路温漂的重要指标。典型值为5~50 μV/℃。通常，集成运算放大器的输入失调电压越大，温漂越严重。

（3）输入失调电流 I_{io}

理想情况下，两个输入端的静态偏置电流相等。但在实际的集成运算放大器中，由于集成运算放大器输入级不可能完全对称，其同相输入端和反相输入端的静态偏置电流 $I_{B1}\neq I_{B2}$。当输出电压为零时，两个输入端的静态电流之差，称为输入失调电流，即 $I_{io}=I_{B1}-I_{B2}$。它反映了输入级的对称程度，I_{io}越小越好。输入失调电流通常至少比静态偏置电流少一个数量级（十倍）。多数情况下，可以忽略。在设计高增益、高输入电阻的集成运算放大器时，输入失调电流应尽可能小。

（4）输入失调电流温漂 dI_{io}/dT

输入失调电流温漂 dI_{io}/dT 是指在规定工作范围内 I_{io}的温度系数，失调电流通常会随温度而变化，影响失调电压，进而产生输出端的误差电压。通常在0.5 nA/℃范围内。

（5）输入偏置电流 I_{ib}

输入偏置电流是指集成运算放大器第一级正常工作时，输入端所需的直流电流。定位为两个输入端的静态输入电流（若是晶体管差分，则为晶体管的基极电流）的平均值，即$I_{ib}=(I_{B1}+I_{B2})/2$。I_{ib}越小，信号源内阻对集成运算放大器静态工作点的影响越小。

（6）最大差模输入电压 U_{idmax}

最大差模输入电压 U_{idmax}是指允许加在集成运算放大器两个输入端的最大差模电压。当超过这个值时，输入级至少有一个PN结因承受反向电压而可能导致反向击穿。显然，所有集成运算放大器都只能在正常的电压范围内工作。

（7）最大共模输入电压 U_{icmax}

最大共模输入电压 U_{icmax}是保证集成运算放大器正常放大差模信号，输出端不产生削波失真或其他输出失真时，允许输入的最大共模电压。当共模输入电压超过 U_{icmax} 时，差模信号将不能被放大，显然共模输入电压也有正常的工作电压范围。

3. 频域和时域参数

（1）-3 dB 带宽 f_H 和单位增益带宽 f_c

集成运算放大器内部由晶体管等单元电路构成，电压放大倍数会受到结电容的影响，产生上限截止频率，而因内部采用直接耦合，没有内部耦合电容，因此低频响应时下限截止频率为 0 Hz。-3 dB 带宽 f_H 是指集成运算放大器开环差模增益 A_{uod} 下降 3 dB 时的信号上限截止频率。单位增益带宽 f_c 是指集成运算放大器开环差模增益 A_{uod} 下降到 0 dB 时的信号频率。

（2）转换速率 SR

转换速率又称压摆率，是指集成运算放大器输入大幅值信号时输出电压的变化与需要一定的时间间隔之比，即 $\Delta U_{out}/\Delta t=[+U_{max}-(-U_{min})]/\Delta t$，单位为伏特每微秒 V/μs。转换速率 SR 反映集成运算放大器在大信号工作时的反应速度，SR 越大，高频特性越好。

通用型集成运算放大器 F007 的主要性能指标如表 4-1 所示。

表 4-1　集成运算放大器的主要性能指标

性能指标	物理意义	理想值	F007 典型数值
差模开环电压增益 A_{od}	$20\lg\lvert A_{od}\rvert=20\lg\lvert u_o/u_{id}\rvert$	∞	106 dB
共模抑制比 K_{CMR}	$K_{CMR}=20\lg\lvert A_{od}/A_{oc}\rvert$	∞	90 dB
差模输入电阻 R_{id}	$R_{id}=u_{id}/\Delta i$	∞	2 MΩ
输入失调电压 U_{io}	输出电压为零时输入端所加的补偿电压	0	1 mV
U_{io} 的温漂 dU_{io}/dT	U_{io} 的温度系数	0	几 μV/℃
输入失调电流 I_{io}	两输入端静态电流之差 $\lvert I_{B1}-I_{B2}\rvert$	0	20 nA
I_{io} 的温漂 dI_{io}/dT	I_{io} 的温度系数	0	几 nA/℃
最大共模输入电压 U_{icmax}	输入共模信号大于此值时，电路不能正常放大差模信号		±13 V
最大差模输入电压 U_{idmax}	输入差模信号大于此值时，输入级的放大管将损坏		±30 V
-3 dB 带宽频率 f_H	使 $\lvert A_{od}\rvert$ 下降 3 dB 时的信号上限频率	∞	10 Hz
转换速率 SR	$\lvert du_o/dt\rvert_{max}$	∞	0.5 V/μS

习题

4.1　基本放大电路如图题 4.1a、b 所示，图题 4.1a 虚线框内为电路Ⅰ，图题 4.1b 虚线框内为电路Ⅱ。由电路Ⅰ、Ⅱ组成的多级放大电路如图题 4.1c、d、e 所示，它们均正常工作。试说明图题 4.1c、d、e 所示多级放大电路中：

（1）哪些电路的输入电阻比较大。

（2）哪些电路的输出电阻比较小。

（3）哪个电路的 $\dot{A}_{us}=\lvert\dot{U}_o/\dot{U}_s\rvert$ 最大。

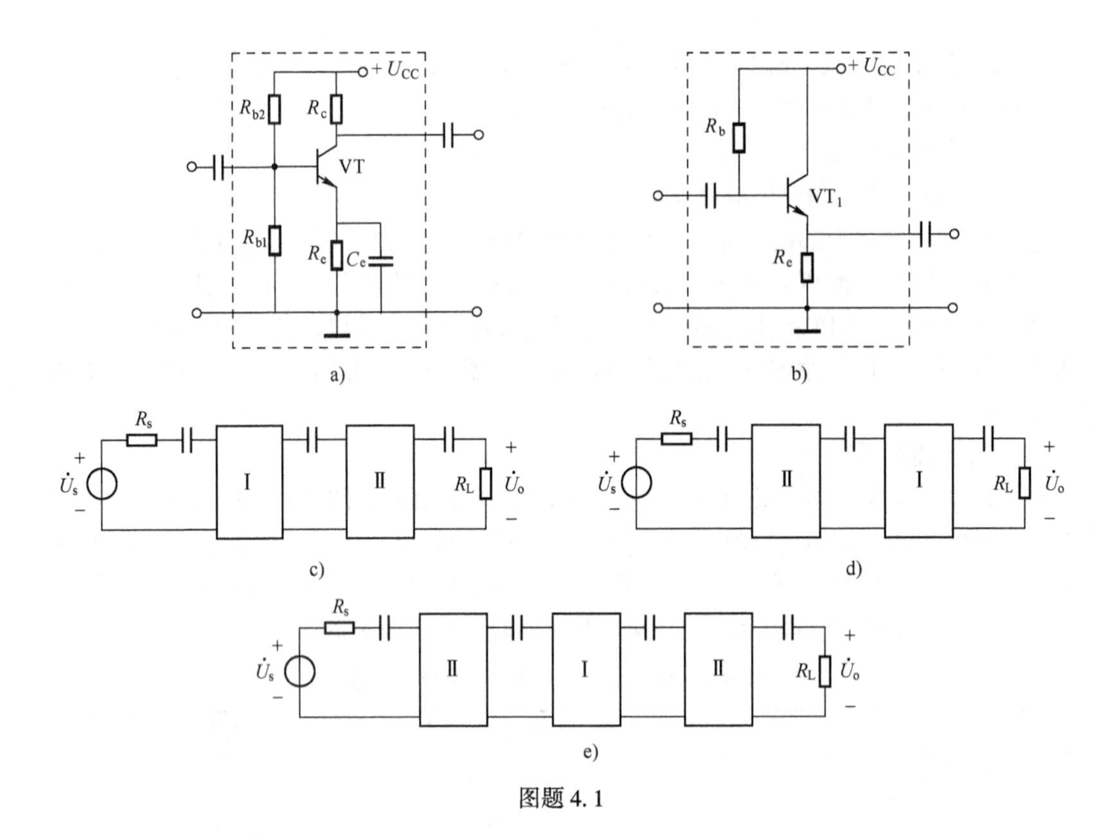

图题 4.1

4.2　多级放大电路如图题 4.2 所示，已知 $\beta_1=\beta_2=50$，$U_{BE1}=U_{BE2}=0.7\,V$，$r_{bb'}=300\,\Omega$。

（1）试指出 VT_1、VT_2各是什么组态的放大电路？

（2）计算电路的电压放大倍数 $\dot{A}_u$，输入电阻 R_i 和输出电阻 R_o。

4.3　电路如图题 4.3 所示，设静态工作点合适，且场效应晶体管 VF_1 的 g_m、晶体管 VT_2的 β、r_{be}均为已知。试写出电压放大倍数 A_u、输入电阻 R_i 和输出电阻 R_o的表达式。

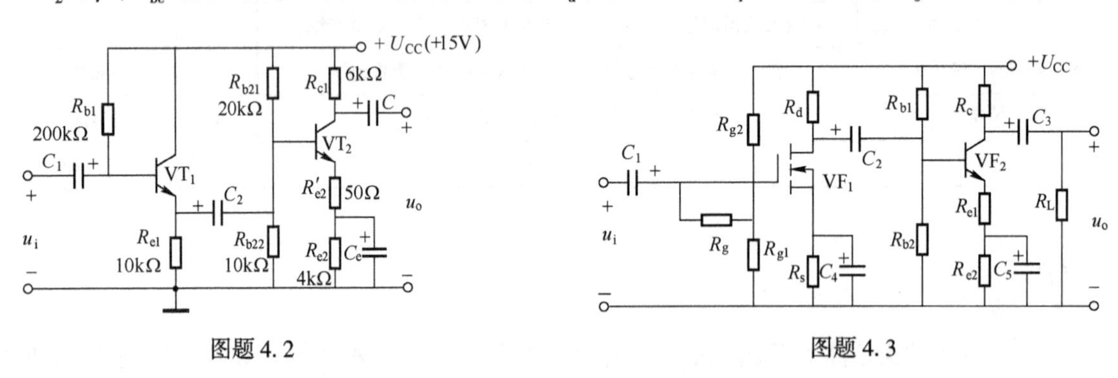

图题 4.2　　　　图题 4.3

4.4　两个特性完全相同的晶体管组成如图题 4.4 所示电路。已知晶体管的 $U_{BE}=0.7\,V$，$\beta=50$，$R_1=2.65\,k\Omega$，$R_2=1.5\,k\Omega$，$U_{CC}=6\,V$。求 VT_2的工作电流 I_{C2}和管压降 U_{CE2}。

4.5　具有多路输出的恒流源如图题 4.5 所示。已知晶体管的特性完全相同，$\beta=50$，$U_{BE}=0.7\,V$，$I_{C1}=I_{C2}=0.5\,mA$；$R_1=1\,k\Omega$，$R_3=2\,k\Omega$，$R_4=50\,k\Omega$，试确定 R、R_2 和 I_{C3}的数值。

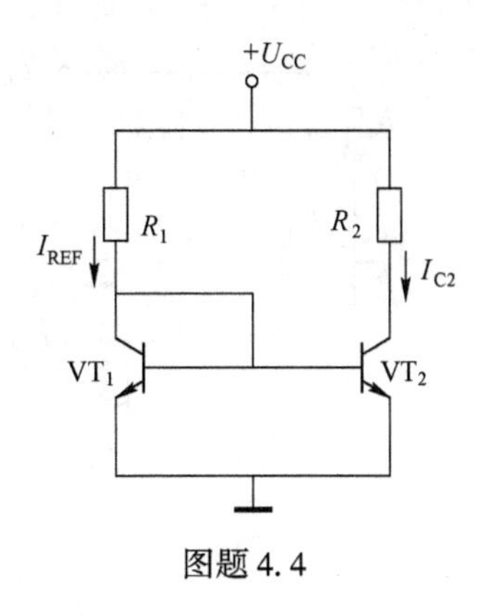

图题 4.4

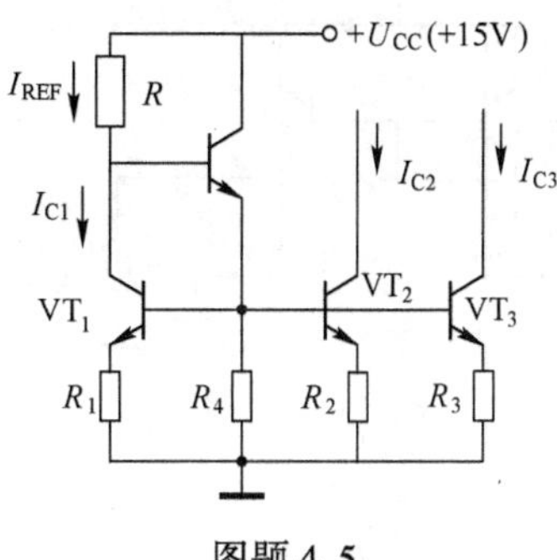

图题 4.5

4.6 电路如图题 4.6 所示，VF_1和 VF_2的低频跨导 g_m均为 10 mS。试求解差模电压放大倍数和输入电阻。

4.7 差分放大电路如图题 4.7 所示，已知 $\beta_1=\beta_2=50$，$r_{bb'}=0$，试求：

（1）VT_1、VT_2管的静态集电极电流。

（2）当 $u_i=0$ 时的输出电压 u_o。

（3）当 $u_i=10\,mV$ 时的输出电压 u_o。

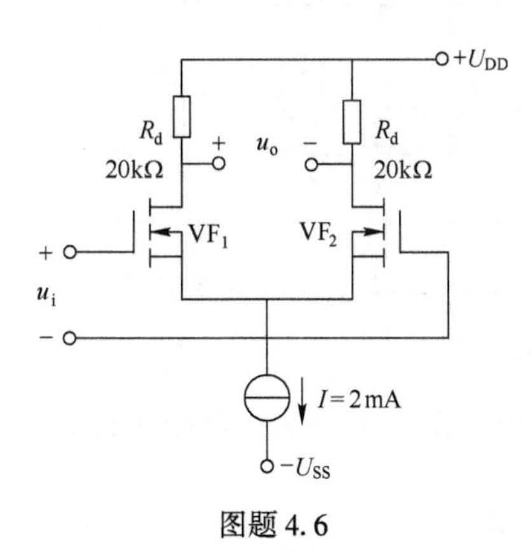

图题 4.6

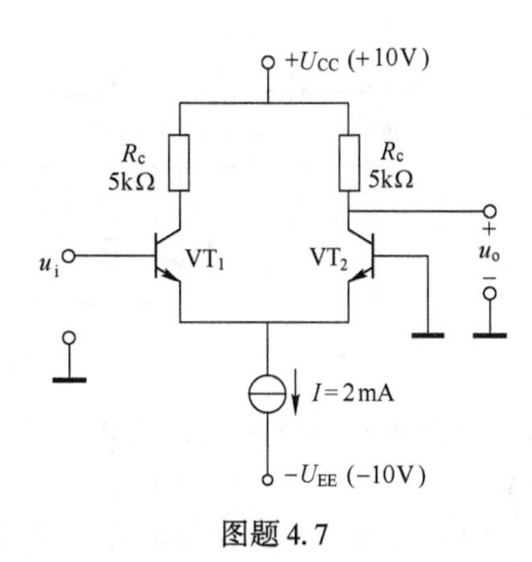

图题 4.7

4.8 在图题 4.8 所示的差分放大电路中，用电流源作为有源负载以提高放大电路的增益，已知 $g_m=2\,mS$，试求：

（1）静态时的输出电压 u_o。

（2）单端输出时的差模电压增益 A_{ud2}，并说明用电流源作为有源负载，其增益提高了多少?

4.9 放大电路如图题 4.9 所示。已知 $U_{DD}=U_{EE}=15\,V$，$R_d=9\,k\Omega$，$R_1=1\,k\Omega$，$R_2=0.5\,k\Omega$，$R_3=6.65\,k\Omega$，$R_L=11\,k\Omega$。两只场效应晶体管的参数相同，$U_{GS(off)}=-4\,V$，$I_{DSS}=2\,mA$。两只晶体管的参数相同，$\beta=100$，$U_{BE}=0.7\,V$。

试计算：

（1）两只场效应晶体管的静态工作点 I_{DQ1}、I_{DQ2}。

（2）差模电压放大倍数 A_{ud}、输入电阻 R_{id}和输出电阻 R_{od}。

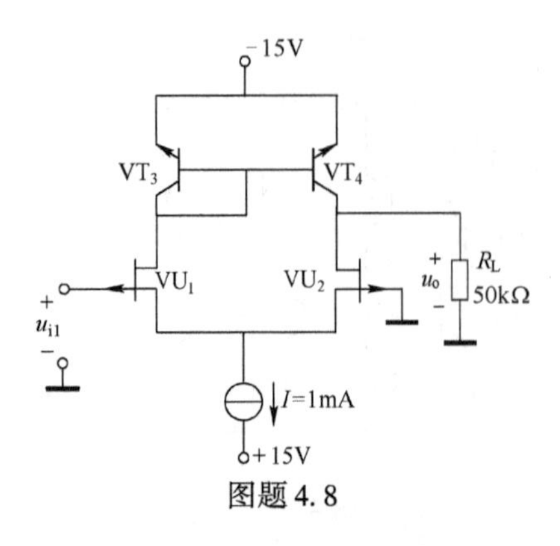

图题 4.8

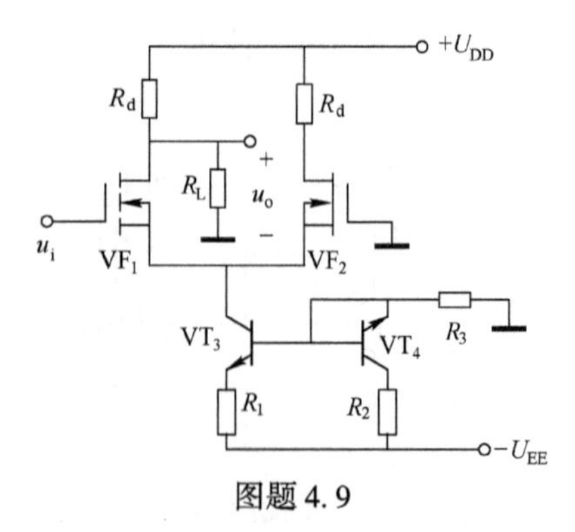

图题 4.9

4.10 两级差分放大电路如图题 4.10 所示。已知场效应晶体管的 $g_m = 1.5\ \mathrm{mS}$，$U_{CC} = U_{EE} = 12\ \mathrm{V}$，$R = 233\ \mathrm{k\Omega}$，$R_d = 100\ \mathrm{k\Omega}$，$R_c = 12\ \mathrm{k\Omega}$，$R_e = 18.1\ \mathrm{k\Omega}$，$R_W = 400\ \Omega$，$R_L = 200\ \mathrm{k\Omega}$，晶体管的 $\beta_3 = 80$，$r_{bb'} = 100$，$U_{BE} = 0.7\ \mathrm{V}$，试计算：

（1）VU_1管的静态工作电流 I_{D1}，VT_3管的静态工作电流 I_{C3}。

（2）差模电压放大倍数 A_{ud}。

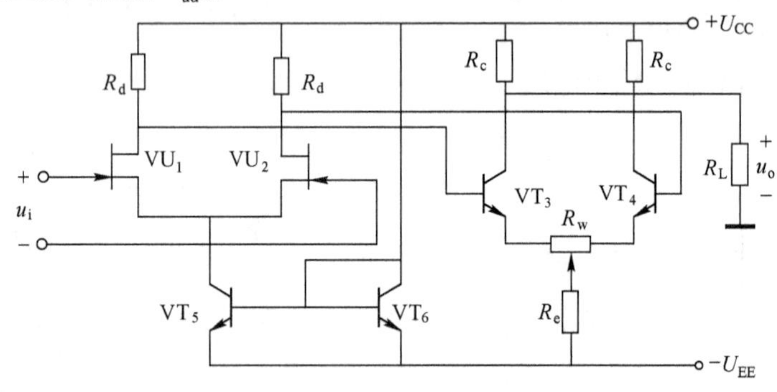

图题 4.10

4.11 由对称晶体管组成的微电流源电路如图题 4.11 所示，设晶体管的 β 均相等，$U_{BE} = 0.6\ \mathrm{V}$，$U_{CC} = +15\ \mathrm{V}$，设 $I_{S1} = I_{S2}$。

（1）根据二极管电流方程导出 I_{C1} 与 I_{C2}的关系式。

（2）若要求 $I_{C1} = 0.5\ \mathrm{mA}$，$I_{C2} = 20\ \mu\mathrm{A}$，则电阻 R、R_2 各为多大。

4.12 一恒流源电路如图题 4.12 所示，已知晶体管特性均相同，$U_{BE} = 0.6\ \mathrm{V}$，β 值很大，试求 I_o的值。

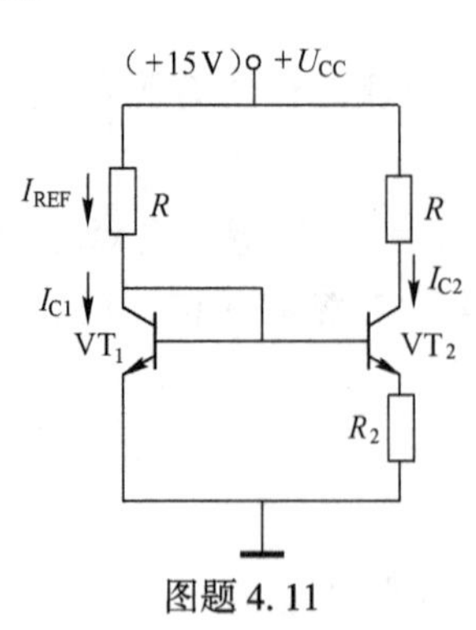

图题 4.11

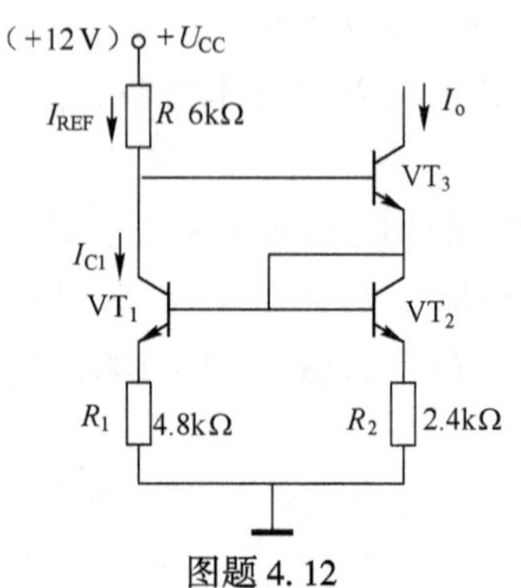

图题 4.12

4.13 根据下列要求，将应优先考虑使用的集成运算放大器填入空内。已知现有集成运算放大器的类型是：①通用型；②高阻型；③高速型；④低功耗型；⑤高压型；⑥大功率型；⑦高精度型。

（1）用作低频放大器，应选用________。

（2）用作宽频带放大器，应选用________。

（3）用作幅值为 1 μV 以下微弱信号的测量放大器，应选用________。

（4）用作内阻为 100 kΩ 信号源的放大器，应选用________。

（5）负载需 5 A 电流驱动的放大器，应选用________。

（6）要求输出电压幅值为±80 V 的放大器，应选用________。

（7）宇航仪器中所用的放大器，应选用________。

4.14 如图题 4.14 所示为简化的高精度运算放大器电路原理图，试分析：

（1）两个输入端中哪个是同相输入端，哪个是反相输入端。

（2）VT_3与 VT_4的作用。

（3）电流源 I_3的作用。

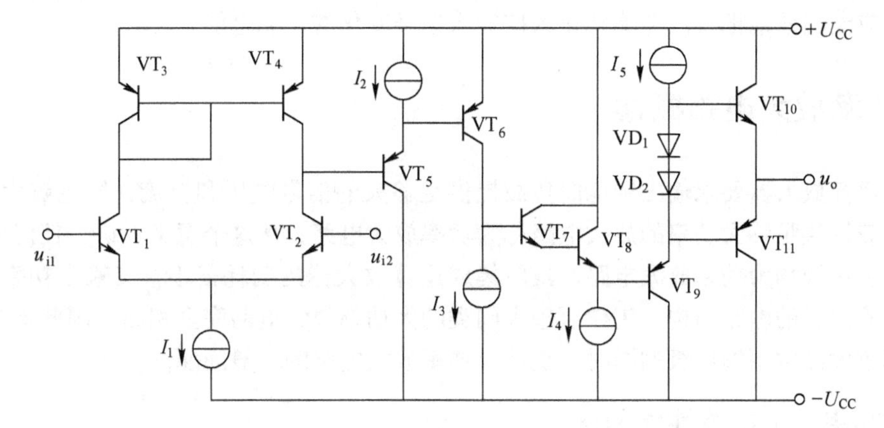

图题 4.14

第 5 章　功率放大电路

本章讨论的主要问题：

1. 什么是功率放大电路？功率放大电路的工作原理是什么？
2. 如何计算功率放大电路的最大输出功率和效率？
3. OCL 功率放大电路的组成结构是什么？OCL 功率放大电路的工作原理是什么？

一个实用的多级放大电路，其输出级总是与负载相连。实际负载可以是不同类型的装置，例如能发声的扬声器、能使光点随信号而偏转的显示器偏转线圈等，要使实际负载动作，就要求输出级向负载提供足够大的信号功率，所以多级放大电路的输出级多为功率放大电路，它应能高效地把直流电能转化为按输入信号变化的交流电能。

5.1　功率放大电路概述

集成运算放大器要求输出级能向负载提供足够大的信号电压和电流，即足够大的功率。能够为负载提供足够大功率的放大电路称为功率放大电路，从这个意义上讲，任何多级放大电路的最后一级均为功率放大电路。虽然集成运算放大器的功耗很小，其输出功率也很小，但由于其输出级的电路结构、工作原理和同类的大功率放大电路完全相同，因此本节在介绍集成运算放大器常用输出级的同时，也涉及功率放大电路的一般问题。

5.1.1　功率放大电路性能指标

功率放大电路的主要性能指标为最大输出功率和转换效率。

1. 最大输出功率

功率放大电路提供给负载的功率称为输出功率。为了获得大的输出功率，功放管上的电压和电流都要有足够大的幅度，在输入为正弦波且输出基本不失真的条件下，定义最大输出功率为

$$P_{om}=U_oI_o=\frac{1}{2}U_{om}I_{om} \tag{5-1}$$

式中，U_{om}为最大输出电压，U_o为其有效值；I_{om}为最大输出电流，I_o为其有效值。

2. 转换效率

功率放大电路的最大输出功率与电源所提供的功率之比称为转换效率，记作 η，即

$$\eta=\frac{P_{om}}{P_V} \tag{5-2}$$

式中，P_V 为电源电压与电源输出电流平均值的乘积。功率放大电路中的效率问题十分重要，效率低不但会造成极大的功率浪费，还会带来功放管的安全隐患，因此必须设法提高

转换效率。

3. 失真度范围

为了令输出电压和输出电流的范围尽可能大，功放管的工作范围往往接近于饱和区和截止区，非线性失真不可避免，且输出功率越大，非线性失真越严重，因此在实际的功率放大电路中，往往根据负载的要求来选择允许的失真度范围，并且通过适当方法改善输出波形（例如引入交流负反馈）。显然，在分析功放电路时小信号等效电路法已经不适用了，而应采用图解分析法。

4. 极限参数

在功率放大电路中，有相当大的功率以热能形式消耗在功率器件上。为避免设备损坏，必须正确选择功放管，使管子的最大耗散功率、最大工作电流和最大管压降等参数不超过限定范围；还要有良好的散热条件和适当的过电流、过电压保护，以确保功率器件的安全运行。

5.1.2 功率放大电路分类

根据静态工作点设置的位置，放大电路可分为 A 类（甲类）、B 类（乙类）和 C 类（丙类）等不同类型，如图 5-1 所示。

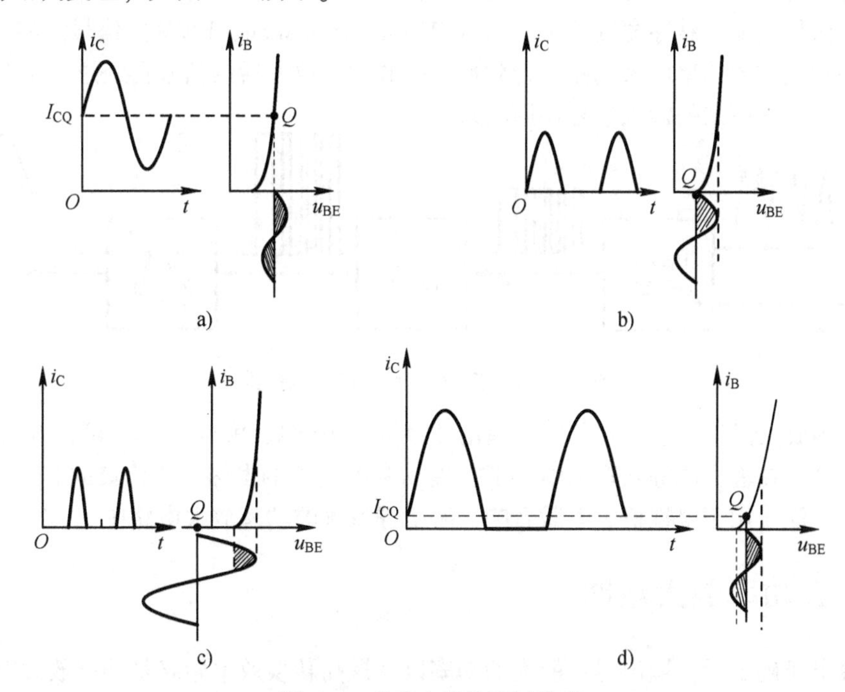

图 5-1 放大电路的不同类型

a) A 类放大 b) B 类放大 c) C 类放大 d) AB 类放大

1. A 类放大

图 5-1a 中，Q 点被设置在交流负载线的中点，当输入信号在整个周期内变化时，放大管都导通，这种工作方式称为 A 类放大。A 类放大的非线性失真小，但静态电流大，管耗大，转换效率低，理论值最高为 50%，适于小信号放大和驱动级。

2. B 类放大

图 5-1b 中，Q 点被设置在截止点处，因此放大管半个周期导通，半个周期截止，这种

工作方式称为 B 类放大。B 类放大的静态电流约为零，管耗低，转换效率较高，理论值最高可达 78.5%，但非线性失真大，常用作低频功率放大电路。

3. C 类放大

图 5-1c 中，Q 点被设置在截止区，使得放大管的导通时间小于半个周期，这种工作方式称为 C 类放大。C 类放大的静态电流为零，转换效率更高，理论上为 100%，但非线性失真最大，实际应用时必须采用谐振电路等措施以消除失真，适于高频功率放大。

4. AB 类放大

图 5-1d 中功放管的工作方式实际上介于 A 类放大和 B 类放大之间。在输入信号的整个周期内，管子的导通时间大于半个周期但小于一个周期，故称 AB 类放大（甲乙类放大）。AB 类放大兼有 A 类放大失真小和 B 类放大效率高的优点，已发展为集成功放而被广泛应用。

5. D 类放大

A 类、B 类和 AB 类放大器都是基于线性放大的功率放大电路，即利用功放管的线性放大区放大信号，还有一类功放称为 D 类放大器（丁类放大器），它是一种基于开关放大器结构设计的功率放大器，工作原理如图 5-2 所示。首先，经预放大后的输入信号与三角波发生器产生的三角波一同进入比较器进行比较，在比较器的输出端将产生一个用不同脉冲宽度来反映输入信号幅度的脉冲宽度调制（Pulse Width Modulation，PWM）信号。将 PWM 信号送到由开关管组成的功率放大电路进行脉冲功率放大，放大后的信号再经过一个低通滤波器进行解调，就可把原来的输入信号还原出来。

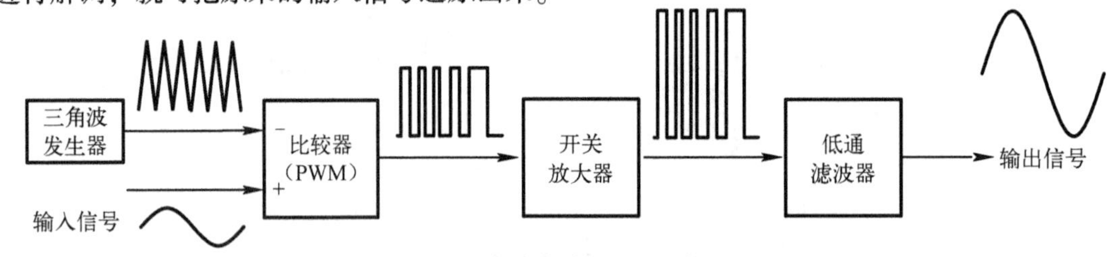

图 5-2　D 类功率放大器的工作原理

D 类功率放大器工作于开关状态，理论效率可达 100%，实际效率也可达 80%以上。正是因为效率高，在输出同等功率的情况下，集成 D 类功放的发热量要比集成 AB 类功放低得多，因而被广泛应用于电视机、车载音响、手机等系统的功率放大电路中。

5.2　OCL 功率放大电路

在电源电压确定后，输出尽可能大的功率以及提高转换效率始终是功率放大电路要研究的主要问题。围绕这两个性能指标的改善，可组成不同电路形式的功放。目前使用最为广泛的是无输出电容（Output Capacitor Less，OCL）的功率放大电路和无输出变压器（Output Transformer Less，OTL）的功率放大电路，这里仅以集成运算放大器输出级所采用的 OCL 电路为例，介绍主要性能指标的分析估算以及功放管的选择。

5.2.1　电路组成及工作原理

基本 OCL 电路如图 5-3a 所示，VT_1 为 NPN 管，VT_2 为 PNP 管，但它们参数相同、特性对称。静态时，$u_i=0$，VT_1 和 VT_2 均截止，$u_o=0$。动态时，设 VT_1 和 VT_2 均为理想晶体管，u_i

为正弦波。当 u_i>0 时，VT_1 导通，VT_2 截止，$+U_{CC}$供电，电流 i_{C1}流过负载 R_L，方向如图中实线所标注，电路为射极输出器，$u_o \approx u_i$；当 u_i<0 时，VT_2 导通，VT_1 截止，$-U_{CC}$供电，电流 i_{C2}流过负载 R_L，方向如图中虚线所标注，电路也为射极输出器，$u_o \approx u_i$。综上所述，在整个信号周期内，VT_1、VT_2 交替工作，正、负电源交替供电，u_o与 u_i 之间实现双向跟随。这种不同类型的两只晶体管交替工作且均组成射极输出器的电路称为“互补”电路，两只管子交替工作的方式称为“互补”工作方式。于是，R_L上将合成一个完整的正弦输出波形，如图 5-3b 所示。

功率放大电路也可以采用功率 MOS 管实现。图 5-3c 所示为无输出电容的互补 MOS（CMOS）功率放大电路，其工作原理与图 5-3a 类似，此处不再赘述。

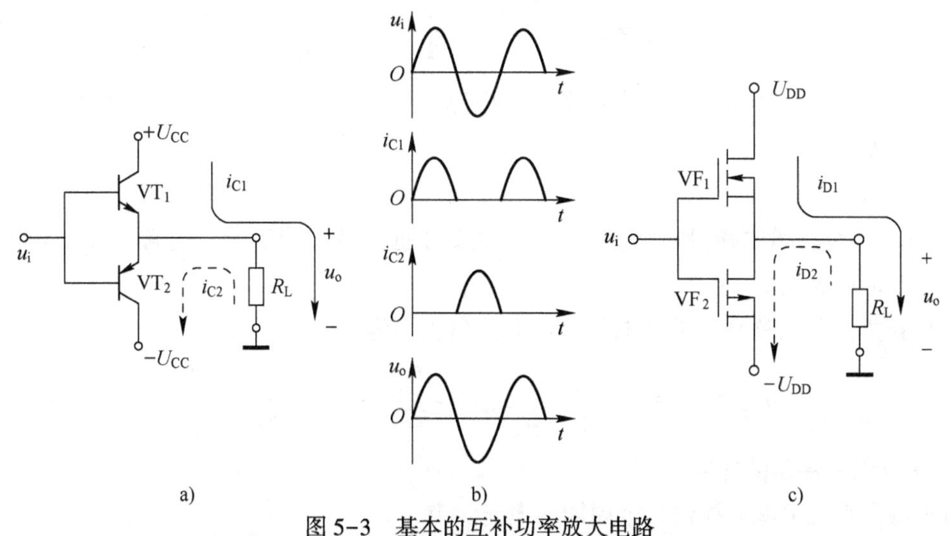

图 5-3　基本的互补功率放大电路

a）基本 OCL 电路　b）理想波形图　c）CMOS 功率放大电路

图 5-4 所示为图 5-3a 的图解分析。图中将 VT_2 的输出特性倒置后，与 VT_1 的输出特性画在一起，令它们的静态工作点重合，于是得到 VT_1、VT_2 的合成曲线。

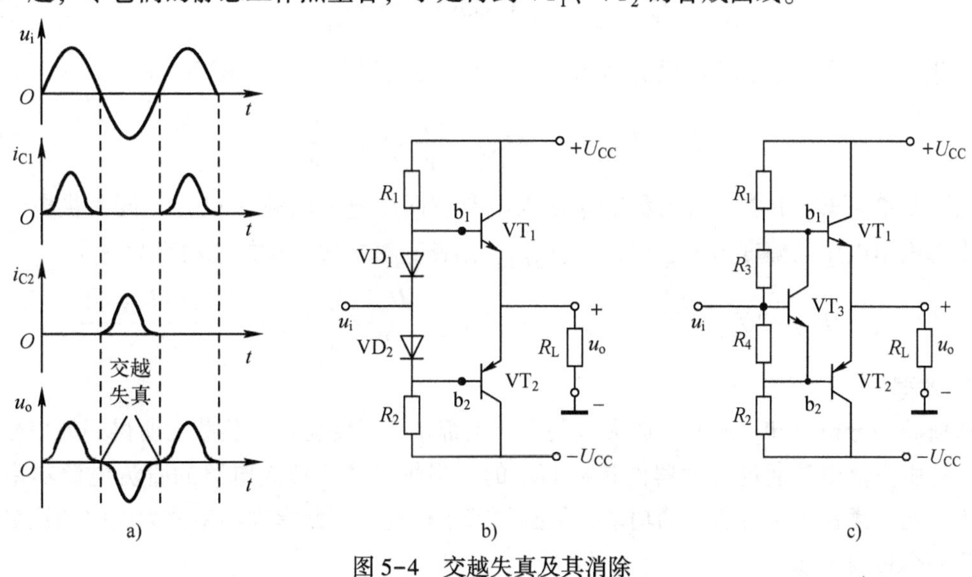

图 5-4　交越失真及其消除

a）交越失真　b）利用二极管偏置　c）利用 U_{BE}倍增电路偏置

5.2.2 B类互补对称功率放大电路性能指标计算

1. 最大输出功率

功率放大电路提供给负载的信号功率称为输出功率。在输入为正弦波且输出不超过规定的非线性失真范围的情况下，为了获得大的输出功率，功放管上的电压和电流都要有足够大的幅度。定义最大输出功率为功率放大电路最大输出电压和最大输出电流有效值的乘积。

$$P_{om}=U_oI_o=\frac{U_{om}}{\sqrt{2}}\frac{I_{om}}{\sqrt{2}}=\frac{1}{2}U_{om}I_{om}=\frac{U_{om}^2}{2R_L} \tag{5-3}$$

由图5-3可知，B类互补对称功率放大电路最大不失真（VT_1 和 VT_2 交替导通时）输出电压的幅度为

$$U_{om}=U_{CC}-|U_{CES}| \tag{5-4}$$

式中，$|U_{CES}|$为晶体管的饱和管压降，由于功放管通常是大功率管，通常$|U_{CES}|$不能省略，理想情况下可视为$|U_{CES}|\approx0$。

因此B类互补对称功率放大电路的最大输出功率为

$$P_{om}=U_oI_o=\frac{U_{om}}{\sqrt{2}}\frac{I_{om}}{\sqrt{2}}=\frac{1}{2}U_{om}I_{om}=\frac{U_{om}^2}{2R_L}=\frac{(U_{CC}-|U_{CES}|)^2}{2R_L} \tag{5-5}$$

2. 直流电源提供的功率

由于每个直流电源只提供半个周期的电流，有

$$i_C=I_{cm}\text{sim}\omega t \tag{5-6}$$

在半个周期内，每个管子的电流平均值为

$$I_C=\frac{1}{2\pi}\int_0^{\pi}I_{cm}\text{sim}\omega t\text{d}(\omega t)=\frac{I_{cm}}{\pi} \tag{5-7}$$

因此，单个直流电源所提供的功率等于电源电压与平均电流的乘积，即

$$P_{DV}=U_{CC}\cdot\frac{I_{cm}}{\pi}\approx U_{CC}\cdot\frac{I_{Lm}}{\pi}=U_{CC}\cdot\frac{U_{om}}{\pi R_L} \tag{5-8}$$

由图5-3可知，B类互补对称功率放大电路有两个直流电源（$\pm U_{CC}$）同时供电，且最大不失真输出电压的幅度为 $U_{om}=U_{CC}-|U_{CES}|$，因此直流电源提供的总功率为

$$P_V=2P_{DV}=2U_{CC}\cdot\frac{I_{cm}}{\pi}\approx2U_{CC}\cdot\frac{I_{Lm}}{\pi}=2U_{CC}\cdot\frac{U_{om}}{\pi R_L}=\frac{2}{\pi}U_{CC}\cdot\frac{(U_{CC}-|U_{CES}|)}{R_L} \tag{5-9}$$

3. 效率

从前面的分析可知，所有的放大电路实质上都是能量变化器。负载上所得到的信号功率实际上是由直流电源通过放大器件转换而来的。当供给功率放大电路的直流电源功率一定时，为了向负载提供尽可能大的功率，就必须减小损耗。因此提高功率放大电路的能量转换效率是一个重要问题。

功率放大电路的转换效率定义为最大输出功率与电源所提供的功率之比，即

$$\eta=\frac{P_o}{P_V}=\frac{\frac{1}{2}U_{om}I_{om}}{\frac{2}{\pi}U_{CC}\cdot I_{cm}}=\frac{\pi}{4}\cdot\frac{U_{om}}{U_{CC}} \tag{5-10}$$

由图 5-3 可知，B 类互补对称功率放大电路的最大不失真输出电压的幅度为 $U_{om}=U_{CC}-|U_{CES}|$，因此其转换效率为

$$\eta=\frac{P_{om}}{P_V}=\frac{\pi}{4}\cdot\frac{U_{om}}{U_{CC}}=\frac{\pi}{4}\cdot\frac{U_{CC}-|U_{CES}|}{U_{CC}} \tag{5-11}$$

理想情况下 $|U_{CES}|\approx 0$ 时，有

$$\eta=\frac{P_{om}}{P_V}\approx\frac{\pi}{4}=78.5\% \tag{5-12}$$

4. 集电极管耗

集电极管耗是指每个晶体管集电极上所损耗的功率。直流电源提供的功率是负载上获得的功率与功率放大电路的损耗之和，通常认为功率放大电路的损耗主要是晶体管的管耗，因此晶体管的集电极管耗为

$$P_T=P_V-P_{om} \tag{5-13}$$

则每个晶体管的集电极管耗为

$$P_T=\frac{1}{2}(P_V-P_{om})=\frac{1}{2}\left(\frac{2}{\pi}U_{CC}\cdot\frac{U_{om}}{R_L}-\frac{U_{om}^2}{2R_L}\right) \tag{5-14}$$

可见，集电极管耗与最大不失真输出电压幅度有关，若想求得最大集电极管耗，对式(5-14) 求导，令 $\frac{dP_T}{dU_{om}}=0$，得 $U_{om}=\frac{2}{\pi}U_{CC}$，代入得

$$P_{Tmax}=\frac{1}{\pi^2}\frac{U_{CC}^2}{R_L}=\frac{2}{\pi^2}P_{om} \tag{5-15}$$

当集电极管耗达最大时，若取 $|U_{CES}|\approx 0$，则最大输出功率为

$$P_{om}=U_oI_o=\frac{U_{om}}{\sqrt{2}}\frac{I_{om}}{\sqrt{2}}=\frac{1}{2}U_{om}I_{om}=\frac{U_{om}^2}{2R_L}=\frac{U_{CC}^2}{2R_L} \tag{5-16}$$

可见最大管耗和最大输出功率之间的关系为

$$P_{Tm}\approx 0.2P_{om} \tag{5-17}$$

5. 功放管参数的选择

由图 5-3 可知，B 类互补对称功率放大电路的 VT_1 和 VT_2 两管交替工作，一只管子趋于饱和时，另一只管子必将趋于截止，此时截止管承受的最大反向电压为

$$|U_{CEmax}|\approx 2U_{CC} \tag{5-18}$$

综上所述，在选择功放管时，应使其极限参数满足：最大耐压 $U_{(BR)CEO}>2U_{CC}$；集电极的最大电流 $I_{CM}>\frac{U_{CC}}{R_L}$；集电极的最大允许功耗 $P_{CM}>0.2P_{om}$。

5.2.3 AB 类互补对称功率放大电路

1. 交越失真及其消除

图 5-3a 中的 VT_1、VT_2 实际上是存在导通电压的。例如硅管的导通电压 $U_{on}\approx 0.7V$，因而

只有当$|u_i|>0.7\,V$后，VT_1或VT_2才导通；而在$|u_i|<0.7\,V$时，VT_1、VT_2均截止，输出电压为零，于是输出波形在两管交替工作的衔接处出现失真，称为**交越失真**，如图 5-4a 所示。

与一般放大电路相同，消除失真的方法是设置合适的静态工作点。可以设想，如果在静态时VT_1、VT_2均处于临界导通或微导通（有一个微小的静态电流）状态，则当u_i作用时，就能保证至少有一只管子导通，实现双向跟随。

图 5-4b 所示电路中，静态时，从正电源$+U_{CC}$经R_1、VD_1、VD_2、R_2至负电源$-U_{CC}$形成直流通路，于是在VT_1、VT_2的基极之间产生电压

$$U_{b_1b_2}=U_{BE1}+U_{EB2}=U_{D1}+U_{D2} \tag{5-19}$$

从而使VT_1、VT_2处于微导通状态。由于二极管VD_1、VD_2的动态电阻很小，可以认为VT_1、VT_2管的基极动态电位近似相等，即$u_i\approx u_{b1}\approx u_{b2}$。

图 5-4c 所示电路常用于集成电路中。静态时，若VT_3的静态基极电流可忽略不计，则

$$U_{b_1b_2}=U_{CE3}\approx\frac{R_3+R_4}{R_4}\cdot U_{BE3}=\left(1+\frac{R_3}{R_4}\right)U_{BE3} \tag{5-20}$$

只要合理选择R_3和R_4，就可以得到U_{BE}任意倍数的直流电压，故称U_{BE}倍增电路。由于VT_3的输出近似恒压，其动态内阻很小，因此VT_1、VT_2管的基极动态电位近似相等，即$u_i\approx u_{b1}\approx u_{b2}$。

例 5-1 电路如图 5-4b 所示。已知输入电压为正弦波，$U_{CC}=15\,V$，$|U_{CES}|=3\,V$，负载电阻$R_L=4\,\Omega$。

（1）负载上可能获得的最大功率和效率是多少？

（2）如果最大输入电压的有效值为 8 V，则负载上能够获得的最大功率为多少？

（3）若VT_1的集电极和发射极短路，将产生什么现象？

解：（1）负载上可能获得的最大功率为

$$P_{om}=\frac{1}{2}\times\frac{(U_{CC}-U_{CES})^2}{R_L}=\frac{1}{2}\times\frac{(15-3)^2}{4}\,W=18\,W$$

转换效率为

$$\eta=\frac{\pi}{4}\times\frac{U_{CC}-U_{CES}}{U_{CC}}=\frac{\pi}{4}\times\frac{15-3}{15}=62.8\%$$

（2）当输入电压最大有效值为 8 V 时，负载上能够获得的最大功率为

$$P_{om}=U_oI_o=\frac{U_o^2}{R_L}=\frac{8\times8}{4}\,W=16\,W$$

（3）若VT_1集电极和发射极短路，则VT_2静态压降为$2U_{CC}$，且VT_2静态基极电流将由U_{CC}、VT_2发射结、R_2流至$-U_{CC}$，相应的集电极电流必然很大，所以VT_2会因功耗过大而损坏。

2. 准互补 OCL 电路

为了增大VT_1、VT_2管的电流放大系数以减小前级驱动电流，常采用复合管结构。但要寻找特性完全对称的 NPN 型和 PNP 型管是比较困难的，所以常见的实用电路如图 5-5 所示。图 5-5a 为利用二极管消除交越失真电路，图 5-5b 将VT_1、VT_3复合成 NPN 管，VT_2、VT_4复合成 PNP 管：虽然VT_1、VT_2管型相反，但两者均为中小功率晶体管，比较容易做到

特性对称；而 VT_3、VT_4 因管型相同，所以虽然是大功率管，但也比较容易做到特性相同。这种输出管为同类型管的电路称为准互补电路。

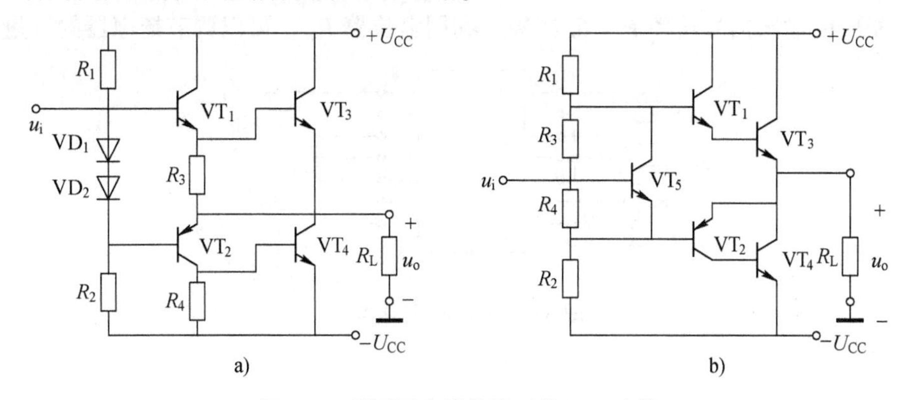

图 5-5　采用复合管的准互补 OCL 电路

a）利用二极管偏置　b）利用 U_{BE} 倍增电路偏置

5.3　集成功率放大电路

集成功率放大电路（Integrated Power Amplifying Circuit）目前主要用于音频放大电路。图 5-6 是 LM380 集成功率放大电路的内部电路原理图。

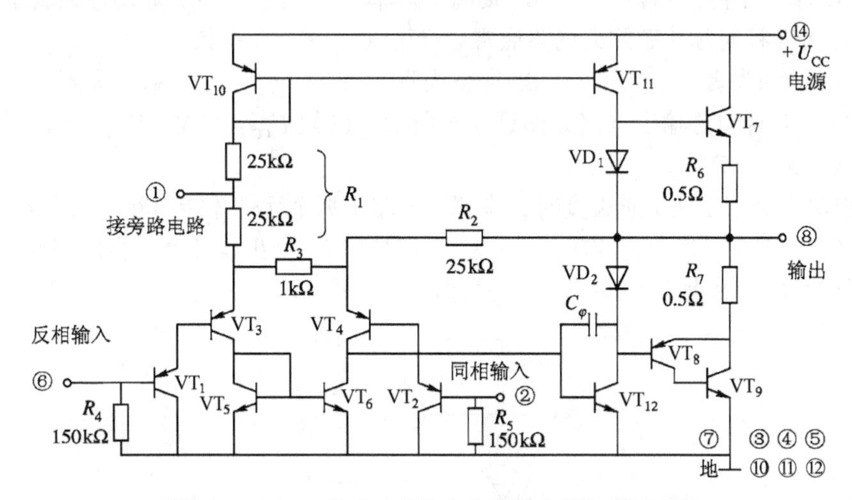

图 5-6　LM380 集成功率放大电路的内部电路原理图

图 5-6 中，VT_1 ~ VT_6 管为输入级，其中，VT_1 和 VT_3、VT_2 和 VT_4 分别构成复合管，组成差分放大电路，VT_5、VT_6 组成镜像电流源作为 VT_3、VT_4 的有源负载，R_3 为发射极反馈电阻；信号从 VT_1 和 VT_2 管的基极输入，从 VT_4 的集电极输出，是双端输入单端输出的差分放大电路。

VT_{12} 构成的共射放大电路，作为中间级，VT_{10}、VT_{11} 接成镜像电流源作为 VT_{12} 管的有源负载，以提高放大倍数。

VT_7 ~ VT_9 为互补推挽的功率输出级。VT_8、VT_9 复合成 PNP 管，与 VT_7 管构成互补推挽形式。二极管 VD_1、VD_2 用于消除交越失真。

在深度负反馈条件下，LM380 的电压放大倍数能够达到 50 倍，其外接电路如图 5-7 所示。它的电源电压工作范围为 12~22 V。当 $U_{CC}=22\,V$，$R_L=8\,\Omega$ 时，最大输出信号电压幅值为 10 V，相应的输出信号功率 $P_o=6.25\,W$，利用电位器 R_W，可以调节扬声器的音量。

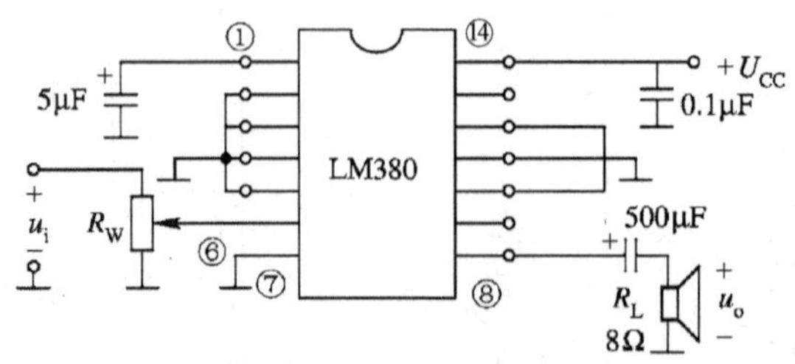

图 5-7　LM380 外接电路

习题

5.1　集成放大电路采用直接耦合方式的原因是（　　）。

A. 便于设计　　B. 放大交流信号　　C. 不易制作大容量电容

5.2　互补输出级采用共集形式是为了使（　　）。

A. 电压放大倍数大　　B. 不失真输出电压大　　C. 带负载能力强

5.3　与甲类功放电路相比，乙类功放电路的优点是（　　）。

A. 增大了静态功耗　　B. 提高了效率　　C. 非线性失真小

5.4　乙类互补对称功率放大电路通常会产生（　　）现象。

A. 饱和失真　　B. 交越失真　　C. 截止失真

5.5　OCL 互补对称输出电路如图题 5.6 所示，已知 $U_{CC}=15\,V$，VT_1、VT_2 管的饱和压降 $U_{CES}\approx 2\,V$，$R_L=8\,\Omega$。

（1）当输出电压出现交越失真时，应调整电路中哪个元件才能消除？怎样调整？

（2）静态情况下，若 R_2、VD_1、VD_2三个元件中有一个出现开路，会出现什么问题？

（3）负载 R_L 上最大不失真功率 P_{omax}为多大？

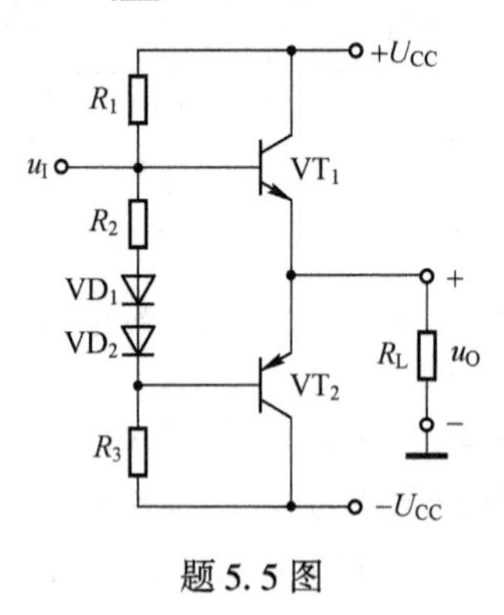

题 5.5 图

5.6　双电源互补功放原理电路如图题 5.6 所示，当输入电压 u_I 的有效值为 6 V 时，试求：

（1）负载 R_L获得的信号功率。

（2）直流电源供给的功率。

（3）管耗和效率。

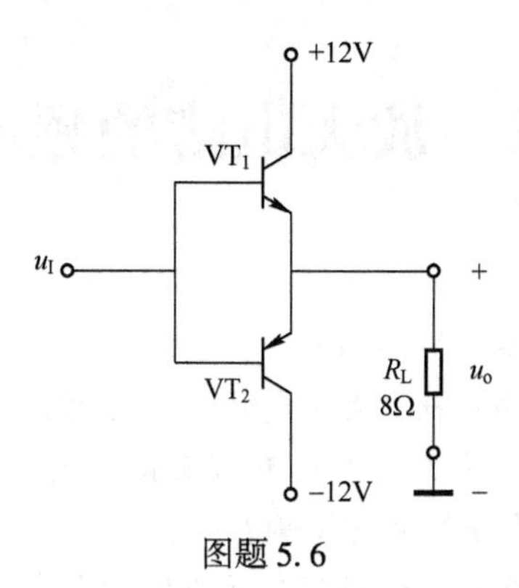

图题 5.6

5.7 功率放大电路如题 5.7 图所示。已知 $U_{CC}=10\ \text{V}$，V_1、V_2 管的饱和压降均为 $|U_{CES}|=1\ \text{V}$，$R_4=R_5=1\ \Omega$，$R_L=8\ \Omega$，输入电压足够大。试求：

（1）负载上最大不失真输出电压和电流的峰值；

（2）负载上获得的最大输出功率 P_{om} 和此时电路的转换效率 η；

（3）功放管三个极限参数（$U_{(BR)CEO}$、I_{CM} 和 P_{CM}）的选择范围。

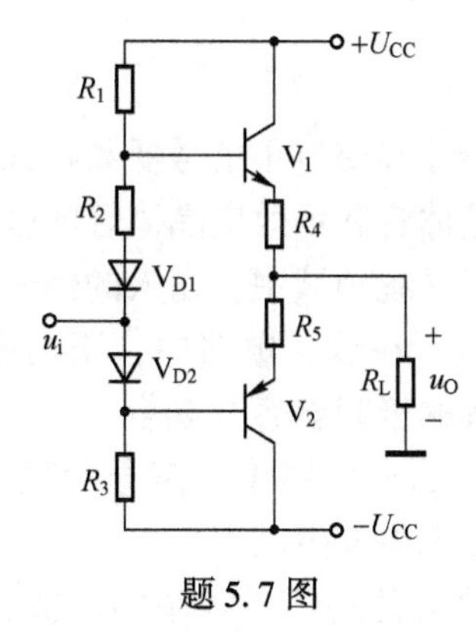

题 5.7 图

第6章　放大电路的频率响应

本章讨论的主要问题：

1. 为什么提出放大器的频率特性问题？
2. 频率特性分析方法有哪些？什么是波特图，如何作波特图？
3. 高频信号输入时，晶体管的等效模型有何变化？电路中的耦合与旁路电容还能像以往一样短路处理吗？它们对电路分析有何影响？
4. 不同组态的单级放大电路频率特性有何区别？如何一一进行分析？
5. 单级放大电路频率特性和多级放大器频率特性如何分析，有要诀吗？
6. 什么是集成运算放大器的频率与相位补偿？为何补偿？如何补偿？

6.1　频率响应问题概述

6.1.1　频率响应问题的提出

前面讨论了放大电路的直流特性和交流小信号低频特性。不仅假设输入信号为单一频率的正弦波，而且也未涉及双极型晶体管和场效应晶体管的极间电容与耦合电容。实际上在无线通信、广播电视及其他多种电子系统领域中，输入的信号均含有许多频率成分，因此需要研究放大器对不同频率信号的响应。在放大电路中，正是由于这些电抗元件的存在（包括双极型晶体管和结型场效应晶体管的极间电容与耦合电容，甚至于电感线圈等），导致放大器的许多参数均为频率 ω 的函数，当放大器输入信号的频率过低或过高时，不但放大器的增益数值受到影响，而且增益相位也将发生改变。

因此，实际应用中，放大器的增益是信号频率的函数，这种频率函数关系称为频率响应，有时也可称为频率特性。放大器增益的幅度与频率的特性关系，称为放大器的幅频特性；放大器增益的相位与频率的特性关系，称为放大器的相频特性。

6.1.2　频率响应线性失真问题

1. 什么是频率响应线性失真

在放大电路中，由于耦合电容的存在，对信号构成了高通电路，即对频率足够高的信号而言，电容相当于短路，信号几乎可以无损失地通过；而当信号频率低到一定程度时，电容带来的容抗影响不可忽略，信号将在其上产生电压降，从而改变增益大小及相移。与耦合电容相反的是，由于半导体晶体管极间电容的存在，对信号构成了低通电路，对低频信号相当于开路，对电路不产生影响，而对高频信号则进行分流，导致增益改变及相移变化。增益改变及相移变化均会带来失真问题，而这种失真的产生主要是来自于同一电路对不同频率信号的不同放大倍数和不同相移的影响，并没有产生新的频率分量，故属于**线性失真**。表6-1结合图 6-1a 所示放大电路旁路电容与晶体管极间电容等效电路，对放大电路的高频与低频特性做了一个定性对比分析，可有效帮助读者理解针对高、低频信号对各种电容的影响。

此前考虑的所有放大电路的增益问题，均是在不考虑旁路电容 C_1、C_2、C_3与晶体管极间电容 C_{bc}、C_{be} 的基础上的中频放大区，此时放大器增益为一个与频率无关的常数，如图 6-1b 所示水平区。而表 6-1 左右两列则分别显示，当输入信号频率变大或变小时，原来做近似处理而忽略的这些极间与旁路电容，其容抗将发生变化，以至于大到一定程度而不再允许继续忽略，正是由于这些不再允许继续忽略的容抗的影响，使电路的增益下降，从而使电路增益不再是一个常数，而是一个与频率有关的函数 $A_u(j\omega)$。如图 6-1b 所示，左右两边为增益衰减区。

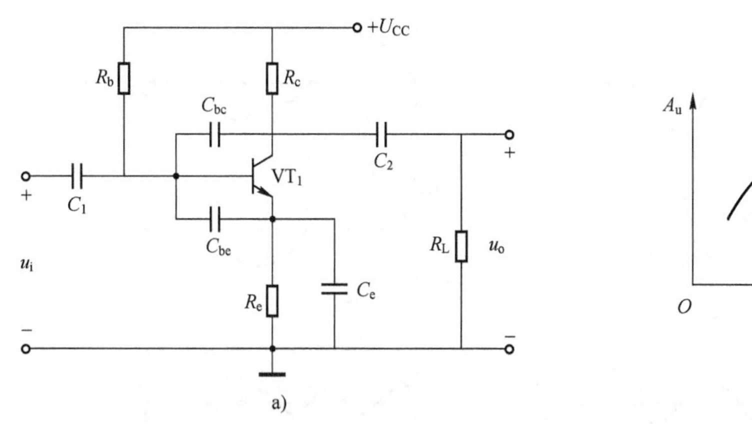

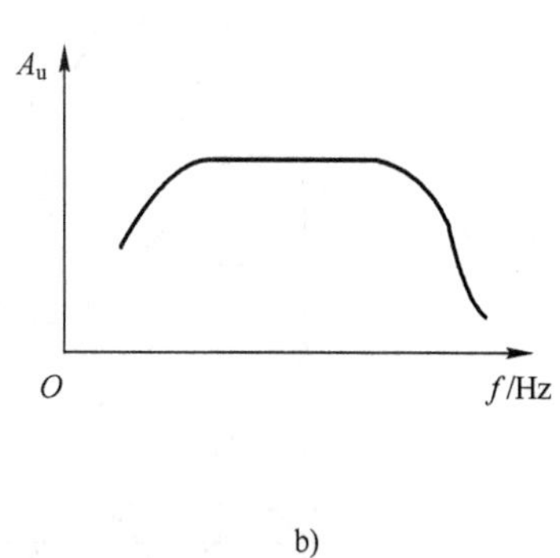

图 6-1　放大电路全电容等效电路与幅频特性曲线

a）全电容等效电路　b）幅频特性曲线

表 6-1　高、低频信号对各种电容的影响（场效应晶体管类似对应）

两种不同电容分类	ω 的不同频段划分，不同电容不同频段的不同处理方法		
	ω 下降（进入低频区）	ω 适中（中频区）	ω 上升（进入高频区）
旁路及耦合电容（包括 $C_1/C_2/C_E$）	ω 下降，阻抗$\frac{1}{\omega C}$相对于中频区变大，故不可仍类似中频区视为短路处理	旁路及耦合电容 C（包括 $C_1/C_2/C_E$）容值较大，故其阻抗$\frac{1}{\omega C}$较小，视作短路处理	ω 上升，阻抗$\frac{1}{\omega C}$相对于中频区进一步下降，更可视作短路处理
晶体管极间电容（包括 C_{bc}/C_{be}）	ω 下降，阻抗$\frac{1}{\omega C}$相对于中频区变大，更可视作开路处理	极间电容 C（包括 C_{bc}/C_{be}）容值较小，故其阻抗$\frac{1}{\omega C}$较大视作开路处理	ω 上升，阻抗$\frac{1}{\omega C}$相对于中频区减小，不再可以仍类似中频区视作开路处理

由表 6-1 对比分析可以发现，以前对电路进行中频区信号放大分析时，将旁路电容、耦合电容与晶体管极间电容均忽略不计是存在局限性的。

任何已经设计完毕的放大电路都只是一个一定频率范围内的有限带宽放大器，在该有效频率范围内，电路对信号能进行有效放大，但当频率超过该频率范围时，信号的放大可能出现衰减，即失真。如前所述，该类失真并没有产生新的频率分量，属于线性失真。

2. 线性失真的分类

线性失真有两种形式：**幅度失真**和**相位失真**。

下面从频域说明线性失真产生的原因。一个周期信号经傅里叶级数展开后，可以分解为基波，一次谐波，二次谐波等多次谐波。假设输入波形 $U_{\mathrm{i}}(t)$ 仅由基波，一次谐波，二次谐波构成。它们之间的振幅比例为 10:6:3，如图 6-2a 所示，经过线性放大电路后，由于放大电路对不同频率信号的不同放大倍数，使这些信号之间的比例发生了变化，变成了 10:3:1.5，这三者累加后所得的输出信号 $U_{\mathrm{o}}(t)$ 如图 6-2b 所示。对比 $U_{\mathrm{i}}(t)$，可见两者波形发生了很大的变化，这就是线性失真的第一种情形，即**幅度失真**。

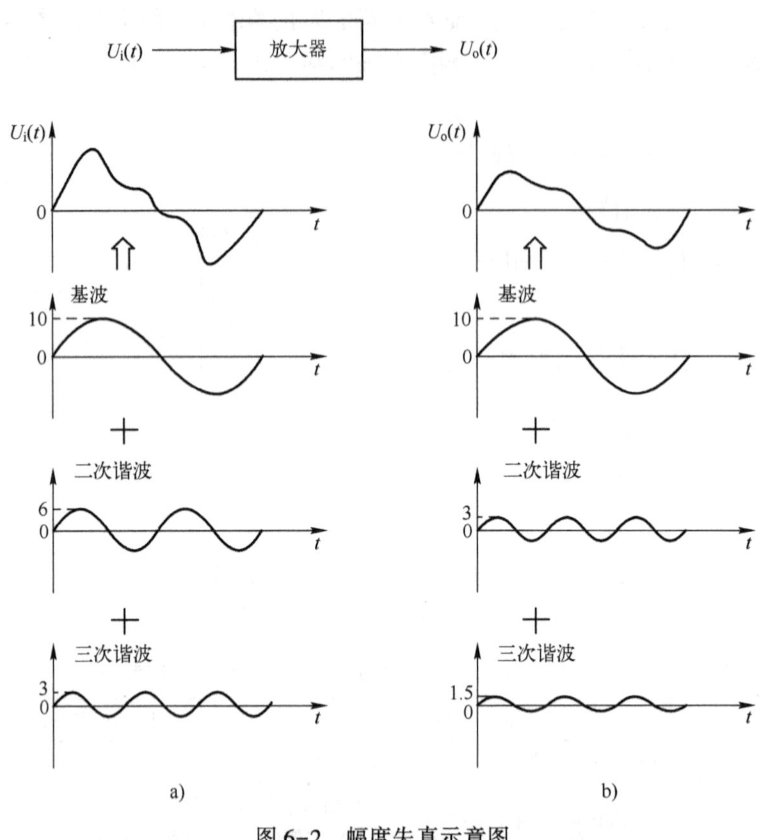

图 6-2 幅度失真示意图

a）输入电压 b）输出电压

线性失真的第二种形式如图 6-3 所示。设输入信号 $U_{\mathrm{i}}(t)$ 由基波和二次谐波组成，如图 6-3a所示，经过线性电路后，基波与二次谐波振幅之间的比例没有变化，但是它们之间的时间对应关系变了，叠加合成后同样引起输出波形不同于输入波形，这种线性失真称为**相位失真**。

6.1.3 频率响应问题的分析方法

在研究放大电路的频率响应时，输入信号常设置在几十到几百 MHz 的频率范围内，甚至更宽，如目前 CMOS 工艺放大电路已经设计到了几十 GHz，而放大电路的增益范围也很宽。为了能在同一坐标系中表示如此宽的频率范围，由 H. W. Bode 首先提出了基于对数坐标的频率特性曲线的作图法，称为**波特图法**。

波特图由对数幅频特性与对数相频特性两部分组成，其横坐标采用对数坐标 $\lg f$，幅频

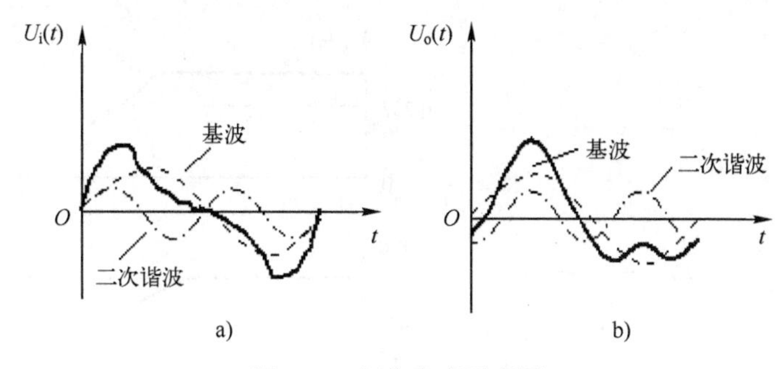

图 6-3 相位失真示意图

a）输入电压 b）输出电压

特性的纵坐标采用 $20\lg|A_u|$，单位为分贝（dB）；相频特性的纵坐标采用 φ，单位为度。这样一方面扩展了表示的范围，另一方面也将增益表达式由乘除运算变成了加减运算。

为了便于理解波特图在频率响应分析中的应用，首先不妨以无源单级 *RC* 低通滤波电路为例进行分析。如图 6-4a 所示 *RC* 低通滤波电路，增益为

$$\dot{A}_u=\frac{\dot{U}_o}{\dot{U}_i}=\frac{\dfrac{1}{j\omega C}}{R+\dfrac{1}{j\omega C}}=\frac{1}{1+j\omega RC} \tag{6-1}$$

回路的时间常数为 $\tau=RC$，令 $\omega_H=1/\tau$，则

$$f_H=\frac{\omega_H}{2\pi}=\frac{1}{2\pi\tau}=\frac{1}{2\pi RC} \tag{6-2}$$

代入式（6-1）可得

$$\dot{A}_u=\frac{1}{1+j\dfrac{\omega}{\omega_H}}=\frac{1}{1+j\dfrac{f}{f_H}} \tag{6-3}$$

将幅值与相位分开表示为

$$\begin{cases}|\dot{A}_u|=\dfrac{1}{\sqrt{1+\left(\dfrac{f}{f_H}\right)^2}} & \text{(6-4a)}\\ \varphi=-\arctan\dfrac{f}{f_H} & \text{(6-4b)}\end{cases}$$

式（6-4a）为幅频特性表达式，式（6-4b）为相频特性表达式，对应作出频率响应曲线如图 6-4b 所示。我们可以对该式做一个简单分析。对于频率特性表达式（6-4），分析可知，当 $f\gg f_H$ 时（当两参数值相差约 10 倍以上时，可近似认为两者满足远远大于或远远小于关系，从而可以做近似运算。后续类同），$|\dot{A}_u|$ 趋于零，φ 趋于 $-90°$；当 $f=f_H$ 时，$|\dot{A}_u|=\frac{1}{\sqrt{2}}$，$\varphi\approx-45°$；当 $f\ll f_H$ 时，$|\dot{A}_u|\approx1$，$\varphi\approx0°$。由此可见，对于低通滤波器而言，频率越高，增益衰减越大，相移也越大；只有当频率远低于 f_H 时，输入输出电压才相等，这就是低通滤波器的低通特性。其中 f_H 称为低通滤波器的**上限截止频率**。

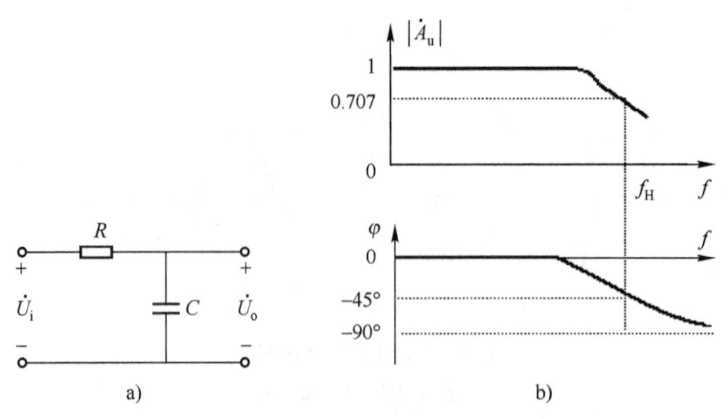

图 6-4　低通电路及其频率响应

a）低通电路　b）频率响应

用相同的研究方法分析图 6-5a 所示高通滤波电路，可得图 6-5b 所示高通滤波电路的频率响应曲线，图中f_L称为**下限截止频率**。

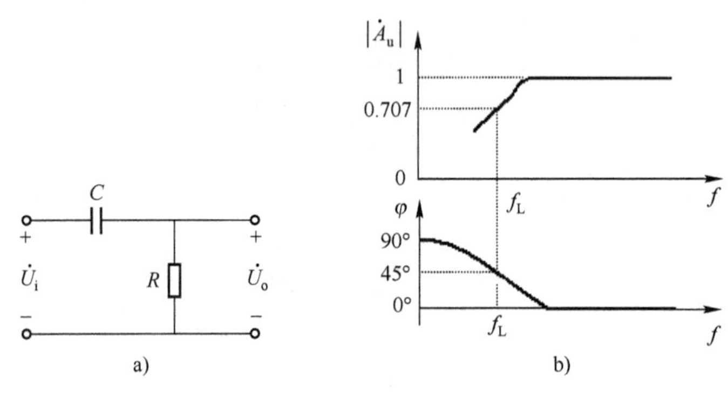

图 6-5　高通电路及其频率响应

a）高通电路　b）频率响应

对于基本放大电路而言，电路中往往既存在上限截止频率，又存在下限截止频率，电路的上限截止频率与下限截止频率之差，称为**通频带**f_B

$$f_B = f_H - f_L \tag{6-5}$$

下面利用波特图法进行分析。由式（6-4）可得低通电路的对数频率特性为

$$\begin{cases} 20\lg|\dot{A}_u| = -20\lg\sqrt{1+\left(\dfrac{f}{f_H}\right)^2} & (6\text{-}6a) \\ \varphi = -\arctan\dfrac{f}{f_H} & (6\text{-}6b) \end{cases}$$

对式（6-6）做一个简单分析，当$f \ll f_H$时，$20\lg|\dot{A}_u| \approx 0$ dB，$\varphi \approx 0°$；当$f = f_H$时，$20\lg|\dot{A}_u| = -20\lg\sqrt{2} \approx -3$ dB，$\varphi \approx -45°$；当$f \gg f_H$时，$20\lg|\dot{A}_u| \approx -20\lg\dfrac{f}{f_H}$，表明$f$每上升 10 倍，增益下降 20 dB，即对数幅频特性在此区间可等效为斜率为-20 dB/十倍频的直线，如图 6-6b 所示。

在电路的近似分析中，为简化分析起见，常常将波特图中的曲线近似折线化，称为**近似**

波特图。

如图 6-6a 所示，对于高通电路，在高通对数幅频特性曲线中，以截止频率f_L为拐点，由两段直线近似代替曲线，当$f<0.1f_L$时，以斜率为 20 dB/十倍频的直线代替曲线；当$f>10f_L$时，$20\lg|\dot{A}_u|=0$ dB 的直线代替曲线；两段直线在拐点即截止频率f_L处连接。因此在拐点f_L处，幅频特性曲线存在最大误差-3 dB。在高通对数相频特性曲线中，同样用三段直线代替曲线，以$0.1f_L$和$10f_L$为两个拐点。当$f<0.1f_L$时，用$\varphi=90°$的直线代替，当$f>10f_L$时，用$\varphi=0°$的直线代替，当$0.1f_L<f<10f_L$时，用斜率为-45°/十倍频的直线代替，因此当$f=f_L$，$\varphi=+45°$，频率f分别等于$0.1f_L$和$10f_L$时，会存在±5.71°的相位误差。

对于低通电路，如图 6-6b 所示，在低通对数幅频特性曲线中，以截止频率f_H为拐点，由两段直线近似代替曲线，当$f<0.1f_H$时，以$20\lg|\dot{A}_u|=0$ dB 的直线代替曲线；当$f>10f_H$时，以斜率为-20 dB/十倍频的直线代替。两段直线在拐点即截止频率f_H处连接。因此在拐点f_H处，幅频特性曲线存在最大误差-3 dB。在低通对数相频特性曲线中，用三段直线代替曲线，具体作图法可对比高通对数相频特性曲线。

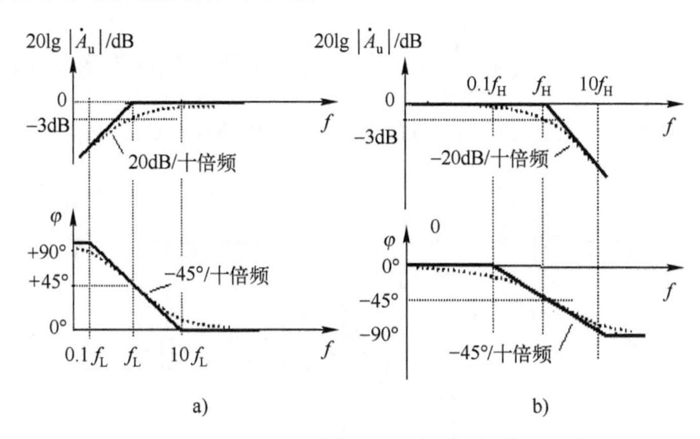

图 6-6　高通与低通电路的对数频率特性曲线

a）高通电路　b）低通电路

频率响应问题分析方法的基础为画波特图，包括画幅频特性波特图和相频特性波特图。在实际画图过程中，往往采用近似波特图画法，即用折线代替曲线的近似作图法。

对近似波特图画法总结如下：

1）首先确定增益函数极（零）点处的幅频与相频特性，一般具体画出为某一点。

2）设定输入频率远远大于该极（零）点（一般 10 倍以上即可），代入幅频与相频表达式并对其进行简化，然后画出该区域近似幅频与相频特性波特图。

3）设定输入频率远远小于该极（零）点（一般 10 倍以下即可），代入幅频与相频表达式并对其进行简化，然后画出该区域近似幅频与相频特性波特图。

4）直线连接上述三部分图形（通常为一点与两条直线）来近似代替实际转折点处的曲线，当然，这种方法势必会引入误差，并且在转折点处，误差最大，如图 6-6 所示。

5）多个极点情形同上，先画出单个极点特性图，之后叠加而成。

6.2　晶体管的高频等效特性

从晶体管的物理结构出发，考虑发射结和集电结电容的影响，就可以得到在高频信号作用下晶体管的完整小信号模型，又称混合 π 模型。虽然管子在高低频情况下模型参数不完全一样，但在分析方法上两者基本类似。本节的目的就在于分别阐述晶体管与场效应晶体管在高频条件下的等效高频小信号模型，为后续高频条件下的电路分析做知识储备。

6.2.1　晶体管的完整小信号模型

在前面进行放大电路分析时，采用的晶体管小信号模型如图 6-7 所示。它是没有考虑晶体管发射结与集电结电容效应时的中频条件下的小信号模型。但从晶体管的实际结构出发，构成晶体管主体的两个 PN 结，无论是发射结，还是集电结，既存在结电阻，也存在结电容，如图 6-8 中 C_μ 与 C_π 所示。当输入信号的频率 ω 上升时，结电容阻抗$\dfrac{1}{\omega C}$将下降。当信号频率上升至一定高度时，由阻抗$\dfrac{1}{\omega C}$减小所引起的旁路现象就不得不加以考虑。对图 6-8 含结电容的电路模型重新进行分析，得到在高频条件下晶体管的完整小信号模型，如图 6-9 所示。

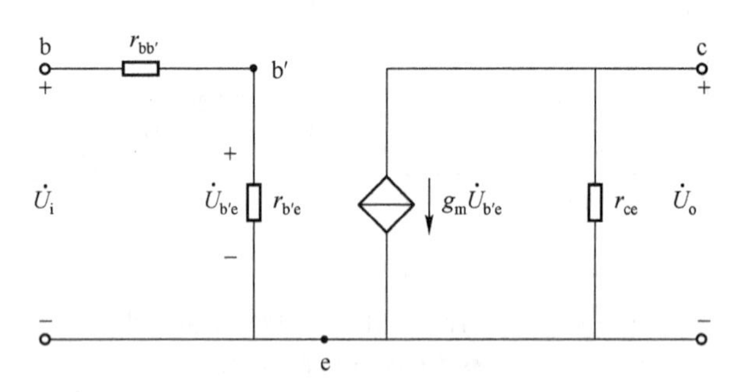

图 6-7　晶体管中频小信号模型

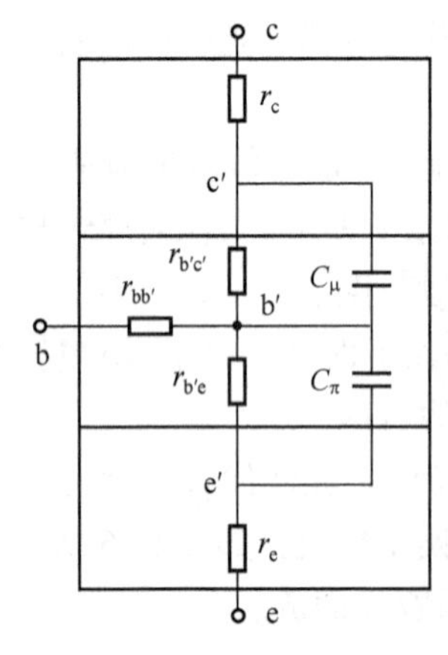

图 6-8　晶体管结构示意图

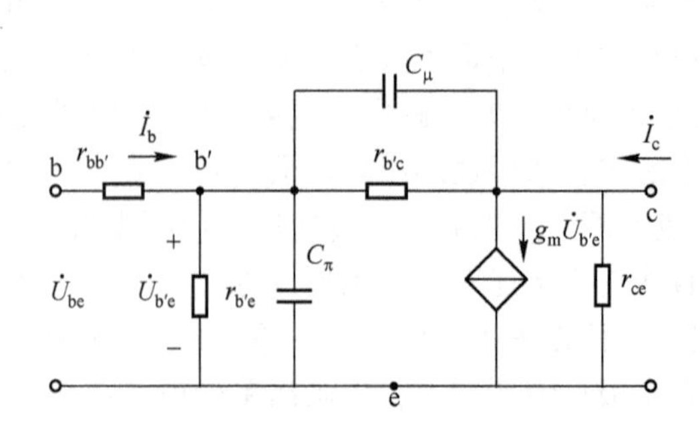

图 6-9　高频完整小信号模型

图 6-9 中，g_m称为跨导，是一个常数，与频率无关，它用于描述输入电压 $\dot{U}_{be}$对输出电流$\dot{I}_c$的控制关系，即$\dot{I}_c = g_m \dot{U}_{b'e}$，参考方向如图所示。由于 C_π与 C_μ的存在，使$\dot{I}_c$和$\dot{I}_b$的大小、相角均与频率有关，即 $\dot{\beta}$ 是频率的函数。根据半导体的物理分析可知，晶体管的受控电流$\dot{I}_c$与发射结电压$\dot{U}_{b'e}$呈线性关系，且与信号频率无关。因此在混合 π 模型中引入了一个新参数 g_m，称为跨导，它是一个常数，表明$\dot{U}_{b'e}$对$\dot{I}_c$的控制关系，即$\dot{I}_c = g_m \dot{U}_{b'e}$。

6.2.2 晶体管高频模型的简化

图 6-9 中，通常情况下，r_{ce}远大于 c-e 间所接负载电阻，$r_{b'c}$也远大于 C_μ 的容抗，因而一般可以近似认为 r_{ce}和 $r_{b'c}$开路，从而得到如图 6-10 所示的简化模型。

图 6-10 中，由于 C_μ 跨接于输入与输出回路之间，对输入输出回路均产生影响，进行电路分析时比较复杂，因此拟用密勒（Miller）定理对其进行简化。即用密勒定理，将电容 C_μ 分别等效到输入回路与输出回路，这一过程称为单向变换，等效后的电路如图 6-11 所示。变换是以电路的等效为前提，单向化后，C'_μ 为 C_μ 折合到输入端 b′e 间的等效电容，C''_μ 为 C_μ 折合到输出端 ce 间的等效电容。

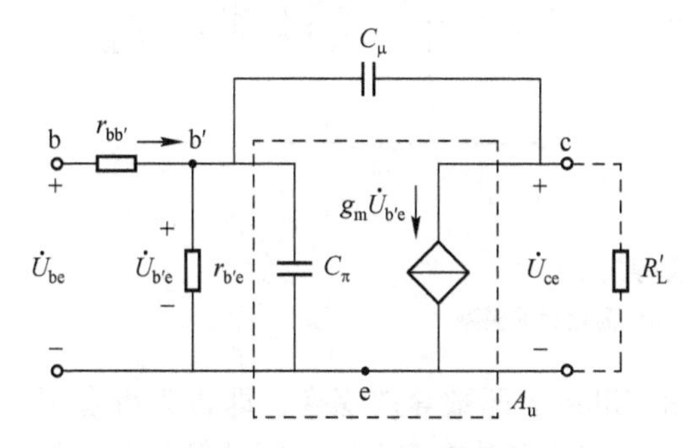

图 6-10 简化的高频模型

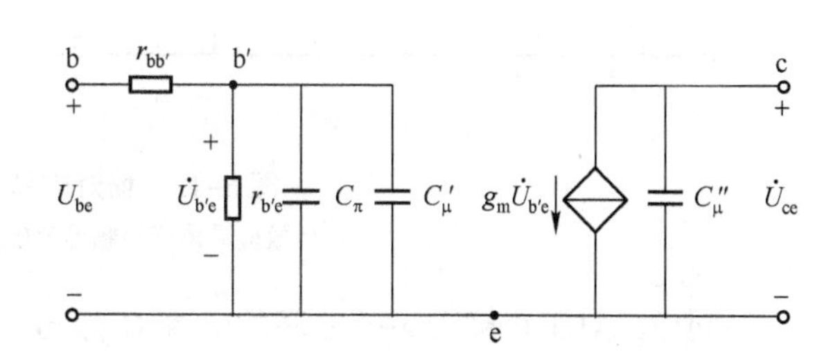

图 6-11 Miller 等效后的单向化模型

鉴于篇幅，密勒定理此处不再详细介绍，有兴趣读者可参阅相关资料。

由密勒定理可以推得图 6-11 中

$$\begin{cases} C'_\mu = (1+|A_u|)C'_\mu \\ C''_\mu \approx C_\mu \end{cases} \tag{6-7}$$

一般情况下，由于输出回路中 C''_μ 的容抗远大于集电极总负载电阻 R'_1，故 C''_μ 中电流可忽略不计，另外，将输入回路中 C_π 与 C'_μ 合并，得

$$C'_\pi = C_\pi + (1+|A_u|)C_\mu \tag{6-8}$$

因此最终的晶体管高频等效模型可以用图 6-12 所示模型来等效。

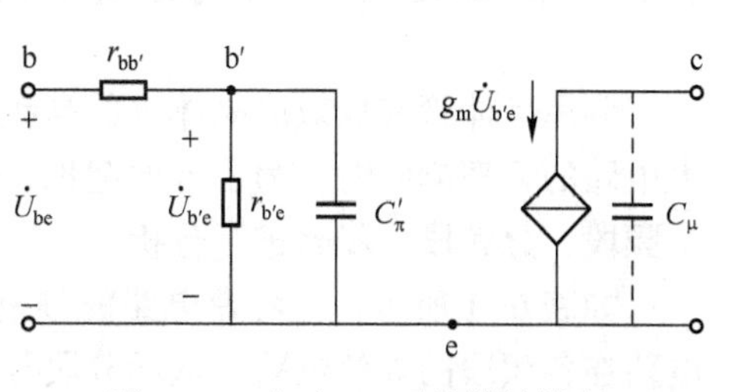

图 6-12 忽略 C''_μ 后的等效模型

通过上述晶体管高频等效模型的单向化分析与简化，可以得出如下几点结论：

1）高频分析时，需要考虑晶体管结间电容 C_π 及密勒电容 C_μ 的影响。

2）由于 C_π 及 C_μ 的存在，使放大电路的输入

回路与输出回路各自形成了一个 RC 回路，这两个回路的存在，对放大电路的增益方程会带来两个极点，势必影响电路增益。

3）由于输出回路 $C''_{\mu}=C_{\mu}$ 的电容值较小，容抗$\frac{1}{\omega C}$大，分流作用可忽略，在不接容性负载的情况下，一般不再考虑输出端 RC 回路。

4）经密勒等效后，输入回路总的等效电容如式（6-8）所示，其中 A_u 近似用放大器中频增益代替，C_{μ} 为跨接于基极与集电极之间的电容，C_{π} 为原基极输入电容。

6.2.3 场效应晶体管的高频等效模型

由于场效应晶体管各电极之间也存在极间电容，因而高频响应与晶体管相似。根据场效应晶体管的结构，可得到如图 6-13a 所示高频等效模型。一般情况下，r_{gs} 和 r_{ds} 都比外电阻大得多，因而在做近似分析时，可以认为开路而忽略。

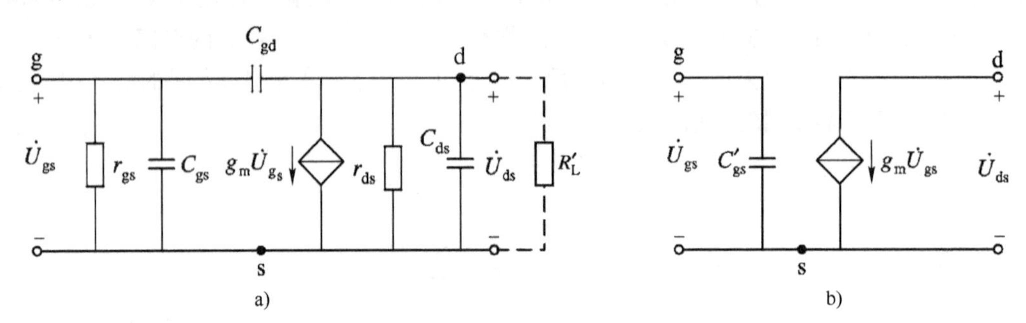

图 6-13　场效应晶体管等效模型

a）场效应晶体管高频等效模型　b）简化后的模型

同样，对于跨接于 g-d 之间的电容 C_{gd}，也可用 Miller 定理做等效变换，即将其折合到输入回路和输出回路，即电路的单向化变换。这样 g-d 间的等效电容和 d-s 间的等效电容分别为

$$C'_{gs}=C_{gs}+(1+|A_u|)C_{gd} \tag{6-9}$$

$$C'_{ds}=C_{ds}+C_{gd} \tag{6-10}$$

由于 C'_{ds} 容值较小，容抗$\frac{1}{\omega C}$较大，一般视为开路而忽略，因此场效应晶体管的高频简化模型如图 6-13b 所示。其中栅源等效电容 C'_{gs} 如式（6-9）所示。

6.3 单管放大电路的频率响应

利用晶体管和场效应晶体管的高频等效模型，可以分析放大电路的频率响应。在分析放大电路的频率响应时，为了方便起见，一般将输入信号的频率范围分为中频、低频和高频三个频段，分频段分步骤进行分析。

如表 6-1 所示，在考虑电路的频响时，注意表 6-1 中提出的方法，便可分别得到放大电路在各频段的等效电路，从而分段分析出放大电路的完整频率响应。

6.3.1　单管共射放大器的频率响应

为了简化分析，暂且以图 6-14a 所示电路为例。图中输出端有一个耦合电容 C_2，作其等效模型可得图 6-14b。图中 $C'_\pi=C_\pi+(1+|A_v|)C_\mu$，即包含了结间电容 C_π 及密勒等效电容 C_μ 两部分电容的影响。

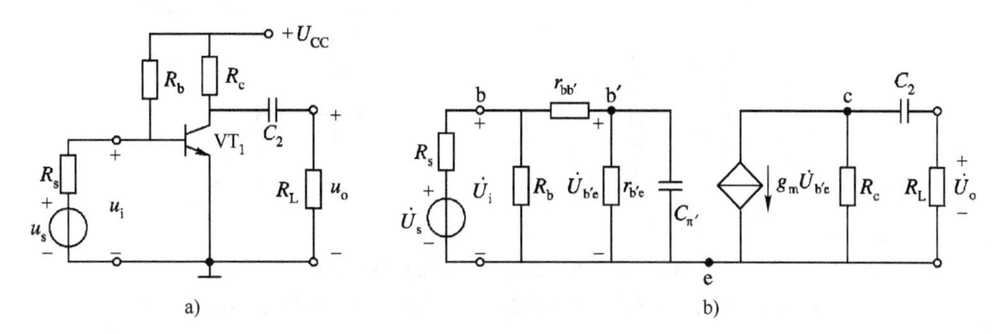

图 6-14　单管共射放大电路及等效电路

a）基本放大电路　b）等效电路

下面分频段对其做电路分析。

1. 中频段电压增益

由于在中频区域，电容 C'_π 及 C_2 分别做开路和短路处理，故其等效电路如图 6-15a 所示，其中

$$R_i=R_b//(r_{bb'}+r_{b'e})=R_b//r_{be},\quad R'_L=R_c//R_L \tag{6-11}$$

中频电压放大倍数为

$$A_{usm}=\frac{U_o}{U_s}=\frac{U_o}{U_{b'e}}\cdot\frac{U_{b'e}}{U_i}\cdot\frac{U_i}{U_s}=(-g_mR'_L)\cdot\frac{r_{b'e}}{r_{be}}\cdot\frac{R_i}{R_s+R_i} \tag{6-12}$$

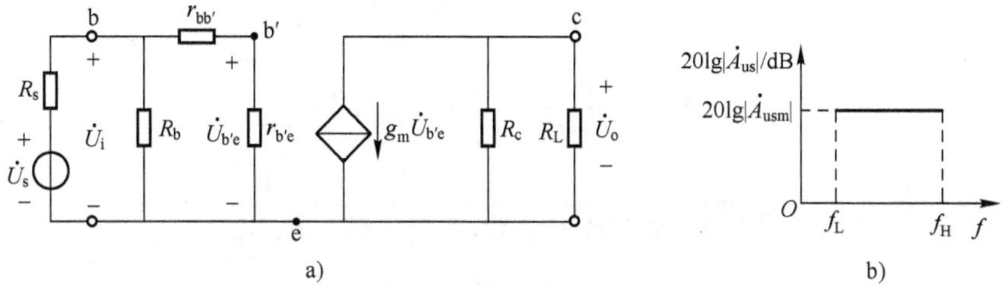

图 6-15　单管共射放大电路

a）中频等效电路　b）中频幅频特性曲线

中频段的电压增益不考虑极间电容与旁路、耦合电容的影响，其值为一个与频率无关的常量。幅频特性曲线如图 6-15b 所示。

2. 高频段电压增益

如上所述，高频段主要考虑到极间电容 C'_π 的影响，而无须考虑耦合电容 C_2 的影响，作其高频段等效模型，如图 6-16a 所示。

由 6-16a 图可以写出

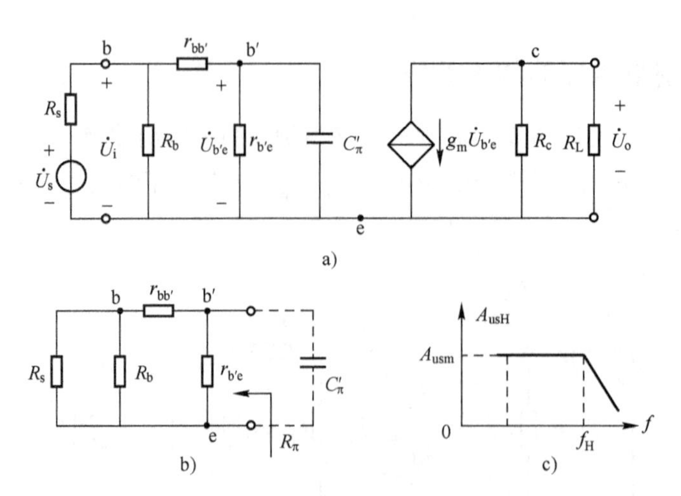

图 6-16　单管共射放大电路高频分析

a）高频等效电路　b）C_π 两端看出去等效戴维南电阻 R_π　c）高频等效电路幅频特性曲线

$$\frac{\dot{U}_{b'e}(j\omega)}{\dot{U}_s(j\omega)}=\frac{\dfrac{r_{b'e}}{R_b//R_s+r_{bb'}+r_{b'e}}}{1+j\omega C'_\pi[r_{b'e}//(R_b//R_s+r_{bb'})]} \tag{6-13}$$

$$\dot{A}_{usH}(j\omega)=\frac{\dot{U}_o(j\omega)}{\dot{U}_s(j\omega)}=\frac{\dot{U}_o(j\omega)}{\dot{U}_{b'e}(j\omega)}\cdot\frac{\dot{U}_{b'e}(j\omega)}{\dot{U}_s(j\omega)}=(-g_m R'_L)\cdot\frac{\dfrac{r_{b'e}}{R_b//R_s+r_{bb'}+r_{b'e}}}{1+j\omega C'_\pi\dfrac{(R_s//R_b+r_{bb'})\cdot r_{b'e}}{R_s//R_b+r_{bb'}+r_{b'e}}} \tag{6-14}$$

经整理后得

$$\dot{A}_{usH}(j\omega)=\frac{A_{usm}}{1+\dfrac{j\omega}{\omega_H}} \tag{6-15}$$

其中

$$A_{usm}=\frac{R_i}{R_s+R_i}\cdot\frac{r_{b'e}}{r_{be}}\cdot(-g_m R'_L) \tag{6-16}$$

$$\omega_H=\frac{1}{[(R_s//R_b+r_{bb'})//r_{b'e}]\cdot C'_\pi}=\frac{1}{R'_\pi C'_\pi} \tag{6-17}$$

$$f_H=\frac{\omega_H}{2\pi} \tag{6-18}$$

R_π定义为：从电容两端开路后，电路等效输入戴维南电阻，如图 6-16b 所示。R_i与 R'_L的定义同式（6-11）。式（6-16）与式（6-12）相同，均为中频电压增益。

高频段电压增益与中频段电压增益的区别在于多了一个极点，正是该极点构成了放大器高频区的增益衰减。幅频特性曲线为一低通放大器。如图 6-16c 所示。

ω_H称为该低通放大器的上限频率。上述分析结果说明，考虑放大器的高频模型时，共射放大器是一个具有单极点的传输函数。

3. 低频段电压增益

低频段主要考虑耦合电容 C_2的影响，无须考虑极间电容的影响。其低频等效模型如

图 6-17a 所示。为了便于研究，将输出回路做等效变换，如图 6-17b 所示，其中$\dot{U}'_o$为空载时的输出电压。

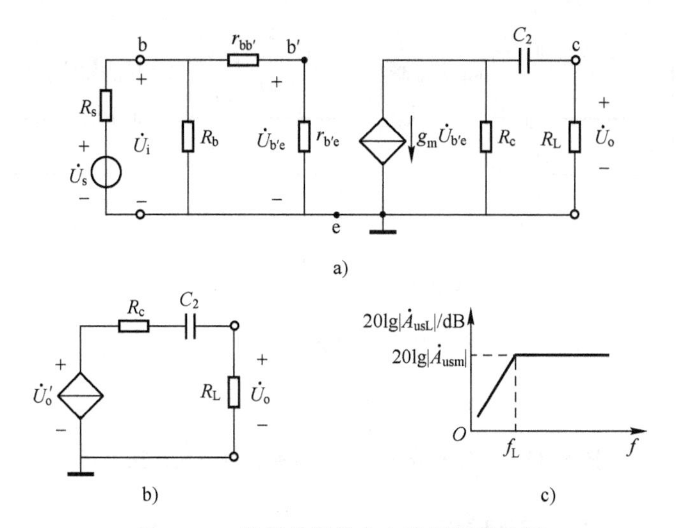

图 6-17　单管共射放大电路低频段分析

a）单管共射放大电路低频等效电路　b）输出等效回路　c）低频等效电路幅频特性曲线示意

求低频段电压放大倍数

$$\dot{A}_{usL}(j\omega)=\frac{\dot{U}_o(j\omega)}{\dot{U}_s(j\omega)}=\frac{\dot{U}_o(j\omega)}{\dot{U}'_o(j\omega)}\cdot\frac{\dot{U}'_o(j\omega)}{\dot{U}_s(j\omega)}=\frac{R_L}{R_c+\dfrac{1}{j\omega C_2}+R_L}\cdot\frac{R_i}{R_s+R_i}\cdot\frac{r_{b'e}}{r_{be}}\cdot(-g_mR_c)\quad(6-19)$$

将上式整理得

$$\dot{A}_{usL}(j\omega)=\frac{R_i}{R_s+R_i}\cdot\frac{r_{b'e}}{r_{be}}\cdot(-g_mR'_L)\cdot\frac{j\omega(R_c+R_L)C_2}{1+j\omega(R_c+R_L)C_2}=A_{usm}\cdot\frac{1}{1+\dfrac{\omega_L}{j\omega}}\quad(6-20)$$

同样，低频段电压增益与中频段电压增益相比，也多了一个极点，正是该极点促成了放大器低频区增益的衰减，幅频特性曲线为一高通放大器。参见图 6-17c。

式（6-20）中，ω_L即为该高通放大器的下限频率

$$\omega_L=\frac{1}{(R_c+R_L)C_2}\quad(6-21)$$

式中，$(R_c+R_L)C_2$正是 C_2所在回路的时常数，其中(R_c+R_L)为回路除源后 C_2两端的等效电阻。

4. 完整频域波形及表达式

将式（6-12）、式（6-15）和式（6-20）进行综合，得到图 6-14a 所示单管共射放大电路的完整频域表达式，即式（6-22）。有三个决定放大器频率特性的基本要素，即中频增益 A_{usm}、上限角频率 ω_H和下限角频率 ω_L，只要知道这三个要素，放大器的频率特性就可以基本确定，因此，分析一个放大电路的频率特性，其实就是分析决定放大器频率特性的三个基本要素。

对于单管共射放大电路频率特性问题（其他频率特性分析问题类似），完整的分频、分

段思路可整理为图 6-18 所示流程。

关于该电路的相频特性曲线，请读者参照类似的方法，并结合本章前面波特图绘图一节自行分析。

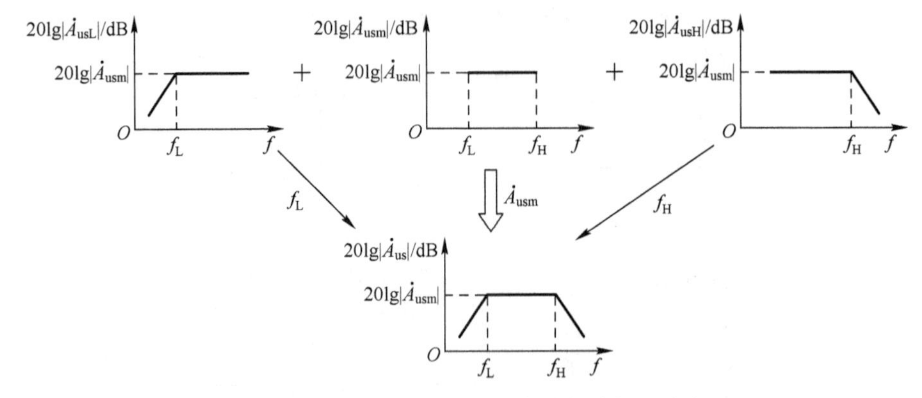

图 6-18　完整的分频、分段频率特性分析思路流程

5. 开路时间常数法求上/下限频率

综上所述，若同时考虑旁路电容、耦合电容与极间电容的影响，放大电路在全频段的电压增益可写为

$$\dot{A}_{us}(j\omega)=\frac{A_{usm}}{\left(1+\dfrac{\omega_L}{j\omega}\right)\left(1+\dfrac{j\omega}{\omega_H}\right)} \tag{6-22}$$

下面对式（6-22）进行全面分析。

1）当输入信号频率 $\omega_L \ll \omega \ll \omega_H$时，由式（6-22）近似计算可得$\dot{A}_{us}(j\omega)=A_{usm}$，即为中频段常数增益。

2）当输入信号频率 ω 趋于 ω_L，有 $\omega \ll \omega_H$时，分母第 2 项近似等于 1。式（6-22）可以演变为低频区放大器的增益表达式，即式（6-20）。此时可以引用分析低频区放大电路增益的分析方法，如本节上述三部分内容所述。

3）当输入信号频率 ω 趋近于高频 ω_H，有 $\omega \gg \omega_L$时，分母第一项近似等于 1。同理式（6-22）可以演变为高频区放大器的增益表达式，即式（6-15）。此时可以引用分析高频区放大电路增益的分析方法，如本节上述两部分内容所述。

由以上分析可知，式（6-22）可以表示任何频段的增益。而且在式（6-22）中，ω_L，ω_H均可以写为 $1/\tau$，其中 τ 分别为耦合电容或极间电容所在回路的 RC 时间常数，而这其中的 R 是电路除源后从电容两端看进去的等效电阻。当然耦合电容或极间电容对电路的影响不会同时分析，分段分析的依据是频段的不同，在高、中、低频区，不同频率对不同电容的影响不同。低频区主要考虑耦合电容或旁路电容的影响，那是否极间电容对电路就无影响了呢？不，也有，只不过小到可忽略的地步。高频区主要考虑极间电容的影响，那是否耦合电容和旁路电容对电路就无影响了呢？同样也不，也是因为太小而忽略了。分段分析的原则是考虑对电路产生主要影响的电容，重点不同，取谁弃谁自然有所区别，这一点在表 6-1 中已经说明。

通过上述分析可以总结归纳出放大电路全频段增益表达式的描述方法，称为“开路时间常数法”。具体阐述为以下几点：

1）任何电路全频段的电压增益表达式，均可以写成式（6-22）的形式，不同之处仅在于中频增益 A_m 不同，ω_H，ω_L 即上、下限频率不同。求一个具体放大器的全频段电压增益表达式，即可以划归为求该三项参数。

2）再次强调式（6-22）中三项关键参数的意义：

A_m——不考虑耦合电容和极间电容时的电路中频增益。

ω_L——仅考虑耦合/旁路电容时，电路的下限角频率。

ω_H——仅考虑极间电容时，电路的上限角频率。

3）注意，当耦合电容或旁路电容不止一个时，可用式（6-23）来表达，式中多个 ω_H 来自于多个极间电容形成的 RC 回路（对应产生多个 ω_H），式中多个 ω_L 来自于多个耦合或旁路电容形成的 RC 回路（对应产生多个 ω_L）。

$$\dot{A}_{us}(j\omega)=\frac{A_{usm}}{\left(1+\frac{\omega_{L1}}{j\omega}\right)\left(1+\frac{\omega_{L2}}{j\omega}\right)\cdots\left(1+\frac{j\omega}{\omega_{H1}}\right)\left(1+\frac{j\omega}{\omega_{H2}}\right)\cdots} \tag{6-23}$$

其中，ω_{L1}，ω_{L2}，ω_{H1}，ω_{H2}…求解方法同上，分别为所考虑电容所在的 RC 回路时间常数的倒数，即 $1/\tau$。

4）当电路同时出现两个或两个以上 ω_L 与 ω_H 时，放大电路最终上、下限频率的确定方法如下：

① 同时出现 ω_{L1} 和 ω_{L2}，当 $\omega_{L1}\ll\omega_{L2}$ 时，

$$\omega_L\approx\omega_{L2} \tag{6-24}$$

ω_{L1} 与 ω_{L2} 相差较小，一般 10 倍以内，则

$$\omega_L\approx\sqrt{\omega_{L1}^2+\omega_{L2}^2} \tag{6-25}$$

② 同时出现 ω_{H1} 与 ω_{H2}，当 $\omega_{H1}\ll\omega_{H2}$ 时，

$$\omega_H=\omega_{H1} \tag{6-26}$$

ω_{H1} 与 ω_{H2} 相差不大，一般 10 倍以内，则

$$\omega_H=\frac{\omega_{H1}\cdot\omega_{H2}}{\sqrt{\omega_{H1}^2+\omega_{H12}^2}} \tag{6-27}$$

例 6-1 如图 6-14a 所示，已知 $U_{cc}=15\ \text{V}$，$R_s=1\ \text{k}\Omega$，$R_b=20\ \text{k}\Omega$，$R_c=R_L=5\ \text{k}\Omega$，$C_\mu=5\ \text{pF}$，$C_2=5\ \mu\text{F}$，$C_\pi=180\ \text{pF}$；晶体管 $U_{BEO}=0.7\ \text{V}$，$r_{bb'}=100\ \Omega$，$\beta=100$。

试求放大电路源电压增益表达式 $\dot{A}_{us}$，并作 $\dot{A}_{us}(j\omega)$ 的波特图。

解：（1）求解 Q 点

$$I_{BQ}=\frac{U_{cc}-U_{BEQ}}{R_b}-\frac{U_{BEQ}}{R_s}=\frac{15-0.7}{20}\text{mA}-\frac{0.7}{1}\text{mA}=0.015\ \text{mA}$$

$$I_{CQ}=\beta I_{BQ}=100\times0.015\ \text{mA}=1.5\ \text{mA}$$

$$U_{CEQ}=V_{cc}-I_{CQ}R_C=15\ \text{V}-1.5\times5\ \text{V}=7.5\ \text{V}$$

（2）求高频小信号模型参数

$$r_{b'e}=(1+\beta)\frac{U_T}{I_{EQ}}=\frac{U_T}{I_{BQ}}=\frac{26}{0.015}\Omega\approx 1733\Omega$$

$$\dot{A}_m=\frac{\dot{U}_{ce}}{\dot{U}_{be}}=-g_m(R_C//R_L)\approx -0.0577\times 2500\approx -144$$

$$C'_\pi=C_\pi+(1-\dot{A}_m)C_\mu=180+145\times 5=900\text{ pF}$$

（3）求解中频源电压放大倍数$\dot{A}_{usm}$

$$R_i=R_b//(r_{b'e}+r_{bb'})=20\text{ k}\Omega//(1733+100)\text{ k}\Omega\approx 1.68\text{ k}\Omega$$

$$\dot{A}_{usm}=\frac{\dot{U}_o}{\dot{U}_s}=\frac{R_i}{R_i+R_s}\cdot\frac{r_{b'e}}{r_{be}}\cdot(-g_mR'_L)\approx\frac{1.68}{1+1.68}\cdot\frac{1.73}{(1.73+0.1)}\cdot(-144)\approx -85$$

（4）求解f_H与f_L

因为$R_s \ll R_b$

$$f_H=\frac{\omega_H}{2\pi}=\frac{1}{2\pi R_\pi C'_\pi}=\frac{1}{2\pi[r_{b'e}//(r_{bb'}+R_s//R_b)]C'_\pi}\approx\frac{1}{2\pi[r_{bb'}//(r_{bb'}+R_s)]C'_\pi}$$

代入数据得

$$f_H\approx 263\text{ kHz}$$

$$f_L=\frac{\omega_L}{2\pi}=\frac{1}{2\pi(R_C+R_L)C_2}=\frac{1}{2\pi(5\times 10^3+5\times 10^3)\times 5\times 10^{-6}}=3.2\text{ Hz}$$

（5）写出$\dot{A}_{us}$表达式

$$\dot{A}_{us}=\frac{\dot{A}_{usm}}{\left(1+\frac{f_L}{jf}\right)\left(1+\frac{jf}{f_H}\right)}=\frac{-85}{\left(1+\frac{3.2}{jf}\right)\left(1+\frac{jf}{263\times 10^3}\right)}$$

画出$\dot{A}_{us}$的幅频/相频波特图，参见图6-19。

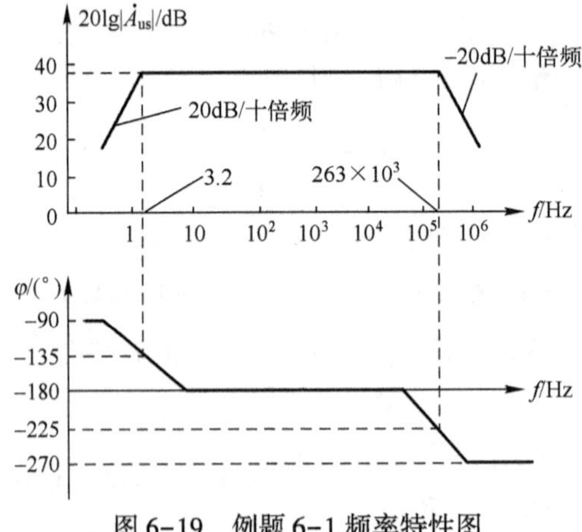

图6-19　例题6-1频率特性图

6.3.2　单管共源放大电路的频率响应

由于单级共源场效应晶体管放大电路在结构上与共射晶体管有相似之处，本节研究单管共源放大电路时，将不再详细推导计算，而是采用例题，用开路时间常数法阐述该类型电路的分析方法。

例 6-2 如图 6-20 所示电路，试分析该电路的频率特性，并作频率特性曲线。

解： 共源放大电路的完整小信号模型如图 6-21 所示。

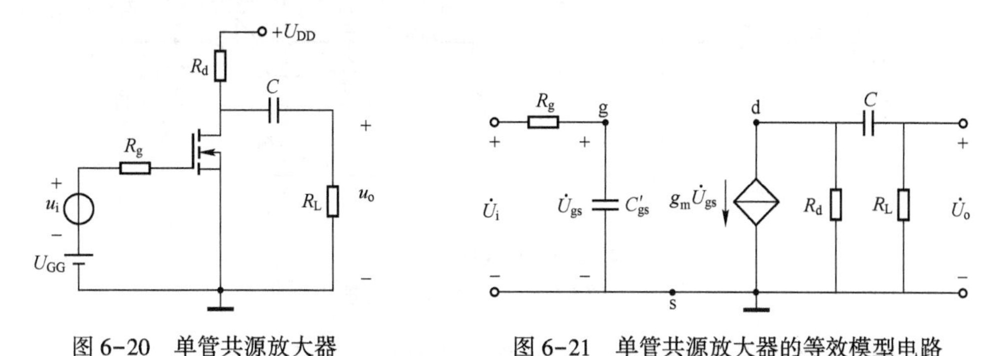

图 6-20 单管共源放大器 　　　　图 6-21 单管共源放大器的等效模型电路

（1）求中频电压增益

$$\dot{A}_{um}=\frac{\dot{U}_o}{\dot{U}_i}=\frac{-g_m\dot{U}_{gs}(R_d//R_L)}{\dot{U}_{gs}}=-g_m R'_L$$

（2）求 ω_L 与 ω_H

求 ω_H 时，高频段只考虑 C'_{gs} 的影响，有

$$\omega_H=\frac{1}{\tau}=\frac{1}{RC'_{gs}}=\frac{1}{R_g(C_{gs}+(1+g_m R_d//R_L)C_{gd})}$$

其中，R 为 C'_{gs} 两端的等效电阻，$R=R_g$。

求 ω_L 时，低频段只考虑 C 的影响，有

$$\omega_L=\frac{1}{\tau}=\frac{1}{RC}=\frac{1}{(R_d+R_L)C}$$

其中，R 为 C 两端的等效电阻，有 $R=(R_d+R_L)$。

写出 $\dot{A}_u$，并作频率响应曲线

$$\dot{A}_u=\frac{\dot{A}_{um}}{\left(1+\frac{\omega_L}{j\omega}\right)\left(1+\frac{j\omega}{\omega_H}\right)}$$

式中，中频增益及上、下限频率见（1）、（2）所述。

该放大器频率特性曲线为一个标准中频带通放大器，存在一个上限频率和一个下限频率，该曲线形状可参见图 6-19，详细作图略。

6.3.3 单管共基放大电路的频率响应

1. 共基放大电路高频段分析

共基放大电路具有较低的输入电阻，较高的输出电阻，电流增益接近于 1。本节所要指出的是，共基放大电路的上限频率 f_H 也很高，因而往往被用于集成宽频带放大器中。

本节分析共基放大电路的频率响应时，直接从开路时间常数法入手，即求共基放大器的上限频率时，直接从影响它们的两个极间电容 C_{π} 及 C_{μ} 入手。

如图 6-22a 所示共基放大器交流通路，作其对应的高频小信号模型，得图 6-22b。

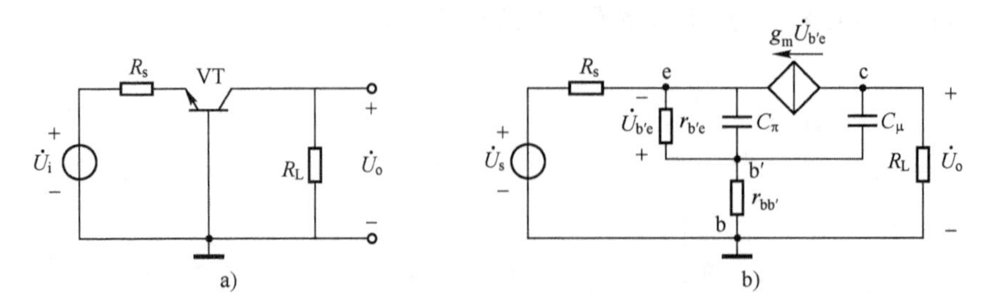

图 6-22　共基放大电路 1

a）交流通路　b）高频小信号模型

由于 $r_{bb'}$ 相对阻值较小，忽略后，重新作图，如图 6-23a 所示。

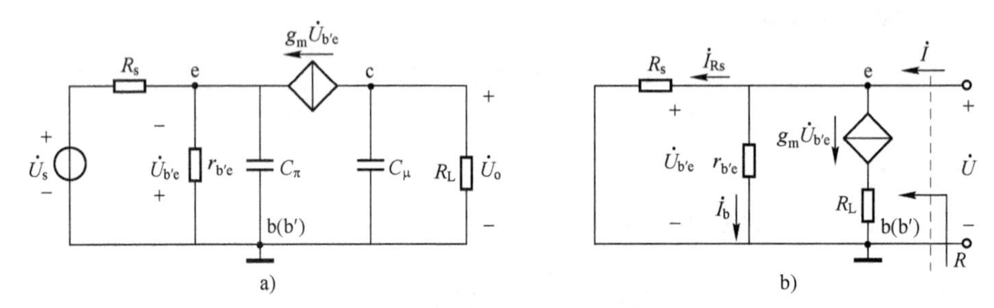

图 6-23　共基放大电路 2

a）高频小信号简化模型　b）C_{π} 两端等效电阻 R

可见共基放大电路输入输出端之间不存在跨接电容，无须 Miller 等效变换。下面分别求 C_{π} 及 C_{μ} 引入后，对电路上限频率的影响。

首先考虑 C_{π}，为求 C_{π} 两端的等效电阻 R，如图 6-23b 所示电路，有

$$R=\frac{U}{I}\text{（端口电压、电流之比即为等效电阻）}$$

$$=\frac{U}{I_{R_s}-(I_b+I_c)}=\frac{U}{\dfrac{U}{R_s}-(1+\beta)I_b}=\frac{U}{\dfrac{U}{R_s}+(1+\beta)\dfrac{U}{r_{\pi}}}=R_s//\frac{r_{b'e}}{(1+\beta)} \tag{6-28}$$

所以

$$\omega_{H1}=\frac{1}{RC_{\pi}}=\frac{1}{\left[R_s//\dfrac{r_{b'e}}{1+\beta}\right]C_{\pi}} \tag{6-29}$$

其次考虑输出回路，由图可以看出

$$\omega_{H2}=\frac{1}{RC_{\mu}}=\frac{1}{R_LC_{\mu}} \tag{6-30}$$

最后结合中频增益 A_{usm}（此处求解从略），得共基放大电路完整高频段增益表达式为

$$\dot{A}_{us}(j\omega)=\frac{\dot{U}_o(j\omega)}{\dot{U}_s(j\omega)}=\frac{A_{usm}}{\left(1+\frac{j\omega}{\omega_{H1}}\right)\left(1+\frac{j\omega}{\omega_{H2}}\right)} \tag{6-31}$$

式中

$$A_{usm}=\frac{\beta R_L}{(1+\beta)R_s+r_{b'e}} \tag{6-32}$$

$$\omega_{H1}=\frac{1}{\left(R_s//\frac{r_{b'e}}{1+\beta}\right)C_\pi} \tag{6-33}$$

$$\omega_{H2}=\frac{1}{R_L C_\mu} \tag{6-34}$$

2. 共射、共基上限频率对比

为了进一步说明共基放大器相对于共射放大器有更高的上限频率，分别给出两个例题，由此对比两电路的上限频率的特点。

例 6-3 如图 6-24a 所示共射放大电路，其中 $R_s=1\,k\Omega$，$r_{bb'}=0.2\,k\Omega$，$\beta=100$，$C_\mu=0.5\,pF$，$C_\pi=14.8\,pF$，$R_L=5\,k\Omega$，而且此电路的静态集电极电流 $I_{CQ}=1\,mA$，试求上限频率 f_H。

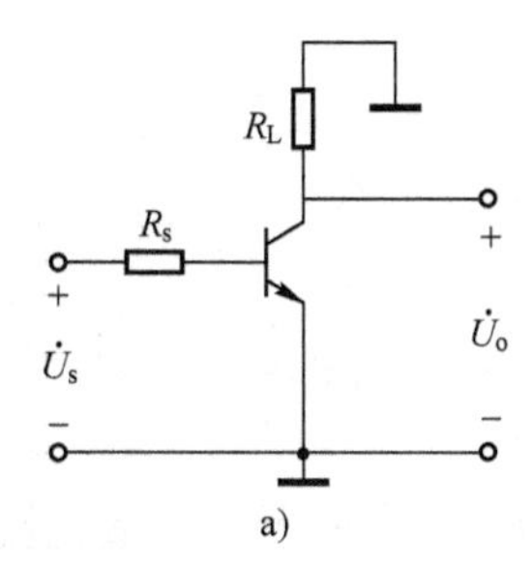

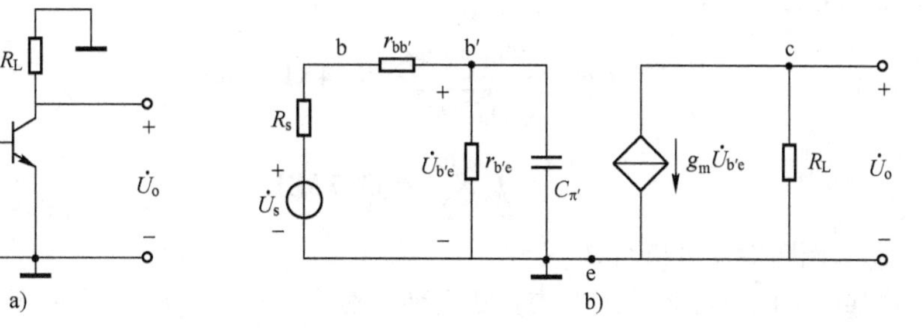

图 6-24 共射放大器

a）交流通路 b）Miller 等效模型

解： 求模型参数

由 I_{CQ} 可以计算出跨导 g_m

$$g_m=\frac{I_{CQ}}{U_T}\frac{1\,mA}{26\,mV}=\frac{1}{26\,\Omega}$$

$$r_{b'e}=\frac{\beta}{g_m}=100\times 26\,\Omega=2600\,\Omega$$

所以

$$C'_\pi=C_\pi+(1+g_m R_L)C_\mu=111.5\,pF$$

求上限频率 ω_{H1}

$$\omega_{H1}=\frac{1}{RC'_\pi}=\frac{1}{[(R_s+r_{bb'})//r_{b'e}]C'_\pi}=10.94\times 10^6\,rad/s$$

即

$$f_H=\frac{\omega_H}{2\pi}=\frac{10.94\times 10^6}{2\pi}\,Hz=1.74\,MHz$$

例 6-4 如图 6-25a 所示共基放大电路，$R_s=1\,\mathrm{k\Omega}$，$r_{b'e}=2.6\,\mathrm{k\Omega}$，$\beta=100$，$C_\mu=0.5\,\mathrm{pF}$，$C_\pi=14.8\,\mathrm{pF}$，$R_L=5\,\mathrm{k\Omega}$，其余参数与例 6-3 一致。求该共基放大电路上限频率 f_H。

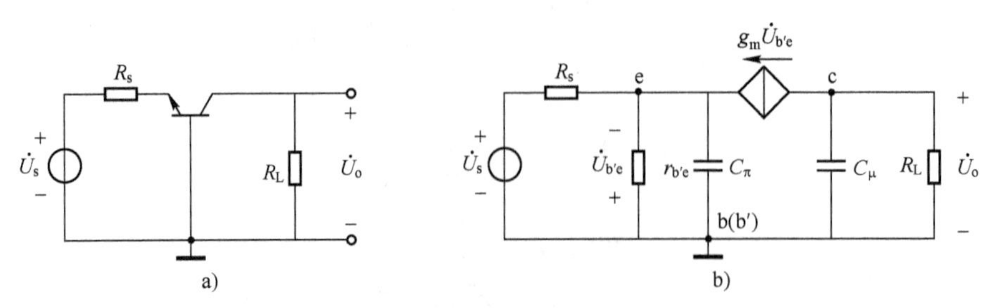

图 6-25 共基放大电路例题

a）交流通路 b）高频小信号简化模型

解：由于本例题电路结构与图 6-22a 完全一样，直接代入式（6-29）和式（6-30），得

$$\omega_{H1}=\frac{1}{\left(R_s//\frac{r_{b'e}}{1+\beta}\right)C_\pi}=2.6\times10^9\ \mathrm{rad/s}$$

$$\omega_{H2}=\frac{1}{R_L C_\mu}=0.4\times10^9\ \mathrm{rad/s}$$

所以，由式（6-27）得

$$\omega_H=\frac{\omega_{H1}\cdot\omega_{H2}}{\sqrt{\omega_{H1}^2+\omega_{H2}^2}}\approx0.4\times10^9\ \mathrm{rad/s}$$

故

$$f_H=\frac{\omega_H}{2\pi}=63.7\ \mathrm{MHz}$$

由上述两例题对比分析可知：

1）共基放大电路高频段增益表达式有两个极点，如式（6-31）所示，一般情况下，共基放大电路上限频率要比共射电路高得多。

2）共射放大电路高频段增益表达式，在纯电阻负载的情况下，只有一个极点，如式（6-15），一般情况下，其上限频率最低。

6.4 多级放大电路的频率特性

以上对单级放大电路的频率特性分析表明，即使对简单电路进行全面分析，情况也是十分复杂的。对含有许多电容元件的多级电路进行完整的人工分析，显然会变得十分困难，而且分析结果的复杂性使得实用价值不大。因此人工分析时，只能利用前面分析的结果将多级放大器加以简化，得到有用的近似结果。

如果利用电子线路 CAD 软件做频率特性分析，可以得到十分精确的仿真结果。关于电子线路 CAD 的应用，请参见第 11 章。

实践证明，适当的近似的人工分析也是有意义的。

在多级放大电路中含有多个放大管，因而在高频等效电路中，就有多个 C'_π，构成多个决定 ω_H的低通电路。在多级阻容耦合电路中，如果含有多个耦合电容或旁路电容，则在等效电路中就会出现多个影响 ω_L 的高通电路。

人工分析多级放大器频率特性时，主要应找出电压增益传输函数的主极点频率，从而估计多级放大器的上、下限频率。

1）在多级放大电路中，若某级的下限频率远高于其他各级频率，在几个决定下限频率的极点中，其频率最高，则称该点为决定整个电路下限频率的主极点，该主极点即为多级放大器的下限频率。

2）在多级放大电路中，若某级的上限频率远低于其他各级上限频率，从表达式中，表现为分母的几个 ω_H 中其最小，则称该点为决定整个多级电路上限频率的主极点，该主极点值即为多级放大器的上限频率。

本节将举例分析模拟电路中常用的共射-共射、共射-共基放大器的频率特性，以此作为多级放大器频率特性分析的代表，通过例题的讲解希望读者理解多级放大器频率特性分析的一般方法。

6.4.1　共射-共射放大器的频率特性

例 6-5　如图 6-26 所示放大电路，已知 $R_s=10\,k\Omega$，$r_{b1}=r_{b2}=400\,\Omega$，$r_{b'e1}=20\,k\Omega$，$r_{b'e2}=10\,k\Omega$，$C_{\mu1}=C_{\mu2}=1\,pF$，$C_{\pi1}=5\,pF$，$C_{\pi2}=10\,pF$，$R_{L1}=10\,k\Omega$，$R_{L2}=5\,k\Omega$，$g_{m1}=3\,mA/V$，$g_{m2}=6\,mA/V$，$r_{bb'}\approx0$，求上限频率。

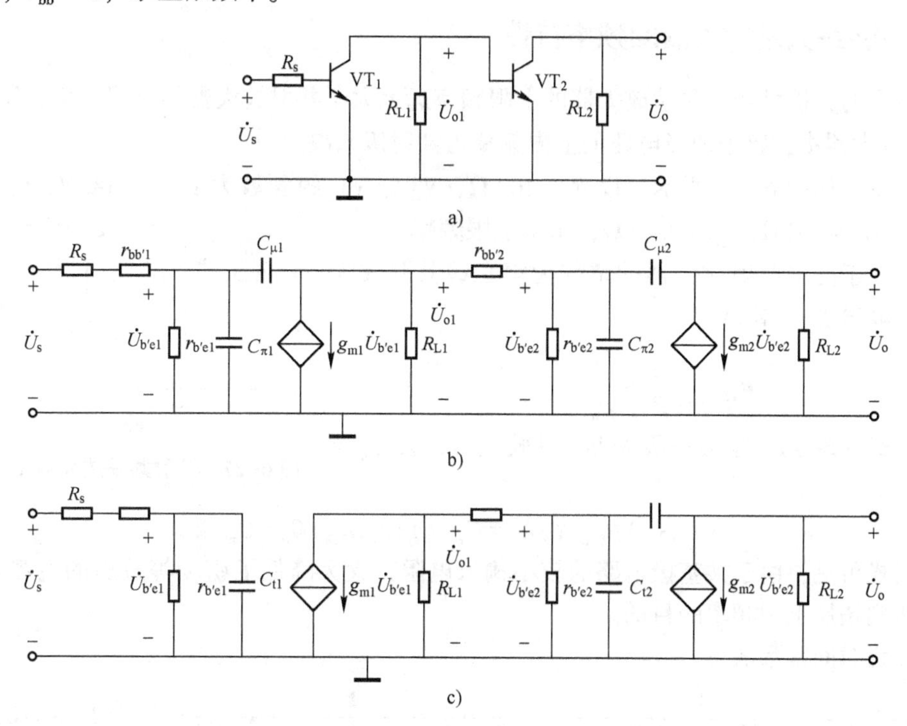

图 6-26　两级共射放大器

a）交流通路　b）完整小信号模型　c）Miller 近似等效电路

解： 由于 $r_{bb'}$ 可忽略，故其密勒近似等效模型为图 6-26c 所示

图中第二级相当于纯电阻负载情况，有

$$C_{t2}=C_{\pi2}+(1+g_{m2}R_{L2})C_{\mu2}=10\,\text{pF}+(1+6\times5)\times1\,\text{pF}\approx40\,\text{pF}$$

第一级电路中，考虑到 C_{t2}，第一级应该为容性负载，因此输入、输出回路各应形成一 RC 低通回路，但由于输出回路中的 C_{t2} 可归纳到第二级输入回路处理，故有

第一级输入回路极点为

$$\omega_{p1}=\frac{1}{(R_s//r_{b'e1})C_{t1}}=\frac{1}{(10//20)\times10^2\times20\times10^{-12}}\text{rad/s}=7.46\times10^6\ \text{rad/s}$$

即

$$f_{p1}=\frac{\omega_{p1}}{2\pi}=1.2\,\text{MHz}$$

第二级输入回路极点为

$$\omega_{p2}=\frac{1}{(R_{L1}//r_{b'e2})C_{t2}}=\frac{1}{5\times10^3\times40\times10^{-12}}\text{rad/s}=5\times10^6\ \text{rad/s}$$

即

$$f_{p2}=\frac{\omega_{p2}}{2\pi}=0.8\,\text{MHz}$$

由于两个极点数值相近，不能确定谁为主极点，所以代入（6-27），得

$$f_{H2}=\frac{f_{p1}\cdot f_{p2}}{\sqrt{f_{p1}^2+f_{p2}^2}}=\frac{1.2\times0.8}{\sqrt{1.2^2+0.8^2}}\text{MHz}=0.67\,\text{MHz}$$

6.4.2 共射-共基放大器的频率特性

由前面的分析可知，共基放大器的上限频率远远大于共射放大器的上限频率，所以在共射-共基放大器中，整个两极电路的上限频率由共射级来决定。

例 6-6 如图 6-27 所示，设 $R_s=10\,\text{k}\Omega$，VT_1、VT_2 的参数为 $g_m=3\,\text{mA/V}$，$C_\pi=5\,\text{pF}$，$C_\mu=1\,\text{pF}$，$r_{b'e}=20\,\text{k}\Omega$，$r_{bb'}=0.4\,\text{k}\Omega$，试求上限频率。

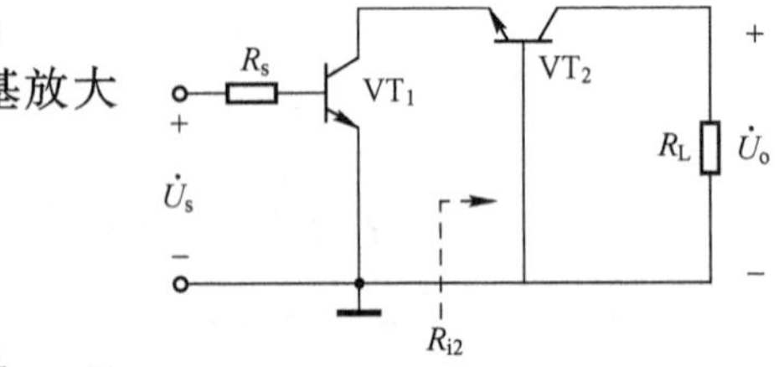

图 6-27 共射共基放大器交流通路

解：由于图中共射放大器的负载为第二级共基放大器的输入电阻 R_{i2}，其值为

$$R_{i2}\approx\frac{r_{be2}}{1+\beta_2}\approx\frac{1}{g_{m2}}$$

代入式（6-8），求第一级 Miller 等效电容，设 $g_{m1}=g_{m2}$，有

$$C'_\pi=C_\pi+(1+g_{m1}R)C_\mu=C_\pi+(1+g_{m1}R_{i2})C_\mu=C_\pi+2C_\mu$$

由上式可见，由于共基极电路的较小输入电阻，大大降低了密勒等效后的电容 C'_π，从而可以达到拓展上限频率的目的。

由开路时间常数法得

$$\omega_H=\frac{1}{RC'_\pi}=\frac{1}{[(R_s+r_{bb'})//r_{b'e}](C_\pi+2C_\mu)}=\frac{1}{[10//20]\times10^3\times(5+2)\times10^{-2}}\text{rad/s}=21.3\times10^6\ \text{rad/s}$$

即

$$f_H=\frac{\omega_H}{2\pi}=\frac{21.3\times10^6}{6.28}\text{MHz}=3.39\,\text{MHz}$$

对比例 6-5，上限频率提高了约 5 倍。

6.4.3 多级放大器频率特性的一般分析方法

总结多级放大电路频率特性的分析方法，其实它同单级但含多个耦合（旁路）电容或多个极间电容的放大电路频率特性的分析方法一样。简单归纳为：

1）画出多级放大器的交流高、低频等效电路（注意分别画图），分别分析放大电路在高频区与低频区的等效模型；

2）高频区等效模型电路中，多个晶体管的多个极间电容将影响放大器的上限频率，一般情况下，求整个多级放大电路的上限频率时，应分别求出各级放大电路的上限频率，做比较后取最小值。

几种典型结构的快速解决方法：

1）共射-共基放大器，由于共基放大器的上限频率远大于共射放大器的上限频率，所以共射-共基放大器的上限频率应取决于共射放大器的上限频率。

2）共集-共射放大器，由于共集放大器的上限频率同样远大于共射放大器的上限频率，所以共集-共射放大器的上限频率也应取决于共射放大器的上限频率。

3）低频区等效模型电路中，多个晶体管的多个旁路（耦合）电容将影响放大器的下限频率，一般情况下，求整个多级放大电路的下限频率时，应分别求出各级放大电路的下限频率，做比较后取最大值。

正如前面已经提及的电子线路 CAD，如果本章节内容采用模拟电子线路 CAD 软件来分析，如 PSPICE、HSPICE 或 EWB 等软件，无论是分析精度、分析速度，都将远远高于笔算分析。因此电子线路 CAD 软件目前已经广泛应用于模拟设计工程领域，模拟电子线路 CAD 目前已经成为 IC 设计领域的一个热点方向。本书第 11 章将带读者进入模拟电子线路 CAD 的精彩世界。

6.5 集成运算放大器的频率响应与相位补偿

本节主要介绍集成运算放大器的频率特性以及几种常用的相位补偿方法。内容涉及反馈放大电路的主网络概念、反馈放大电路的稳定性等知识，因此本章节内容建议读者在学完反馈放大器，并对集成运算放大器有一定认识之后，再行学习。

6.5.1 集成运算放大器的频率响应

集成运算放大器作为多级放大器的一种，其单片功能性、单片集成度均较强，广泛应用在电子、通信各个领域。在集成运算放大器设计过程中，始终使 IC 设计工程师面对的一个难题就是集成运算放大器的带宽问题，即如何在保持集成运算放大器增益的同时，不断扩展集成运算放大器的带宽。

由于运算放大器的开环电压增益很高，如果引入负反馈，一般都是深度负反馈放大器，如第 8 章负反馈放大电路的稳定性一节所述，如果电路带宽设计不当，很容易出现自激现象。为了防止自激现象的发生，往往需要引入相位补偿技术。

为保证负反馈放大器工作稳定，希望主网络的频率特性是单极点结构，例如通用运算放大器 741，在 $K(\omega)>0\,\mathrm{dB}$ 的整个频率范围内，附加负相移不会超过 $-135°$。如果采用电阻性反馈电路，则在最大反馈系数 $F_{max}=1$ 的条件下都可保证稳定。为了使主网络的频率特性成为单极点结构，必须加适当的补偿元件，即采用相位补偿技术。

6.5.2 集成运算放大器的相位补偿

常用的相位补偿方法为滞后补偿和超前补偿。

凡是使环路增益的附加负相移增大的相位补偿，都称为**滞后补偿**。这种补偿方法主要靠压低第一个转角频率来达到补偿的目的。因而不可避免地导致负反馈放大器的带宽变窄。可见，滞后补偿通常只适用于带宽要求不高的场合。

反之，凡是使环路增益的附加负相移减小的相位补偿，都称为**超前补偿**。它主要靠补偿元件在主网络的第二个极点频率附近提供超前相移来达到改变 $A(\omega)$ 斜率的目的。采用超前补偿可以使负反馈放大器获得较宽的频带。

但是，由于超前补偿提供的超前相移一般不超过 60°，所以单靠超前相移补偿不能够做到全补偿($F=1$)。补充的办法是先通过滞后补偿使放大器处于临界稳定状态，然后引入超前补偿，使反馈放大器的相位裕量达到规定的要求，这种补偿方法称为**滞后-超前补偿**。滞后-超前补偿可以比滞后补偿有较宽的频带。

根据补偿元件接入的位置不同，相位补偿方法还可以分成内、外补偿两种。

凡是将补偿元件接到运算放大器（主网络）电路内部，改变运算放大器的开环频率特性的方法，都成为**内部补偿**。这是目前工程上最常用的方法。

凡是将补偿元件接到运算放大器外部的输入电路或反馈扩电路中的方法，称为**外部补偿**。

通常，在运算放大器的使用说明中，都表明接内部补偿元件的引线段及补偿元件的连接方法，并提供补偿元件的参考数值。外部补偿通常作为内部补偿方法的一种补充。下面分别讨论几种常用的滞后补偿方法，超前补偿与前馈补偿鉴于篇幅不再详述。

1. 简单电容滞后补偿

(1) 补偿方法

补偿电容 C_φ 并接在主网络产生第一个转角频率的集电极回路上，压低第一个转角频率 ω_{p1}。

(2) 补偿原理

设主网络由三个增益级组成，如图 6-28 所示。图中 $A_1(0)$、$A_2(0)$、$A_3(0)$ 分别为各级的低频电压增益；R_1、R_2、R_3 分别为的输出等效电阻，它们代表本级的输出电阻和后级输入电阻的并联值；C_1、C_2、C_3 分别为各级输出端的等效电容，代表本级的输出电容和后级的输入电容的并联值。假设第一个转角频率由第一级产生，因此补偿电容 C_φ 并联在第一级的输出端。

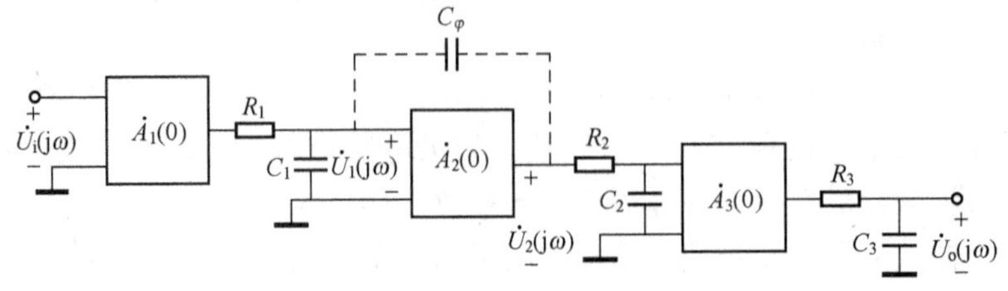

图 6-28 主网络有三个增益级组成

未加 C_φ，开环频率特性为

$$A(\mathrm{j}\omega)=\frac{U_o(\mathrm{j}\omega)}{U_i(\mathrm{j}\omega)}=\frac{A_1(0)A_2(0)A_3(0)}{\left(1+\frac{\mathrm{j}\omega}{\omega_{p1}}\right)\left(1+\frac{\mathrm{j}\omega}{\omega_{p2}}\right)\left(1+\frac{\mathrm{j}\omega}{\omega_{p3}}\right)} \tag{6-35}$$

式中

$$\omega_{p1}=\frac{1}{R_1C_1} \tag{6-36}$$

$$\omega_{p2}=\frac{1}{R_2C_2} \tag{6-37}$$

$$\omega_{p3}=\frac{1}{R_3C_3} \tag{6-38}$$

其波特图如图 6-29 中实线所示，图中设

$$A(0)=A_1(0)\cdot A_2(0)\cdot A_3(0) \tag{6-39}$$

$$f_{p1}=\frac{1}{2\pi R_1C_1}=10\,\mathrm{kHz} \tag{6-40}$$

$$f_{p2}=\frac{1}{2\pi R_2C_2}=100\,\mathrm{kHz} \tag{6-41}$$

$$f_{p3}=\frac{1}{2\pi R_3C_3}=1\,\mathrm{MHz} \tag{6-42}$$

加入补偿电容 C_φ 后，第一个转角频率变成 ω_d，或

$$f_d=\frac{\omega_d}{2\pi}=\frac{1}{2\pi R_1(C_1+C_\varphi)} \tag{6-43}$$

可见，只要 C_φ 足够大，总可以使补偿后的开环幅频特性 $K(\omega)\geqslant 0$ 段变成单极点结构，如图 6-29 中点画线所示。这种情况下，即使对于($k_f=1$)的情况，反馈放大器也仍有 45°的相位裕量。

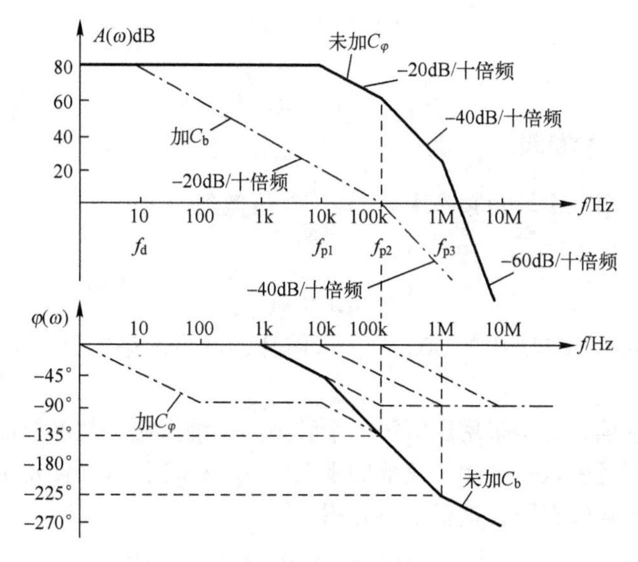

图 6-29　采用简单电容补偿的波特图

从图 6-29 的相频特性可以看到，加入 C_φ 后，放大器在低频段的附加负相移增大了，同时单位增益频率也从原来的 2.2 MHz 左右下降到 100 kHz。这是滞后补偿带来的缺点，因为它是靠牺牲带宽来换取稳定性的。

2. 密勒电容滞后补偿

(1) 补偿方法

补偿电容 C_φ 接在双极性晶体管的集电极-基极之间，借助密勒效应大大减小 C_φ 的值，从而又可采用集成电容（不需要占用很大的基片面积）。

(2) 补偿原理

设主网络由三个增益级组成，如图 6-28 所示，且设主网络的第一个转角频率仍由第一级产生，则 C_φ 就接在第二级输出端与输入端之间，如图 6-30 所示。

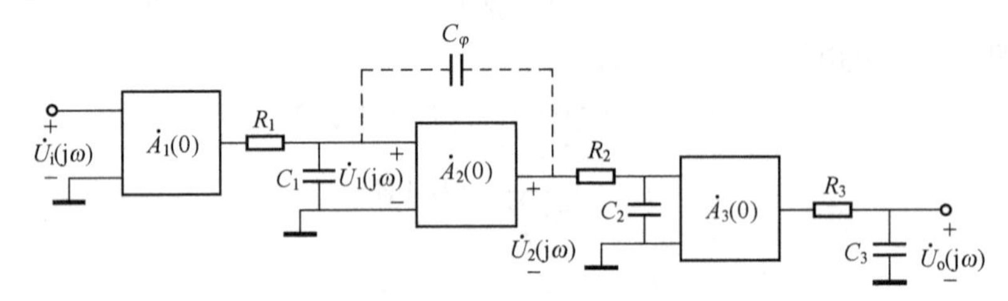

图 6-30　密勒电容补偿

根据密勒效应，C_φ 可折合到第一级的输出端，有

$$C_M=[1+A_2(j\omega)]C_\varphi \tag{6-44}$$

式中

$$A_2(j\omega)=\frac{A_2(0)}{1+\dfrac{j\omega}{\omega_{p2}}} \tag{6-45}$$

如果 ω_{p2} 比 ω_{p1} 大得多，则在工作频率范围内可以近似为

$$A_2(j\omega)=A_2(0) \tag{6-46}$$

因此

$$C_M=[1+A_2(0)]C_\varphi \tag{6-47}$$

它比 C_φ 可以大 1~2 个数量级。

经密勒补偿后，第一个转角频率由 $\omega_{p1}=\dfrac{1}{R_1C_1}$ 压低到

$$\omega_d=\frac{1}{R_1(C_1+C_M)} \tag{6-48}$$

选择适当大小的 C_φ（741 中为 30 pF），可使补偿后主网络的开环频率特性具有单极点结构。

以上三种滞后补偿，都是采用压低第一个转角频率的方法。超前补偿方法的解决思路为在第二个转角频率附近引入一个相位超前的零点（$\omega_Z=\omega_{P2}$），从而使得 $K(\omega)$ 曲线下降段的斜率发生变化。鉴于篇幅有限，这里不再介绍。

习题

6.1　如图题 6.1 所示，已知晶体管的 $C_{\mu}=4\text{ pF}$，$C_{\pi}=1000\text{ pF}$；$r_{bb'}=100\,\Omega$，$\beta=100$。试求解：

（1）中频电压放大倍数 A_{usm}。

（2）输入回路密勒等效电容。

（3）f_H 和 f_L。

（4）求 A_{us} 并画出波特图。

6.2　已知某两级共射放大器的波特图如图题 6.2 所示，试求解：

（1）中频电压分贝数与倍数。

（2）电路的上、下限频率。

（3）写出电路的完整电压表示式。

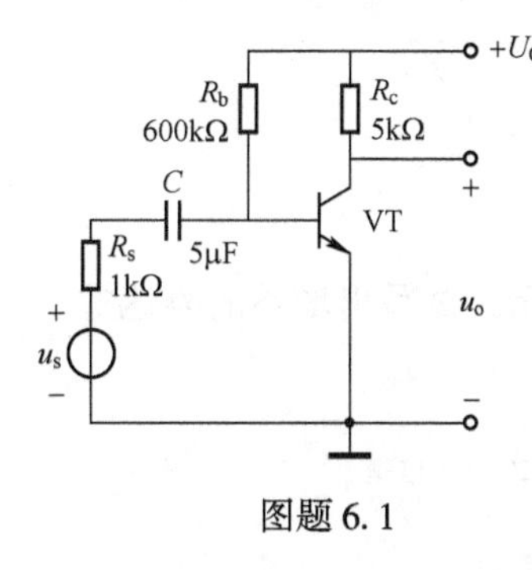

图题 6.1

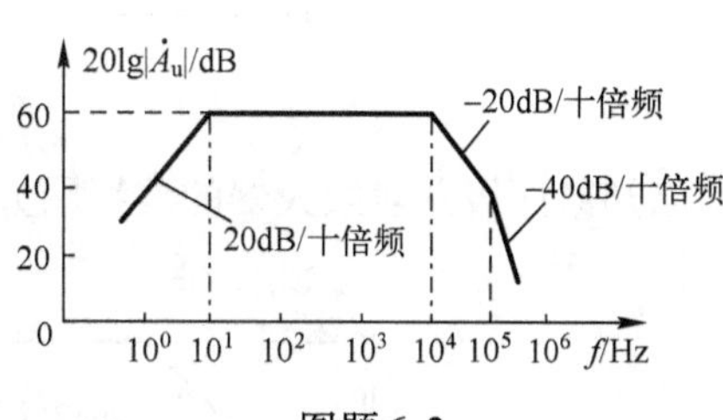

图题 6.2

6.3　已知某放大器的电压传输函数为

$$\dot{A}_u=\frac{-2\times10^{22}}{(\mathrm{j}f+10^6)(\mathrm{j}f+2\times10^6)(\mathrm{j}f+10^7)}$$

试画出其幅频特性和相频特性波特图，并求出 3 dB 带宽近似值。

6.4　已知某放大器的电压传输函数为

$$\dot{A}_u=\frac{2\times10^{14}(\mathrm{j}f)^2}{(\mathrm{j}f+100)(\mathrm{j}f+200)(\mathrm{j}f+10^6)(\mathrm{j}f+10^7)}$$

试分别写出低频段、中频段、高频段的增益函数，并画出幅频特性波特图。

6.5　已知某放大器的电压传输函数为

$$\dot{A}_u=\frac{-10\mathrm{j}f}{\left(1+\mathrm{j}\dfrac{f}{10}\right)\left(1+\mathrm{j}\dfrac{f}{10^5}\right)}$$

试求解：

（1）上下限频率 f_H、f_L 及中频增益 $\dot{A}_{um}$ 分别为多少？

（2）画出波特图。

6.6　已知某两级放大器的电压传输函数为

$$\dot{A}_u=\frac{200jf}{\left(1+j\frac{f}{5}\right)\left(1+j\frac{f}{10^5}\right)\left(1+j\frac{f}{3\times10^5}\right)}$$

试求解：

（1）上下限频率f_H、f_L及中频增益$\dot{A}_{um}$分别为多少？

（2）画出波特图。

6.7　已知某放大器的波特图如图题 6.7 所示，试写出增益的表达式。

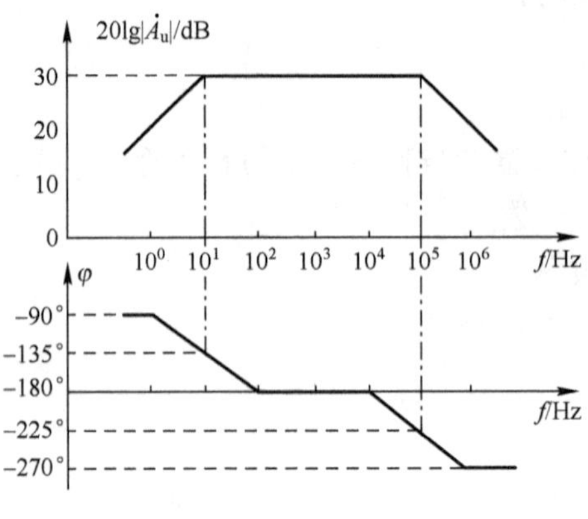

图题 6.7

6.8　已知某两级共射放大器的波特图如图题 6.8 所示，试写出增益的表达式。

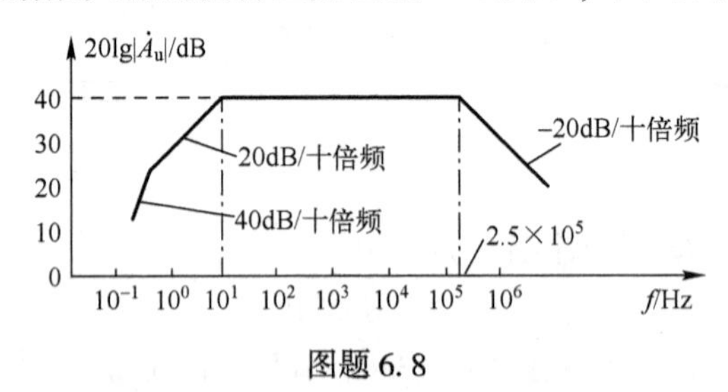

图题 6.8

6.9　已知某电路的幅频特性如图题 6.9 所示，试问：

（1）该电路的耦合方式。

（2）该电路由几级放大电路组成。

（3）当$f=10^4$ Hz 时，附加相移为多少？当$f=10^5$ Hz 时，附加相移又为多少？

（4）试写出电路的增益表达式，并估算电路的上限频率f_H。

6.10　电路如图题 6.10，若$\beta=100$，$r_{bb'}=0$，$r_{b'e}=1\text{ k}\Omega$，试求中频电压增益和下限频率。

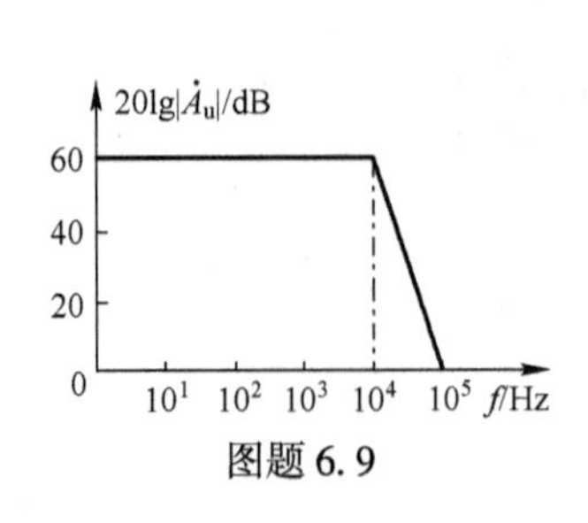

图题 6.9

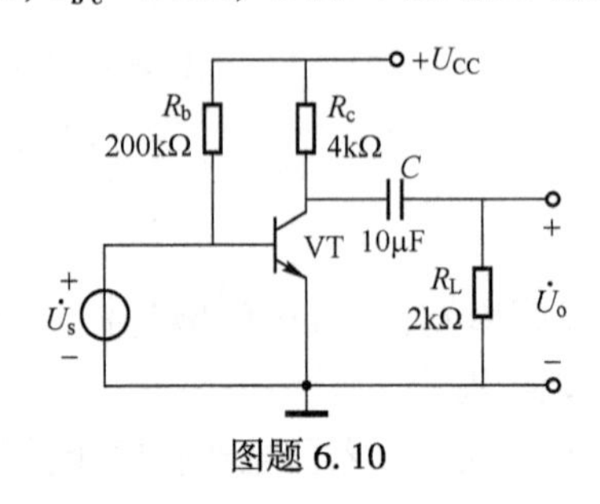

图题 6.10

6.11 在图题 6.11 中，基极偏置电阻 R_1、R_2对信号的分流作用可以忽略。已知晶体管的参数为：$r_{bb'}=350\,\Omega$，$r_{b'e}=650\,\Omega$，$g_m=154\,\text{ms}$，试求电路的下限频率f_L。

6.12 共射放大电路如图题 6.12 所示，已知 $R_C=1\,\text{k}\Omega$，晶体管参数为$\beta=100$，$r_{bb'}=60\,\Omega$，$r_{b'e}=940\,\Omega$，$C_\mu=2\,\text{pF}$，$C_\pi=56\,\text{pF}$，已知 $g_m=\beta/r_{b'e}$，R_1、R_2对信号的分流作用可以忽略。试分别求：

（1）$R_s=100\,\Omega$，$C_o=0$；（2）$R_s=1\,\text{k}\Omega$，$C_o=0$；（3）$R_s=100\,\Omega$，$C_o=20\,\text{pF}$；

上述三种情况下的中频源电压增益 A_{usm}和上限频率f_H，并加以比较。

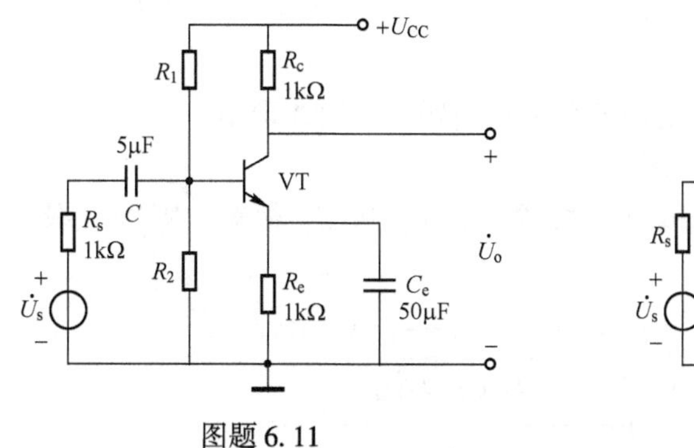

图题 6.11

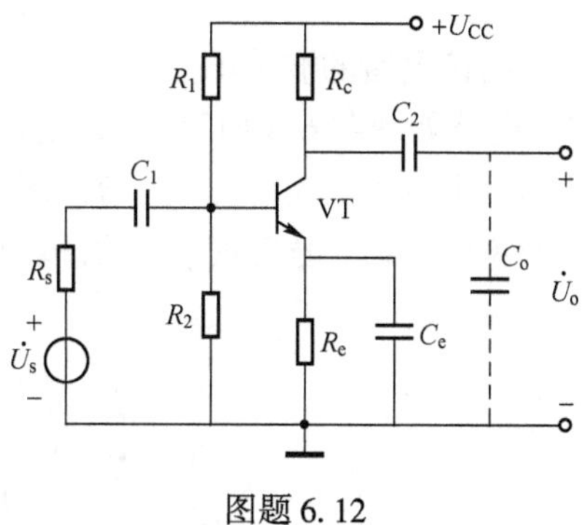

图题 6.12

6.13 电路如图题 6.13 所示，已知晶体管的 $r_{bb'}=100\,\Omega$，$r_{b'e}=1\,\text{k}\Omega$，静态电流 $I_{EQ}=2\,\text{mA}$，$C'_\pi=800\,\text{pF}$，$R_s=2\,\text{k}\Omega$，$R_b=500\,\text{k}\Omega$，$R_C=3.3\,\text{k}\Omega$，$C=10\,\mu\text{F}$。试求上下限频率f_H、f_L及中频增益 A_{usm}分别为多少？并画出波特图。

6.14 电路如图题 6.14 所示，已知 $C_{gd}=C_{gs}=5\,\text{pF}$，$g_m=5\,\text{ms}$，$C_1=C_2=C_S=10\,\mu\text{F}$。试求上、下限频率$f_H$、$f_L$及中频增益 A_{usm}分别为多少？并写出函数表达式。

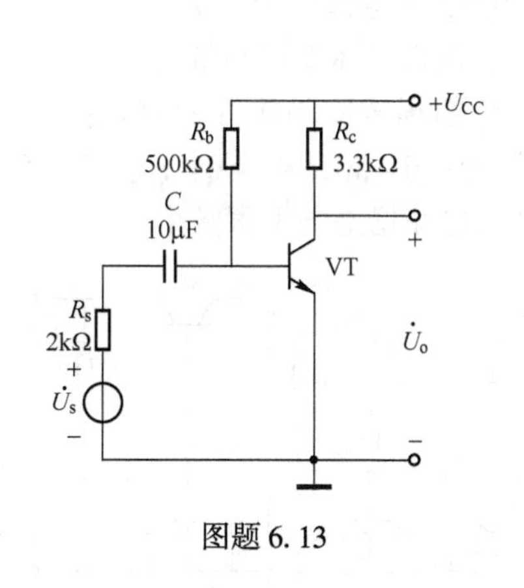

图题 6.13

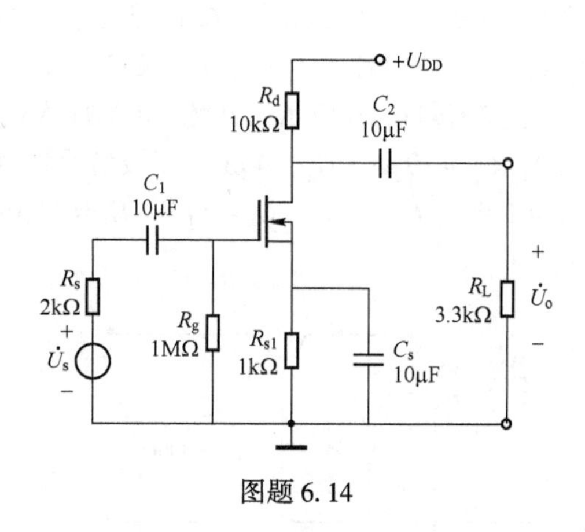

图题 6.14

6.15 在图题 6.15 中，已知 $R_g=2\,\text{M}\Omega$，$R_d=R_L=10\,\text{k}\Omega$，$C=10\,\mu\text{F}$，场效应晶体管的 $C_{gd}=C_{gs}=4\,\text{pF}$，$g_m=4\,\text{ms}$。试画出电路的波特图，并标出有关数据。

6.16 已知一个两级放大电路多级放大倍数分别为

$$\dot{A}_{u1}=\frac{\dot{U}_{01}}{\dot{U}_i}=\frac{-25jf}{\left(1+j\dfrac{f}{4}\right)\left(1+j\dfrac{f}{10^5}\right)}$$

$$\dot{A}_{u2}=\frac{\dot{U}_0}{\dot{U}_{i2}}=\frac{-2jf}{\left(1+j\dfrac{f}{50}\right)\left(1+j\dfrac{f}{10^5}\right)}$$

（1）写出该放大电路的表达式。

（2）求出该电路的上下限频率f_H、f_L及中频增益A_{usm}分别为多少?

（3）画出该电路的波特图。

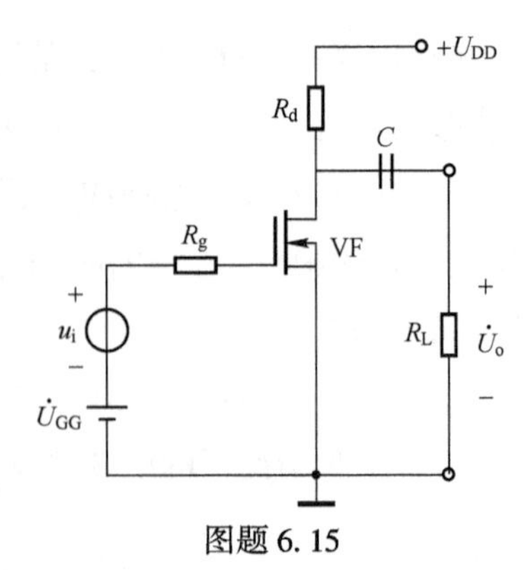

图题 6.15

6.17　电路如图题 6.17 所示，试定性分析下列问题，并简述理由。

（1）哪一个电容决定电路的下限频率。

（2）若 VT_1、VT_2 静态时，发射极电流相等。且 $r_{bb'}$ 和 C'_π 相等，则哪一级的上限频率低。

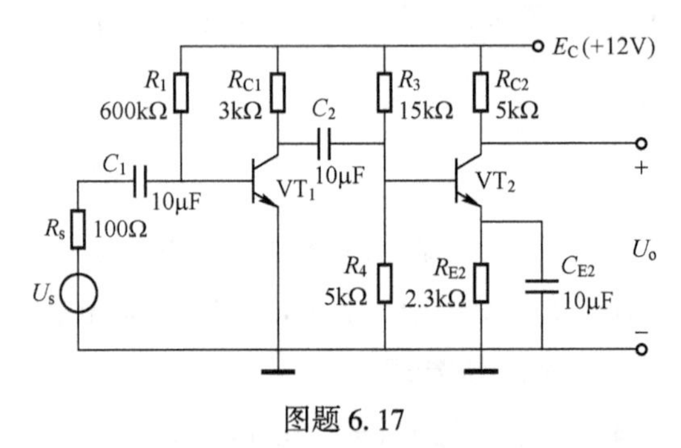

图题 6.17

6.18　共集放大器高频特性比共射放大器高频特性好，试定性分析原因。

6.19　两级放大电路如图题 6.19 所示，晶体管的静态集电极电流为 $I_{CQ}=1\text{ mA}$，参数为 $r_{bb'}=10\,\Omega$，$r_{b'e}=1300\,\Omega$，$r_o=\infty$，$C_\mu=2\text{ pF}$，$C_\pi=38\text{ pF}$，试求电压增益与带宽。

6.20　如图题 6.20 所示为共源-共基放大电路，已知场效应晶体管参数为：$g_m=2\text{ ms}$，$r_{ds}=50\text{ k}\Omega$，$C_{gs}=10\text{ pF}$，$C_{ds}=4\text{ pF}$，双极型晶体管参数为：$\beta=50$，$r_{bb'}=0$，$r_{b'e}=750\,\Omega$，$R_s=1\text{ k}\Omega$，$R_g=1\text{ M}\Omega$，$C=10\text{ μF}$，$C_\mu=5\text{ pF}$，$C_\pi=40\text{ pF}$，试求电压增益与上限频率。

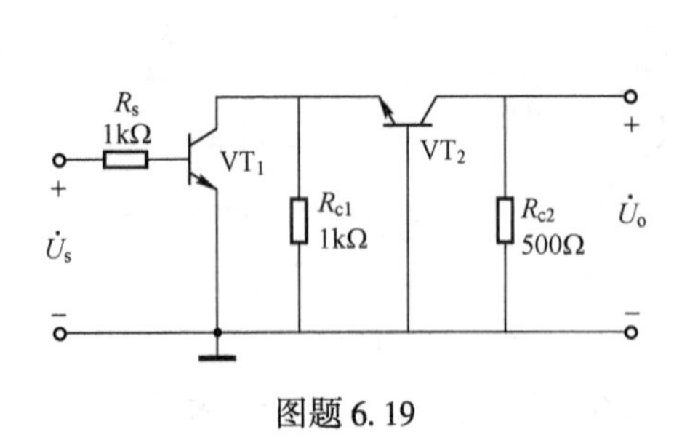

图题 6.19

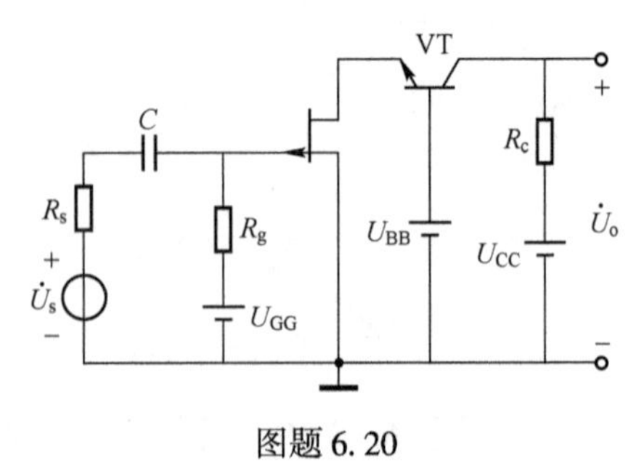

图题 6.20

第7章　放大电路中的反馈

本章讨论的主要问题：

1. 什么是反馈？如何判断电路中是否存在反馈？正、负反馈都能改善放大电路的性能吗？
2. 如何判断电路中引入的是电压反馈还是电流反馈？是并联反馈还是串联反馈？
3. 负反馈会使放大电路的哪些性能得到改善？
4. 引入什么组态的反馈可以增大输入电阻，减小输出电阻？
5. 负反馈电路可实现电压–电流变换器或电流–电压转换器吗？
6. 什么是深度负反馈？如何在深度负反馈条件下进行放大倍数的估算？
7. 反馈深度越深越好吗？什么情况下会出现自激振荡？如何消除自激振荡？
8. 负反馈放大电路稳定性的判别方法？

7.1　反馈的基本概念

前面讨论的各种放大电路，其性能在很多方面并不能满足实际应用的要求，因此常在放大电路中引入负反馈，以达到改善电路性能，提高电路技术指标的目的。

1. 什么是反馈

将放大电路的输出量（电压或电流）的一部分或全部通过一定的方式回送到放大电路的输入端，并对输入量（电压或电流）产生影响，这个过程称为**反馈**。

在第2章 Q 点稳定的分压式偏置电路中就存在着反馈。如图7–1所示。

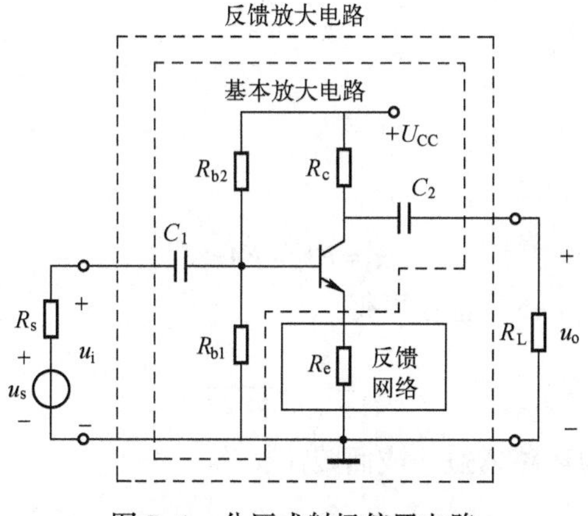

图7–1　分压式射极偏置电路

在图7–1所示的放大电路中，静态工作时，只要适当地选择 R_{b1} 和 R_{b2}，基极电位 U_B 就可固定。若 I_C 受某种因素的影响增大，U_E 也跟着增大，由于 U_B 固定，则 U_{BE} 减小，I_B 减小，I_C 减小，静态工作点稳定。这个过程就是将输出量 I_C，通过电阻 R_e 以电压的形式反馈到输入端，对输入量 U_{BE} 产生影响。由于 I_C 是直流信号，所以上述过程是直流反馈。对于交流输出量 i_c，同样也会在 R_e 上产生交流电压，将交流输出信号引入到输入端，对输入的交流信号产生影响，所以 R_e 上也存在交流反馈，其过程与直流反馈相同。图 7-1 所示的放大电路可分为两部分，一部分是基本放大电路，一部分是反馈网络。

通常将连接输入回路与输出回路的反馈元件，称为**反馈网络**；把没有引入反馈的放大电路，称为**基本放大电路**；而把引入反馈的放大电路称为反馈放大电路或**闭环放大电路**。

2. 反馈放大电路的基本组成

反馈放大电路包括两个主要部分：基本放大电路和反馈网络。基本框图如图 7-2 所示，图中 x 表示一般信号量，既可以是电压信号，也可以是电流信号。其中 x_i 为外加输入信号，x_i' 为基本放大电路的输入信号，也称为净输入信号，x_f 为反馈信号，x_o 为输出信号；符号⊗表示比较环节，x_i 和 x_F 在这里进行比较，得到差值信号（即净输入信号）x_i'。图中箭头表示信号传输方向，理想情况下，在基本放大电路中，信号是正向传输，即信号只通过基本放大电路传递到输出端；在反馈网络中，信号是反向传输，即反馈信号只通过反馈网络传递到输入端。

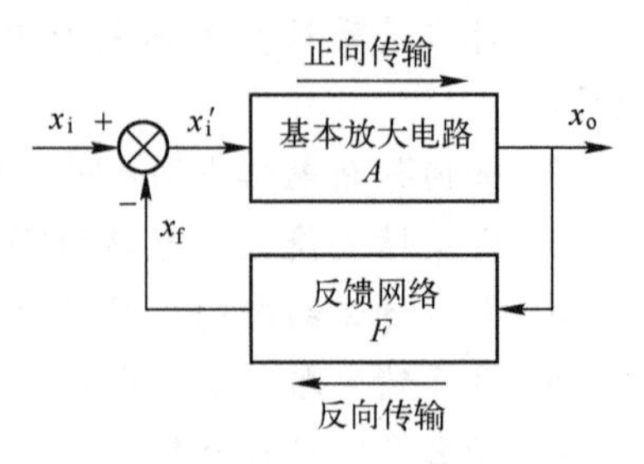

图 7-2　反馈放大电路框图

由图 7-2 可知，基本放大电路的放大倍数，也称为**开环增益**为

$$A=\frac{x_o}{x_i'} \tag{7-1}$$

反馈网络的**反馈系数**为

$$F=\frac{x_f}{x_o} \tag{7-2}$$

反馈放大电路的闭环放大倍数，即**闭环增益**为

$$A_f=\frac{x_o}{x_i} \tag{7-3}$$

净输入信号为

$$x_i'=x_i-x_f \tag{7-4}$$

反馈信号为

$$x_f=Fx_o=FAx_i' \tag{7-5}$$

根据式（7-1）~式（7-5）整理可得

$$A_f=\frac{x_o}{x_i}=\frac{A}{1+AF} \tag{7-6}$$

式（7-6）中 AF 称为**环路增益**，或回归比，为

$$AF=\frac{x_f}{x_i'} \tag{7-7}$$

它表示 x_i' 经基本放大电路和反馈网络这个环路后，获得反馈信号 x_f 的大小，AF 越大，反馈越强。

$1+AF$ 称为**反馈深度**，放大电路引入反馈后的放大倍数 A_f，与反馈深度有关。

当$(1+AF)>1$ 时，$A_f<A$，即引入反馈后，放大倍数减小了，说明放大电路引入的是负反馈；当$(1+AF)<1$ 时，$A_f>A$，即引入反馈后，放大倍数比原来增大了，说明放大电路引入的是正反馈；当$(1+AF)=0$，即 $AF=-1$ 时，$A_f\rightarrow\infty$，说明放大电路在没有输入信号时，也有输出信号，放大电路产生了自激振荡，这种情况应避免发生。

放大电路引入负反馈可以改善放大电路的性能，例如扩展通频带、减小非线性失真、提高输入电阻、减小输出电阻等。引入正反馈则不仅不能使放大电路稳定地输出信号，而且还会产生自激振荡，甚至破坏放大电路的正常工作。但是，正反馈也不是一无是处，有时为了产生正弦波或其他波形信号，有意地在放大电路中引入正反馈，使之产生自激振荡。

在负反馈的情况下，如果反馈深度$(1+AF)>>1$，则称为**深度负反馈**，这时式（7-6）可简化为

$$A_f=\frac{A}{1+AF}\approx\frac{1}{F} \tag{7-8}$$

式（7-8）表明，在深度负反馈条件下，闭环放大倍数与开环放大倍数无关，只取决于反馈系数 F。由于反馈网络常常是无源网络，受环境温度等外界因素的影响极小，因而放大倍数可以保持很高的稳定性。

应当指出，通常所说的负反馈是中频段的反馈极性，当信号频率进入高频段或低频段时，会产生附加相移，在一定的条件下使负反馈变为正反馈，甚至产生自激振荡。关于这部分内容在 7.5 节进行介绍。

7.2 反馈放大电路的类型及判别

7.2.1 反馈的分类

1. 正反馈和负反馈

根据反馈的效果可以区分反馈的极性，使放大电路净输入信号增大的反馈称为**正反馈**；使放大电路净输入信号减小的反馈称为**负反馈**。

通常采用瞬时极性法判别放大电路中引入的是正反馈还是负反馈。先假定输入信号为某一瞬时极性，然后根据中频段各级电路输入、输出电压相位关系（其中对于分立元器件而言，共射电路反相，共集和共基电路同相；对于集成运算放大器，u_o 与 u_+ 同相，u_o 与 u_- 反相），逐级推出其他有关各点的瞬时极性，最后判断反馈到输入端的信号使净输入信号增强了还是减弱了。为了便于说明问题，在电路中用符号⊕和⊖分别表示瞬时极性的正和负，以表示该点电位上升或下降。

例如在图 7-3a 中，假设输入信号 u_i 在某一瞬时极性为⊕，由于输入信号加在集成运算放大器的反相输入端，故输出电压 u_o 的瞬时极性为⊖，而反馈电压 u_f 是经电阻分压 u_o 后得到的，因此反馈电压 u_f 的瞬时极性也为⊖，并且加在了集成运算放大器的同相输入端。集成运算放大器的净输入电压即差模输入电压为 $u_i'=u_{id}=u_+-u_-=u_i-u_f$，$u_f$ 的瞬时极性为⊖表示电位下降，则 u_i' 增大，所以引入的反馈是正反馈。

图 7-3b 中，假设输入信号 u_i 在某一瞬时极性为⊕，由于输入信号加在集成运算放大器

的同相输入端，故输出电压 u_o 的瞬时极性为⊕，则 u_o 经电阻分压后得到的反馈电压 u_f 的瞬时极性也为⊕，表示电位上升，此时集成运算放大器的净输入电压 $u_i' = u_i - u_f$ 减小，所以引入的反馈是负反馈。

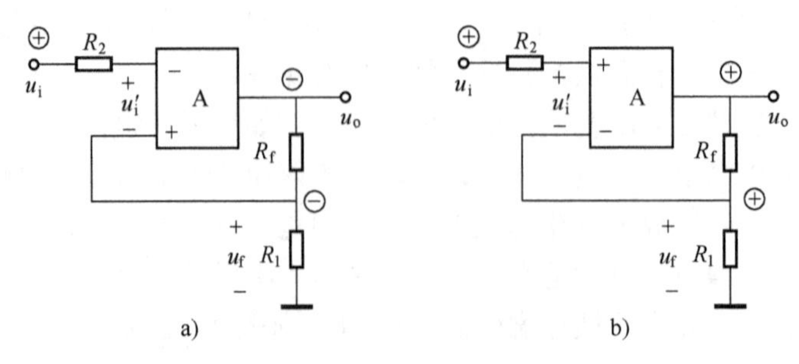

图 7-3　正反馈与负反馈

a）正反馈　b）负反馈

2. 直流反馈和交流反馈

根据反馈信号的交、直流性质，可分为直流反馈和交流反馈。如果反馈信号中只有直流分量，则称为**直流反馈**；如果反馈信号中仅有交流分量，则称为**交流反馈**。在很多情况下，反馈信号中同时存在直流信号和交流信号，则交、直流反馈并存。

在图 7-4 所示电路中，存在两条反馈通路，一条是由 R_{f1}、R_{f3}和电容 C_1 构成的反馈通路，另一条是由 R_{f2}和电容 C_2 构成的反馈通路。在交流情况下，前一条通路由于电容 C_1 可视为短路，所以 R_{f1} 相当于接在输入端与地之间，R_{f3}接在输出端与地之间，故反馈通路中没有交流反馈，因此该反馈是直流反馈。在后一条通路中，由于电容 C_2 的隔直作用，反馈信号中只有交流分量，没有直流分量，所以这个反馈是交流反馈。

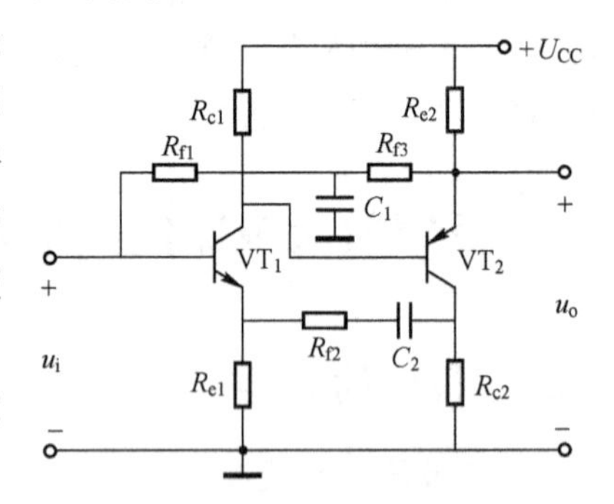

图 7-4　直流反馈和交流反馈

3. 电压反馈和电流反馈

根据反馈信号在放大电路输出端不同的采样方式，可分为电压反馈和电流反馈。若反馈信号取自输出电压，或者说与输出电压成正比，则称为**电压反馈**；若反馈信号取自输出电流，或者说与输出电流成正比，则称为**电流反馈**。

判断是电压反馈还是电流反馈，可采用负载短路法。假设将放大电路的负载 R_L 短路，此时输出电压为零，若反馈信号也为零，则说明反馈信号与输出电压成正比，因而属于电压反馈；反之，如果反馈信号依然存在，则表示反馈信号不与输出电压成正比，属于电流反馈。

例如图 7-5a 所示电路，假设输出端负载 R_L 短接，即 $u_o=0$，则反馈电阻 R_f 相当于接在集成运算放大器的同相输入端和地之间，反馈通路消失，反馈信号不存在，故该反馈是电压反馈。在图 7-5b 所示电路，如果将负载 R_L 短接，反馈信号 u_f 依然存在，所以是电流反馈。

4. 串联反馈和并联反馈

根据放大电路输入端输入信号和反馈信号的比较方式，可分为串联反馈和并联反馈。如

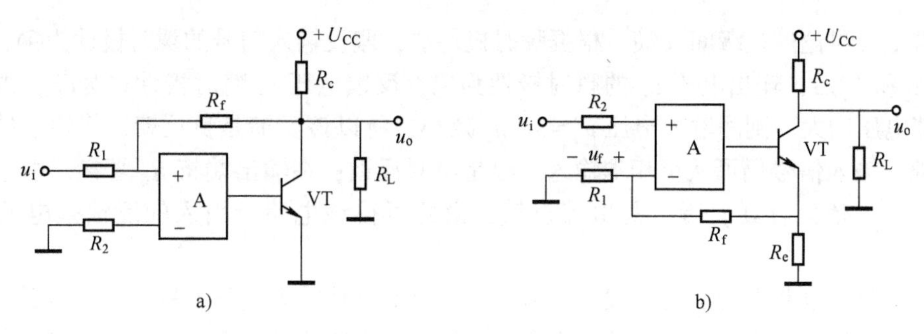

图 7-5　电压反馈和电流反馈

a）电压并联负反馈　b）电流串联负反馈

果反馈信号与输入信号进行电压比较，即反馈信号与输入信号是串联连接，则称为**串联反馈**。如果反馈信号与输入信号在输入端进行电流比较，即反馈信号与输入信号并联连接，则称为**并联反馈**。

判断是串联反馈还是并联反馈可采用输入回路的反馈结点对地短路法。若反馈结点对地短路，输入信号作用仍存在，则说明反馈信号和输入信号相串联，故所引反馈是串联反馈。若反馈结点接地，输入信号作用消失，则说明反馈信号和输入信号相并联，所引反馈是并联反馈。

例如图 7-5a 中，假设将输入回路反馈结点接地，输入信号 u_i 无法进入放大电路，而只是加在电阻 R_2 上，故所引反馈为并联反馈；在图 7-5b 中，如果将反馈结点接地，输入信号 u_i 仍然能够加到放大电路中，即加在集成运算放大器的同相输入端，由图可见输入电压 u_i 与反馈电压 u_f 进行电压比较，其差值为集成运算放大器的差模输入电压，所以所引反馈为串联反馈。

通过上面的分析可以发现，若是**串联反馈，反馈信号以电压的形式存在**；若是**并联反馈，反馈信号以电流的形式存在**。

例 7-1　在图 7-6 所示电路中是否引入了反馈？若引入了反馈，试判断其反馈极性和反馈类型。

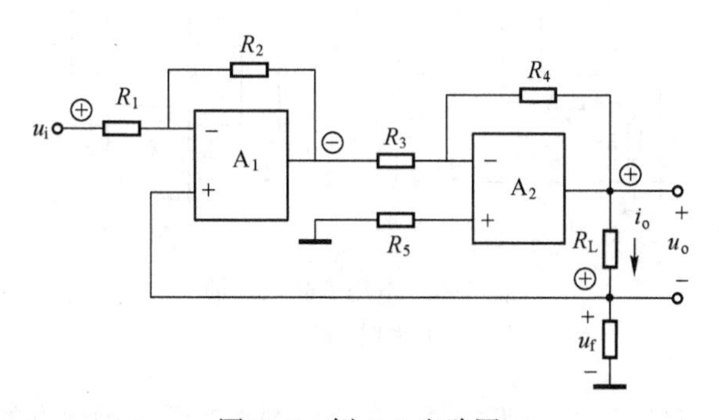

图 7-6　例 7-1 电路图

解：该电路是两级放大电路，电阻 R_2 和 R_4 引入的是局部反馈，即对于第一级集成运算放大器 A_1由 R_2 引入了电压并联负反馈，对于第二级 A_2 由 R_4 引入的反馈也是电压并联负反馈。而一条导线将输出回路和输入回路相连接，把输出信号引到了输入端，将此称为级间反馈。

通常主要讨论的是级间反馈。根据瞬时极性法，假设输入信号的瞬时极性为⊕，经过集成运放 A_1 和 A_2 后，输出电压 u_o 的瞬时极性为⊕，反馈电压 u_f 瞬时极性也为⊕，由此可判断出反馈电压增大，则净输入电压 $u_i' = u_i - u_f$ 减小，所以该反馈是负反馈；将输入端反馈结点 A 接地，输入信号仍可从反相端输入，故是串联反馈；在输出端将 R_L 短接，由于输出电流的作用，u_f 依然存在，所以是电流反馈，由此可得该电路所引入的反馈是电流串联负反馈。

总之，放大电路中的反馈形式多种多样，正反馈会使放大电路不稳定，而负反馈可以改善放大电路的许多性能。直流负反馈主要用于稳定放大电路的静态工作点，而交流负反馈可改善放大电路的各项动态指标。本章将重点分析各种形式的交流负反馈，将输入端和输出端的连接方式综合起来，负反馈放大电路可以有四种基本类型：电压串联负反馈、电压并联负反馈、电流串联负反馈、电流并联负反馈。

7.2.2 负反馈的四种组态

1. 电压串联负反馈

在图 7-7a 所示的放大电路中，由电阻 R_f 在集成运算放大器的输出端与输入端之间引入了一个反馈，图中虚线框内为反馈网络。由图可知，反馈电压$\dot{U}_f$ 是输出电压$\dot{U}_o$ 经电阻 R_f 和 R_1 分压后取得的，即反馈电压与输出电压成正比。若将 R_L 短路，则$\dot{U}_o=0$，$\dot{U}_f=0$，所以是电压反馈。在电路的输入端，反馈信号$\dot{U}_f$ 与输入信号$\dot{U}_i$ 以电压比较方式出现，即$\dot{U}_i' = \dot{U}_i - \dot{U}_f$，如果将反馈结点对地短路，$\dot{U}_f=0$，$\dot{U}_i' = \dot{U}_i$，输入信号能够加到放大电路中去，即输入信号作用存在，因此是串联反馈。根据瞬时极性法，假设输入电压在某一瞬时极性为正，信号从集成运算放大器的同相端输入，则输出电压的瞬时极性也为正，反馈电压$\dot{U}_f$ 的瞬时极性为正，表明反馈电压升高，则净输入信号减小，故引入的反馈是负反馈。

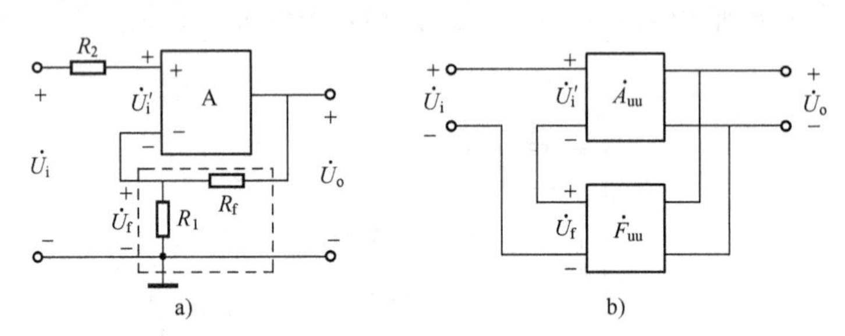

图 7-7　电压串联负反馈

a) 电路图　b) 框图

为了便于分析引入反馈后的一般规律，常用框图来表示各种组态的反馈电路。和图 7-2 相同，负反馈放大电路的框图也是由两部分组成，上面的方框表示的是基本放大电路，下面的方框表示反馈网络。电压串联负反馈组态的框图如图 7-7b 所示，由图可见，基本放大电路的净输入信号是$\dot{U}_i'$，输出信号是$\dot{U}_o$，所以基本放大电路的电压放大倍数为

$$\dot{A}_{uu}=\frac{\dot{U}_o}{\dot{U}_i'} \tag{7-9}$$

而反馈网络的输入信号是$\dot{U}_o$，输出信号是$\dot{U}_f$，所以反馈网络的反馈系数为

$$\dot{F}_{uu}=\frac{\dot{U}_f}{\dot{U}_o} \tag{7-10}$$

式中，$\dot{F}_{uu}$称为电压反馈系数。

对于闭环放大电路，输入信号是$\dot{U}_i$，输出信号是$\dot{U}_o$，所以闭环放大倍数为

$$\dot{A}_{uuf}=\frac{\dot{U}_o}{\dot{U}_i} \tag{7-11}$$

由式（7-11）可知，电压串联负反馈是输入电压$\dot{U}_i$ 控制输出电压$\dot{U}_o$ 进行电压放大，其中，$\dot{A}_{uuf}$称为闭环电压增益。

在图 7-7a 所示的具体放大电路中，因为

$$\dot{U}_f=\frac{R_1}{R_1+R_f}\dot{U}_o$$

所以电压反馈系数为

$$\dot{F}_{uu}=\frac{R_1}{R_1+R_f}$$

2. 电压并联负反馈

在图 7-8a 所示的放大电路中，图中虚线框内为反馈网络。若将输出端负载 R_L 短接，则反馈信号$\dot{I}_f=0$，即反馈信号不存在，故是电压反馈；在电路的输入端，反馈信号$\dot{I}_f$ 与输入信号$\dot{I}_i$ 以电流比较方式出现，即$\dot{I}_i'=\dot{I}_i-\dot{I}_f$，若将输入端反馈结点与地短接，$\dot{I}_i'=0$，则输入信号加不进放大电路，即输入信号作用消失，所以是并联反馈。根据瞬时极性法，假设某一瞬时输入电压极性为正，由于输入信号加在集成运算放大器的反相端，所以输出电压的瞬时极性为负，表明电位降低，反馈电流$\dot{I}_f$ 增大，则净输入电流$\dot{I}_i'$ 减小，故引入的反馈是负反馈。

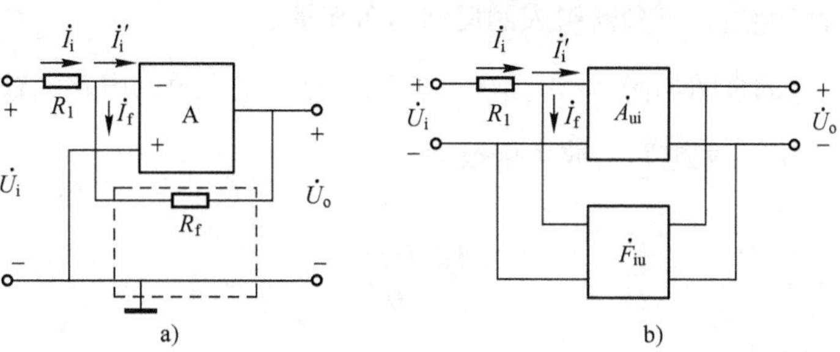

图 7-8　电压并联负反馈

a）电路图　b）框图

电压并联负反馈的框图如图 7-8b 所示。图中基本放大电路的输入信号是净输入电流 $\dot{I}_i'$，输出信号是放大电路的输出电压$\dot{U}_o$，所以它的放大倍数为

$$\dot{A}_{ui}=\frac{\dot{U}_o}{\dot{I}_i'} \tag{7-12}$$

由上式可知，该放大倍数$\dot{A}_{ui}$是互阻放大倍数，或称为互阻增益。

而反馈网络的输入信号是$\dot{U}_o$，输出信号是$\dot{I}_f$，所以反馈网络的反馈系数为

$$\dot{F}_{iu}=\frac{\dot{I}_f}{\dot{U}_o} \tag{7-13}$$

式中，$\dot{F}_{iu}$称为互导反馈系数。

对于闭环放大电路，其输入信号是$\dot{I}_i$，输出信号是$\dot{U}_o$，所以闭环放大倍数为

$$\dot{A}_{uif}=\frac{\dot{U}_o}{\dot{I}_i} \tag{7-14}$$

由式（7-14）可知，电压并联负反馈是输入电流$\dot{I}_i$ 控制输出电压$\dot{U}_o$，将电流转换成电压，其中$\dot{A}_{uif}$称为闭环互阻增益。

在图 7-8a 所示的具体放大电路中，若集成运算放大器的开环差模增益和输入电阻趋于无穷大，则 $u_N \approx u_P = 0$，输出电压为

$$\dot{U}_o=-R_f\dot{I}_f$$

所以互导反馈系数为

$$\dot{F}_{iu}=\frac{\dot{I}_f}{\dot{U}_o}\approx-\frac{1}{R_f}$$

3. 电流串联负反馈

在图 7-9a 所示的放大电路中，图中虚线框内为反馈网络。若将输出端的负载 R_L 短接，反馈电压$\dot{U}_f=\dot{I}_oR_1$ 依然存在，且与输出电流成正比，所以是电流反馈。在输入端$\dot{U}_i'=\dot{U}_i-\dot{U}_f$，若将反馈结点对地短接，$\dot{U}_f=0$，$\dot{U}_i'=\dot{U}_i$，输入信号仍然能够加到放大电路中去，因此是串联反馈。根据瞬时极性法，可判断引入的反馈为负反馈。

电流串联负反馈的框图如图 7-9b 所示。由图可见，基本放大电路的输入信号是$\dot{U}_i'$，输出信号是$\dot{I}_o$，所以基本放大电路的放大倍数为

$$\dot{A}_{iu}=\frac{\dot{I}_o}{\dot{U}_i'} \tag{7-15}$$

式中，$\dot{A}_{iu}$称为转移电导。

而反馈网络的输入信号是$\dot{I}_o$，输出信号是$\dot{U}_f$，所以反馈网络的反馈系数为

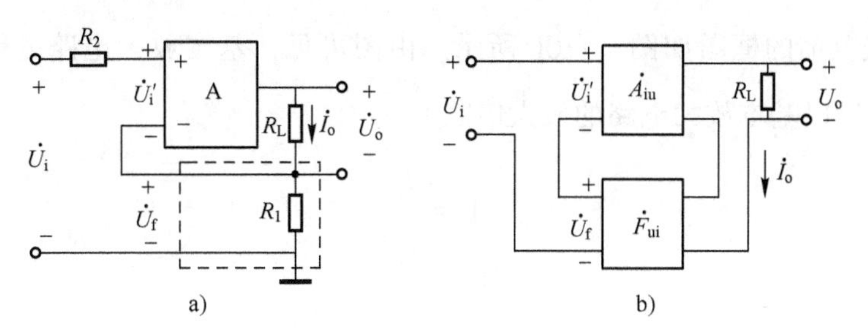

图 7-9　电流串联负反馈

a）电路图　b）框图

$$\dot{F}_{ui}=\frac{\dot{U}_f}{\dot{I}_o} \tag{7-16}$$

式中，$\dot{F}_{ui}$称为互阻反馈系数。

对于闭环放大电路，输入信号是$\dot{U}_i$，输出信号是$\dot{I}_o$，所以闭环放大倍数为

$$\dot{A}_{iuf}=\frac{\dot{I}_o}{\dot{U}_i} \tag{7-17}$$

由式（7-17）可知，电流串联负反馈是输入电压$\dot{U}_i$ 控制输出电流$\dot{I}_o$，将电压转换为电流，其中，$\dot{A}_{iuf}$称为闭环互导增益。

在图 7-9a 所示的具体放大电路中，反馈电压$\dot{U}_f=R_1\dot{I}_o$，所以互阻反馈系数为

$$\dot{F}_{ui}=\frac{\dot{U}_f}{\dot{I}_o}=R_1$$

4. 电流并联负反馈

在图 7-10a 所示的放大电路中，图中虚线框内为反馈网络。若将输出端的负载 R_L 短接，反馈电流$\dot{I}_f$ 依然存在，所以是电流反馈。在输入端$\dot{I}_i'=\dot{I}_i-\dot{I}_f$，若将反馈结点对地短接，$\dot{I}_i'=0$，输入信号不能加到放大电路中去，因此是并联反馈。根据瞬时极性法，可判断引入的反馈为负反馈。

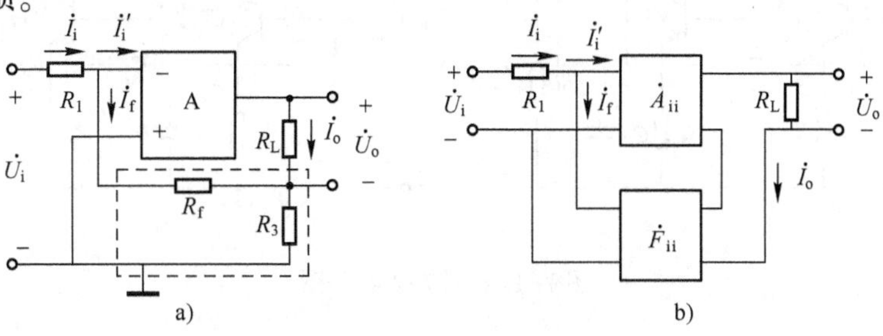

图 7-10　电流并联负反馈

a）电路图　b）框图

电流并联负反馈的框图如图 7-10b 所示。由图可见，基本放大电路的输入信号是$\dot{I}_i'$，输出信号是$\dot{I}_o$，所以基本放大电路的放大倍数为

$$\dot{A}_{ii}=\frac{\dot{I}_o}{\dot{I}_i'} \tag{7-18}$$

式中，$\dot{A}_{ii}$称为电流增益。

而反馈网络的输入信号是$\dot{I}_o$，输出信号是$\dot{I}_f$，所以反馈网络的反馈系数为

$$\dot{F}_{ii}=\frac{\dot{I}_f}{\dot{I}_o} \tag{7-19}$$

式中，$\dot{F}_{ii}$称为电流反馈系数。

对于闭环放大电路，输入信号是$\dot{I}_i$，输出信号是$\dot{I}_o$，所以闭环放大倍数为

$$\dot{A}_{iif}=\frac{\dot{I}_o}{\dot{I}_i} \tag{7-20}$$

由式（7-20）可知，电流并联负反馈是输入电流$\dot{I}_i$控制输出电流$\dot{I}_o$进行电流放大，其中，$\dot{A}_{iif}$称为闭环电流增益。

在图 7-10a 所示的具体放大电路中，由于

$$\dot{I}_f=-\frac{R_3}{R_f+R_3}\dot{I}_o$$

所以电流反馈系数为

$$\dot{F}_{ii}=\frac{\dot{I}_f}{\dot{I}_o}=-\frac{R_3}{R_f+R_3}$$

例 7-2 试判断图 7-11 所示电路的极性和组态，假设电路中的电容足够大。

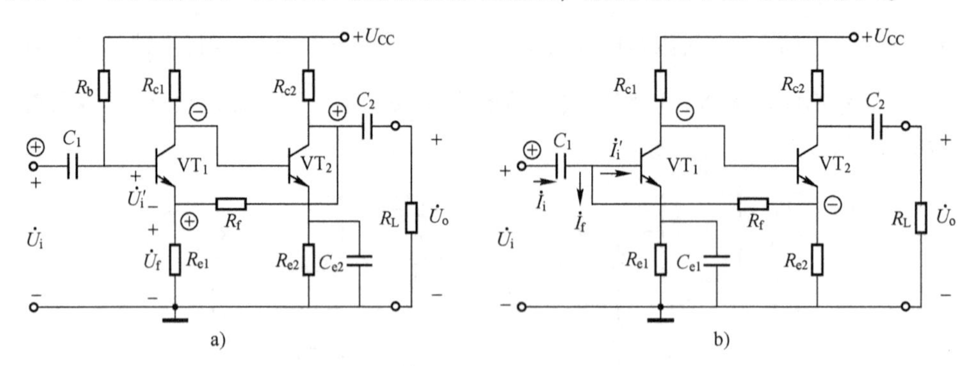

图 7-11 例 7-2 电路图

解：图 7-11 是两个由分立元器件组成的反馈放大电路，连接输入、输出回路的反馈元件是R_f。

在图 7-11a 中，假设加在 VT_1 管基极的输入信号 u_I 在某一瞬时极性为⊕，由于第一级是共射电路，输出电压与输入电压反相，所以 VT_1 管集电极瞬时电位为⊖，经第二级后 VT_2 管集电极瞬时电位为⊕，则反馈电压的瞬时极性也为⊕，表示反馈电压 $\dot{U}_f$ 增大，因此净输入电压 $\dot{U}_i'=\dot{U}_i-\dot{U}_f$ 减小，所以引入的反馈是负反馈。在放大电路的输入端，将反馈结点对地短接，则 $\dot{U}_f=0$，$\dot{U}_i'\approx\dot{U}_i$，输入信号还能加到放大电路中去，说明是串联反馈。在放大电路的输出端，将负载短路后，反馈电压 $\dot{U}_f=0$，所以是电压反馈。由以上分析可得所引反馈是电压串联负反馈。

在图 7-11b 中，假设加在 VT_1 管基极的输入信号在某一瞬时极性为⊕，则 VT_1 管集电极瞬时电位为⊖，而第二级发射极电位与基极电位相位相同，所以 VT_2 管发射极瞬时电位为⊖，亦即电位下降，于是通过 R_f 反馈通路的反馈电流 $\dot{I}_f$ 增大，导致净输入电流 $\dot{I}_i'=\dot{I}_i-\dot{I}_f$ 减小，所以引入的反馈是负反馈。在放大电路的输入端，将反馈结点对地短接，输入信号作用消失，所以是并联反馈。在放大电路的输出端，将负载短路后，VT_2 管射极电流经反馈电阻 R_f 进到放大电路的输入端，所以，反馈信号依然存在，故是电压反馈。由以上分析可得所引反馈是电流并联负反馈。

通过以上讨论可知，不同组态的负反馈放大电路，其基本放大电路的放大倍数、反馈网络的反馈系数和闭环放大倍数的物理意义和量纲各不相同，为了便于比较，现将它们列于表 7-1 中。

表 7-1　四种组态负反馈放大电路的比较

反馈组态	$\dot{X}_i$、$\dot{X}_i'$、$\dot{X}_f$	$\dot{X}_o$	$\dot{A}$	$\dot{F}$	$\dot{A}_f$	功　能
电压串联	$\dot{U}_i$、$\dot{U}_i'$、$\dot{U}_f$	$\dot{U}_o$	$\dot{A}_{uu}=\dfrac{\dot{U}_o}{\dot{U}_i'}$	$\dot{F}_{uu}=\dfrac{\dot{U}_f}{\dot{U}_o}$	$\dot{A}_{uuf}=\dfrac{\dot{U}_o}{\dot{U}_i}$	$\dot{U}_i$ 控制 $\dot{U}_o$，电压放大
电压并联	$\dot{I}_i$、$\dot{I}_i'$、$\dot{I}_f$	$\dot{U}_o$	$\dot{A}_{ui}=\dfrac{\dot{U}_o}{\dot{I}_i'}$	$\dot{F}_{iu}=\dfrac{\dot{I}_f}{\dot{U}_o}$	$\dot{A}_{uif}=\dfrac{\dot{U}_o}{\dot{I}_i}$	$\dot{I}_i$ 控制 $\dot{U}_o$，电流转换成电压
电流串联	$\dot{U}_i$、$\dot{U}_i'$、$\dot{U}_f$	$\dot{I}_o$	$\dot{A}_{iu}=\dfrac{\dot{I}_o}{\dot{U}_i'}$	$\dot{F}_{ui}=\dfrac{\dot{U}_f}{\dot{I}_o}$	$\dot{A}_{iuf}=\dfrac{\dot{I}_o}{\dot{U}_i}$	$\dot{U}_i$ 控制 $\dot{U}_o$，电压转换成电流
电流并联	$\dot{I}_i$、$\dot{I}_i'$、$\dot{I}_f$	$\dot{I}_o$	$\dot{A}_{ii}=\dfrac{\dot{I}_o}{\dot{I}_i'}$	$\dot{F}_{ii}=\dfrac{\dot{I}_f}{\dot{I}_o}$	$\dot{A}_{iif}=\dfrac{\dot{I}_o}{\dot{I}_i}$	$\dot{I}_i$ 控制 $\dot{I}_o$，电流放大

7.3　负反馈对放大电路性能的改善

负反馈可以使放大电路的许多性能得到，例如稳定放大倍数，减小非线性失真，展宽通频带，提高输入电阻，减小输出电阻等，下面分别进行介绍。

7.3.1 稳定放大倍数

放大电路的放大倍数取决于放大器件的性能参数以及电路元器件的参数，当环境温度发生变化，元器件老化，电源电压波动以及负载变化时，都会引起放大倍数发生变化，为了提高放大倍数的稳定性，常常在放大电路中引入负反馈。

为了从数量上表示放大倍数的稳定程度，常用有、无反馈两种情况下放大倍数的相对变化量的比值来衡定。由式（7-6）可知，放大电路的闭环放大倍数为

$$A_f=\frac{A}{1+AF}$$

将闭环放大倍数 A_f 对 A 取导数得

$$\frac{dA_f}{dA}=\frac{(1+AF)-AF}{(1+AF)^2}=\frac{1}{(1+AF)^2}$$

$$dA_f=\frac{dA}{(1+AF)^2}$$

将上式等号两边都除以 A_f，可得

$$\frac{dA_f}{A_f}=\frac{1}{1+AF}\cdot\frac{dA}{A} \tag{7-21}$$

式（7-21）表明，引入负反馈后，放大倍数下降为原来的$\frac{1}{(1+AF)}$，但是放大倍数的稳定性提高了$(1+AF)$倍。

7.3.2 减小非线性失真

由于放大器件是非线性器件，所以对于一个无反馈的放大电路虽然设置了较合适的静态工作点，但在输入信号幅值较大时，也会因器件的非线性，使输出波形产生失真。

例如在图 7-12a 中，假设输入信号 x_i 是一正弦波，经过放大电路放大后产生了波形失真，输出波形为正半周大，负半周小。在放大电路中引入负反馈，如图 7-12b 所示，由于反馈信号取自输出信号，在反馈系数为常数的条件下，反馈信号的波形也是正半周大，负半周小。在放大电路的输入端，净输入信号 $x_i'=x_i-x_f$，故净输入信号波形为正半周小，负半周大的失真波形，这种失真称为预失真。预失真的 x_i' 通过基本放大电路时，正好抵消了正半周大、负半周小的非线性失真，从而使输出波形比较接近于正弦波，非线性失真大大减小。

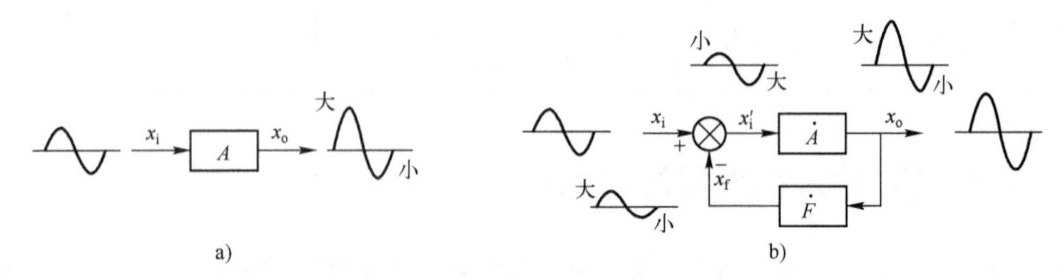

图 7-12　利用负反馈减小非线性失真

a）无反馈　b）引入反馈

需要说明的是非线性失真产生于电路内部时，引入负反馈后可以被抑制。但是，如果输入信号本身是失真的，那么即使引入负反馈也无济于事。

7.3.3 展宽通频带

频率响应是放大电路的重要特征之一，在某些场合，往往要求放大电路具有较宽的频带，而引入负反馈是展宽通频带的有效措施。

无反馈阻容放大电路的幅频特性如图 7-13 中曲线①所示。可以看出，在中频区放大倍数很大，而在高频区和低频区放大倍数随频率的升高和降低而减小，所以通频带较窄。

如果在放大电路中引入负反馈，那么在放大倍数较大的中频区，由于输出信号大，反馈信号也大，使有效的净输入信号减小较多，从而使中频区的放大倍数也减小较多。而在放大倍数较小的高、低频区，由于输出信号小，反馈信号也小，则使有效的净输入信号减小较少，所以高、低频区放大倍数的减少也较少，因此负反馈使放大电路的整个幅频特性曲线都下降，如图 7-13 中曲线②所示。由于中频区降得多，高、低频区降得少，相当于通频带加宽了。

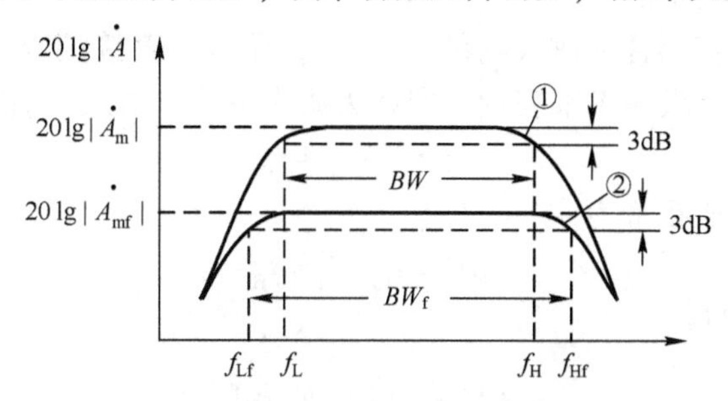

图 7-13 利用负反馈展宽通频带

下面进一步说明频带展宽的程度与反馈深度的关系。为了简化问题，设反馈网络为纯电阻网络，基本放大电路的中频放大倍数为$\dot{A}_m$，上限频率为f_H，下限频率为f_L，因此无反馈时放大电路在高频段的放大倍数为

$$\dot{A}_H=\frac{\dot{A}_m}{1+j\dfrac{f}{f_H}} \tag{7-22}$$

引入反馈后，设反馈系数为$\dot{F}$，则高频段的放大倍数为

$$\dot{A}_{Hf}=\frac{\dot{A}_H}{1+\dot{A}_H\dot{F}}=\frac{\dfrac{\dot{A}_m}{1+jf/f_H}}{1+\dfrac{\dot{A}_m}{1+jf/f_H}\cdot\dot{F}}=\frac{\dot{A}_m}{1+\dot{A}_m\dot{F}+jf/f_H}$$

将分子分母同除以$(1+\dot{A}_m\dot{F})$，可得

$$\dot{A}_{Hf}=\frac{\dot{A}_m/(1+\dot{A}_m\dot{F})}{1+j\dfrac{f}{(1+\dot{A}_m\dot{F})f_H}}=\frac{\dot{A}_{mf}}{1+j\dfrac{f}{f_{Hf}}} \tag{7-23}$$

比较式（7-22）和式（7-23）可知，引入负反馈后的中频放大倍数和上限频率分别为

$$\dot{A}_{mf}=\frac{\dot{A}_m}{1+\dot{A}_m\dot{F}} \tag{7-24}$$

$$f_{Hf}=(1+\dot{A}_m\dot{F})f_H \tag{7-25}$$

可见引入负反馈后，放大电路的中频放大倍数减小了$(1+\dot{A}_m\dot{F})$倍，而上限频率却提高了$(1+\dot{A}_m\dot{F})$倍。

同理可以推导出引入负反馈后的下限频率为

$$f_{Lf}=\frac{f_L}{1+\dot{A}_m\dot{F}} \tag{7-26}$$

可见，引入负反馈后下限频率下降了$(1+\dot{A}_m\dot{F})$倍。通过以上分析可以得知放大电路引入负反馈后，通频带展宽了。

通常情况下对于阻容耦合的放大电路，$f_H\gg f_L$，而对于直接耦合的放大电路，$f_L=0$，所以通频带可以近似地用上限频率来表示，即认为放大电路未引入反馈时的通频带为

$$BW=f_H-f_L\approx f_H$$

放大电路引入反馈后的通频带为

$$BW_f=f_{Hf}-f_{Lf}\approx f_{Hf}$$

将式（7-25）代入上式得

$$BW_f=(1+\dot{A}_m\dot{F})BW \tag{7-27}$$

所以引入负反馈后，放大电路的通频带展宽了$(1+\dot{A}_m\dot{F})$倍，但放大倍数却减小了$(1+\dot{A}_m\dot{F})$倍，因此放大电路引入负反馈后放大倍数与通频带的乘积，和放大电路未引入反馈情况下（即开环状态下）放大倍数与通频带的乘积相等，即

$$\dot{A}_{mf}\cdot BW_f=\dot{A}_m\cdot BW=\text{常数} \tag{7-28}$$

放大电路的放大倍数与通频带的乘积是它的一项重要指标，通常称为增益带宽积。

7.3.4 改变输入电阻和输出电阻

放大电路引入不同组态的负反馈，将对输入电阻和输出电阻产生不同的影响。

1. 负反馈对输入电阻的影响

输入电阻是从放大电路输入端看进去的等效电阻，因而负反馈对输入电阻的影响取决于基本放大电路和反馈网络在输入端的连接方式，即取决于所引入的反馈是串联负反馈还是并联负反馈。

（1）串联负反馈使输入电阻增大

串联负反馈放大电路框图如图 7-14 所示。

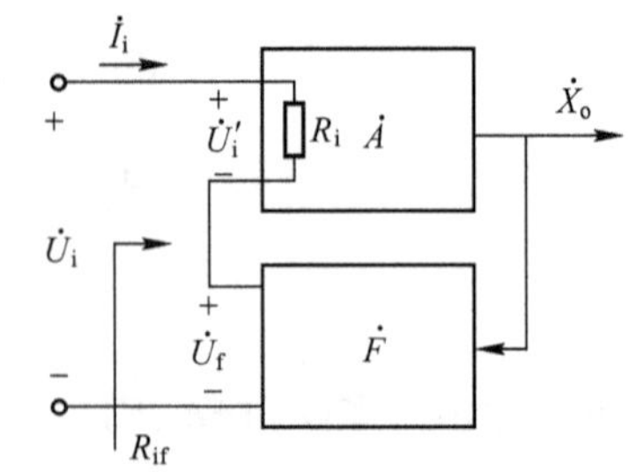

图 7-14　串联负反馈放大电路框图

根据输入电阻的定义，基本放大电路的输入电阻为

$$R_i=\frac{\dot{U}_i'}{\dot{I}_i}$$

而闭环放大电路的输入电阻为

$$R_{if}=\frac{\dot{U}_i}{\dot{I}_i}=\frac{\dot{U}_i'+\dot{U}_f}{\dot{I}_i} \tag{7-29}$$

式（7-29）中反馈电压$\dot{U}_f$是净输入电压经基本放大电路放大，再经反馈网络后得到的，所以

$$\dot{U}_f=\dot{A}\dot{F}\dot{U}_i' \tag{7-30}$$

将式（7-30）代入式（7-29）可得

$$R_{if}=\frac{\dot{U}_i'+\dot{A}\dot{F}\dot{U}_i'}{\dot{I}_i}=(1+\dot{A}\dot{F})R_i \tag{7-31}$$

式（7-31）表明串联负反馈使输入电阻增大为无反馈时的$(1+\dot{A}\dot{F})$倍。注意串联负反馈只是将反馈环路内的输入电阻增大$(1+\dot{A}\dot{F})$倍，而不会影响反馈环路外的电阻。

（2）并联负反馈使输入电阻减小

并联负反馈放大电路框图如图 7-15 所示。

根据输入电阻的定义，基本放大电路的输入电阻为

$$R_i=\frac{\dot{U}_i}{\dot{I}_i'} \tag{7-32}$$

而闭环放大电路的输入电阻为

$$R_{if}=\frac{\dot{U}_i}{\dot{I}_i'+\dot{I}_f} \tag{7-33}$$

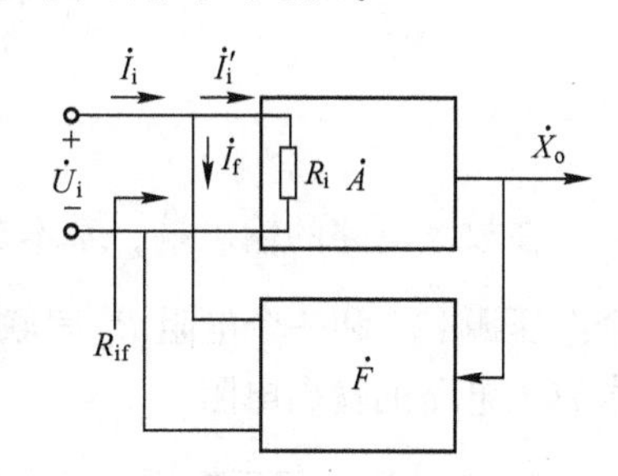

图 7-15　并联负反馈放大电路框图

式（7-33）中$\dot{I}_f$是净输入电流经基本放大电路和反馈网络后得到的，即

$$\dot{I}_f=\dot{A}\dot{F}\dot{I}_i' \tag{7-34}$$

将式（7-34）代入式（7-33）后可得

$$R_{if}=\frac{\dot{U}_i}{\dot{I}_i'+\dot{A}\dot{F}\dot{I}_i'}=\frac{R_i}{1+\dot{A}\dot{F}} \tag{7-35}$$

式（7-35）表明引入并联负反馈后，将使输入电阻减小，并等于基本放大电路输入电阻的$\frac{1}{(1+\dot{A}\dot{F})}$。

2. 负反馈对输出电阻的影响

输出电阻是从放大电路输出端看进去的等效电阻，因而负反馈对输出电阻的影响取决于反馈网络在输出端的取样方式，即取决于所引入的反馈是电压负反馈还是电流负反馈。

(1) 电压负反馈稳定输出电压，并使输出电阻减小

电压负反馈放大电路框图如图 7-16 所示。

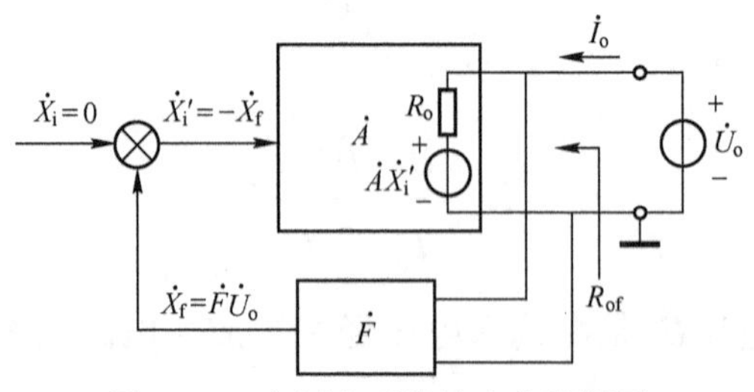

图 7-16　电压负反馈放大电路框图

假设输入信号不变，由于某种原因使输出电压增大，由于是电压反馈，反馈信号和输出电压成正比，所以反馈信号也将增大，则净输入信号减小，输出电压随之减小。可见，引入电压负反馈后，通过负反馈的自动调节作用，使输出电压趋于稳定，因此电压负反馈稳定输出电压。

输出电压稳定与输出电阻减小紧密相关。根据输出电阻的定义，令输入量$\dot{X}_i=0$，在输出端加一个交流电压$\dot{U}_o$，产生电流$\dot{I}_o$，则放大电路的输出电阻为

$$R_{of}=\left.\frac{\dot{U}_o}{\dot{I}_o}\right|_{\substack{\dot{X}_i=0\\R_L=\infty}}$$

在放大电路的输出端，基本放大电路对于负载来说相当于一个信号源，因此它可以用一个电压源$\dot{A}\dot{X}_i'$和一个电阻 R_o 串联的形式来等效，$\dot{A}\dot{X}_i'$ 是基本放大电路的开路电压，R_o 是基本放大电路的输出电阻。

输出电压$\dot{U}_o$ 经反馈网络后得到反馈信号$\dot{X}_f=\dot{F}\dot{U}_o$，由于外加输入信号$\dot{X}_i=0$，所以

$$\dot{X}_i'=\dot{X}_i-\dot{X}_f=-\dot{F}\dot{U}_o$$

净输入信号$\dot{X}_i'$ 经基本放大电路放大后产生输出电压为$-\dot{A}\dot{F}\dot{U}_o$。由图 7-16 可知

$$\dot{U}_o=\dot{I}_oR_o+\dot{A}\dot{X}_i'=\dot{I}_oR_o-\dot{A}\dot{F}\dot{U}_o$$

整理上式，可得引入电压负反馈后闭环放大电路的输出电阻为

$$R_{of}=\frac{\dot{U}_o}{\dot{I}_o}=\frac{R_o}{1+\dot{A}\dot{F}} \tag{7-36}$$

由此可见，引入电压负反馈后，放大电路的输出电阻减小为无反馈时输出电阻的$(1+\dot{A}\dot{F})$倍。

(2) 电流负反馈稳定输出电流，并使输出电阻增大

电流负反馈的特点是稳定输出电流，并使输出电阻增大。下面进行进一步的分析。

电流负反馈放大电路框图如图 7-17 所示。

假设输入信号不变，由于某种原因使输出电流减小，由于是电流反馈，反馈信号和输出电流成正比，则反馈信号也将减小，净输入信号就增大，经基本放大电路放大后，输出电流

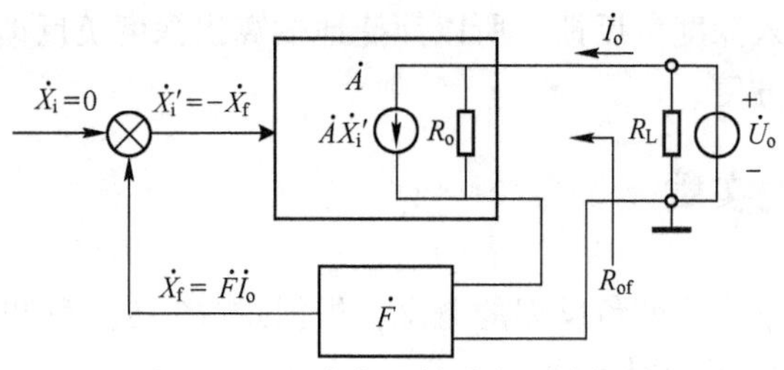

图 7-17　电流负反馈放大电路框图

跟着增大。可见，引入电流负反馈后，通过负反馈的自动调节作用，最终使输出电流趋于稳定，所以电流负反馈稳定输出电流。

输出电流稳定与输出电阻增大紧密相关。根据输出电阻的定义，令输入量$\dot{X}_i=0$，在输出端加一个交流电压$\dot{U}_o$，产生电流$\dot{I}_o$，则放大电路的输出电阻为

$$R_{of}=\left.\frac{\dot{U}_o}{\dot{I}_o}\right|_{\substack{\dot{X}_i=0\\R_L=\infty}}$$

在放大电路的输出端，基本放大电路用一个电流源$\dot{A}\dot{X}_i'$和一个电阻R_o相并联的形式来等效，$\dot{A}\dot{X}_i'$是基本放大电路的等效电流源，R_o是基本放大电路的输出电阻。

输出电流$\dot{I}_o$经反馈网络后得到反馈信号$\dot{X}_f=\dot{F}\dot{I}_o$，由于外加输入信号$\dot{X}_i=0$，所以

$$\dot{X}_i'=\dot{X}_i-\dot{X}_f=-\dot{F}\dot{I}_o$$

由图 7-17 可知，若不考虑$\dot{I}_o$在反馈网络输入端的电压降，则

$$\dot{I}_o\approx\frac{\dot{U}_o}{R_o}+\dot{A}\dot{X}_i'=\frac{\dot{U}_o}{R_o}-\dot{A}\dot{F}\dot{I}_o$$

整理上式，可得引入电流负反馈后闭环放大电路的输出电阻为

$$R_{of}=\frac{\dot{U}_o}{\dot{I}_o}=(1+\dot{A}\dot{F})R_o \tag{7-37}$$

可见，引入电流负反馈后，放大电路的输出电阻和无反馈时的输出电阻相比增大了$(1+\dot{A}\dot{F})$倍。

🕮 注意：电流负反馈只能将反馈环路内的输出电阻增大$(1+\dot{A}\dot{F})$倍，而对于并联在反馈环之外的电阻没有影响。

7.4　深度负反馈放大电路的分析

随着集成运算放大器和各种模拟集成电路的应用日益普及，深度负反馈条件下的近似估算法显得较有实用价值。因为集成运算放大器和各种模拟集成电路的开环放大倍数很大，要

实现线性放大，必须引入深度负反馈，所以简捷地估算出深度负反馈的放大倍数，将给电路的分析和调试带来很大方便。

7.4.1 深度负反馈的实质

在7.1节中已经介绍了深度负反馈的概念，根据式（7-8）可知，若反馈深度 $|1+\dot{A}\dot{F}|\gg 1$，则反馈放大电路的闭环放大倍数

$$\dot{A}_f \approx \frac{1}{\dot{F}} \tag{7-38}$$

根据$\dot{A}_f$和$\dot{F}$的定义

$$\dot{A}_f = \frac{\dot{X}_o}{\dot{X}_i}, \qquad \dot{F} = \frac{\dot{X}_f}{\dot{X}_o}$$

$$\dot{A}_f = \frac{\dot{X}_o}{\dot{X}_i} \approx \frac{1}{\dot{F}} = \frac{\dot{X}_o}{\dot{X}_f}$$

所以

$$\dot{X}_i \approx \dot{X}_f \tag{7-39}$$

式（7-39）表明，在深度负反馈条件下，反馈信号$\dot{X}_f$和外加输入信号$\dot{X}_i$近似相等，净输入信号$\dot{X}_i' \approx 0$。由此可以分析出，在深度负反馈条件下，若引入串联负反馈，反馈信号在输入端是以电压形式存在，与输入电压进行比较，则

$$\dot{U}_i \approx \dot{U}_f, \dot{U}_i' \approx 0 \tag{7-40}$$

若引入并联负反馈，反馈信号在输入端是以电流形式存在，与输入电流进行比较，则

$$\dot{I}_i \approx \dot{I}_f, \dot{I}_i' \approx 0 \tag{7-41}$$

根据式（7-38）~式（7-41）可以估算出深度负反馈条件下四种不同组态负反馈放大电路的放大倍数。

7.4.2 深度负反馈条件下放大倍数的估算

1. 电压串联负反馈电路

在深度负反馈条件下，由式（7-40），$\dot{U}_i \approx \dot{U}_f$，则电压串联负反馈放大电路的闭环放大倍数为

$$\dot{A}_{uuf} = \frac{\dot{U}_o}{\dot{U}_i} \approx \frac{\dot{U}_o}{\dot{U}_f} = \frac{1}{\dot{F}_{uu}} \tag{7-42}$$

图7-18a、b所示电路分别为理想集成运算放大器和分立元器件构成的电压串联负反馈放大电路。

在图7-18a中，输出电压$\dot{U}_o$经R_f和R_1分压后反馈到输入回路，由于集成运算放大器

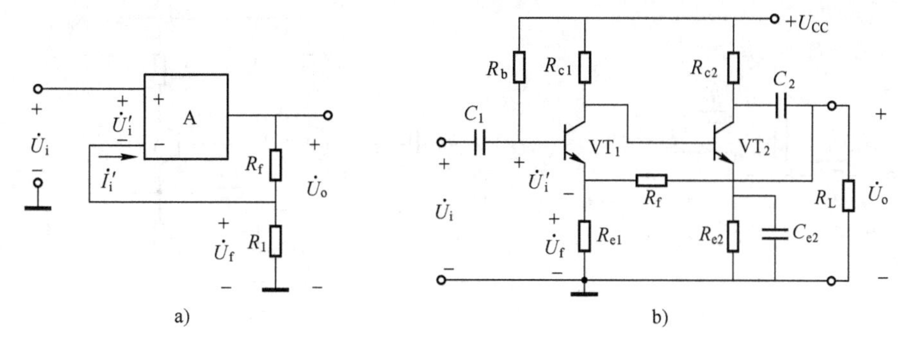

图 7-18　电压串联负反馈放大电路

a）理想集成运算放大器构成的电路　b）分立元器件构成的电路

的净输入电流$\dot I_i'\approx 0$，根据分压原理求得反馈电压为

$$\dot U_f=\frac{R_1}{R_1+R_f}\dot U_o$$

又由于是串联负反馈，在深度负反馈条件下，$\dot U_i\approx\dot U_f$，$\dot U_i'\approx 0$，所以闭环放大倍数为

$$\dot A_{uuf}\approx\frac{1}{\dot F_{uu}}=\frac{\dot U_o}{\dot U_f}=1+\frac{R_f}{R_1}$$

在图 7-18b 中，由电阻 R_f 引入了一个电压串联负反馈，在深度负反馈条件下，$\dot U_i\approx\dot U_f$，$\dot U_i'\approx 0$，则$\dot I_e\approx 0$，所以

$$\dot U_f\approx\frac{R_{e1}}{R_{e1}+R_f}\dot U_o$$

由式（7-42）可得深度负反馈条件下闭环放大倍数为

$$\dot A_{uuf}=\dot A_{uf}\approx\frac{1}{\dot F_{uu}}=\frac{\dot U_o}{\dot U_f}=1+\frac{R_f}{R_{e1}}$$

2. 电压并联负反馈电路

在深度负反馈条件下，由式（7-41），$\dot I_i\approx\dot I_f$，则电压并联负反馈放大电路的闭环互阻放大倍数为

$$\dot A_{uif}=\frac{\dot U_o}{\dot I_i}\approx\frac{\dot U_o}{\dot I_f}=\frac{1}{\dot F_{iu}}\tag{7-43}$$

图 7-19a、b 所示电路分别由理想集成运算放大器和分立元器件构成的电压并联负反馈放大电路。

在图 7-19a 中，根据理想集成运算放大器工作在线性区时“虚短”和“虚断”的特点，可认为反相输入端“虚地”。在深度负反馈条件下，$\dot I_i'\approx 0$，由电路可分别求得

$$\dot I_i=\frac{\dot U_i}{R_1},\qquad \dot I_f=-\frac{\dot U_o}{R_f}$$

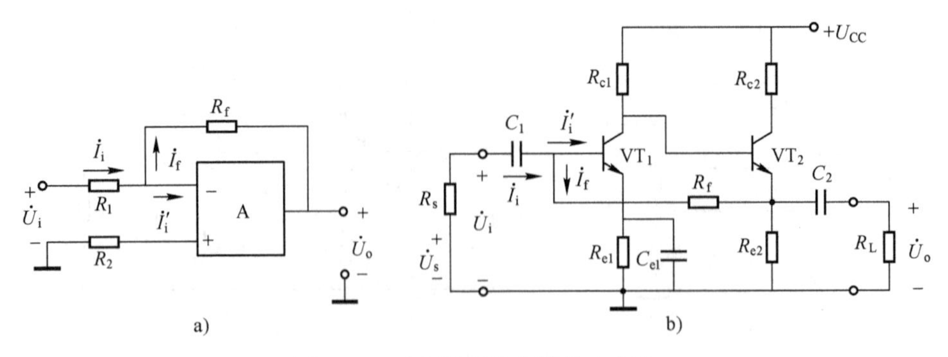

图 7-19　电压并联负反馈放大电路

a）理想集成运放构成的电路　b）分立元件构成的电路

由式（7-43）可得深度负反馈条件下闭环互阻放大倍数为

$$\dot{A}_{uif}=\frac{\dot{U}_o}{\dot{I}_i}\approx\frac{\dot{U}_o}{\dot{I}_f}=-R_f$$

在图 7-19b 中，电阻 R_f 引入了一个电压并联负反馈。根据深度负反馈条件下 $\dot{I}_i'\approx0$，可得 $\dot{I}_{b1}=\dot{I}_i'\approx0$，$\dot{U}_{be1}\approx0$，所以

$$\dot{I}_i=\frac{\dot{U}_s}{R_s}\quad,\quad\dot{I}_f=-\frac{\dot{U}_o}{R_f}$$

则深度负反馈下闭环互阻放大倍数为

$$\dot{A}_{uif}=\frac{\dot{U}_o}{\dot{I}_i}\approx\frac{\dot{U}_o}{\dot{I}_f}=-R_f$$

3. 电流串联负反馈电路

根据式（7-40），在深度负反馈条件下，$\dot{U}_i\approx\dot{U}_f$，则电流串联负反馈放大电路的闭环互导放大倍数为

$$\dot{A}_{iuf}=\frac{\dot{I}_o}{\dot{U}_i}\approx\frac{\dot{I}_o}{\dot{U}_f}=\frac{1}{\dot{F}_{ui}}\tag{7-44}$$

图 7-20a、b 所示电路分别为理想集成运算放大器和分立元器件构成的电流串联负反馈放大电路。

在图 7-20a 中，反馈电压 $\dot{U}_f$ 取自输出电流 $\dot{I}_o$，由于 $\dot{I}_i'\approx0$，故求得反馈电压为

$$\dot{U}_f=R_1\dot{I}_o$$

则互阻反馈系数为

$$\dot{F}_{ui}=\frac{\dot{U}_f}{\dot{I}_o}=R_1$$

由式（7-44）可得深度负反馈条件下闭环互导放大倍数为

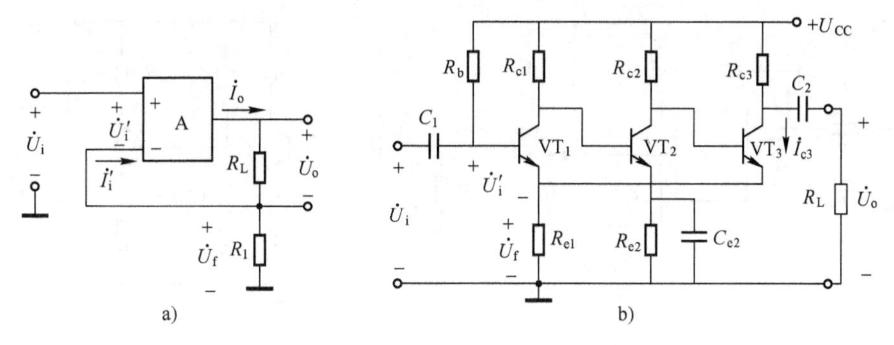

图 7-20　电流串联负反馈放大电路

a）理想集成运算放大器构成的电路　b）分立元器件构成的电路

$$\dot{A}_{iuf} \approx \frac{1}{\dot{F}_{ui}} = \frac{1}{R_1}$$

在图 7-20b 中，由电阻 R_f 引入了一个电流串联负反馈，在深度负反馈条件下 $\dot{U}_i \approx \dot{U}_f$，$\dot{U}_i' \approx 0$，则 $\dot{I}_e \approx 0$，所以

$$\dot{U}_f \approx \dot{I}_{c3} R_{e1} = \frac{-\dot{U}_o}{R_{c3}//R_L} R_{e1}$$

闭环电压放大倍数为

$$\dot{A}_{uuf} = \frac{\dot{U}_o}{\dot{U}_i} \approx \frac{\dot{U}_o}{\dot{U}_f} = -\frac{R_{c3}//R_L}{R_{e1}}$$

4. 电流并联负反馈电路

在深度负反馈条件下，根据式（7-41），$\dot{I}_i \approx \dot{I}_f$，则深度负反馈下电压并联负反馈放大电路的闭环电流放大倍数为

$$\dot{A}_{iif} = \frac{\dot{I}_o}{\dot{I}_i} \approx \frac{\dot{I}_o}{\dot{I}_f} = \frac{1}{\dot{F}_{ii}} \tag{7-45}$$

图 7-21a、b 所示电路分别由理想集成运算放大器和分立元器件构成的电流并联负反馈放大电路。

在图 7-21a 中，根据理想集成运算放大器工作在线性区时“虚短”和“虚断”的特点，可认为反相输入端“虚地”。在深度负反馈条件下，$\dot{I}_i' \approx 0$，由电路可求得

$$\dot{I}_f = -\frac{R}{R+R_f} \dot{I}_o$$

所以电流反馈系数为

$$\dot{F}_{ii} = \frac{\dot{I}_f}{\dot{I}_o} = -\frac{R}{R+R_f}$$

由式（7-45）可得深度负反馈条件下闭环电流放大倍数为

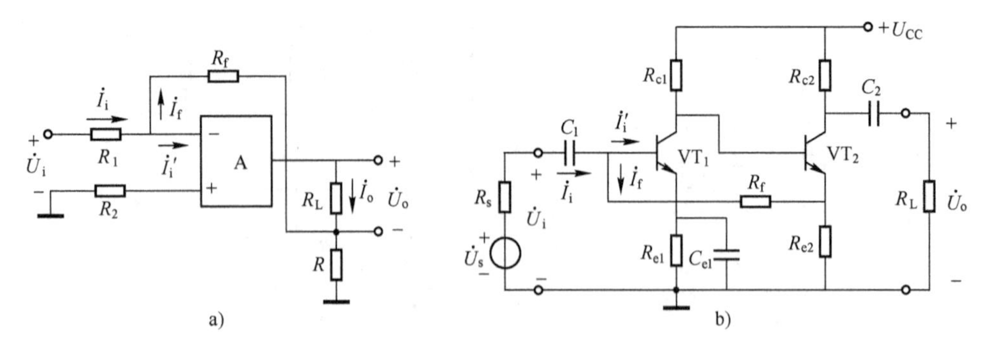

图 7-21　电流并联负反馈放大电路

a）理想集成运算放大器构成的电路　b）分立元器件构成的电路

$$\dot{A}_{iif} \approx \frac{1}{\dot{F}_{ii}} = -\left(1+\frac{R_f}{R}\right)$$

在图 7-21b 中，电阻 R_f 引入了一个电流并联负反馈。根据深度负反馈条件下 $\dot{I}_i' \approx 0$，可得 $\dot{I}_{b1} = \dot{I}_i' \approx 0$，$\dot{U}_{be1} \approx 0$，所以

$$\dot{I}_i = \frac{\dot{U}_s}{R_s} \quad , \quad \dot{I}_f \approx -\frac{R_{e2}}{R_{e2}+R_f}\dot{I}_{c2}$$

而

$$\dot{I}_{c2} = -\frac{\dot{U}_o}{R_{c2}//R_L}$$

又由于在深度负反馈条件下，$\dot{I}_i \approx \dot{I}_f$，所以经整理得闭环源电压放大倍数为

$$\dot{A}_{usf} = \frac{\dot{U}_o}{\dot{U}_s} = \frac{\dot{U}_o}{\dot{I}_i R_s} \approx \frac{\dot{U}_o}{\dot{I}_f R_s} = \frac{(R_{c2}//R_L)(R_{e2}+R_f)}{R_{e2} \cdot R_s}$$

例 7-3　放大电路如图 7-22 所示，已知 $R_1 = 2\,\text{k}\Omega$，$R_f = 50\,\text{k}\Omega$，试判断放大电路的反馈类型和极性，并估算深度负反馈条件下的电压放大倍数。

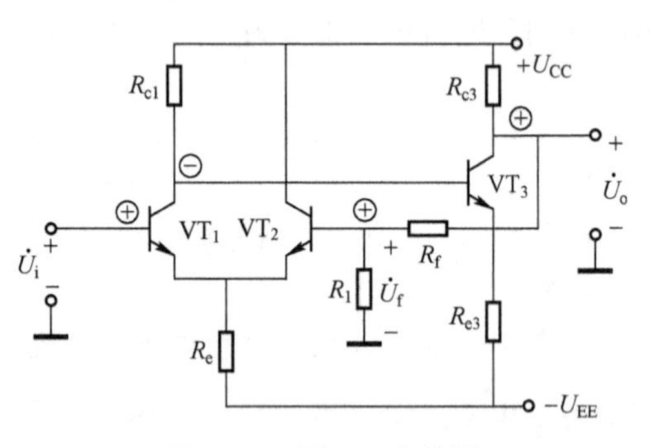

图 7-22　例 7-3 电路图

解：在输入端，输入信号从 VT_1 管基极加入，而反馈信号引在 VT_2 管基极，因此将反馈结点对地短接后，即 $\dot{U}_f = 0$，输入信号 $\dot{U}_i' = \dot{U}_i - \dot{U}_f = \dot{U}_i$，仍然能够进入放大电路，所以是串联反馈；在输出端，将负载短接，反馈信号消失，所以是电压反馈；采用瞬时极性法，假设 VT_1 管基极瞬时极性为⊕，则差分放大电路 VT_1 管的集电极瞬时极性为⊖，VT_3 管的集电极瞬时极性为⊕，则反馈电压的瞬时极性为⊕，净输入电压减小，可判得是负反馈。通过上述分析可判断该电路所引反馈为电压串联负反馈。

在深度负反馈条件下，$\dot{U}_i \approx \dot{U}_f$，$\dot{U}_i' \approx 0$，则$\dot{I}_i' = \dot{I}_{b2} \approx 0$，所以反馈电压为

$$\dot{U}_f \approx \frac{R_1}{R_1+R_F}\dot{U}_o$$

由此可得闭环电压放大倍数为

$$\dot{A}_{uuf} = \frac{\dot{U}_o}{\dot{U}_i} \approx \frac{\dot{U}_o}{\dot{U}_f} = 1+\frac{R_F}{R_1} = 1+\frac{50}{2} = 26$$

7.5 负反馈放大电路的稳定性

放大电路中引入负反馈，可以使电路的许多性能得到改善，并且反馈深度越深，改善效果越好。但是对于多级放大电路而言，反馈深度过深时，即使放大电路的输入信号为零，输出端也会出现具有一定频率和幅值的输出信号，这种现象称为放大电路的**自激振荡**，它使放大电路不能正常工作，失去了电路的稳定性。

7.5.1 负反馈放大电路产生自激振荡的原因和条件

1. 自激振荡产生的原因

由前面的分析可知，负反馈放大电路的闭环放大倍数为

$$\dot{A}_f = \frac{\dot{A}}{1+\dot{A}\dot{F}}$$

在中频段，由于$\dot{A}\dot{F}>0$，$\dot{A}$和$\dot{F}$的相角 $\varphi_A+\varphi_F = 2n\pi$（$n=0，1，2，\cdots$），$\dot{X}_i$ 与$\dot{X}_f$ 同相，因此净输入量$\dot{X}_i'$ 是两者的差值，即

$$|\dot{X}_i'| = |\dot{X}_i| - |\dot{X}_f|$$

所以负反馈作用能正常地体现出来。

在低频段和高频段，$\dot{A}\dot{F}$将产生**附加相移**。在低频段，由于耦合电容和旁路电容的作用，$\dot{A}\dot{F}$将产生超前相移；在高频段，由于半导体器件存在极间电容，$\dot{A}\dot{F}$将产生滞后相移。假设在某一频率f_o 下，$\dot{A}\dot{F}$的附加相移达到 180°，即 $\varphi_A+\varphi_F = (2n+1)\pi$（$n=0，1，2，\cdots$），则$\dot{X}_i$ 和$\dot{X}_f$ 必然会由中频时的同相变为反相，即

$$|\dot{X}_i'| = |\dot{X}_i| + |\dot{X}_f|$$

上式说明净输入信号$|\dot{X}_i'|$大于输入信号$|\dot{X}_i|$，输出量$|\dot{X}_o|$增大，所以反馈的结果使放大倍数增大。

在输入信号为零时，由于某种含有频率f_o 的扰动信号（如电源合闸通电），使$\dot{A}\dot{F}$产生了 180°的附加相移，由此产生了输出信号$\dot{X}_o$。$\dot{X}_o$ 经过反馈网络和比较电路后，得到净输入信号$\dot{X}_i' = 0-\dot{X}_f = -\dot{F}\dot{X}_o$，送到基本放大电路后再放大，得到一个增强了的$-\dot{A}\dot{F}\dot{X}_o$，$\dot{X}_o$ 将不断增大。其过程如图 7-23 所示。

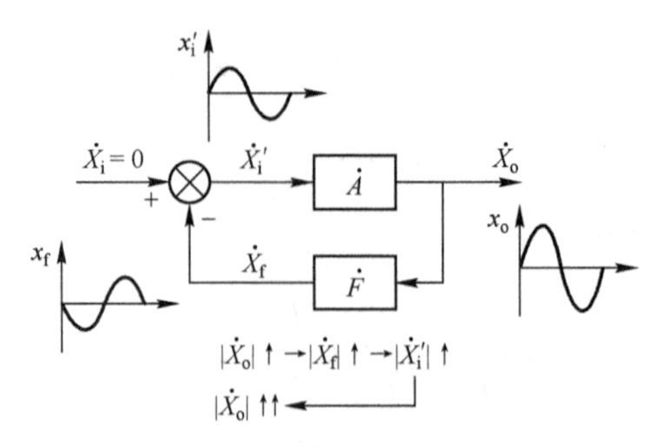

图 7-23　负反馈放大电路的自激振荡

最终，由于半导体器件的非线性电路达到动态平衡，即反馈信号维持着输出信号，而输出信号又维持着反馈信号，称电路产生了自激振荡。

可见，**负反馈放大电路产生自激振荡的根本原因之一是$\dot{A}\dot{F}$的附加相移**。

2. 产生自激振荡的条件

由图 7-23 可知，在电路产生自激振荡时，由于$\dot{X}_o$与$\dot{X}_f$相互维持，所以$\dot{X}_o=\dot{A}\dot{X}_i'=-\dot{A}\dot{F}\dot{X}_o$，即$-\dot{A}\dot{F}=1$，或

$$\dot{A}\dot{F}=-1 \tag{7-46}$$

将上式写成模和相角形式

$$|\dot{A}\dot{F}|=1 \tag{7-47}$$

$$\varphi_A+\varphi_B=(2n+1)\pi \qquad (n=1,2,\cdots) \tag{7-48}$$

式（7-47）和式（7-48）分别称为**自激振荡的幅值条件和相位条件**。放大电路只有同时满足上述两个条件，才会产生自激振荡。电路在起振过程中，$|\dot{X}_o|$有一个从小到大的过程，故**起振条件**为

$$|\dot{A}\dot{F}|>1 \tag{7-49}$$

在阻容耦合的单管放大电路中引入负反馈，在低频段和高频段所产生的附加相移分别为0~+90°和0~-90°，不存在满足相位条件的频率，所以不会产生自激振荡。在两级放大电路中引入负反馈，可以产生0~±180°的附加相移，虽然理论上存在满足相位条件的频率f_o，当f_o趋于无穷大或为零时，附加相移达到±180°，但是此时$\dot{A}=0$，不满足幅值条件，所以也不会产生自激振荡。在三级放大电路中引入负反馈，当频率从零变化到无穷大时，附加相移的变化范围为0~±270°，因而存在附加相移等于±180°的频率f_o，若反馈网络为纯电阻网络，当$f=f_o$时，$\dot{A}>0$，则满足幅值条件，所以电路可能产生自激振荡。由此可见，三级和三级以上的放大电路引入负反馈易产生自激振荡，并且反馈深度越深，满足幅值条件的可能性越大，越容易产生自激振荡。因此，在深度负反馈条件下，必须采取措施破坏自激条件，才能使放大电路稳定地工作。

7.5.2　负反馈放大电路稳定性的判定

为了判断负反馈放大电路是否产生自激振荡，可利用其环路增益的频率特性进行分析。

1. 自激振荡的判断方法

图 7-24 所示波特图为负反馈放大电路环路增益的频率特性，由图可知它们均为直接耦合放大电路。

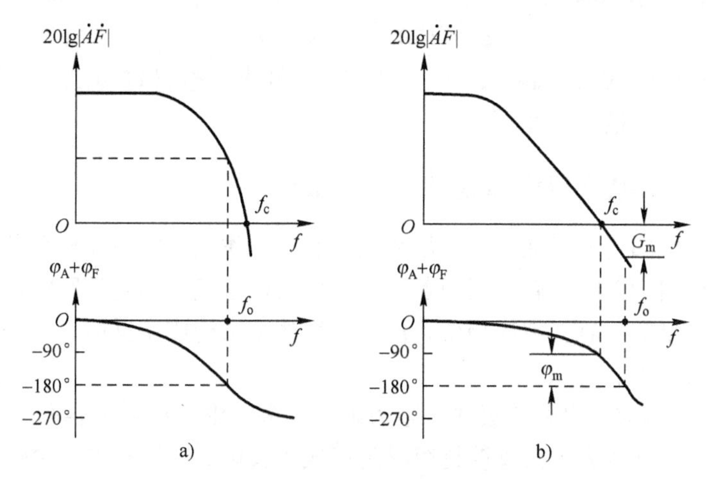

图 7-24　利用频率特性判断自激振荡

a）$f_o<f_c$ 产生自激　b）$f_o>f_c$ 不产生自激

设满足自激振荡相位条件的频率为 f_o，满足自激振荡幅值条件的频率为 f_c。

由图 7-24a 的相频特性可见，当 $f=f_o$ 时，$\dot{A}\dot{F}$的相移 $\varphi_A+\varphi_F=-180°$，而此频率所对应的对数幅频特性位于横坐标轴之上，即 $20\lg|\dot{A}\dot{F}|>0\,\text{dB}$，或 $|\dot{A}\dot{F}|>1$，说明当 $f=f_o$ 时，电路同时满足自激振荡的相位条件和幅度条件，所以该负反馈放大电路将产生自激振荡。图 7-24a 的幅频特性使 $20\lg|\dot{A}\dot{F}|=0\text{dB}$ 的频率为 f_c。

由图 7-24b 可见，使 $\varphi_A+\varphi_F=-180°$的频率为 f_o，使 $20\lg|\dot{A}\dot{F}|=0\text{dB}$ 的频率为 f_c。当 $f=f_o$ 时，$20\lg|\dot{A}\dot{F}|<0\text{dB}$，即 $|\dot{A}\dot{F}|<1$，说明不满足起振条件，则该负反馈放大电路不会产生自激振荡，能够稳定工作。

通过上述分析可总结出判断负反馈放大电路是否稳定的方法，首先，若不存在满足自激振荡相位条件的频率 f_o，则电路稳定。其次，若存在 f_o，并且 $f_o<f_c$，说明 $|\dot{A}\dot{F}|>1$，则电路不稳定，必然产生自激振荡；若存在 f_o，但 $f_o>f_c$，说明 $|\dot{A}\dot{F}|<1$，则电路稳定，不会产生自激振荡。

2. 负反馈放大电路的稳定裕度

为了保证负反馈放大电路能稳定工作，不但要求 $f_o>f_c$，而且要求放大电路具有一定的稳定裕度。

通常将 $f=f_o$（即 $\varphi_A+\varphi_F=-180°$）时所对应的 $20\lg|\dot{A}\dot{F}|$ 值定义为**幅度裕度** G_m，如图 7-24b 幅频特性所示，即

$$G_m=20\lg|\dot{A}\dot{F}|_{f=f_o}(\text{dB}) \tag{7-50}$$

对于稳定的放大电路 $G_m<0$，而且 $|G_m|$越大，电路越稳定。一般认为 $|G_m|<10\text{dB}$，电路

就具有足够的幅值稳定裕度。

将$f=f_c$（即$20\lg|\dot{A}\dot{F}|=0$）时所对应的$|\varphi_A+\varphi_F|$与180°的差值定义为**相位裕度** φ_m，如图7-24b相频特性所示，即

$$\varphi_m=180°-|\varphi_A+\varphi_F|_{f=f_c} \tag{7-51}$$

对于稳定的负反馈放大电路，$\varphi_m>0$，而且φ_m越大，电路越稳定。一般认为$\varphi_m>45°$，电路就具有足够的相位稳定裕度。

7.5.3 负反馈放大电路自激振荡的消除方法

通过以上分析可知，要保证负反馈放大电路稳定工作，必须破坏自激条件。通常是在相位条件满足，既反馈为正时，破坏振幅条件，使反馈信号幅值不满足原输入量；或者在振幅条件满足，反馈量足够大时，破坏相位条件，使反馈无法构成正反馈。根据着两个原则，克服自激振荡的方法如下。

1）减小反馈环内放大电路的级数。因为级数越多，由于耦合电容和半导体器件的极间电容所引起的附加相移越大，负反馈越容易过渡成正反馈。一般来说，两级以下的负反馈放大电路产生自激的可能性较小，因为其附加相移得到极限值±180°，当达到此极限值时，相应的放大倍数已趋于零，振幅条件不满足。所以实际使用的负反馈放大电路的级数一般不超过两级，最多三级。

2）减小反馈深度。当负反馈放大电路的附加相移达到±180°时，满足自激振荡的相位条件，能够防止电路自激的唯一方法是不再让它满足振幅条件，即限制反馈深度，使它不能≥1，这就要求中频时的反馈深度不能太大。显然，这种方法会影响放大电路性能的改善。

3）在放大电路的适当位置加补偿电路。为了克服自振荡，又不使放大电路的性能改善受到影响，通常在负反馈放大电路中接入由C或RC构成的各种校正补偿电路，破坏电路的自激条件，保证电路稳定工作。

① 简单电容滞后补偿。

假设某负反馈放大电路环路增益的幅频特性和相频特性如图7-25中虚线所示。

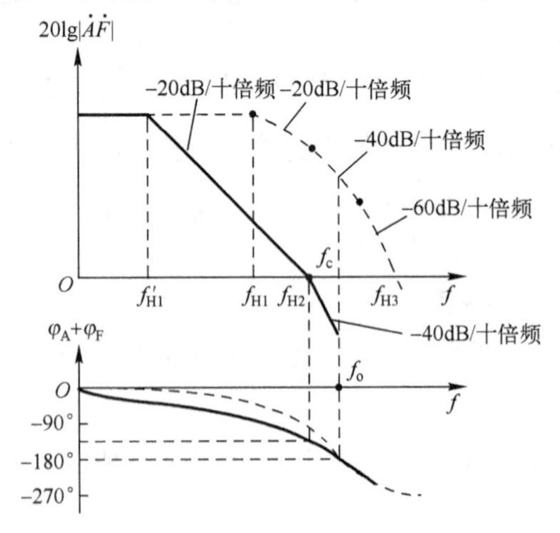

图7-25 简单电容滞后补偿的幅频特性和相频特性

由图 7-25 可见，在 $\varphi_A+\varphi_F=-180°$时，$20\lg|\dot{A}\dot{F}|>0$，即$|\dot{A}\dot{F}|>1$，因此电路易产生自激振荡。为了消除自激振荡，可在极点频率最低的f_{H1}那级电路接入补偿电容，如图 7-26a 所示，其高频等效电路如图 7-26b 所示。R_{o1}为前级输出电阻，R_{i2}为后级输入电阻，C_{i2}为后级输入电容，则加补偿电容前的上限频率为

$$f_{H1}=\frac{1}{2\pi(R_{o1}//R_{i2})C_{i2}} \tag{7-52}$$

加补偿电容后的上限频率为

$$f'_{H1}=\frac{1}{2\pi(R_{o1}//R_{i2})(C_{i2}+C)} \tag{7-53}$$

若补偿后使$f=f_{H2}$时，$20\lg|\dot{A}\dot{F}|=0\text{dB}$，并且$f_{H2}>10f'_{H1}$，则补偿后的幅频特性和相频特性如图 7-25 中实线所示。由图可以看出，采用简单电容补偿后，当$f=f_c$时，$(\varphi_A+\varphi_F)$趋于$-135°$，即$f_o>f_c$，并具有 45°的相位裕度，所以电路不会产生自激振荡。

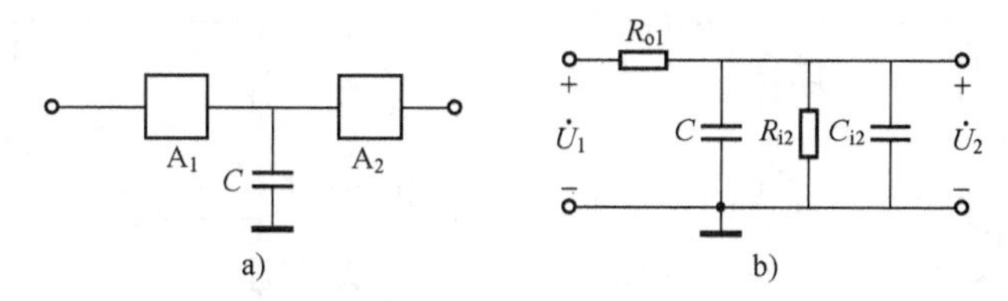

图 7-26　放大电路中的简单电容滞后补偿

a）简单电容滞后补偿电路　b）高频等效电路

② *RC* 滞后补偿。

虽然电容滞后补偿可以消除自激振荡，但是它是以频带变窄为代价换来的。若采用 *RC* 滞后补偿则不仅可以消除自激振荡，而且可以使频带的宽度得到改善，其校正电路如图 7-27 所示。校正电路应加在时间常数最大，即极点频率最低的放大级，由于电阻 *R* 与电容 *C* 串联后并联在电路中，*RC* 网络对高频电压放大倍数的影响较单个电容的影响要小些，因此，采用 *RC* 滞后补偿，在消除自激振荡的同时，高频响应的损失比仅用电容补偿时要轻。采用 *RC* 滞后补偿前后放大电路的幅频特性如图 7-28 所示。图中f''_{H1}为 *RC* 滞后补偿后的上限频率，f'_{H1}为简单电容补偿后的上限频率，可见带宽有所改善，并且补偿后，环路增益幅频特性中只有两个拐点，因而电路不会产生自激振荡。

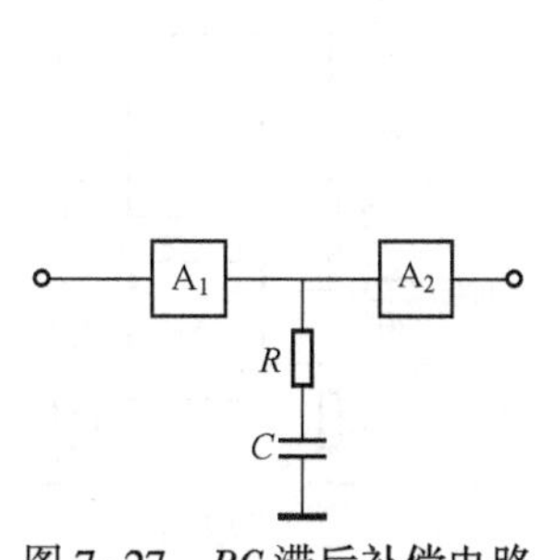

图 7-27　*RC* 滞后补偿电路

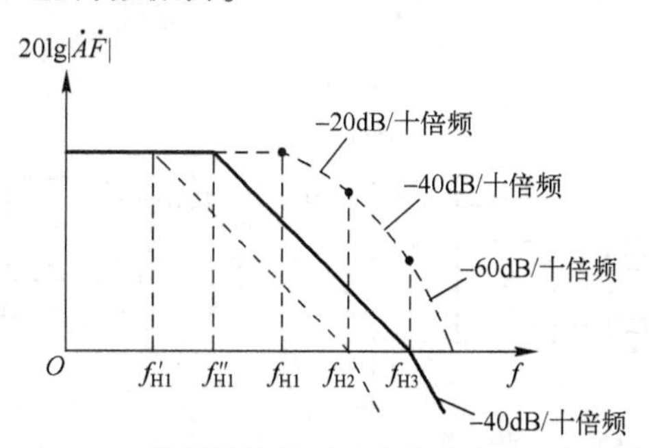

图 7-28　*RC* 滞后补偿前后基本放大电路的幅频特性

除上述介绍的补偿方法外，还有很多其他的补偿方法，请读者参阅其他文献。

习题

7.1 试判断图题 7.1 所示各电路中的反馈极性和反馈类型。

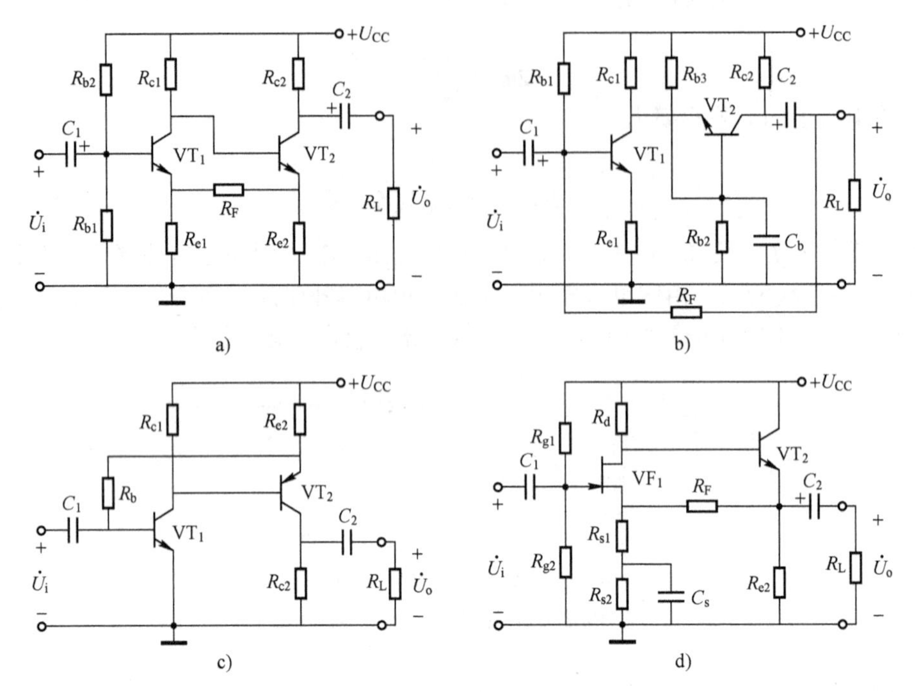

a) b) c) d)

图题 7.1

7.2 试判断图题 7.2 所示电路中反馈的极性和组态。

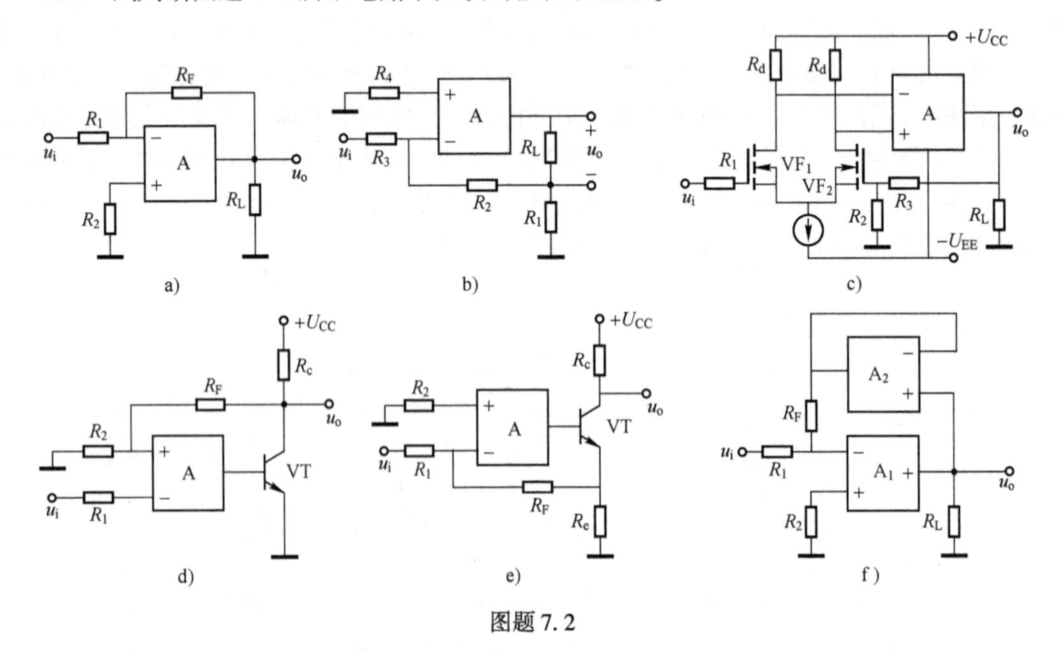

a) b) c) d) e) f)

图题 7.2

7.3　一个负反馈放大电路$\dot{A}=10^4$，$\dot{F}=10^{-2}$，求$\dot{A}_f=\dfrac{\dot{A}}{1+\dot{A}\dot{F}}=?$，$\dot{A}_f=\dfrac{1}{\dot{F}}=?$ 比较两种计算结果误差是多少？若$\dot{A}=10$，$\dot{F}=10^{-2}$，重复以上计算，比较它们的结果，说明什么问题？

7.4　一个放大电路，引入电压串联负反馈，要求当开环电压放大倍数$\dot{A}_{uu}$变化25%时，闭环电压放大倍数$\dot{A}_{uuf}$变化不能超过1%，又要求闭环电压放大倍数为100，问$\dot{A}_u$ 值至少应选多大？这时反馈系数$\dot{F}_{uu}$又应选多大？

7.5　设某负反馈放大电路中频区的电压增益$\dot{A}_m=10^4$，上限频率为$f_H=20\,kHz$，下限频率为$f_L=100\,Hz$。若现在需要使放大器在闭环状态下$f_{Hf}\geq 200\,kHz$，$f_{Lf}\leq 10\,Hz$，则反馈系数$\dot{F}$应如何选择？

7.6　放大电路如图题7.6所示，为达到下述四种效果，应该引入什么反馈？

（1）稳定电路的各级静态工作点。

（2）稳定电路的输出电压。

（3）稳定电路的输出电流。

（4）提高电路的输入电阻。

7.7　设图题7.1a~c的电路满足深度负反馈的条件，试用近似估算法分别估算它们的放大倍数。

7.8　估算图题7.2所示各电路在深度负反馈条件下的电压放大倍数。

7.9　电路如图题7.9所示。

（1）为了提高输出级的带负载能力，减小输出电压波形的非线性失真，试在电路中引入一个负反馈（画在图上），并说明反馈组态。

（2）若要求引入负反馈后的电压放大倍数$\dot{A}_{uf}=20$，试选择反馈电阻的阻值。

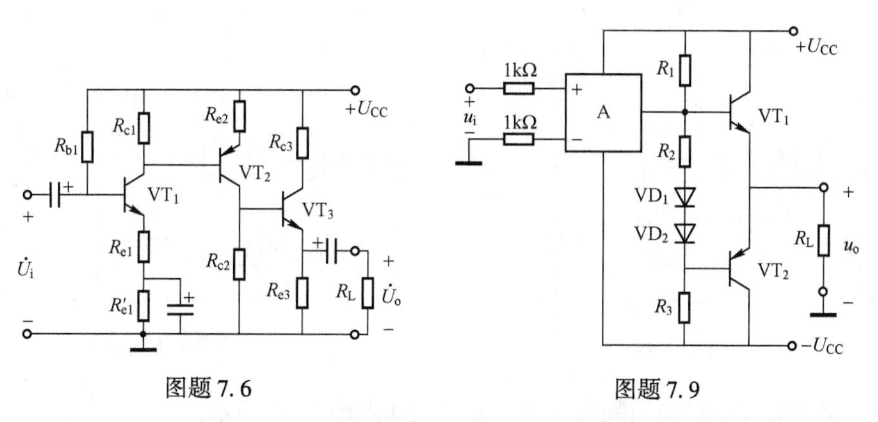

图题7.6　　　　图题7.9

7.10　电路如图题7.10所示，试问J、K、M、N四点中哪两点相连，可以使电路既能稳定输出电流，又能提高输入电阻，并写出在深度负反馈条件下$\dot{A}_{uf}$的表达式。

7.11　由A_1、A_2、A_3组成的反馈放大电路如图题7.11所示，试判断电路的反馈极性和组态，并求闭环电压增益$\dot{A}_{uf}$的表达式（设运算放大器均为理想运算放大器）。

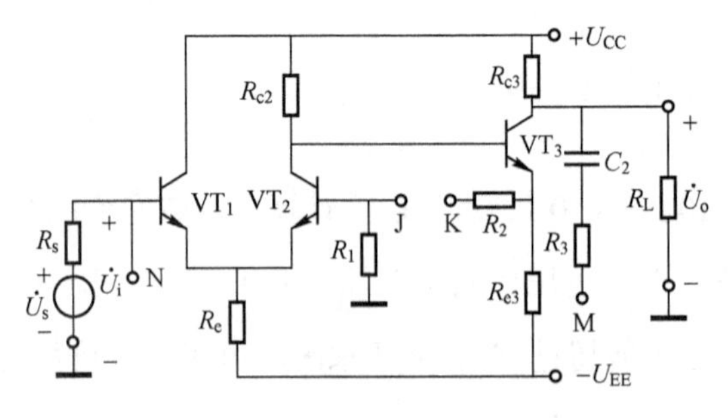

图题 7.10

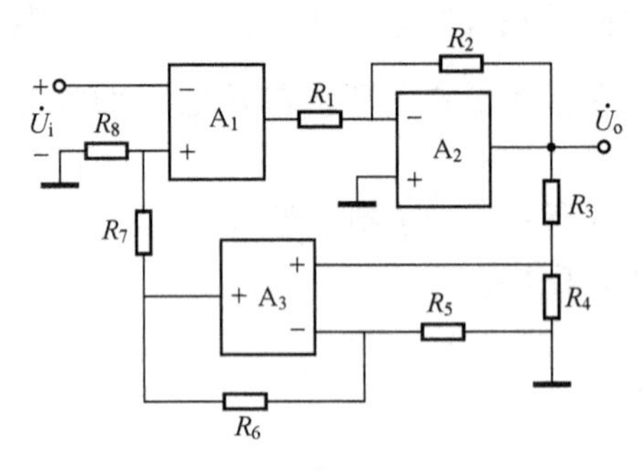

图题 7.11

7.12　电路如图题 7.12 所示，试判断反馈类型和极性，若 $R_s = 10\,\text{k}\Omega$，$R_f = 100\,\text{k}\Omega$，求在深度负反馈条件下的源电压放大倍数。

7.13　放大电路如图题 7.13 所示。

（1）当要求负载 R_L 变化时，$\dot{U}_o$ 基本不变，应如何引入反馈？

（2）写出引入反馈后的电压放大倍数$\dot{A}_{uf}$的表达式。

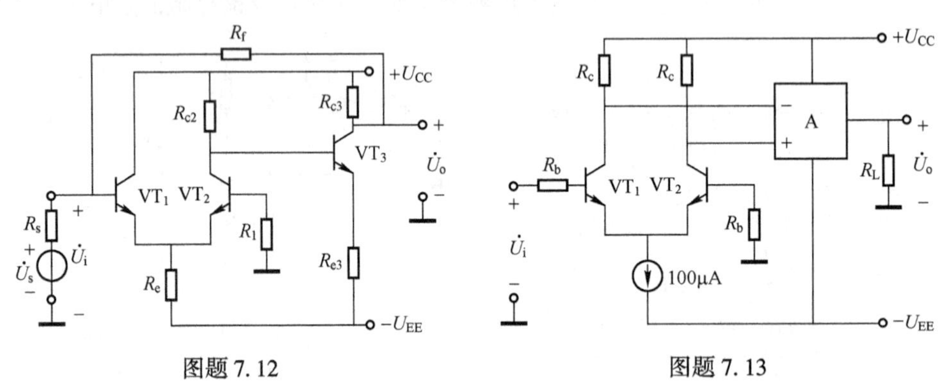

图题 7.12　　　　图题 7.13

7.14　反馈放大电路的相频特性和幅频特性如图题 7.14 所示。

（1）判断放大电路是否会产生自激振荡，并说明理由。

（2）确定电路的幅值裕度 G_m。

7.15　反馈放大电路的相频特性和幅频特性如图题 7.15 所示。

（1）判断放大电路是否会产生自激振荡，并说明理由。

（2）若要求电路的相位裕度 $\varphi_m = 45°$，$|\dot{A}\dot{F}|$ 应下降多少倍？

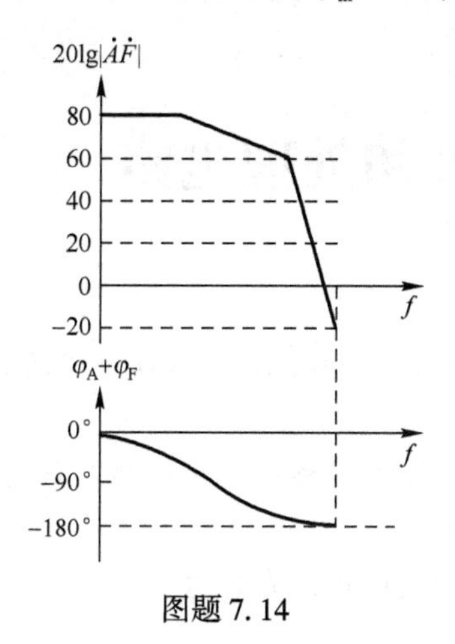

图题 7.14

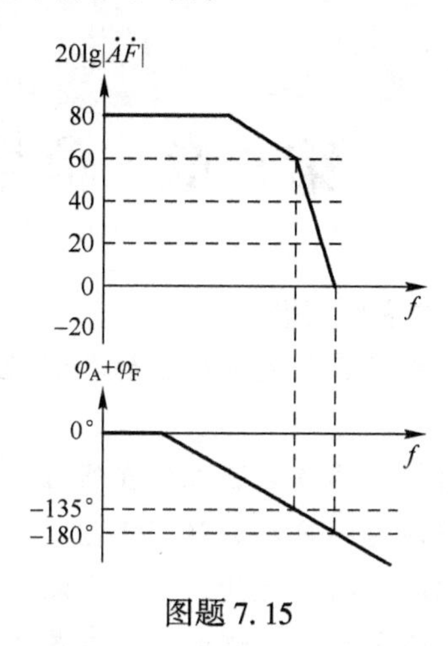

图题 7.15

7.16　已知负反馈放大电路的 $20\lg|\dot{A}| = \dfrac{100}{\left(1+\mathrm{j}\dfrac{f}{10^4}\right)\left(1+\mathrm{j}\dfrac{f}{10^5}\right)^2}$，试分析为了使放大电路能够稳定工作（即不产生自激振荡），反馈系数的上限值为多少？

第8章　信号运算和处理电路

本章讨论的主要问题：

1. 理想集成运算放大器构成的各种运算电路，其运算电路的名称，以及运算关系式如何分析？

2. 理想集成运算放大器工作在线性区时，构成哪些典型的应用电路？如何分析？

3. 模拟乘法器的应用电路有哪些？如何分析？

4. 滤波电路的功能是什么？无源滤波和有源滤波的区别是什么？

5. 运算电路和有源滤波电路在本质上是否相同？

无论集成运算放大器内部结构有多复杂，在研究集成运算放大器的应用电路时，可以把集成运算放大器看作一个元件。这样即使不详细了解集成运算放大器内部结构，也可以设计出大量集成运算放大器的应用电路。

集成运算放大器连接上外部元器件，便得到集成运算放大器电路。**请注意：**集成运算放大器、集成运算放大器电路概念的不同，集成运算放大器只是集成运算放大器电路的一部分，当作外部元件一样。第4章讲述了集成运算放大器的符号、特点、结构以及性能指标，本章以集成运算放大器的电压传输特性曲线及其工作区域展开，讲述集成运算放大器的线性区的应用电路。

在分析研究集成运算放大器的各种应用电路时，常常将其作为**理想集成运算放大器**考虑。理想集成运算放大器的主要性能指标表现为 $A_{od}=\infty$，$r_{id}=\infty$，$r_{od}=0$。当然，实际集成运算放大器达不到理想标准，但从理想角度看，对器件的理解与分析更加简单。

在线性区，u_o 是有限值，由于 $A_{od}=\infty$，因此 $u_{id}=u_+-u_-=0$，即 $u_+\approx u_-$，称为**虚短路**；又由于 $r_{id}=\infty$，因此两个输入端的输入电流为0，即输入端 $i_+\approx i_-=0$，称为**虚断路**。虚短路和虚断路是线性区具有的两个重要特点，也是研究分析集成运算放大器应用电路非常重要的分析工具。

8.1　比例运算电路

在分析集成运算放大器的应用电路时，首先应判断集成运算放大器是引入负反馈、开环或是引入正反馈，进而确定其工作区，因此首先能够识别电路功能。其次，实现线性应用电路时，集成运放需引入负反馈，保证其工作在线性区，利用“虚短”和“虚断”的特点，需要求解的是输入电压与输出电压之间的线性运算关系，即写出 u_i 与 u_o 之间的表达式 $u_o=f(u_i)$，从而实现各种模拟信号之间的运算。

8.1.1 反相比例运算电路

当输入电压 u_i 与输出电压 u_o 之间的线性运算关系为 $u_o=Ku_i$ 时，K 为比例系数，称为比例运算电路。当 K 为负值时，称为**反相比例运算电路**；当 K 为正值时，称为同相比例运算电路。

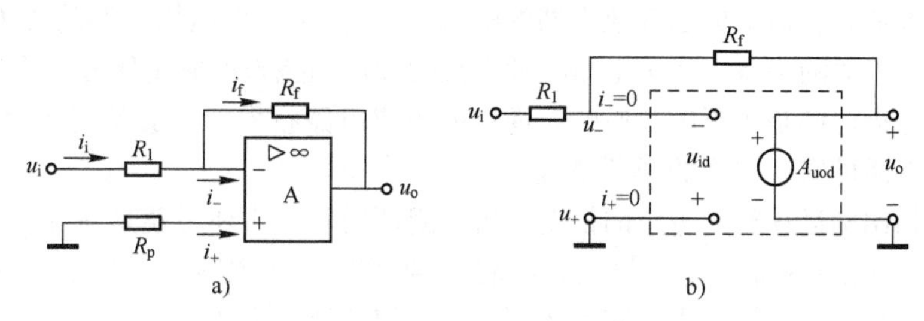

图 8-1　反相比例运算电路及其电路分析模型

a）电路图　b）电路分析模型

如图 8-1a 所示电路，单个运算放大器的输出端与反相输入端引入反馈支路 R_f，可知引入的是负反馈，因此可以判断集成运算放大器工作在线性区；又由于输入信号 u_i 作用在反相输入端，且仅有一个输入信号，进一步判断构成了反相比例运算电路。那么，究竟输出电压与输入电压是不是反相比例运算的关系呢，这里借助于第 4 章图 4-4，集成运算放大器的理想化模型替换集成运算放大器符号，电路分析模型如图 8-1b 所示，使读者进一步理解“虚短”和“虚断”的由来，以及输入电压与输出电压的运算关系成立的条件。

早期的集成运算放大器只有一个输入端，即反相输入端。由图 8-1b 可知

$$u_+=0 \tag{8-1}$$

利用叠加定理，可得

$$u_-=\frac{R_f}{R_1+R_f}u_i+\frac{R_1}{R_1+R_f}u_o \tag{8-2}$$

根据开环差模电压增益的定义，可知

$$u_o=A_{uod}u_{id}=A_{uod}(u_+-u_-) \tag{8-3}$$

将式（8-1）、式（8-2）代入式（8-3）得

$$u_o=A_{uod}u_{id}=A_{uod}\left(-\frac{R_f}{R_1+R_f}u_i-\frac{R_1}{R_1+R_f}u_o\right) \tag{8-4}$$

闭环电压放大倍数整理得

$$A_{uf}=\frac{u_o}{u_i}=-\frac{R_f}{R_1}\left(\frac{1}{1+(1+R_f/R_1)/A_{uod}}\right) \tag{8-5}$$

在理想集成运算放大器的开环差模电压增益 $A_{uod}\to\infty$ 的情况下，可得

$$A_{uf}=\frac{u_o}{u_i}=-\frac{R_f}{R_1} \tag{8-6}$$

式（8-6）说明反相比例运算电路的闭环增益是负值，表明输入和输出的极性相反，因为输入信号加到了集成运算放大器的反相端。从闭环增益的公式可知，闭环增益仅取决于外部反馈电阻 R_f 和反相端的电阻 R_1 之比。这使得反相比例运算放大电路的设计很容易，而且

当集成运算放大器内部的电阻、二极管和晶体管等元器件随温度变化时，只要选取两个电阻的比值满足运算电路精度和稳定性要求，不必要求单个电阻有较高质量，便可实现用次等元器件设计高质量电路的可能性。

显然，反相比例运算放大电路的闭环增益 A_{uf}，与集成运算放大器本身的开环差模电压增益 A_{uod}是很不相同的。虽然两个放大器具有相同的输出，但是输入不相同，反相比例运算放大电路的输入是 u_i，而集成运算放大器的输入是 u_{id}。在实现运算电路的过程中，需要集成运算放大器有很大的增益，实际上是牺牲大量的开环增益来换取闭环增益的稳定性。在电路设计时，性能指标都是要折中考虑的。现代的集成电路技术，能够实现在大规模生产中，采用极低的成本便可实现很高的开环增益。

借助于反相比例运算放大电路的模型分析了闭环增益，闭环增益是在 $A_{uod}\to\infty$ 的极限情况下得到的。在 $A_{uod}\to\infty$ 条件下，显然存在着“虚短”和“虚断”的特点，那么可利用这两个重要特点，来估算运算放大电路的闭环增益，使得计算更加简单。

利用“虚短”和“虚断”特点，具体分析如下。

列节点电流方程可知

$$i_i=i_f+i_- \tag{8-7}$$

根据“虚断”$i_-=0$，可知

$$i_i\approx i_f \tag{8-8}$$

又由于 $i_+=0$，可知

$$u_+=0 \tag{8-9}$$

根据虚短 $u_+=u_-$，可知

$$u_-=0 \tag{8-10}$$

则

$$\frac{u_i-0}{R_1}=\frac{0-u_o}{R_f} \tag{8-11}$$

故输入信号与输出信号的表达式为

$$u_o=-\frac{R_f}{R_1}u_i \tag{8-12}$$

由于“虚地”是反相比例运算电路的重要特征，因此对信号源来说，从端口看进去的有效电阻是 R_1，因此输入电阻 $R_i=R_1$；由于输出电压由 A_{uod}决定，输出电阻为 $R_o=0$。

可见，u_o 与 u_i 之间为反相比例运算关系，此时比例系数 $K=-\frac{R_f}{R_1}$为任意负数。电路中 R_p 在分析时存在与否并不影响运算关系式，但在实际应用中 $R_p=R_1//R_f$ 用以消除失调现象，称为平衡电阻，保证 $u_i=0$ 时 $u_o=0$。反相比例运算电路的重要特征是反相输入端“虚地”，即 $u_-=0$，可见共模输入电压 $u_+=u_-=0$，因此对集成运算放大器的共模参数要求较低。

8.1.2 同相比例运算电路

如图 8-2 所示电路，与图 8-1 不同的是输入信号作用在同相输入端，因此称为同相比例运算电路。与反相比例运算电路类似，同样可利用理想运算放大器的模型来分析，此处不再赘

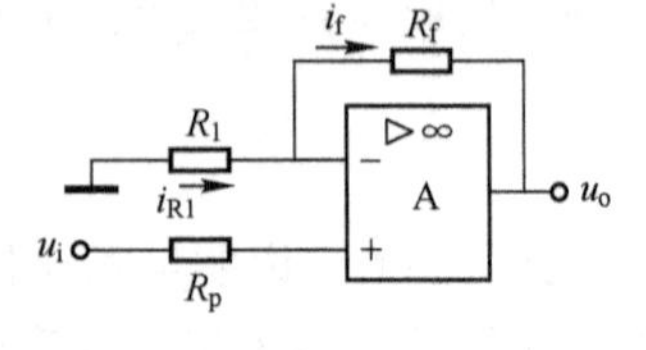

图 8-2 同相比例运算电路

述。直接利用“虚短”和“虚断”特点的简单分析法。其中平衡电阻 $R_p=R_1//R_f$ 的作用与反相比例运算电路类似。具体分析如下。

列节点电流方程，可知

$$i_{R1}=i_f+i_- \tag{8-13}$$

根据“虚断” $i_+=i_-=0$，可知

$$i_{R1}=i_f, \qquad u_+=u_i \tag{8-14}$$

则有

$$\frac{0-u_-}{R_1}=\frac{u_--u_o}{R_f} \tag{8-15}$$

根据“虚短” $u_+=u_-$，代入得

$$\frac{0-u_+}{R_1}=\frac{u_+-u_o}{R_f} \tag{8-16}$$

则有

$$u_o=\left(1+\frac{R_f}{R_1}\right)u_+ \tag{8-17}$$

由于 $u_+=u_i$，故输入信号与输出信号的表达式为

$$u_o=\left(1+\frac{R_f}{R_1}\right)u_i \tag{8-18}$$

同相比例运算电路的同相输入端 $i_+=0$，表现为开路，所以输入电阻 $R_i\to\infty$，而由电路模型可知，输出电阻仍为 0。

可见，u_o 与 u_i 之间为同相比例运算关系，此时比例系数为任意正数。在分析时可知，同相比例运算电路的两个输入端 $u_+=u_-=u_i$ 存在共模输入电压，因此应当选用共模抑制比高、最大共模输入电压大的集成运算放大器。

若将图 8-2 所示同相比例运算电路中的 $R_1\to\infty$，$R_f=0$，便得到同相比例运算电路的特殊情况，即电压跟随器，如图 8-3 所示。

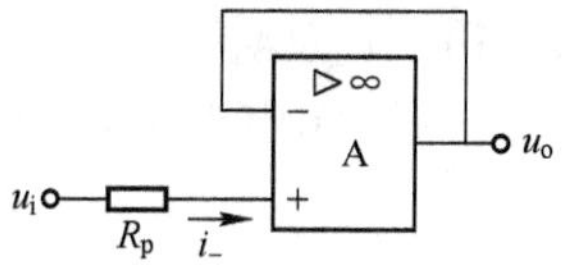

图 8-3 电压跟随器

电压跟随器的特点是将输出电压全部反馈回集成运算放大器的反相输入端，根据“虚断” $i_+=i_-=0$，可知

$$u_-=u_o, \qquad u_+=u_i \tag{8-19}$$

由于“虚短” $u_+=u_-$，则有

$$u_o=u_i \tag{8-20}$$

该电路的输出电压等于输入电压，称为电压跟随器或单位增益运算电路。由于 $i_+=0$ 使得输入电阻无穷大，输出电阻也为零。显然，从电压放大倍数看，电压跟随器并没有起作用，但在信号源与负载之间起到缓冲的作用，通常应用在两个电路之间。

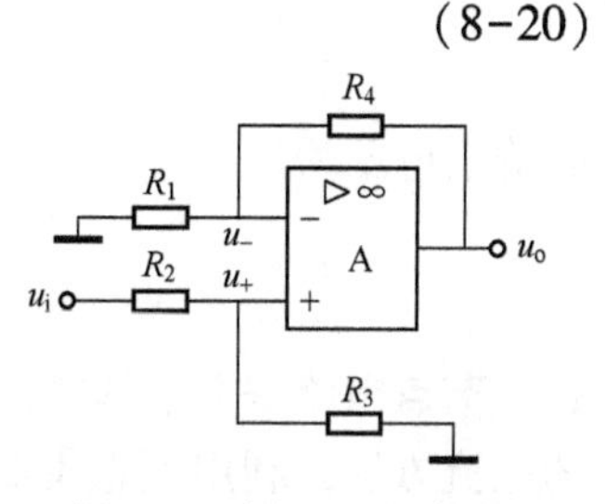

图 8-4 例 8-1 电路图

例 8-1 电路如图 8-4 所示，$R_1=R_3=10\,\text{k}\Omega$，$R_2=R_4=20\,\text{k}\Omega$。试分析输入信号与输出信号之间的运算关系式。

解：该电路与图 8-2 不同的是，在同相输入端与地之间接入电阻 R_3，使得 $u_+ \neq u_i$，但根据“虚短”和“虚断”，可知输出电压仍满足 $u_o = \left(1+\frac{R_4}{R_1}\right)u_+$，求出 u_+即可。

根据“虚断” $i_+=0$，则有

$$u_+ = \frac{R_3}{R_2+R_3}u_i$$

因此

$$u_o = \left(1+\frac{R_4}{R_1}\right)u_+ = \left(1+\frac{R_4}{R_1}\right)\times\frac{R_3}{R_2+R_3}u_i = \left(1+\frac{2}{1}\right)\times\frac{1}{3}u_i = u_i$$

8.2 基本运算电路

8.2.1 加法运算电路和减法运算电路

1. 加法运算电路

（1）反相加法运算电路

比例运算电路的特点是只有一个信号作用于集成运算放大器反相端或同相端，当有多个信号同时作用在集成运算放大器的反相端或同相端时，则构成加法运算电路。如图 8-5 所示，u_{i1}、u_{i2}、u_{i3}三个输入信号同时作用在反相端，称为**反相加法运算电路**，为保证电路对称性，其平衡电阻 $R_p = R_1 // R_2 // R_3 // R_f$。

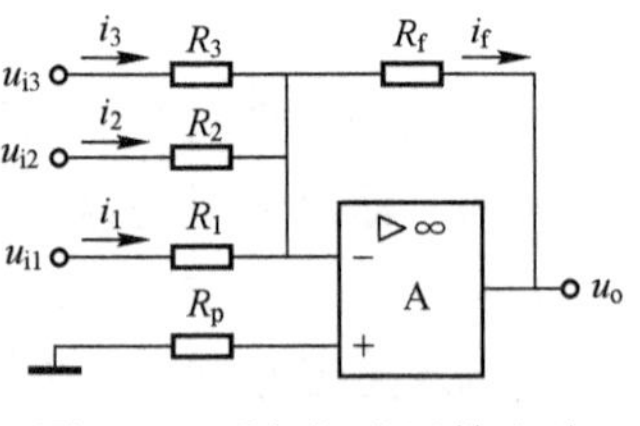

图 8-5 反相加法运算电路

1）节点电流法。

根据“虚断” $i_+=i_-=0$ 和“虚短” $u_-=u_+$两个特点，可知 $u_-=u_+=0$，则有

$$i_1 = \frac{u_{i1}}{R_1}, \quad i_2 = \frac{u_{i2}}{R_2}, \quad i_3 = \frac{u_{i3}}{R_3} \tag{8-21}$$

又根据节点电流法，即

$$i_f = i_1+i_2+i_3 \tag{8-22}$$

则有

$$\frac{u_{i1}}{R_1}+\frac{u_{i2}}{R_2}+\frac{u_{i3}}{R_3} = \frac{0-u_o}{R_f} \tag{8-23}$$

故输出电压为

$$u_o = -\left(\frac{R_f}{R_1}u_{i1}+\frac{R_f}{R_2}u_{i2}+\frac{R_f}{R_3}u_{i3}\right) \tag{8-24}$$

节点电流法在求解时，需列出集成运算放大器同相输入端和反相输入端，以及关键节点的电流方程，利用理想集成运算放大器线性区具有的“虚短”和“虚断”两个性能特点，求出运算关系，相对较烦琐。

2）叠加定理法。

当多个信号同时作用时，通常利用电路理论叠加定理来分析，分别求出每一个信号单独作用时的输出，再将输出求和，便得到 u_{i1}、u_{i2}、u_{i3}共同作用时的输出。当 u_{i1}单独作用时，其他输入信号 u_{i2}、u_{i3}为 0，即接地处理。由于反相端 $u_-=u_+=0$，因此 R_2 和 R_3 相当于短路，此时 $u_{o1}=-\dfrac{R_f}{R_1}u_{i1}$。同理可求解当 u_{i2}单独作用时，$u_{o2}=-\dfrac{R_f}{R_2}u_{i2}$；当 u_{i3}单独作用时，$u_{o3}=-\dfrac{R_f}{R_3}u_{i3}$。因此输出电压

$$u_o=u_{o1}+u_{o2}+u_{o3}=-\left(\frac{R_f}{R_1}u_{i1}+\frac{R_f}{R_2}u_{i2}+\frac{R_f}{R_3}u_{i3}\right) \tag{8-25}$$

从输出电压的表达式可以看出，输出与输入信号之间呈现反相加法的关系，当每个信号单独作用时，与反相比例运算电路接法相同。可见，“虚地”仍是反相加法运算电路的重要特征。正因为“虚地”，才使得输入电流对输入电压是线性比例关系，而且任意一个输入电压信号都与运算电路不连接，内部看是断开的。反相加法运算电路输出电压是各个输入电压的加权之和，且相位是反相的，广泛应用在音频混合电路中。

（2）同相加法运算电路

当多个信号同时作用在同相端时，便构成同相加法运算电路，如图 8-6 所示。由同相比例运算电路可知，输出电压 u_o 与同相输入端 u_+的关系式如下，注意反相输入端的电阻是 R_4。

$$u_o=\left(1+\frac{R_f}{R_4}\right)u_+ \tag{8-26}$$

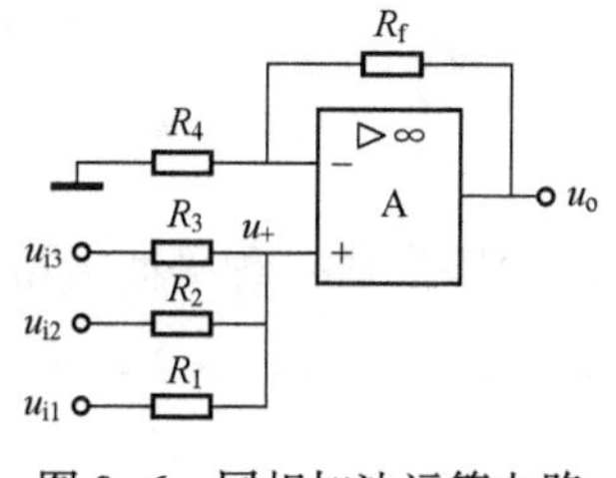

图 8-6　同相加法运算电路

这样只要求解 u_+即可。

当 u_{i1}单独作用 u_{i2}和 u_{i3}接地时，使得 R_2 和 R_3 并联，可得

$$u_{+1}=\frac{R_2//R_3}{R_1+R_2//R_3}u_{i1}$$

同理

$$u_{+2}=\frac{R_1//R_3}{R_2+R_1//R_3}u_{i2},\quad u_{+3}=\frac{R_1//R_2}{R_3+R_1//R_2}u_{i3} \tag{8-27}$$

于是

$$u_+=\frac{R_2//R_3}{R_1+R_2//R_3}u_{i1}+\frac{R_1//R_3}{R_2+R_1//R_3}u_{i2}+\frac{R_1//R_2}{R_3+R_1//R_2}u_{i3} \tag{8-28}$$

将式（8-28）代入式（8-26），便可得输出电压 u_o 的表达式为

$$u_o=\left(1+\frac{R_f}{R_4}\right)\left(\frac{R_2//R_3}{R_1+R_2//R_3}u_{i1}+\frac{R_1//R_3}{R_2+R_1//R_3}u_{i2}+\frac{R_1//R_2}{R_3+R_1//R_2}u_{i3}\right) \tag{8-29}$$

从式（8-29）中可以看出，输出电压与输入电压之间构成同相加法运算关系。

2. 减法运算电路

当反相端和同相端都有输入信号作用时，便构成减法运算电路，如图 8-7 所示。u_{i1}经电阻 R_1 作用在反相端，u_{i2}经电阻 R_2 作用在同相端。

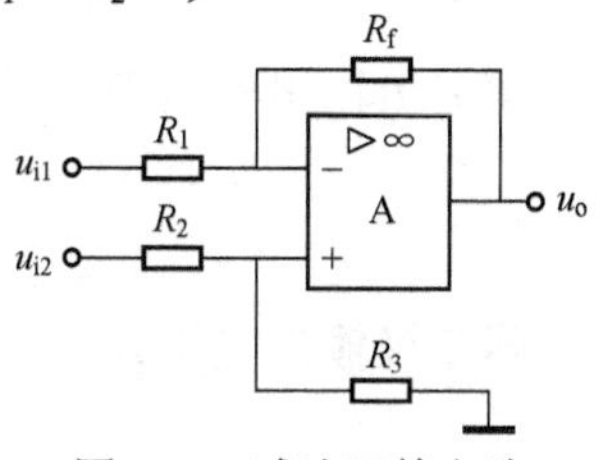

图 8-7　减法运算电路

根据叠加定理，当 u_{i1} 单独作用、u_{i2} 接地时，构成反相比例运算电路，有

$$u_{o1}=-\frac{R_f}{R_1}u_{i1} \tag{8-30}$$

当 u_{i2} 单独作用、u_{i1} 接地时，构成同相比例运算电路，有

$$u_{o2}=\left(1+\frac{R_f}{R_1}\right)u_+ \tag{8-31}$$

其中 $u_+=\frac{R_3}{R_2+R_3}u_{i2}$，整理得输出电压为

$$u_o=u_{o1}+u_{o2}=-\frac{R_f}{R_1}u_{i1}+\left(1+\frac{R_f}{R_1}\right)\frac{R_3}{R_2+R_3}u_{i2} \tag{8-32}$$

输入电阻 $R_{i1}=R_1$，$R_{i2}=R_2+R_3$，输出电阻仍为 $R_o=0$。可见输出电压与输入电压之间呈现**减法运算**关系。

实际应用中，为使集成运算放大器两个输入端对地的电阻平衡，以便消除两个输入端存在的共模信号，即 $u_+=u_-=\frac{R_3}{R_2+R_3}u_{i2}$，通常要求两个输入端电阻严格匹配，即满足

$$\frac{R_2}{R_3}=\frac{R_1}{R_f} \tag{8-33}$$

此时电阻形成一种平衡电桥，而输出电压可简化为

$$u_o=\frac{R_f}{R_1}(u_{i2}-u_{i1}) \tag{8-34}$$

式（8-34）表明输出电压与输入电压之差成正比，称为**差分运算放大电路**。当 $R_1=R_2=R_3=R_f$ 时，$u_o=u_{i2}-u_{i1}$，实现了**减法运算**。

例 8-2　电路如图 8-8 所示。已知 $\frac{R_3}{R_1}=\frac{R_4}{R_5}$，试求电路的输入与输出之间的运算表达式。

解：该电路是由两个集成运算放大器构成的两级运算放大电路，第一级的输出信号作为第二级的输入信号。第一级仅有一个输入信号 u_{i1} 作用在同相输入端，为同相比例运算电路；第二级有两个信号分别作用于反相端和同相端，为减法运算电路。

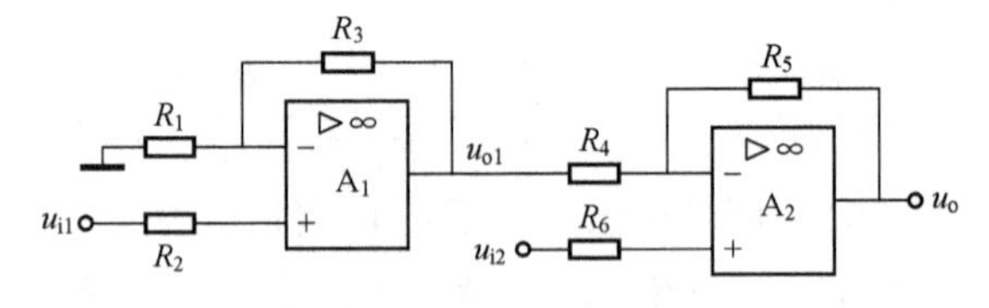

图 8-8　例 8-2 电路图

第一级输出电压为

$$u_{o1}=\left(1+\frac{R_3}{R_1}\right)u_{i1} \tag{8-35}$$

第二级输出电压为

$$u_o=-\frac{R_5}{R_4}u_{o1}+\left(1+\frac{R_5}{R_4}\right)u_{i2} \tag{8-36}$$

将式（8-35）代入式（8-36），可得

$$u_o=-\frac{R_5}{R_4}\left(1+\frac{R_3}{R_1}\right)u_{i1}+\left(1+\frac{R_5}{R_4}\right)u_{i2} \tag{8-37}$$

将已知条件$\frac{R_3}{R_1}=\frac{R_4}{R_5}$代入，计算得

$$u_o=\left(1+\frac{R_5}{R_4}\right)(u_{i2}-u_{i1}) \tag{8-38}$$

在实际应用中，通常采用上述两级运算放大器来实现减法运算，根据“虚断 $i_+=0$”可知两个输入信号作用下的输入电阻都为无穷大，该电路称为**高输入电阻的减法运算电路**。

8.2.2 积分运算电路和微分运算电路

1. 积分运算电路

如图 8-9 所示，积分运算电路结构类似于反相比例运算电路，采用电容作为反馈支路元件，反相端仍具有“虚地”这个重要特征。

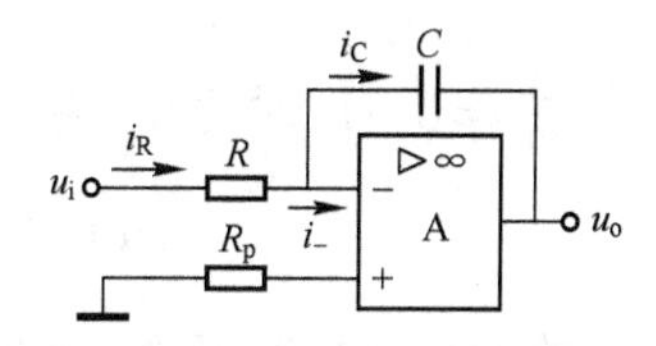

图 8-9　积分运算电路

根据节点电流法，具体分析如下：

$$i_R=i_C+i_- \tag{8-39}$$

由于“虚断 $i_-=0$”，则有

$$i_R=i_C$$

而 $i_C=C\frac{du_C}{dt}$，且 $u_-=0$，故

$$\frac{u_i-0}{R}=C\frac{d(0-u_o)}{dt} \tag{8-40}$$

整理得

$$u_o=-\frac{1}{RC}\int u_i dt \tag{8-41}$$

式（8-41）表明输出电压 u_o 与输入电压 u_i 的积分成正比关系，称为**积分运算电路**，且为**反相积分运算电路**。

在计算某一时间段$[t_1,t_2]$内的积分值时，有

$$u_o=-\frac{1}{RC}\int_{t_1}^{t_2}u_i(t)dt+u_o(t_1) \tag{8-42}$$

式（8-42）中 $u_o(t_1)$为积分起始时刻的输出电压，即积分运算的起始值，在计算时一定要注意。

例 8-3　在图 8-9 所示的积分运算电路中，已知 $R=100\text{ k}\Omega$，$C=10\ \mu\text{F}$，$u_o(0)=0$ 即电容上无初始储能。假设输入电压 u_i 的波形如图 8-10a 所示，请画出输出电压 u_o 的波形。

解：已知 u_i 是周期性变化的方波，因此应按照每一个时间段分析 u_o 的变化规律，求解时注意每个时间段积分运算的起始值。分析出一个周期内输出电压 u_o 的变化规律后便能够画出 u_o 的波形。

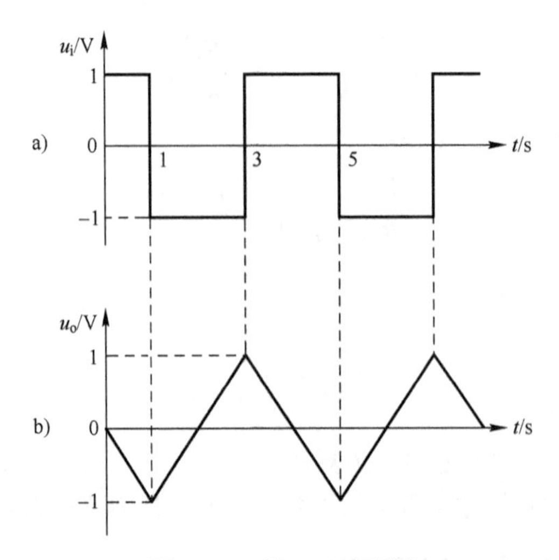

图 8-10　例 8-3 波形图

a）输入波形　b）输出波形

在 $t=0\to1$s 时间段，给定 $u_i=1$ V，故

$$u_o(1)=-\frac{1}{RC}\int_0^1 1\mathrm{d}t+u_o(0)=-t\Big|_0^1+0=-1\text{ V}$$

在 $t=1\to3$s 时间段，给定 $u_i=-1$ V，故

$$u_o(3)=-\frac{1}{RC}\int_1^3(-1)\mathrm{d}t+u_o(1)=t\Big|_1^3-1=1\text{V}$$

以此类推，输出电压 u_o 重复 $t=0\to3$s 时间段的变化规律。由以上分析画出输出电压波形如图 8-10b 所示。可见，在实际应用中，积分运算电路可实现波形变换，将方波转换为三角波，也常用于函数变换、延时、定时以及产生各种类型的非正弦波等。

例 8-4　电路如图 8-11 所示，求解输入电压与输出电压之间的关系式。

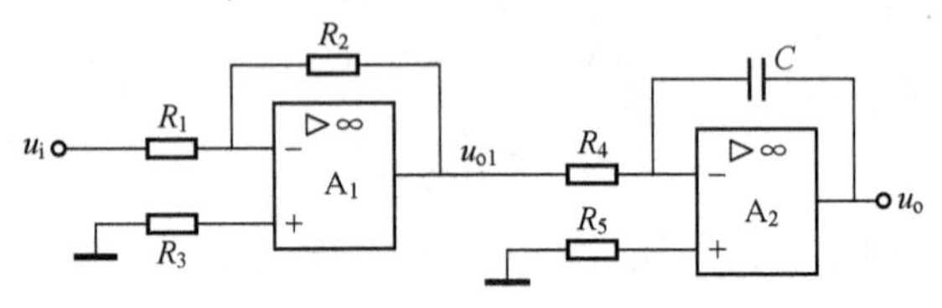

图 8-11　例 8-4 电路图

解： 该电路由两级集成运算放大器构成，第一级为反相比例运算电路，第二级为积分运算电路。两级电路均为基本运算电路，利用结论可得第一级输出电压为

$$u_{o1}=-\frac{R_2}{R_1}u_i$$

第二级输出电压为

$$u_o=-\frac{1}{R_4C}\int u_{o1}\mathrm{d}t=-\frac{1}{R_4C}\int\left(-\frac{R_2}{R_1}\right)u_i\mathrm{d}t=\frac{R_2}{R_1R_4C}\int u_i\mathrm{d}t$$

可见，该电路能够实现积分运算关系，且为**同相积分运算电路**。

2. 微分运算电路

若将图 8-9 所示积分运算电路中的反相输入端电阻 R 与反馈支路中的电容 C 元件互换位置，就构成了积分的逆运算即微分运算电路，如图 8-12 所示。

根据节点电流法，具体分析如下：

$$i_{\mathrm{C}}=i_{\mathrm{R}}+i_{-} \tag{8-43}$$

由于“虚断 $i_{-}=0$”，则有

$$i_{\mathrm{C}}=i_{\mathrm{R}}$$

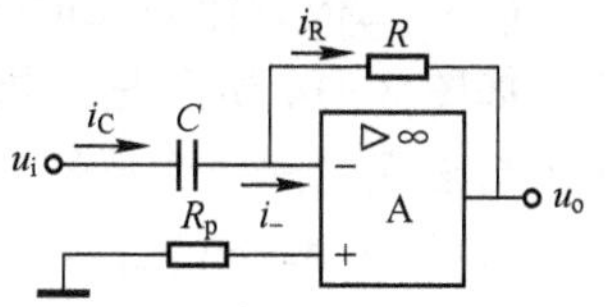

图 8-12　微分运算电路

而 $i_{\mathrm{C}}=C\dfrac{\mathrm{d}u_{\mathrm{C}}}{\mathrm{d}t}$，且 $u_{-}=0$，故

$$C\frac{\mathrm{d}(u_{\mathrm{i}}-0)}{\mathrm{d}t}=\frac{0-u_{\mathrm{o}}}{R}$$

整理得

$$u_{\mathrm{o}}=-RC\frac{\mathrm{d}u_{\mathrm{i}}}{\mathrm{d}t} \tag{8-44}$$

式（8-44）表明输出电压 u_{o} 与输入电压 u_{i} 的微分成正比关系，称为**微分运算电路**，且为**反相微分运算电路**。由于集成运算放大器的开环差模电压增益是频率的函数，随着频率的升高而降低，电路输出趋向于振荡。因此该电路仅适用于有限频率范围内使用。

在实际应用中，利用微分电路也能实现波形变换和函数变换。图 8-13 所示输入信号是矩形波（见图 8-13a），经过微分运算电路后，输出信号是尖脉冲波（见图 8-13b）的过程。

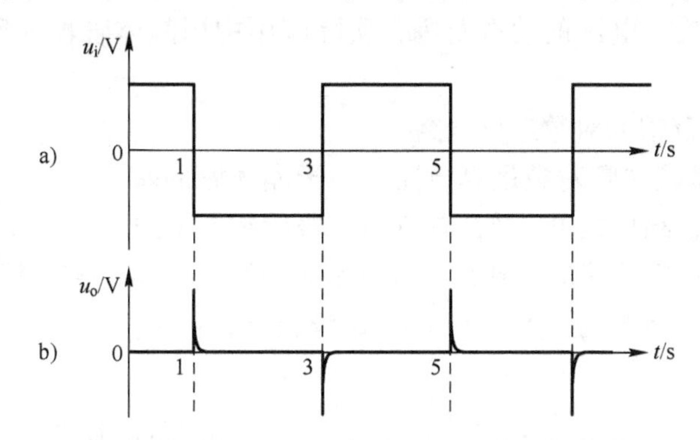

图 8-13　反相微分运算电路实现波形变换（矩形波变换为尖脉冲波）
a）输入信号　b）输出信号

8.2.3　对数运算电路和反对数运算电路

对数运算电路的输出电压应与输入电压的对数成正比。由于半导体 PN 结两端电压与其电流之间成指数型伏安关系，即

$$i_{\mathrm{D}}\approx I_{\mathrm{S}}\mathrm{e}^{\frac{u_{\mathrm{D}}}{U_{\mathrm{T}}}} \tag{8-45}$$

因此采用二极管或晶体管的发射结代替反相运算放大电路中的反馈电阻，便可构成对数运算电路。反对数运算电路（即指数运算电路）与对数运算电路功能相反，是通过将对数运算电路中的电阻与二极管（或晶体管）的位置互换实现的。

对数运算电路与反对数运算电路是很重要的非线性运算，但集成运算放大器仍然工作于线性区，因此仍然运用线性区理想化条件进行分析。利用对数运算电路、反对数运算电路、加/减运算电路结合，便可实现基本乘法和基本除法等运算电路。

1. 对数运算电路

（1）二极管作为反馈的对数运算电路

如图 8-14 所示是二极管对数运算电路，二极管跨接在输出与输入之间作为反馈支路，为使二极管导通，u_i 应大于 0。可见输入电流只有一种极性起作用。根据二极管的伏安特性可得

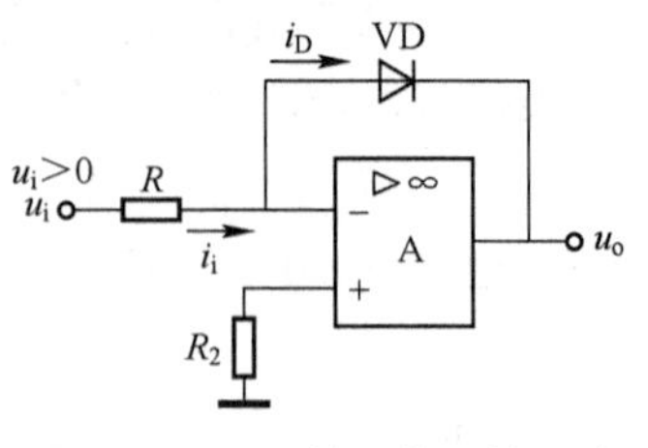

图 8-14　二极管对数运算电路

$$u_D = U_T \ln \frac{i_D}{I_S} \tag{8-46}$$

由于 $u_+ = u_- = 0$ “虚地”，因此二极管两端电压 u_D 和电流 i_D 分别为

$$u_D = -u_o, \quad i_D = i_i = \frac{u_i}{R} \tag{8-47}$$

根据以上分析可得输出电压

$$u_o = -u_D = -U_T \ln \frac{u_i}{I_S R} \tag{8-48}$$

从式（8-48）可以看出输出电压是输入电压对数函数的负值，输出电压由输入电压和电阻决定。由于二极管仅在一定的电流范围内满足指数特性，因此使得对数运算电路的输入电压范围小，为扩大输入电压的动态范围，实际应用中用晶体管作为反馈来实现对数运算电路。

（2）晶体管作为反馈的对数运算电路

如图 8-15 所示是晶体管对数运算电路，由于晶体管的基极与发射极之间的发射结也是 PN 结，具有与二极管相同的对数特性。反馈支路晶体管连接成共基组态，忽略晶体管基区体电阻电压降，在共基组态电流放大系数 $\alpha \approx 1$ 的情况下，若 $u_{BE} \geqslant U_T$，则

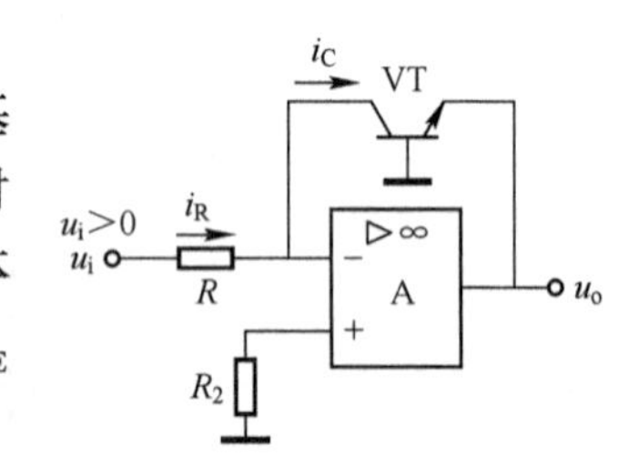

图 8-15　晶体管对数运算电路

$$i_C = \alpha i_E \approx I_S e^{\frac{u_{BE}}{U_T}} \tag{8-49}$$

$$u_{BE} = U_T \ln \frac{i_C}{I_S} \tag{8-50}$$

由于 $u_+ = u_- = 0$ “虚地”，因此晶体管的 u_{BE} 和电流 i_C 分别为

$$u_{BE} = -u_o, \quad i_C = i_R = \frac{u_i}{R} \tag{8-51}$$

根据以上分析可得输出电压

$$u_o = -u_{BE} = -U_T \ln \frac{u_i}{I_S R} \tag{8-52}$$

2. 反对数运算电路

反对数运算电路与对数运算电路相反。如图 8-16 所示，晶体管基极-集电极作为输入，电阻作为反馈元件，二

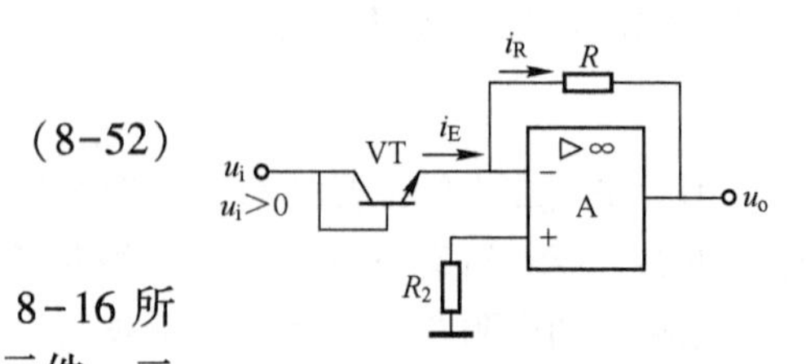

图 8-16　反对数运算电路

极管电流和电压的关系同样适用。

$$i_E \approx I_S e^{\frac{u_{BE}}{U_T}} \tag{8-53}$$

利用“虚地”，所以

$$u_{BE}=u_i,\ i_E=i_R=-\frac{u_o}{R} \tag{8-54}$$

根据以上分析可得输出电压

$$u_o=-i_E R=-I_S R e^{\frac{u_i}{U_T}} \tag{8-55}$$

二极管对数运算电路、晶体管对数运算电路和反对数运算电路，运算关系均与 U_T 和 I_S 有关，因而运算精度对温度很敏感，而且在 PN 结电流很低时会产生误差。在实际应用中，需设计精密的集成对数运算电路和集成反对数运算电路。这些在集成电路内部已设计好，不需要读者自行设计，只需加入一些外部电阻即可实现。常采用差分放大电路中两只晶体管的对称性来消除 I_S 的影响；采用热敏电阻等对 U_T 的影响进行温度补偿。例如 ICL8048 型集成对数运算电路，读者可参考数据手册自行分析运算关系式，这里不再赘述。

8.2.4 利用对数和反对数运算电路实现基本乘法运算

乘法器可利用对数运算电路来实现。因为两个输入乘积的对数等于每个输入的对数之和。具体关系式如下：

$$\ln(u_{i1} \cdot u_{i2}) = \ln u_{i1} + \ln u_{i2} \tag{8-56}$$

利用对数、反对数和反相运算电路实现的乘法运算电路的框图如图 8-17 所示。具体电路如图 8-18 所示。

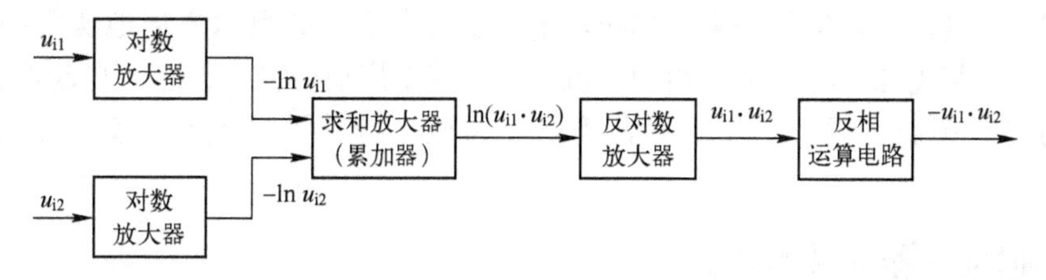

图 8-17 利用对数、反对数和反相运算电路实现的乘法运算电路的框图

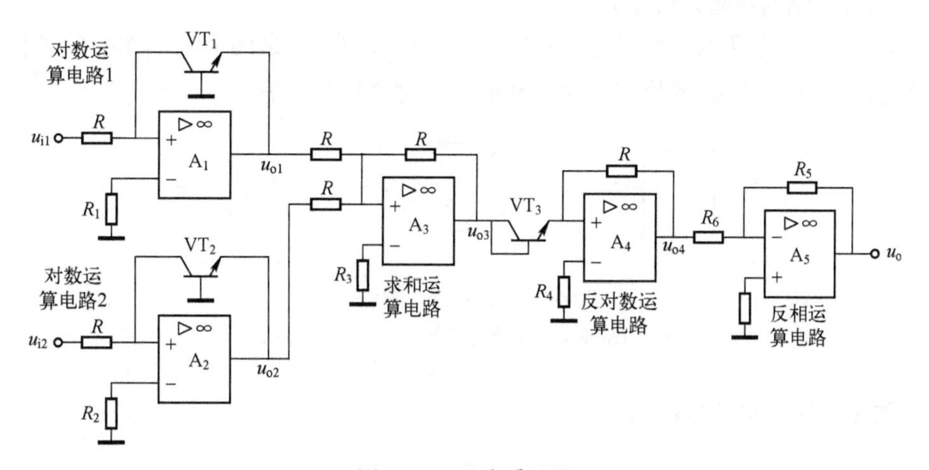

图 8-18 基本乘法器

在图 8-18 所示电路中，对数运算电路 1 和对数运算电路 2 的输出电压分别为

$$u_{o1}=-U_T\ln\frac{u_{i1}}{I_S R} \tag{8-57}$$

$$u_{o2}=-U_T\ln\frac{u_{i2}}{I_S R} \tag{8-58}$$

为满足反对数运算电路输入电压的幅值要求，求和运算电路的放大倍数设计为 1，则输出电压为

$$u_{o3}=-(u_{o1}+u_{o2})=-U_T\ln\frac{u_{i1}u_{i1}}{(I_S R)^2} \tag{8-59}$$

将 u_{o3}送入反对数运算电路，乘法器的输出电压为

$$u_o=-\frac{u_{i1}u_{i2}}{I_S R} \tag{8-60}$$

根据式（8-60）可知，此时的乘法器输出是一个常量$-\frac{1}{I_s R}$乘以两个输入电压之积。再将最后一级反相运算电路的放大倍数设计为$-I_s R$，便可得到最终的乘法输出，即

$$u_o=-u_{i1}u_{i2} \tag{8-61}$$

若将图 8-17 和图 8-18 所示电路中的求和运算电路用减法运算电路的差分运算电路替换，则可实现除法运算电路。

8.3 模拟乘法器

乘法器是实现两个模拟量相乘的非线性电子器件，利用它可以方便地实现乘法、除法、乘方和开方等运算电路。在实际应用中，被广泛应用于广播电视、仪表、自动控制系统、通信系统中的幅度调制、频率调制、解调等诸多领域，是其关键电路，实现了模拟信号的处理。

8.3.1 模拟乘法器的基本概念

1. 模拟乘法器的符号及传递函数

如图 8-19 所示是模拟乘法器的几种符号，其中 u_x 和 u_y 是两个互不相关的模拟输入电压，输出电压 u_o 是 u_x、u_y 的乘积，输入和输出均对“地”而言。

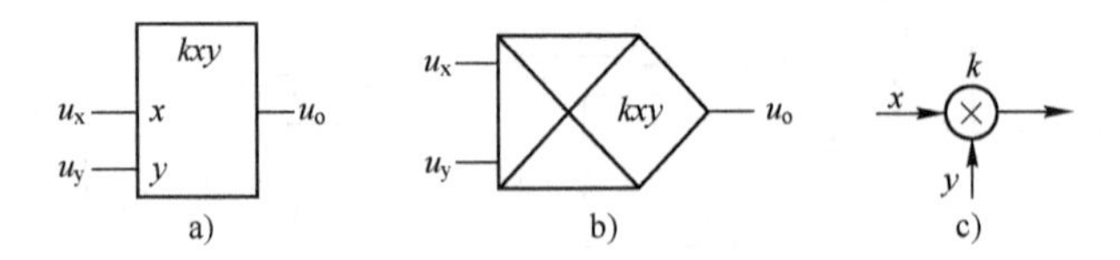

图 8-19 模拟乘法器符号

a）国标符号 b）曾用符号 1 c）曾用符号 2

模拟乘法器的传输函数定义为

$$u_o=ku_x u_y \tag{8-62}$$

式中，k 指乘积系数，或比例系数、乘积增益或标尺因子，其常用值为 $k=0.1$，表示输出电压是输入电压乘积的1/10，乘以电压后会得到大的幅值，因此模拟乘法器的比例系数 k 是为了允许更大的幅度输入。

2. 模拟乘法器象限

模拟乘法器象限区是指输入信号 u_x、u_y 极性组合的数量，根据输入的极性，象限的图形表示如图 8-20 所示。按照允许输入信号的极性，模拟乘法器有单象限、两象限和四象限三类。单象限乘法器只能接受两个输入端电压同正或同负中的一种，并产生正极性输出；两象限乘法器能够接受一个输入信号极性固定，另一个输入信号可正可负两种中的任何一种，如 $u_x>0$，u_y 可正可负，即Ⅰ和Ⅳ两个象限；四象限乘法器能够接受 4 种可能的输入极性组合中的任何一种，并产生一个相应极性的输出。

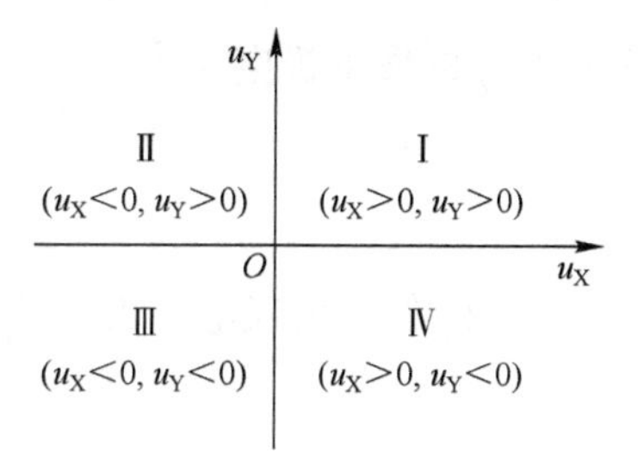

图 8-20　模拟乘法器四象限极性

3. 变跨导型的模拟乘法器内部电路

实现乘法器的电路形式很多，目前的集成电路模拟乘法器多采用四象限变跨导型电路，如图 8-21 所示电路，当输入电压 u_x 和 u_y 大约在 $2U_T$（±50 mV）范围时，利用一路输入电压 u_x 控制差分放大电路差分对管的发射极电压，使之跨导做相应的变化，从而达到与另一路输入电压 u_y 相乘的目的。

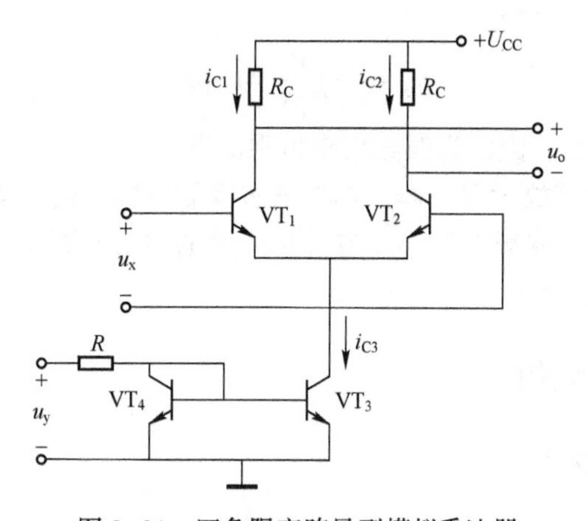

图 8-21　四象限变跨导型模拟乘法器

假设 VT_1 和 VT_2 两只晶体管特性完全一致，并且要求 β 有较大值，则差分放大电路中，u_x 为差模输入电压，即

$$u_x=u_{BE1}-u_{BE2} \tag{8-63}$$

差分对管的跨导为

$$g_x=\frac{I_{EQ}}{U_T}=\frac{i_{C3}}{2U_T} \tag{8-64}$$

镜像电流源电流为

$$
\begin{aligned}
i_{C3} &= i_{E1}+i_{E2} = I_S e^{\frac{u_{BE1}}{U_T}} + I_S e^{\frac{u_{BE2}}{U_T}} \\
&= I_S e^{\frac{u_{BE2}}{U_T}} \left(e^{\frac{u_{BE1}-u_{BE2}}{U_T}} + 1 \right) = i_{E2}\left(e^{\frac{u_{BE1}-u_{BE2}}{U_T}} + 1 \right)
\end{aligned} \tag{8-65}
$$

因此 VT_2 的发射极电流为

$$
i_{E2} = \frac{i_{C3}}{e^{\frac{u_{BE1}-u_{BE2}}{U_T}} + 1} = \frac{i_{C3}}{e^{\frac{u_x}{U_T}} + 1} \tag{8-66}
$$

同理，VT_1 的发射极电流为

$$
i_{E1} = \frac{i_{C3}}{e^{\frac{-u_x}{U_T}} + 1} \tag{8-67}
$$

因此

$$
i_{C1} - i_{C2} = i_{E1} - i_{E2} = i_{C3} \operatorname{th} \frac{u_x}{2U_T} \tag{8-68}
$$

则输出电压为

$$
u_o = -(i_{C1} - i_{C2}) R_C = -i_{C3} R_C \operatorname{th} \frac{u_x}{2U_T} \tag{8-69}
$$

当 $u \ll 2U_T$ 时，$\operatorname{th} \frac{u_x}{2U_T} \approx \frac{u_x}{2U_T}$。又因为 $u_y \gg u_{BE4}$ 时，镜像电流源 $i_{C3} \approx i_R = \frac{u_y}{R}$，所以

$$
u_o = -\frac{R_C u_x u_y}{2U_T R} = k u_x u_y \tag{8-70}
$$

由于 u_x 和 u_y 可正可负，因此为四象限模拟乘法器。

模拟乘法器同集成运算放大器一样，具有很多性能指标参数，同样型号的模拟乘法器应用的领域不同，性能指标要求就会不同。有关集成模拟乘法器更详尽的性能指标参数，请使用时参考模拟乘法器使用手册。

8.3.2 模拟乘法器的应用

1. 在运算电路中的应用

(1) 平方运算电路

平方运算电路如图 8-22 所示。模拟乘法器两个输入电压 $u_x = u_y$，其输出电压 u_o

$$
u_o = k u_x u_y = k u_x^2 \tag{8-71}
$$

从而实现平方运算。当 $u_x = \sqrt{2} U_i \sin\omega t$ 正弦波时，则输出电压

$$
u_o = 2kU_i^2 \sin^2 \omega t = kU_i^2 (1 - \cos 2\omega t) \tag{8-72}
$$

可见，平方运算电路的功能是实现了输出二倍频电压信号。

(2) 除法运算电路

模拟乘法器作为反馈支路，便可构成其逆运算，即除法运算电路，如图 8-23 所示。

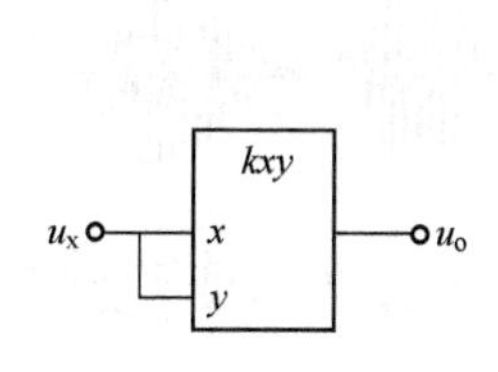

图 8-22　平方运算电路

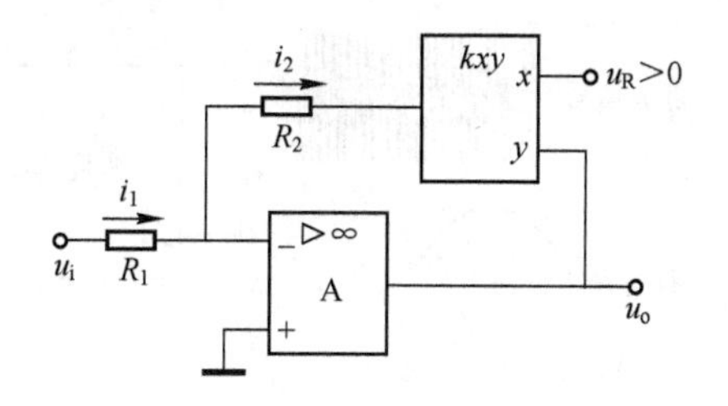

图 8-23　除法运算电路

根据理想集成运算放大器线性区的“虚短”和“虚断”的特点，以及模拟乘法器的运算特点，不难得出输出电压 u_o 与输入电压 u_i 之间的关系为

$$u_o=-\frac{1}{k}\frac{R_2}{R_1}\frac{u_i}{u_R} \tag{8-73}$$

📖 注意：在除法运算电路中，集成运算放大器同样引入负反馈，模拟乘法器应连接在输出端和反相输入端之间，因此模拟乘法器的一路输入电压必须满足 $u_R>0$，因此该电路为两象限模拟乘法器。

（3）平方根运算电路

将平方运算电路跨接在集成运算放大器的负反馈支路，便构成平方根运算电路。为了防止集成运算放大器闭锁现象，常在输出回路串联一个二极管，电路如图 8-24 所示。

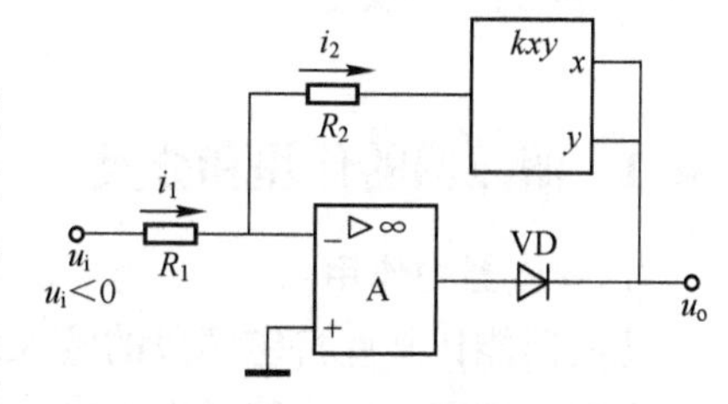

图 8-24　平方根运算电路

根据理想集成运算放大器线性区的“虚短”和“虚断”的特点，以及模拟乘法器的运算特点，有

$$\frac{u_i}{R_1}=-\frac{ku_o^2}{R_2} \tag{8-74}$$

由图 8-24 可得输出电压为

$$|u_o|=\sqrt{-\frac{R_2u_i}{kR_1}} \tag{8-75}$$

因此，当 $u_i<0$，且 $k>0$ 时，式（8-75）为

$$u_o=\sqrt{\frac{R_2u_i}{-kR_1}} \tag{8-76}$$

2. 在幅度调制中的应用

在调制和解调通信系统中，模拟乘法器是一个重要的器件。幅度调制是一种传输信号的重要方法，是使一个给定频率的信号（载波）的幅度随着另一个更低频率信号（调制信号）变化的过程，如图 8-25 所示。

如正弦载波信号的表达式可以写成

$$u_c=U_{c(p)}\sin 2\pi f_c t \tag{8-77}$$

假设有一个正弦调制信号，它的表达式可以写成

$$u_m=U_{m(p)}\sin 2\pi f_m t \tag{8-78}$$

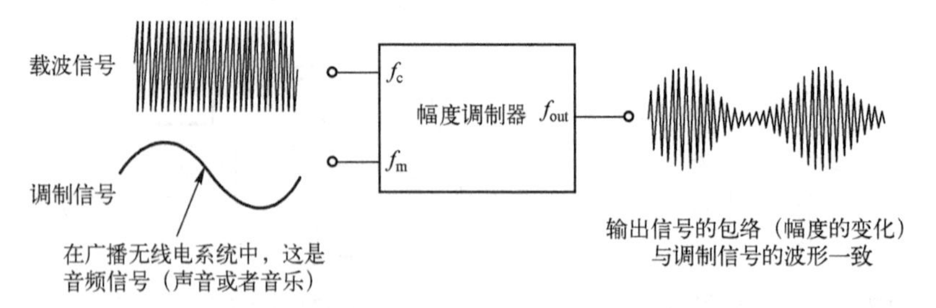

图 8-25　幅度调制的基本概念

将式（8-77）和式（8-78）相乘得到

$$
\begin{aligned}
u_c u_m &= (U_{c(p)}\sin 2\pi f_c t)\cdot(U_{m(p)}\sin 2\pi f_m t)\\
&= \frac{U_{c(p)}U_{m(p)}}{2}\cos 2\pi(f_c - f_m)t - \frac{U_{c(p)}U_{m(p)}}{2}\cos 2\pi(f_c + f_m)t
\end{aligned} \tag{8-79}
$$

可见式（8-79）中的两个正弦信号相乘的输出信号 $U_{c(p)}U_{m(p)}$ 可以由模拟乘法器产生。通信系统中的混频器实际上也是一个模拟乘法器，读者可自行分析。

8.4　有源滤波器

8.4.1　滤波器的作用和分类

1. 滤波器的作用

滤波器能让某些特定频段的输入信号顺利到达输出端，而让其他频段的输入信号不能通过，也把这种特性称为选择性。本节介绍的有源滤波器主要由集成运算放大器和 *RC* 网络构成，其中有源器件即集成运算放大器提供电压增益，而无源网络 *RC* 用于频率选择。

2. 滤波器的分类

在滤波器中，把能允许通过的频率区域称之为“通频带”或“通带”，在这些区域中信号的损耗最小（通常定义为小于-3 dB）；响应下降-3 dB 时所对应的频率称为截止频率；通带后的区域称为“过渡带”，接着是受到衰减或完全被抑制的频率区域，称之为“阻带”。

1）按滤波器的工作频带，可分为低通滤波器（LPF）、高通滤波器（HPF）、带通滤波器（BPF）、带阻滤波器（BEF）、全通滤波器（APF）。滤波器的幅频特性示意图如图 8-26 所示。

2）按照所处理信号幅值是否连续，可分为模拟滤波器和数字滤波器。

3）按是否使用有源器件，可分为无源滤波器和有源滤波器。无源滤波器（仅使用 *R*、*C* 和 *L* 元件），虽然电路简单且工作可靠，但负载对滤波特性影响较大，无放大能力。有源滤波器使用集成运算放大器作为有源器件，提高增益，使得信号通过滤波器时不会衰减。由于引入了负反馈，可以改善其性能。集成运算放大器的高输入阻抗可防止过度增加电源的负载，低输出阻抗防止负载对滤波特性的影响，中心频率、截止频率连续可调且调整方便，电压增益大于 1。

4）按响应特性，可分为巴特沃斯、切比雪夫、贝塞尔滤波器。每一种特性都是由响应

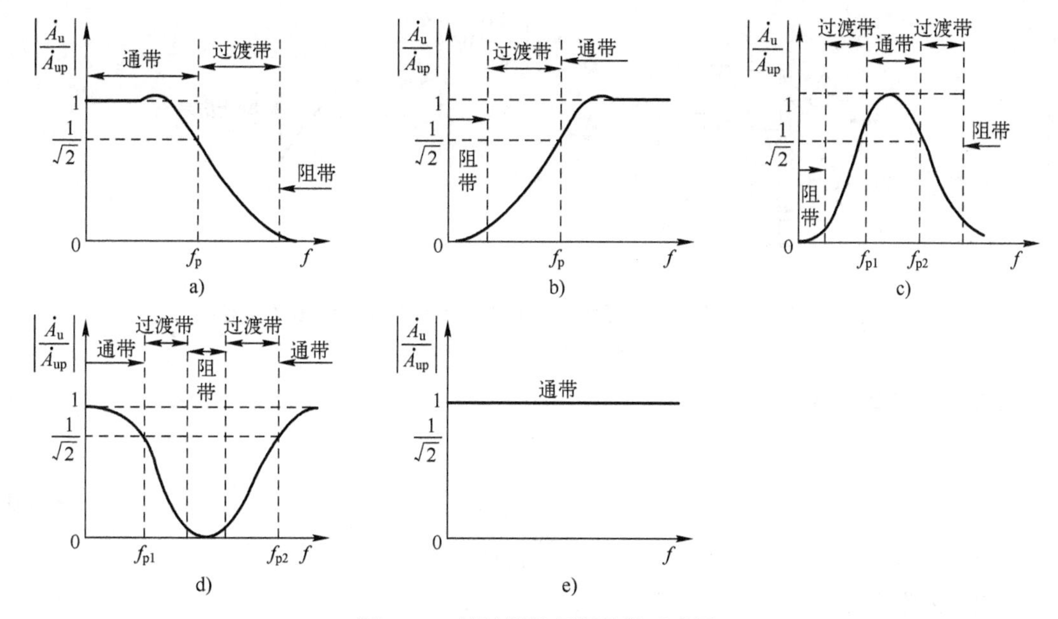

图 8-26 滤波器的幅频特性示意图

a）低通滤波器 b）高通滤波器 c）带通滤波器 d）带阻滤波器 e）全通滤波器

曲线的形状来识别的，且在特定的应用中具有各自的优势。巴特沃斯特性在通带内提供非常平坦的幅值响应，下降率为-20 dB/十倍频，通常用于通带内所有频率的增益相同的情况。由通带到阻带幅度衰减较慢，也称最平坦响应；切比雪夫特性通带内幅频响应曲线具有相同的波纹，通常应用在要求下降率非常快的情况，下降率大于-20dB/十倍频，由通带到阻带幅度衰减较快。贝塞尔特性幅频特性很差，相频特性线性度很好，常用于过滤脉冲波形。图 8-27 是三类滤波器响应特性比较图。

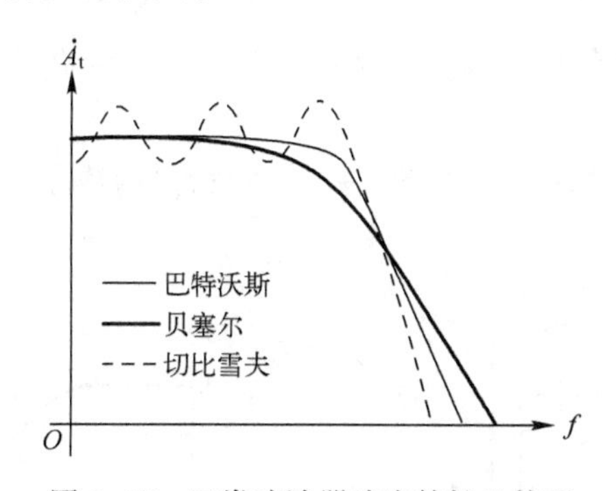

图 8-27 三类滤波器响应特性比较图

8.4.2 低通有源滤波器

1. 一阶低通有源滤波器

（1）同相输入型

图 8-28a 是一个含有单极点低通 RC 网络的有源滤波器，将无源滤波网络 RC 接在集成运算放大器的同相输入端，构成同相输入型一阶低通有源滤波器。

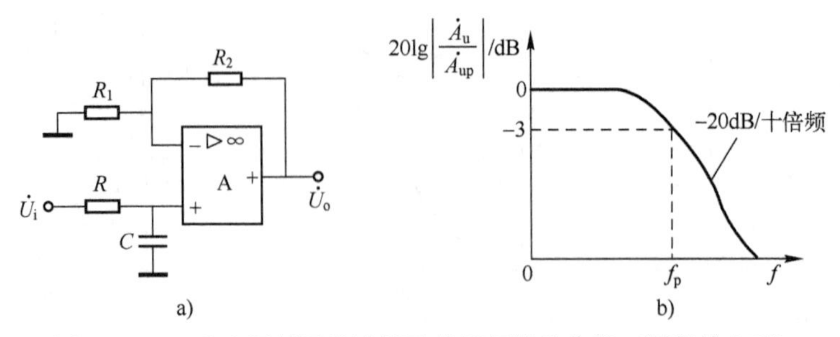

图 8-28　一阶有源低通滤波器及其幅频特性曲线（同相输入型）

a）电路　b）幅频特性曲线

同相输入端电压为

$$\dot{U}_{+}=\frac{\dfrac{1}{\mathrm{j}\omega C}}{R+\dfrac{1}{\mathrm{j}\omega C}}\dot{U}_{\mathrm{i}} \tag{8-80}$$

反相输入端电压为

$$\dot{U}_{-}=\frac{R_1}{R_1+R_2}\dot{U}_{\mathrm{o}} \tag{8-81}$$

由理想化条件，可知$\dot{U}_{+}=\dot{U}_{-}$，则传递函数

$$A_{\mathrm{u}}=\frac{\dot{U}_{\mathrm{o}}}{\dot{U}_{\mathrm{i}}}=\left(1+\frac{R_2}{R_1}\right)\frac{1}{1+\mathrm{j}\omega RC}=\frac{A_{\mathrm{up}}}{1+\mathrm{j}\omega RC} \tag{8-82}$$

可见，通带内的同相运算电路的闭环增益等于

$$A_{\mathrm{up}}=1+\frac{R_2}{R_1} \tag{8-83}$$

截止频率$f_{\mathrm{p}}=1/2\pi RC$，幅频特性曲线如图 8-28b 所示，归一化到 0 dB。

（2）反相输入型

若将 RC 网络接至反相输入端，如图 8-29a 所示，构成了反相输入型一阶有源低通滤波器。

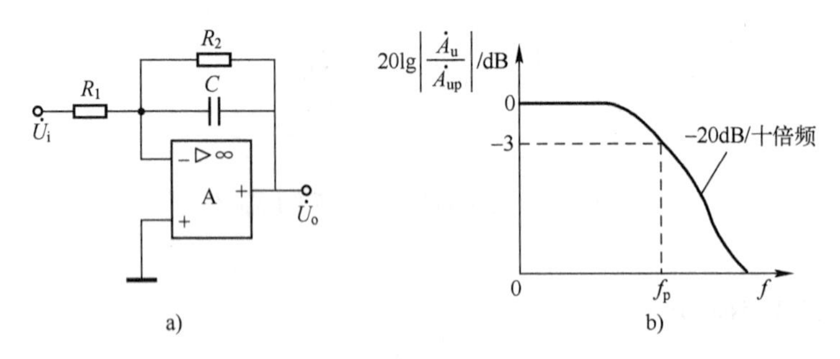

图 8-29　一阶低通有源滤波器及其幅频特性曲线（反相输入型）

a）电路　b）幅频特性曲线

分析可知

$$\dot{U}_o=-\frac{R_2//\frac{1}{j\omega C}}{R_1}\dot{U}_i=-\frac{R_2}{R_1}\frac{1}{j\omega R_2 C}\dot{U}_i \tag{8-84}$$

则传递函数

$$\dot{A}_u=\frac{\dot{U}_o}{\dot{U}_i}=\frac{-\frac{R_2}{R_1}}{1+j\omega R_2 C}=\frac{A_{up}}{1+j\omega R_2 C} \tag{8-85}$$

可见，通带内的反相运算电路的闭环增益等于

$$A_{up}=-\frac{R_2}{R_1} \tag{8-86}$$

截止频率$f_p=1/2\pi R_2 C$，幅频特性曲线如图 8-29b 所示。

对比图 8-28b 和图 8-29b，可知同相输入型和反相输入型一阶有源低通滤波器，其幅频特性曲线一致，不同之处在于上限截止频率和增益不同。

2. 二阶低通有源滤波器

二阶有源滤波电路相对于一阶有源滤波电路而言，增加了 *RC* 环节，滤波器的过渡带变窄，衰减速率增大，即从-20 dB/十倍频变为-40 dB/十倍频。

电路如图 8-30a 所示，通过对其做简单分析，得传输函数为

$$\dot{A}_u=\frac{\dot{U}_o}{\dot{U}_i}=\frac{\left(1+\frac{R_2}{R_1}\right)\dot{U}_+}{\dot{U}_i}=\left(1+\frac{R_2}{R_1}\right)\frac{\dot{U}_+}{\dot{U}_m}\frac{\dot{U}_m}{\dot{U}_i} \tag{8-87}$$

当$C_1=C_2=C$时，有

$$\dot{U}_+=\frac{\frac{1}{j\omega C}}{R+\frac{1}{j\omega C}}\dot{U}_m=\frac{1}{1+j\omega RC}\dot{U}_m \tag{8-88}$$

$$\dot{U}_m=\frac{\frac{1}{j\omega C}//\left(R+\frac{1}{j\omega C}\right)}{R+\frac{1}{j\omega C}//\left(R+\frac{1}{j\omega C}\right)}\dot{U}_i=\frac{1+j\omega RC}{1-\omega^2R^2C^2+j3\omega RC}\dot{U}_i \tag{8-89}$$

将式（8-89）代入传输函数式（8-87）中，整理得

$$\dot{A}_u=\left(1+\frac{R_2}{R_1}\right)\frac{1}{1-\omega^2R^2C^2+j3\omega RC}=\frac{A_{up}}{1-\omega^2R^2C^2+j3\omega RC} \tag{8-90}$$

令$f_0=\frac{1}{2\pi RC}$，得出传输函数表达式为

$$\dot{A}_u=\left(1+\frac{R_2}{R_1}\right)\frac{1}{1-\left(\frac{f}{f_0}\right)^2+j3\frac{f}{f_0}}=\frac{A_{up}}{1-\left(\frac{f}{f_0}\right)^2+j3\frac{f}{f_0}} \tag{8-91}$$

式中，f_0 为特征频率，令式（8-91）分母模为$\sqrt{2}$，可得通带截止频率f_p 为

$$f_p\approx 0.37f_0 \tag{8-92}$$

幅频特性曲线如图 8-30b 所示，过渡带衰减可达-40 dB/十倍频。

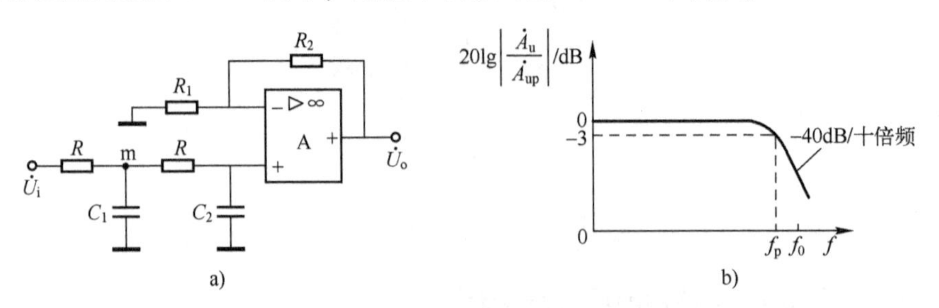

图 8-30　二阶低通有源滤波器及其幅频特性曲线（同相输入型）
a）电路　b）幅频特性曲线

3. 二阶压控型（电压控制电压源）低通有源滤波器

将图 8-30 中的电容 C_1由接地改为接输出端，且 $C_1=C_2=C$，便可构成二阶压控型（电压控制电压源）低通有源滤波器，如图 8-31 所示，图中有两个低通 *RC* 网络，电路特点是电容作为反馈支路，在通带边缘附近可以调整频率响应特性。

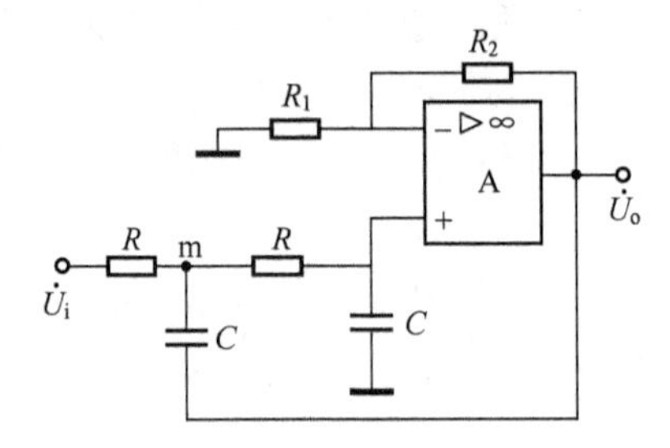

图 8-31　二阶压控型低通有源滤波器

截止频率为

$$f_0=\frac{1}{2\pi\sqrt{RCRC}}=\frac{1}{2\pi RC} \tag{8-93}$$

二阶压控型低通有源滤波器中的集成运算放大器是同相输入型，由 R_1和 R_2提供反馈网络，通过改变 R_1和 R_2的值，便可得到巴特沃斯、切比雪夫和贝赛尔三种类型滤波器中的一种。

8.4.3　高通有源滤波器

1. 一阶高通有源滤波器

（1）同相输入型

同相输入型一阶有源高通滤波器电路如图 8-32a 所示。输入电路是单极点的高通 *RC* 网络。负反馈网络与一阶低通滤波器的负反馈网络相同。高通幅频特性曲线如图 8-32b 所示。

$$\dot{A}_{\mathrm{u}}=\frac{\dot{U}_{\mathrm{o}}}{\dot{U}_{\mathrm{i}}}=\left(1+\frac{R_2}{R_1}\right)\frac{1}{1+\dfrac{1}{\mathrm{j}\omega RC}}=\frac{A_{\mathrm{up}}}{1+\dfrac{1}{\mathrm{j}\omega RC}} \tag{8-94}$$

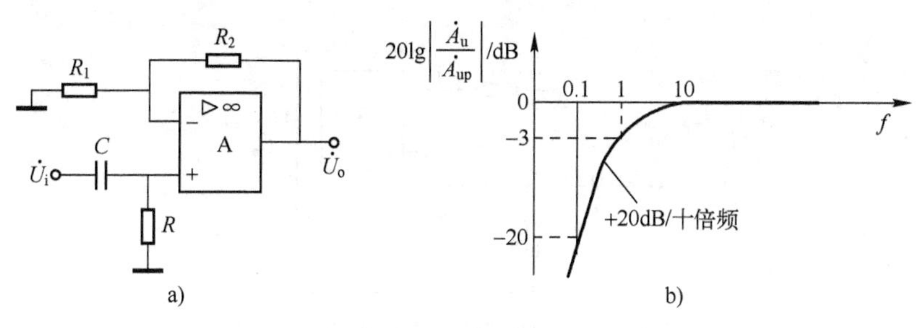

图 8-32　一阶有源高通滤波器及其幅频特性曲线（同相输入型）

a）电路　b）幅频特性曲线

在式（8-94）中，通带电压放大倍数 $A_{up}=1+\frac{R_2}{R_1}$。

截止频率 $f_p=1/2\pi RC$，下降率为-20 dB/十倍频。由图 8-32b 可知，高通滤波器能够让所有大于截止频率 f_p 的频率无限制地通过，但在实际应用中，由于集成运算放大器内部的 *RC* 网络，限制了集成运算放大器在高频处的响应。因此，高通滤波器的响应有上限截止频率的限制，实际上是一个具有很大带宽的带通滤波器。但因上限截止频率比 f_p 大得多，可以忽略。

（2）反相输入型

反相输入型一阶有源高通滤波器电路如图 8-33 所示。其传输函数为

$$\dot{A}_u=\frac{\dot{U}_o}{\dot{U}_i}=-\frac{R_2}{R_1}\frac{1}{1-\frac{1}{j\omega R_1 C}}=\frac{A_{up}}{1-\frac{1}{j\omega R_1 C}} \tag{8-95}$$

在式（8-95）中，通带电压放大倍数 $A_{up}=-\frac{R_2}{R_1}$。截止频率 $f_p=1/2\pi R_1 C$，幅频特性曲线如图 8-33b 所示。

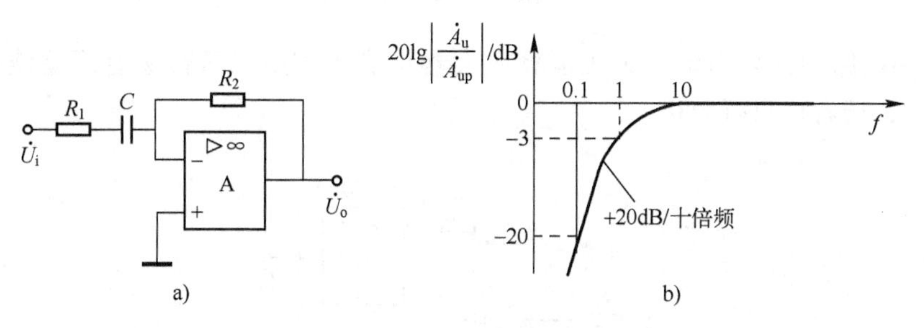

图 8-33　一阶有源高通滤波器及其幅频特性曲线（反相输入型）

a）电路　b）幅频特性曲线

2. 二阶压控型高通有源滤波器

图 8-34 中，两个高通 *RC* 网络作为选频网络，值得注意的是，电阻和电容的位置与图 8-31 二阶压控型低通有源滤波器结构中的位置相反。恰当地选择反馈电阻 R_1 和 R_2，可以优化响应特性。

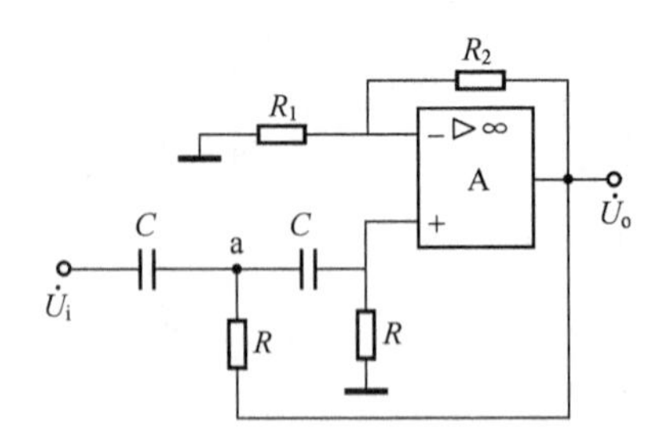

图 8-34　二阶压控型高通有源滤波器

3. 二阶压控型带通有源滤波器

将低通滤波器和高通滤波器串联（前后顺序任意）便可实现带通滤波器，如图 8-35 所示。图 8-35b 所示是串联后的幅频特性曲线，两个滤波器的截止频率合理设置，使得响应曲线充分重叠，且保证高通滤波器的截止频率必须远低于低通滤波器的截止频率。带通滤波器的下限截止频率f_{p1}是高通滤波器的截止频率，且$f_{p1}=1/2\pi RC$，上限截止频率是低通滤波器的截止频率f_{p2}，且$f_{p2}=1/2\pi RC$。理想情况下，通带的中心频率$f_0=\sqrt{f_{p1}f_{p2}}=1/2\pi RC$。

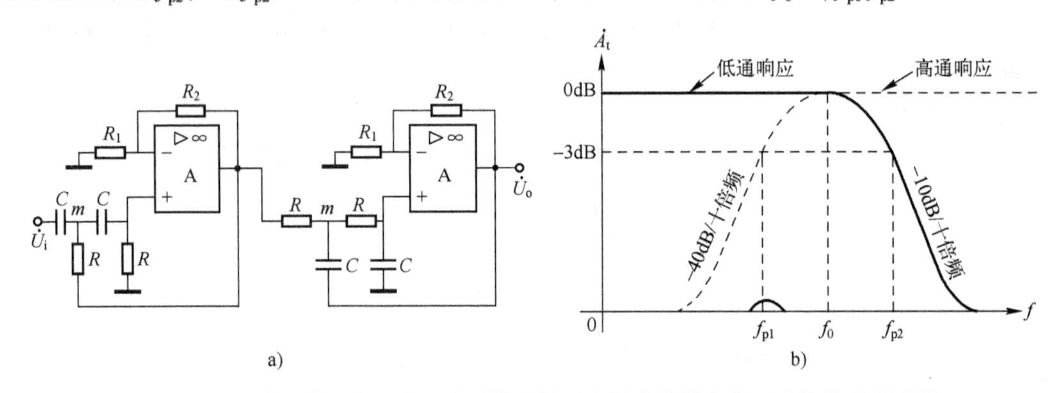

图 8-35　二阶压控型高通和二阶压控型低通有源滤波器串联而成的带通滤波器
a）电路图　b）幅频特性曲线

实际应用电路中常采用单个集成运算放大器构成压控型二阶带通有源滤波器，电路如图 8-36 所示，读者可自行分析。

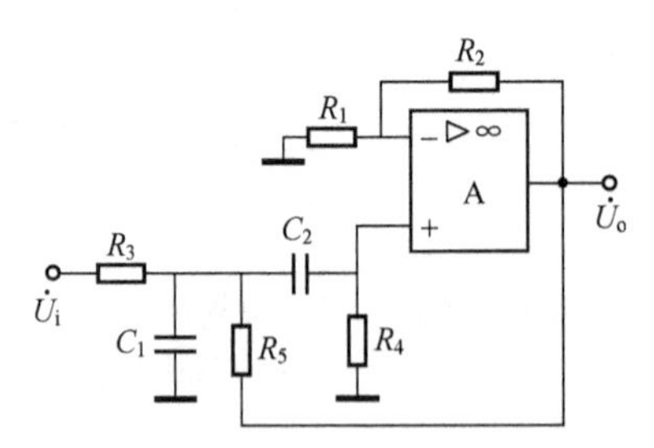

图 8-36　单个运算放大器构成压控型二阶带通有源滤波器

4. 二阶压控型带阻有源滤波器

将输入电压同时作用在低通滤波器和高通滤波器，再将两个电路的响应输出同时作用在运算放大器的反相输入端求和，便可构成二阶压控型带阻有源滤波器，如图 8-37 所示。带阻滤波器阻止指定频带内的频率通过，允许其他频率通过，其幅频特性与带通滤波器的幅频特性相反。频率$f<f_{p2}$的信号从低通滤波器通过，频率$f>f_{p1}$的信号从高通滤波器通过，只有频率$f_{p1}<f<f_{p2}$的信号无法通过，必须满足频率$f_{p1}<f_{p2}$才能工作。

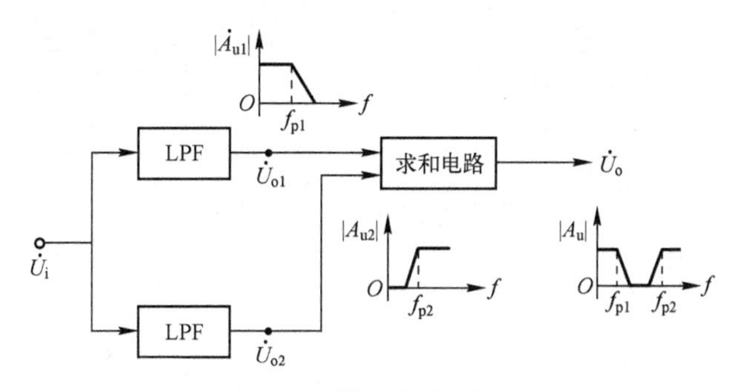

图 8-37　带阻滤波器框图

实际应用的双 T 型有源带阻滤波器如图 8-38 所示，电路结构由无源低通滤波器和高通滤波器并联构成无源带阻滤波器，接在运算放大器的同相输入端，构成同相比例运算电路。通带放大倍数为

$$A_{up}=1+\frac{R_2}{R_1} \tag{8-96}$$

中心频率为　$f_0=1/2\pi RC$　(8-97)

阻带宽度为

$$f_{BW}=2|2-A_{up}|f_0 \tag{8-98}$$

因而通带放大倍数不同，其幅频特性不同。

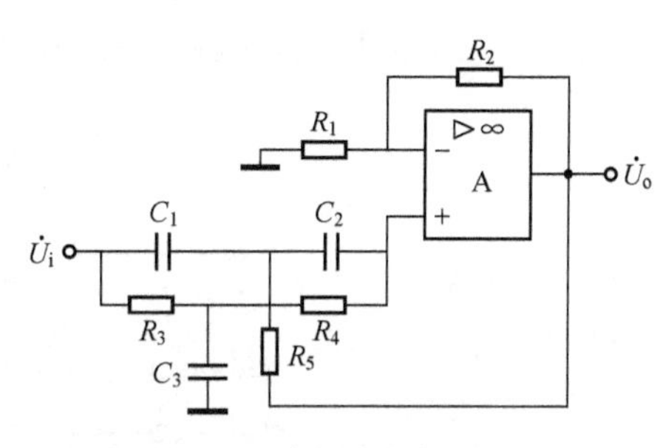

图 8-38　实际应用的双 T 型有源带阻滤波器

习题

8.1　电路如图题 8.1 所示，试指出该运算电路的名称，并求输出电压与输入电压的关系式。

8.2　电路如图题 8.2 所示，已知集成运算放大器具有理想特性。

(1) 试指出运算电路的名称，并写出输出电压 u_o 与输入电压 $u_{I1}\sim u_{I3}$之间的表达式。

(2) 若要求输出电压 u_o 的表达式具有标准形式：$u_o=-\frac{R_2}{R_1}u_{I1}+\frac{R_2}{R_3}u_{I2}+\frac{R_2}{R_4}u_{I3}$，求解电阻 R_4。

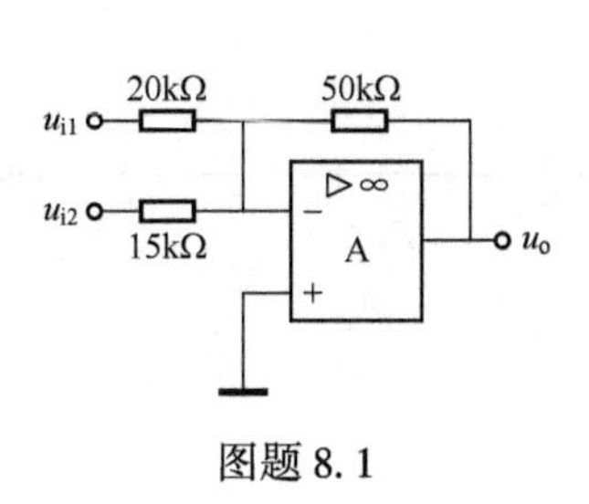

图题 8.1

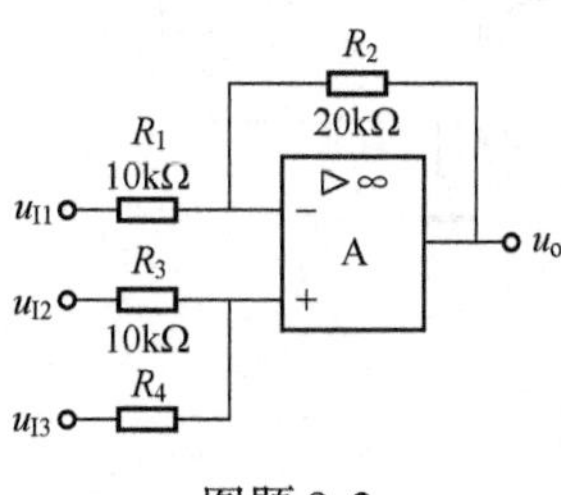

图题 8.2

8.3　电路如图题 8.3 所示，求该电路的电压增益。

8.4　电路如图题 8.4 所示，求解：

（1）输入电阻；（2）电压增益。

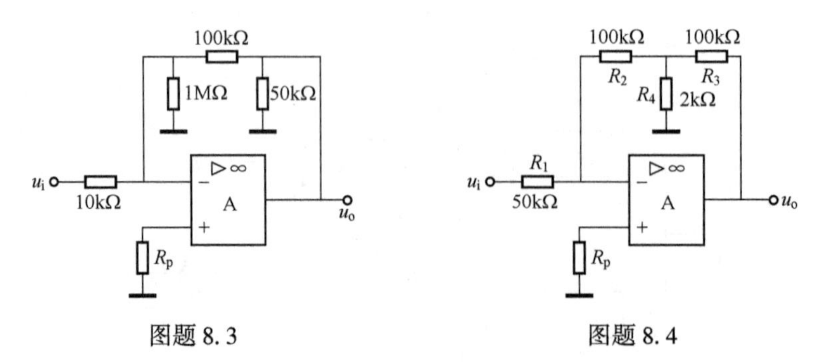

图题 8.3　　　　图题 8.4

8.5　已知设图题 8.5 所示电路中的 A_1、A_2、A_3均为理想运算放大器，试指出电路中各运算放大器组成何种运算电路，并写出输出电压 u_o 的表达式。

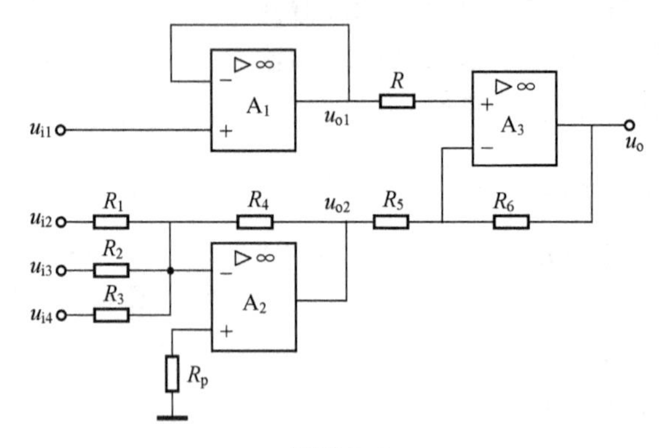

图题 8.5

8.6　图题 8.6a 所示积分电路中，A 为理想集成运算放大器，输入电压 u_i 的波形如图题 8.6b 所示。已知输出电压 u_o 的起始值为 0 V。试画出输出电压 $u_o(t)$ 的波形。

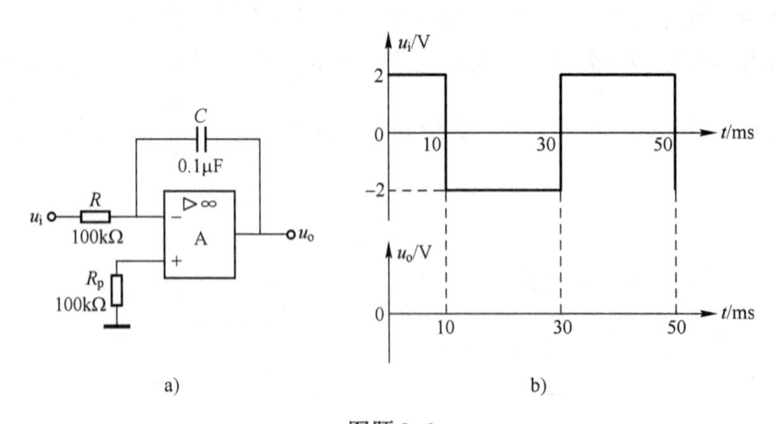

图题 8.6

8.7 由理想运算放大器构成的两级电路如图题 8.7 所示，设 $t=0$ 时，$u_C(0)=1\,\text{V}$；输入电压 $u_{i1}=0.1\,\text{V}$，$u_{i2}=0.2\,\text{V}$。求 $t=10\,\text{s}$ 时，输出电压 u_o 的值。

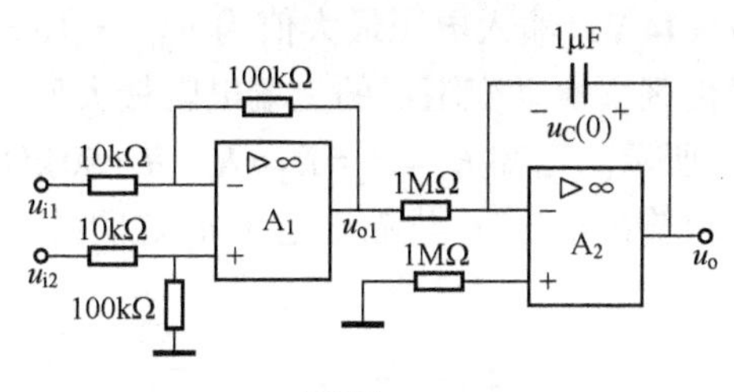

图题 8.7

8.8 某运算电路如图题 8.8 所示，已知 $\dfrac{R_3}{R_1}=\dfrac{R_4}{R_6}$，试求电路的运算表达式，并说明该电路的功能。该电路与实现同样功能的基本电路相比，具有什么优点？

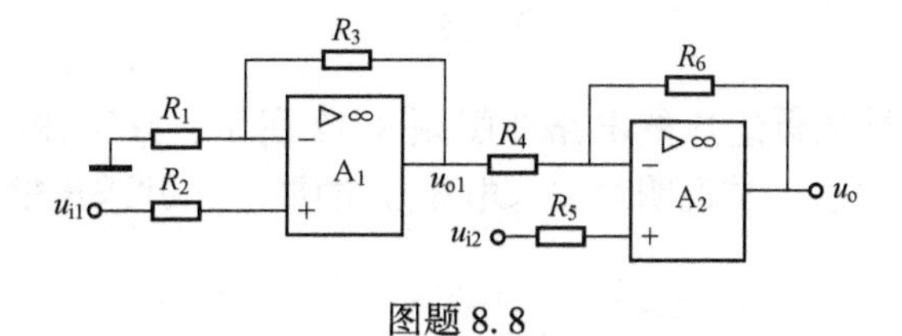

图题 8.8

8.9 电路图题 8.9 所示。假设各集成运算放大器具有理想性能，试求输出电压 u_o 与输入电压 u_i 之间的运算关系式。

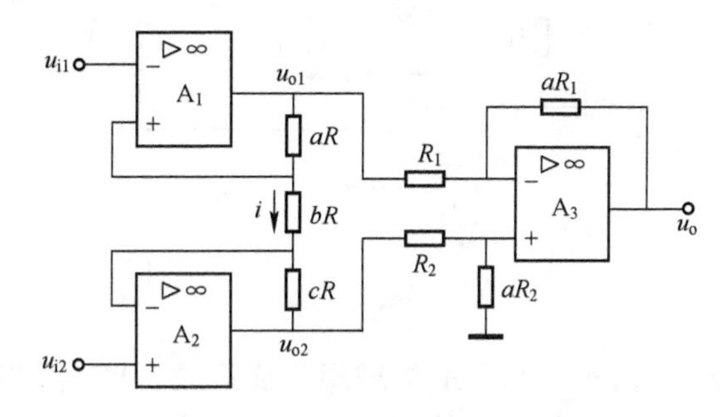

图题 8.9

8.10 电路如图题 8.10 所示。

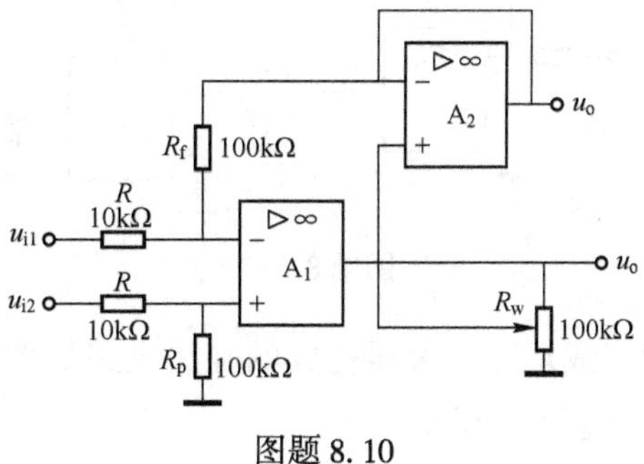

图题 8.10

（1）写出输出电压与两个输入电压之间的运算关系式。

（2）当电位器滑动到最上端时，若 $u_{i1}=10\,\text{mV}$，$u_{i2}=20\,\text{mV}$，则 $u_o=?$

（3）若 u_o的最大幅值为±14 V，输入电压最大值为 $u_{i1max}=10\,\text{mV}$，$u_{i2max}=20\,\text{mV}$，为了保证集成运算放大器工作于线性区，滑动变阻器的上端电阻最大值为多少？

8.11　电路如图题 8.11 所示。已知 $R_1=R_2=R_3=R_f=R=50\,\text{k}\Omega$，$C=1\,\mu\text{F}$，假设各集成运算放大器具有理想性能。试求输出电压 u_o 与输入电压 u_i 之间的运算关系。

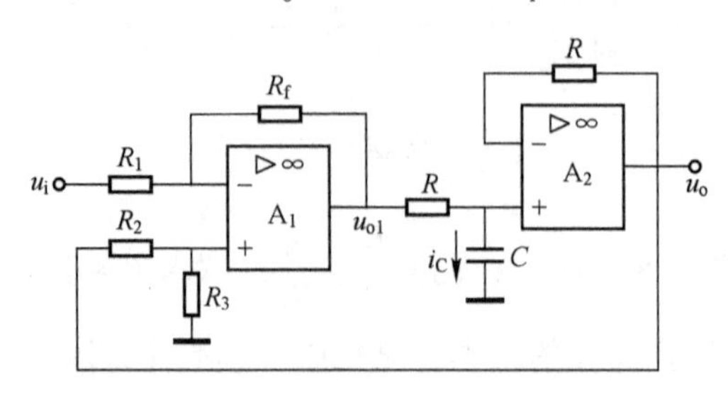

图题 8.11

8.12　由集成模拟乘法器组成的电路如图题 8.12 所示，乘法器的乘积系数 $k>0$，为保证电路实现一定的运算关系，试说明对输入电压 u_{i2}的要求，并求出输出电压 u_o 与输入电压 u_{i1}、u_{i2}之间的运算关系。

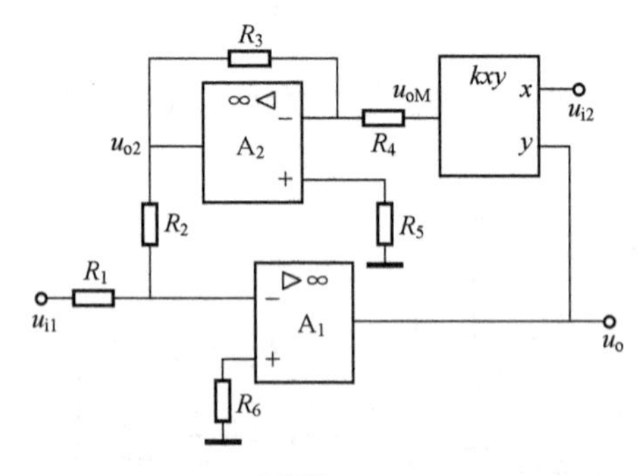

图题 8.12

8.13　电路如图题 8.13 所示，A_1、A_2为理想集成运放，VT_1、VT_2的特性相同，$I_{S1}=I_{S2}=I_S$，u_R为一已知直流电压。试求该电路输出电压 u_o的表达式。

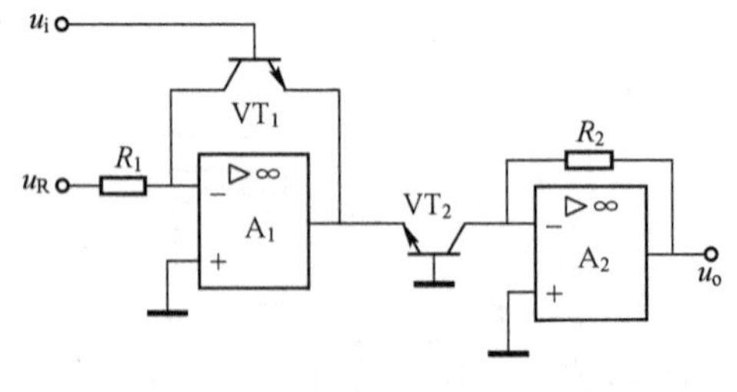

图题 8.13

8.14　由模拟乘法器和集成运算放大器构成的除法电路如图题 8.14 所示，试推导输出电压 u_o与两个输入电压 u_{i1}、u_{i2}的关系式。

8.15　一阶低通滤波器电路如图题 8.15 所示，试：

（1）推导传输函数 $K(s)$ 表达式。

（2）该电路若作为积分电路，输入频率有何要求？

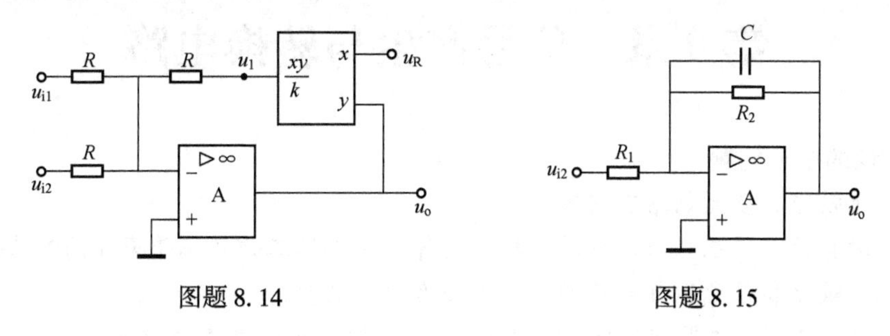

图题 8.14　　　　图题 8.15

第9章　信号产生与转换电路

本章讨论的主要问题：

1. 电压比较器和放大电路有何不同？
2. 集成运算放大器在电压比较器电路和运算电路中的工作状态是否相同？为什么？
3. 电压比较器和信号运算电路的分析方法有何区别？
4. 常用的非正弦波发生器有哪些？如何分析它们？正弦波发生器与非正弦波发生器电路结构的关键性区别是什么？
5. 精密整流电路相对于二极管整流电路，它们不同的结构与特点是什么？

9.1　电压比较器

电压比较器是对两个模拟输入电压进行比较，并将比较结果输出的电路。通常两个输入电压一个为参考电压 u_R，另一个为外加输入电压 u_i。比较器的输出状态有两种可能：高电平或低电平，因此集成运算放大器常常工作在非线性区。由于输出只有高或低两种状态，是数字量，所以比较器往往是模拟电路与数字电路的接口电路。

图 9-1 所示电路为电压比较器。由于运算放大器开环增益非常大，所以当 $u_i>u_R$ 时，比较器的输出为高电平 U_{oH}，接近电源电压；当 $u_i<u_R$ 时，比较器的输出为低电平 U_{oL}，接近地电压，当然这只是一般情况，通常视比较器后级所接具体电路而有所变化。当比较器的输出电压由一种状态跳变为另一种状态时，相应的输入电压通常称为**阈值电压**或门限电压，记作 U_T。

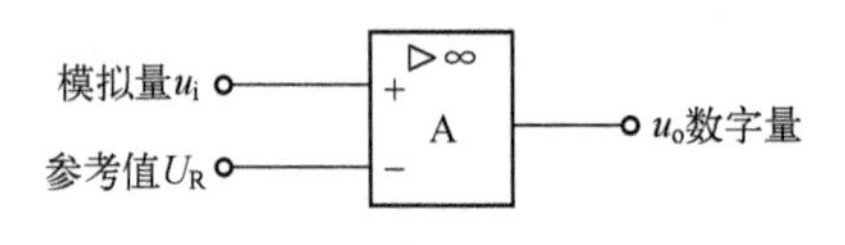

图 9-1　电压比较器

图 9-1 中运算放大器可以采用专门的集成比较器（如国产 BG307，国外产品 uA710），也可以采用通用的集成运算放大器。它们的主要区别在于输出的电压幅值不一样。BG307 等专用集成比较器的输出电压幅值符合直接与 TTL 电路相连接的要求，即高电平大于 3.3 V，低电平小于-0.4 V，分别相当于数字电路中的 1 和 0。而由通用集成运算放大器构成的比较器，其输出幅值为运算放大器的正、负输出极值。通常为运算放大器所在电路的正负电源值，如±12 V，只有增添附加的箝位电路，才能满足数字电路的逻辑电平要求。

本节主要介绍三种电压比较器：单限比较器，迟滞比较器，双限比较器。

9.1.1 单限比较器

单限比较器是指只有一个阈值电压的比较器。当输入电压在增大或减小的过程中通过阈值电压 U_T 时，输出电压产生跃变，从高电平 U_{oH} 跳变为低电平 U_{oL}，或从低电平 U_{oL} 跳变为高电平 U_{oH}。

将电压比较器的输出电压 u_o 与输入电压 u_i 的函数关系 $u_o = f(u_i)$ 用曲线描述，称为电压传输特性。

单限比较器的电路及其传输特性如图 9-2 所示，图中比较器均由通用集成运算放大器组成。图 9-2a 可知，当输入电压 $u_i > u_R$ 时，输出为负电源电压值；当输入电压 $u_i < u_R$ 时，输出为正电源电压值。所以门限电压 $U_T = u_R$。图 9-2a 中的集成运算放大器为开环结构，不需要加相位补偿器件，可以工作到很高的频率。另外，为了防止输入电压过大造成运算放大器损坏，往往在运算放大器输入端采用二极管箝位，当输入端电压差过大时二极管导通，运算放大器输入被旁路。在输出端，输出高、低电平 U_{oH}、U_{oL} 可以达到运算放大器的极大输出值，即接近正、负电源电压值。

图 9-2b 中输出端采用了稳压管箝位，迫使输出电压 U_{oH} 和 U_{oL} 符合逻辑电平的要求。当输入电压 $u_i > U_R$ 时，输出电压 $u_o = U_{oH} = U_Z$；当输入电压 $u_i < U_R$，输出电压 $u_o = U_{oL} = U_{TH}$。

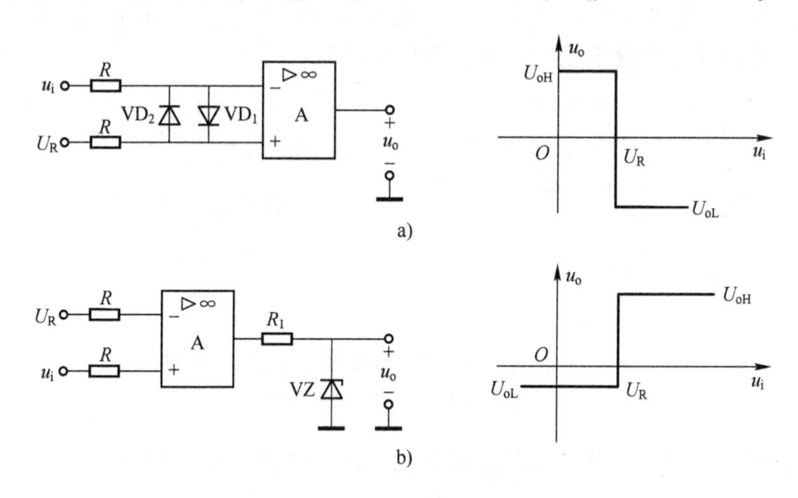

图 9-2　单门限比较器举例

a）运算放大器开环比较器　b）含箝位稳压管比较器

上述各种简单的单限比较器有一个严重缺点，这就是当信号缓慢地趋近门限电压时，输出电压会在 U_{oH} 和 U_{oL} 之间来回摆动。其原因是输入回路中不可避免地存在着干扰电压。下面以过零比较器为例来说明这种情况。设干扰电压 u_n 为正弦波且与输入信号电压 u_s（三角波）相串联，即 $u_i = u_n + u_s$，如图 9-3a、b 所示。干扰电压使 u_i 在信号电压为零的附近与零电位多次相交，导致输出 u_o 不希望的跳变，如图 9-3c 所示。

为了消除输出电压这种来回的跳变，通常采用一种具有迟滞特性的施密特触发器作比较器用，这种比较器习惯上称为迟滞比较器。

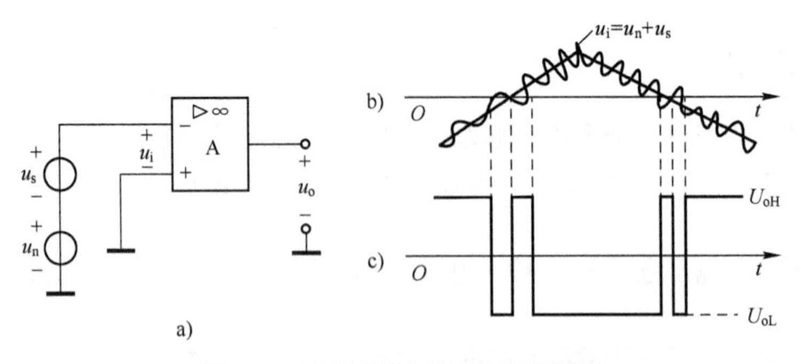

图 9-3　干扰对零电位比较器的影响

a）开环比较器　b）输入信号与噪声　c）输出信号跳变

9.1.2　迟滞比较器

运算放大器有两个输入端，如果将输出信号反馈到同相输入端，就构成了一个正反馈闭环系统，如图 9-4a 所示，该电路是一种典型的由运算放大器构成的双稳态触发器，又称**施密特触发器**。图中 R_1、R_2构成正反馈网络。因为集成运算放大器具有很高的开环电压增益，所以同相输入端（+）与反向输入端（-）只需很小的电压（约±1 mV），就能使输出端的电压接近于电源电压。因此，电路一旦接通，输出端或者处于高电位 U_{oH}，或者处于低电位 U_{oL}。U_{oH}和 U_{oL}的值分别接近于运放的正、负供电电源。

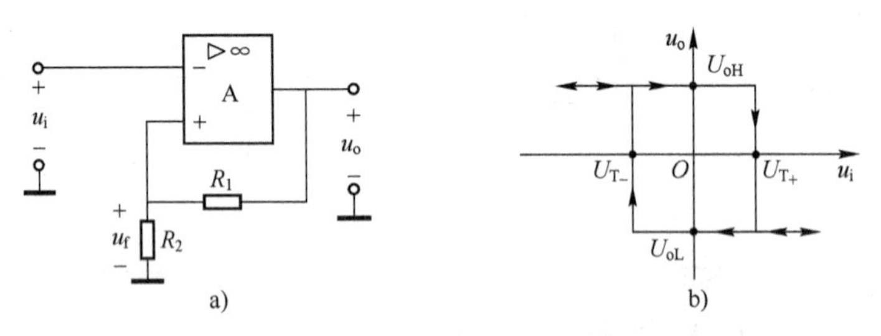

图 9-4　运放构成的双稳态触发器及其传输特性曲线

a）电路结构　b）传输特性曲线

1）设输出端处于高电平 U_{oH}状态，则经 R_1、R_2分压后，反馈电压 u_f为

$$u_f=\frac{R_2}{(R_1+R_2)}U_{oH}=U_{T_+} \tag{9-1}$$

只要输入电压 $u_i<U_{T_+}$，输出端就能始终保持在高电平 U_{oH}状态（稳态之一）。只有当 $u_i>U_{T_+}$时，才能使输出端由高电平 U_{oH}跳变到低电平 U_{oL}。通常 U_{T_+}称为上门限电压。

2）设输出端处于低电平 U_{oL}状态，则经 R_1、R_2分压后，反馈电压 u_f为

$$u_f=\frac{R_2}{(R_1+R_2)}U_{oL}=U_{T_-} \tag{9-2}$$

只要输入电压 $u_i>U_{T_-}$，输出端就能始终保持在高电平 U_{oL}状态（稳态之一）。只有当 $u_i<U_{T_-}$，时，才能使输出端由低电平 U_{oL}跳变到高电平 U_{oH}。通常 U_{T_-}称为下门限电压。

根据以上分析，可以得到该电路的传输特性曲线，如图 9-4b 所示，因为该比较器的传输特性曲线形状类似于迟滞回线，故这类比较器又称为迟滞比较器。通常将上门限电压 U_{T_+}

与下门限电压 U_{T-}之差称为回差 ΔU_T。

$$\Delta U_T = U_{T+} - U_{T-} = \frac{R_2}{R_1+R_2}(U_{oH} - U_{oL}) \tag{9-3}$$

上式表明，如果想减小回差，应当使 $R_2 \ll R_1$，但这将使触发电路的可靠性降低。

正如 9.1.1 节所述，普通单限比较器抗干扰能力较弱，而这种具有迟滞特性的迟滞比较器抗干扰能力就较强，只要干扰幅度变化在回差 ΔU_T的范围内，输出端就不会从一个输出状态转换到另一个输出状态。如图 9-5 所示，为方便比较，设输入信号 u_s为三角波，与干扰源 u_n一同组成比较器输入信号 u_i。采用迟滞比较器后，在①时刻，当 u_i第一次通过上门限电压 U_{T+}后，输出变为 U_{oL}，由于下门限电压为 U_{T-}，所以当①时刻 u_i又两次通过 U_{T+}时，输出不再摆动，即只要干扰幅度变化在回差 ΔU_T的范围内，输出端就不会从一个输出状态转换到另一个输出状态，当且仅当干扰幅度超过回差 ΔU_T的范围，如图中②时刻到来后，输出端才会从低电平 U_{oL}重新返回高电平 U_{oH}。可见采用迟滞比较器大大提高了抗干扰能力。

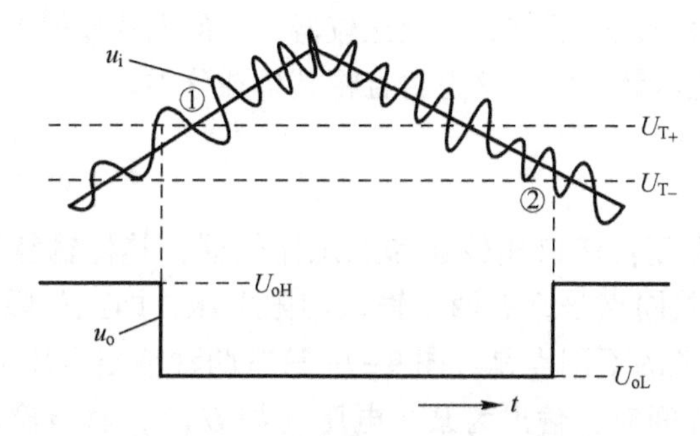

图 9-5　迟滞比较器抗干扰模型示意

图 9-4a 所示施密特触发器输入信号 u_i加在运算放大器的反向输入端，通常称为反向型施密特触发器。如果将输入信号加在同相输入端，而将反向输入端接地就构成同相型施密特触发器，如图 9-6a 所示。它的传输特性曲线如图 9-6b 所示。该电路传输特性与图 9-4b 所示正好相反，当 u_i从小到大逐渐增大到 U_{iH}时，u_o从 U_{oL}突跳到 U_{oH}；当 u_i从大到小逐渐减小到 U_{iL}时，u_o 从 U_{oH}突跳到 U_{oL}。图 9-6b 与图 9-4b 传输特性形状均类似于迟滞回线，不同之处在于图 9-6b 传输特性曲线具有**上行迟滞特性**，而图 9-4b 传输特性曲线具有**下行迟滞特性**。

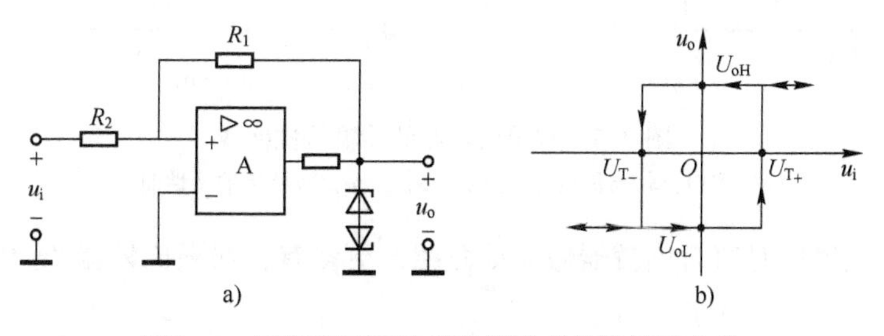

图 9-6　同相型施密特触发器及其传输特性曲线

a) 电路结构　b) 传输特性曲线

由图 9-6a 可见，运算放大器同相端的电压 u_+为

$$u_+ = \frac{R_2}{R_1+R_2}u_o + \frac{R_1}{R_1+R_2}u_i \tag{9-4}$$

只要 $u_+<0$，u_o就稳定在 U_{oL}；只有当 $u_+>0$ 时，u_o 才突跳到 U_{oH}。将 U_{oH}和 U_{oL}分别带入到上式中，即可求出上、下门限电压值为

$$U_{T_+} = -\frac{R_2}{R_1}U_{oL} \quad (U_{oL}<0) \tag{9-5}$$

$$U_{T_-} = -\frac{R_2}{R_1}U_{oH} \quad (U_{oH}>0) \tag{9-6}$$

而回差为

$$\Delta U_T = U_{T_+} - U_{T_-} = \frac{R_2}{R_1}(U_{oH} - U_{oL}) \tag{9-7}$$

本节所介绍的迟滞比较器，输入信号在持续增大或持续减小过程中，只经历一个门限值，因此许多教材均将该类比较器归为单限比较器类。但迟滞比较器与普通单限比较器又存在明显区别，因此为防止读者混淆，这里暂且将其单独分类。

9.1.3 双限比较器

双限比较器有两种类型：窗口比较器和三态比较器，其传输特性曲线如图 9-7 所示。两种比较器传输特性的共同点是都有两个输入门限电压，即上门限电压 U_{T_+}和下门限电压 U_{T_-}。两种比较器传输特性的不同点是：图 9-7a 只有两种输出电压 U_{oH}和 U_{oL}，当输入电压 u_i 处于两个门限电压值之间时，输出为某一电压（如 U_{oL}），而当输入电压处于两个门限电压值之外时，输出为另一电压（如 U_{oH}）。这种比较器称为窗口比较器，用于判断输入电压是否在指定的门限电压值之内。图 9-7b 的传输特性有三种输出电压值。当输入电压 u_i 处于两个门限电压值之间时，输出电压值为零；当输入电压值处于两个门限电压值之外时，输出两个极性不同的电压值，这种比较器称为三态比较器。

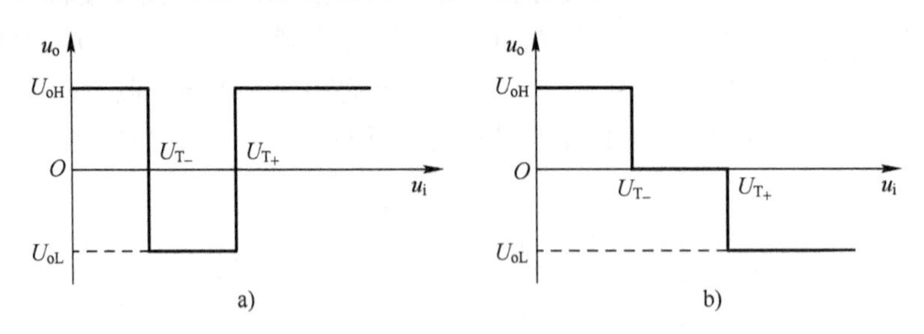

图 9-7　双限比较器的传输特性曲线

a）窗口比较器传输特性曲线　b）三态比较器传输特性曲线

限于篇幅，这里仅对窗口比较器做简单介绍，更多有关双限比较器的内容，请读者参考有关资料。

窗口比较器可由两个单限比较器构成，如图 9-8a 所示。如果设 $U_{R1}=5.5\,\mathrm{V}$，$U_{R2}=4.5\,\mathrm{V}$，则当 $u_i=5\,\mathrm{V}$ 时，A_1、A_2输出都是高电平，因此 VD_1、VD_2截止，输出电压 u_o为高电平 $U_{oH}\approx U_{CC}$；当输入电压 $u_i \geq U_{R1}$时，A_1输出低电位，VD_1导通，将输出电压箝位于低电位 U_{oL}；当输

入电压 $u_i \leqslant U_{R2}$时，A_2输出低电位，VD_2导通，也将输出电压箝位于低电位 U_{oL}。因此，上门限电压为 $U_{T_+}=U_{R1}=5.5\,V$，下门限电压为 $U_{T_-}=U_{R2}=4.5\,V$。其传输特性曲线如图 9-8b 所示。该电路可用于监视数字集成电路的供电电源，以保证集成电路安全正常的工作于典型电压附近。

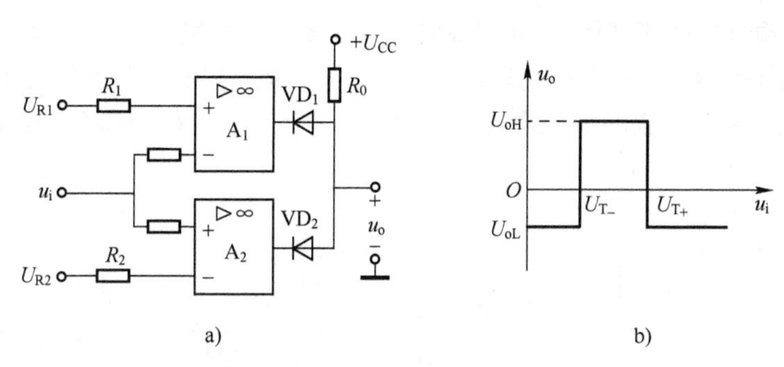

图 9-8　窗口比较器电路与传输特性曲线

a）窗口比较器电路　b）窗口比较器传输特性曲线

9.1.4　典型例题讲解

例 9-1　如图 9-9a 所示单限比较器电路，稳压管的稳压值为 $U_Z=\pm 6\,V$；其输入电压为图 9-9b 所示三角波，试画出该单限比较器的传输特性曲线及输出电压 u_o的波形。

解：本电路稳压管跨接于输出端与反相输入端之间，假设稳压管均截止，则运算放大器工作于开环状态，输出不是高电平就是低电平，这样势必导致一定有一稳压管击穿而工作于稳压状态，从而构成负反馈支路，反相输入端“虚地”，限流电阻 R 上的电流 i_R等于稳压管电流 i_Z，输出电压为$\pm U_Z$，该电路的优点为输入电压、电流均较小，易于保护输入级，另外，由于运算放大器工作于线性区，因而在输入电压过零时，运算放大器内部晶体管无须从饱和区逐渐变到截止区，或相反从截止区逐渐变到饱和区，从而提高了电路的速度。

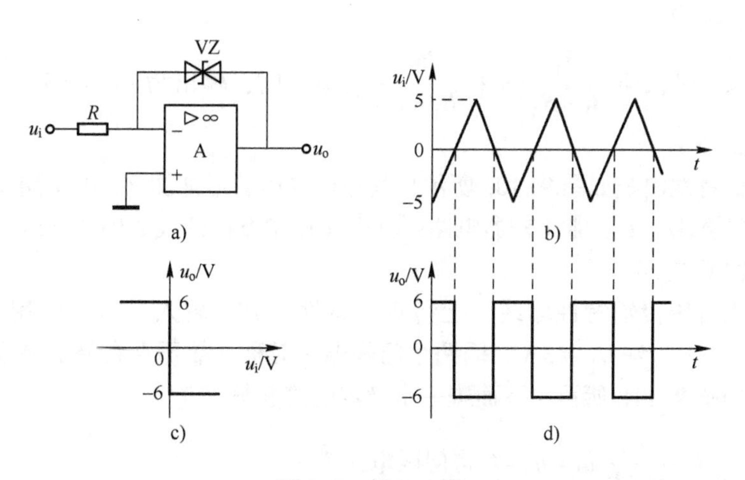

图 9-9　例 9-1 图

a）电路　b）输入电压波形　c）传输特性曲线　d）输出电压波形

当 $u_i>0$ 时，限流电阻 R 中电流 i_R 由左向右，流经反馈支路时，使右侧稳压管工作于反向击穿区，从而输出电压 u_o 等于 $U_{oL}=-6\text{ V}$。

当 $u_i<0$ 时，限流电阻 R 中电流 i_R 由右向左，流经反馈支路时，使左侧稳压管工作于反向击穿区，从而输出电压 u_o 等于 $U_{oH}=6\text{ V}$。

该电路的传输特性曲线如图 9-9c，根据输入三角波，其输出电压波形如图 9-9d 所示。

例 9-2 如图 9-10a 所示单限比较器电路中，$R_1=R_2=5\text{ k}\Omega$，基准电压 $U_{REF}=2\text{ V}$，稳压管的稳压值为 $U_Z=\pm5\text{ V}$，它的输入电压为图 9-10b 所示三角波，试画出该单限比较器的传输特性曲线及输出电压 u_o 的波形。

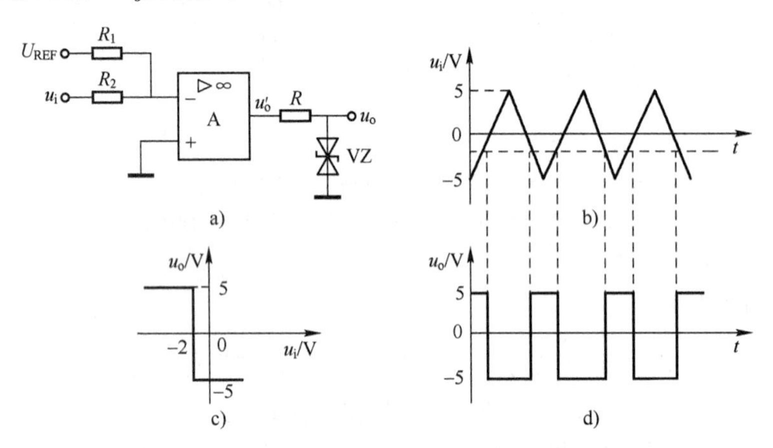

图 9-10 例 9-2 图

a）电路 b）输入电压波形 c）传输特性曲线 d）输出电压波形

解：比较器中运算放大器为开环结构，工作于非线性区，输出为稳压管的正、负高低电平值±5 V。

（1）当 $u_->u_+$，即 $\dfrac{R_1}{(R_1+R_2)}u_i+\dfrac{R_2}{(R_1+R_2)}U_{REF}>0$ 时，输出为 $U_{oL}=-5\text{ V}$，解得当 $u_i>-2\text{ V}$ 时，输出为 $U_{oL}=-5\text{ V}$。

（2）当 $u_-<u_+$ 时，即 $\dfrac{R_1}{(R_1+R_2)}u_i+\dfrac{R_2}{(R_1+R_2)}U_{REF}<0$ 时，输出为 $U_{oH}=5\text{ V}$，解得当 $u_i<-2\text{ V}$ 时，输出为 $U_{oH}=5\text{ V}$。

该电路传输特性曲线如图 9-10c 所示，其输出电压波形如图 9-10d 所示。

例 9-3 试设计一个迟滞比较器电路，其电压传输特性曲线如图 9-11a 所示，要求所用阻值在 20~100 kΩ 之间。

解：根据该电压传输特性曲线（上行迟滞特性）知，输入电压应作用于同相输入端，而且有 $u_o=\pm6\text{ V}$，$U_{T_+}=-U_{T_-}=3\text{ V}$，因两个门限电压对称，故不存在外加基准电压，因此电路可以设计成如图 9-11b 所示，下面进一步确定电路参数。

由 $u_+=\dfrac{R_2}{R_1+R_2}u_i+\dfrac{R_1}{R_1+R_2}u_O=u_-=0$ 得门限电压为

$$\pm U_T=\pm\frac{R_1}{R_2}U_Z=\pm\frac{R_1}{R_2}\cdot 6\text{ V}=\pm3\text{ V}$$

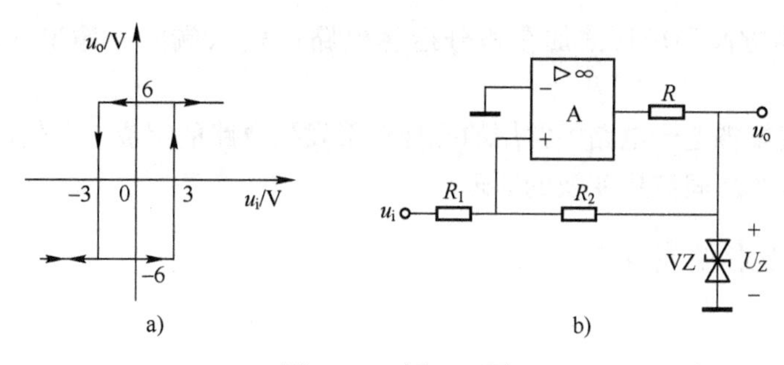

图 9-11　例 9-3 图

a）传输特性曲线　b）电路

即
$$R_2 = 2R_1$$

所以，不妨取 R_1为 25 kΩ，R_2为 50 kΩ。

通过本节三种比较器的介绍，可以归纳出如下结论。

1）在电压比较器中，集成运算放大器大多工作于非线性区，运算放大器结构大多为开环或正反馈结构（例 9-1 为少见的特例），输出电压也只有高、低两种电平。对于运算放大器的这种非线性运用，无论电路结构如何复杂，分析输出电压时，分析的基准点为运算放大器的同相与反相输入端电压的比较，即 $u_+ > u_-$时，$u_o = U_{oH}$；$u_+ < u_-$时，$u_o = U_{oL}$。

2）一般用电压传输特性曲线来描述比较器的输入、输出电压关系。

3）电压比较器的传输特性几个关键要素为：输出电压的高/低电平、门限电压（单门限、迟滞特性的上/下门限、双门限）以及输出电压的跃变方向（特别指迟滞比较器分上行与下行两种特性）。

9.2　非正弦波发生器

在实际电路中，信号波形除了常见的正弦波之外，还有方波、矩形波、三角波、锯齿波等。波形如图 9-12 所示。

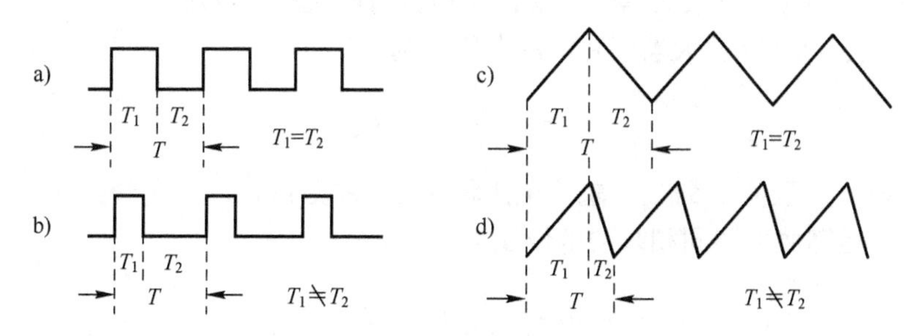

图 9-12　方波、矩形波、三角波、锯齿波波形示意

a）方波　b）矩形波　c）三角波　d）锯齿波

方波和矩形波发生器是其他非正弦波发生电路的基础，方波与矩形波的波形区别在于高/低电平的时间一个相等而另一个不相等。三角波与锯齿波的波形区别与其类似，仅为上升与下降斜率有所区别。方波发生器与矩形波发生器可以通过简单调整高/低电平时间宽度来实现互换，同样，三角波发生器与锯齿波发生器也可以通过调整上升与下降时间宽

度来实现互换；当方波和矩形波加在积分运算电路的输入端时，输出端就可以获得三角波与锯齿波。

本节主要讲述模拟电子电路中常用的几种波形发生电路的组成、工作原理、波形分析和主要参数，以及彼此之间波形变换的原理。

9.2.1 方波和矩形波发生器

1. 方波发生器

（1）电路组成与工作原理

由运算放大器构成的方波发生电路如图 9-13a 所示，它是由反相型施密特触发器加 *RC* 反馈支路组成，比较两者，差别仅在于以电容器上的 u_C 代替了输入电压 u_i。

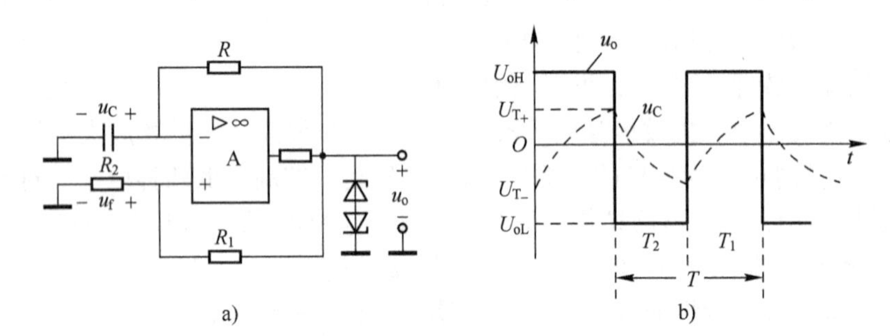

图 9-13　运算放大器构成的方波发生器及其波形

a）电路　b）波形

根据反相型施密特触发器的分析可知，上、下门限电压分别为

$$U_{T_+}=\frac{R_2}{R_1+R_2}U_{oH} \tag{9-8}$$

$$U_{T_-}=\frac{R_2}{R_1+R_2}U_{oL} \tag{9-9}$$

式中，U_{oH} 和 U_{oL} 分别为运算放大器输出端正向和负向最大输出电压。

若设 $u_o=U_{oH}$，则运算放大器同相端的电压 u_f 为

$$u_f=\frac{R_2}{R_1+R_2}U_{oH}=U_{T_+} \tag{9-10}$$

u_o 经 *R* 向 *C* 充电，一旦使 $u_C>U_{T+}$，输出电压将由 U_{oH} 跳变到 U_{oL}。

$u_o=U_{oL}$ 后，运算放大器同相端的电压 u_f 为

$$u_f=\frac{R_2}{R_1+R_2}U_{oL}=U_{T_-} \tag{9-11}$$

此时 *RC* 支路中，电容器 *C* 经电阻 *R* 向 U_{oL} 放电至 0，并进而在 U_{oL} 作用下向 *C* 反向充电（为便于理解，读者可假定 U_{oL} 为一负电压）。一旦 $u_C<U_{T_-}$，输出电压即刻又由 U_{oL} 回跳变到 U_{oH}。

这样周而复始，形成自激振荡，其波形如图 9-13b 所示。实线为输出电压 u_o 的波形，虚线为电容 *C* 上的电压 u_C 的波形。

（2）主要参数

图 9-13b 中时间 T_1 是电容器上的电压 u_C 由 U_{T_-} 上升到 U_{T_+} 所需的时间，即 *C* 的充电时

间，对应输出高电平 U_{oH}的时间；图中 T_2是电容器上的电压 u_C由 U_{T_+}下降到 U_{T_-}所需的时间，即 C 的放电时间，对应输出低电平 U_{oL}的时间。因此方波的周期 T 为

$$T=T_1+T_2 \tag{9-12}$$

由 RC 电路理论可以知道，起始值为 U_{T_-}，在阶跃电压 U_{oH}作用下的充电过程可以表述为

$$u_C=U_{oH}-(U_{oH}-U_{T_-})e^{-\frac{t}{RC}} \tag{9-13}$$

以 $u_C=U_{T_+}$代入上式，可以求得 T_1为

$$T_1=RC\ln\frac{U_{oH}-U_{T_-}}{U_{oH}-U_{T_+}} \tag{9-14}$$

用同样的方法，可以求得 T_2为

$$T_2=RC\ln\frac{U_{oL}-U_{T_+}}{U_{oL}-U_{T_-}} \tag{9-15}$$

如果 $|U_{oH}|=|U_{oL}|$，则方波的周期 T 为

$$T=T_1+T_2=2RC\ln\left(1+2\frac{R_2}{R_1}\right) \tag{9-16}$$

由上式可见，改变 RC 时常数或比值 R_2/R_1 的值，就可以调节方波的周期与频率。输出方波的上升沿与下降沿的陡度取决于运算放大器的压摆率，压摆率越大，上升沿与下降沿越陡。

如果要改变方波的幅度，通常只需改变输出端稳压管的数值。如图 9-13 所示电路，其输出高/低电压分别约等于$\pm U_Z$（设两只稳压管稳压值相等且正向导通电压 U_D 忽略不计）。

2. 矩形波发生器

在图 9-13a 电路的基础上，稍加改动就可以构成矩形波发生器，如图 9-14 所示。正如前面所提，矩形波（也称矩形脉冲）与方波的区别在于方波的高电平与低电平所占时间相等，矩形波则不相等。通常用“占空系数” Q 来说明两种电位所占时间的差别。Q 的一般定义为

$$Q=\frac{t_d}{T} \tag{9-17}$$

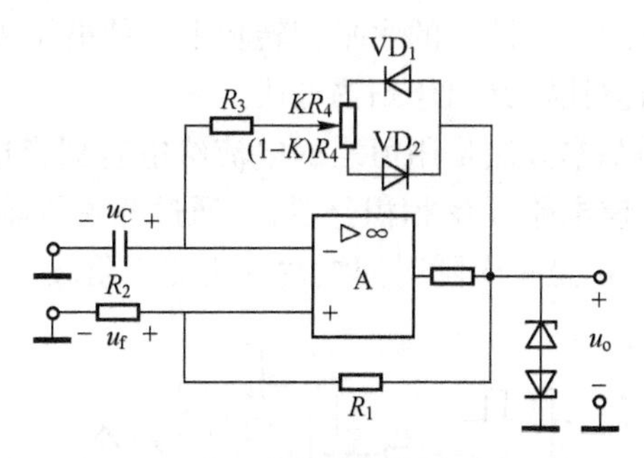

图 9-14 *RC* 充放电支路分开的矩形波发生器

式中，T 为脉冲的重复周期，t_d 为所占时间小于 $T/2$ 的那个电平时间。若高电平所占时间小于 $T/2$，习惯上称为正脉冲，反之，称为负脉冲。

📖 注意：关于占空系数 Q 的准确定义，许多教材存在着分歧，有的定义为低电平时间与总的周期时间之比 T_L/T，又有的定义为高电平时间与总的周期时间之比 T_H/T，笔者认为具体如何定义 Q 并非十分重要，只要真正掌握其用意即可。

要得到 $T_1 \neq T_2$ 的矩形波（脉冲），常用的方法如下。

1）如图 9-13a 所示电路，输出端接两个箝位用的稳压管，但两个管子的稳压值不等，使 $|U_{oH}| \neq |U_{oL}|$，代入 T_1 与 T_2 公式，从而达到 $T_1 \neq T_2$ 的目的。

2）如图 9-13a 所示电路，使 R_2 不接地，而是接一个直流参考电压 U_R，从而也使 $|U_{T_+}| \neq |U_{T_-}|$，达到 $T_1 \neq T_2$ 的目的。

3）使电路中 RC 充电与放电时常数不相等，如图 9-14 所示的一种实用电路。该电路通过利用二极管 VD_1、VD_2 的单向导电性能，将充电与放电回路分开，从而获得不同的充放电时常数，而且图中电位器可以调节，从而得到占空系数可调的矩形波。

参照方波发生器的 T_1 与 T_2 公式，得到矩形波的高、低电平时间分别为（忽略二极管导通电压 U_D）：

$$T_1 = (KR_4 + R_3) C \ln \frac{U_{oH} - U_{T_-}}{U_{oH} - U_{T_+}} \tag{9-18}$$

$$T_2 = [(1-K) R_4 + R_3] C \ln \frac{U_{oL} - U_{T_+}}{U_{oL} - U_{T_-}} \tag{9-19}$$

式中，K 为 R_4 的上半部分与 R_4 整体的比值，如果 $|U_{oH}| = |U_{oL}|$，则占空系数 Q 为

$$Q = \frac{T_1}{T} = \frac{KR_4 + R_3}{R_4 + 2R_3} \tag{9-20}$$

9.2.2 三角波与锯齿波发生器

三角波和锯齿波都是一种数值随时间做线性变换的波形，两者的差别正如前面所述，仅仅在于上升时间 T_1 与下降时间 T_2 的不同，三角波 $T_1 \cong T_2$，锯齿波 $T_1 \gg T_2$，如图 9-12 所示。锯齿波在电视接收机、雷达、数控及测量等方面都得到了广泛的应用，示波器荧光屏上的时间扫描，就是将锯齿波电压加到示波管的水平偏转板上，使电子束在水平方向上做等速直线移动所造成的。因此，锯齿波往往又叫作扫描电压。

产生三角波和锯齿波的基本方法是用恒定的电流给电容器充电或放电。图 9-15 是用集成运算放大器组成的电容反馈电路（反相积分器），通过开关 S 轮流用恒定电流 E/R 给电容器充电或放电，输出端电压 u_o 是一个随时间线性变化的三角波。

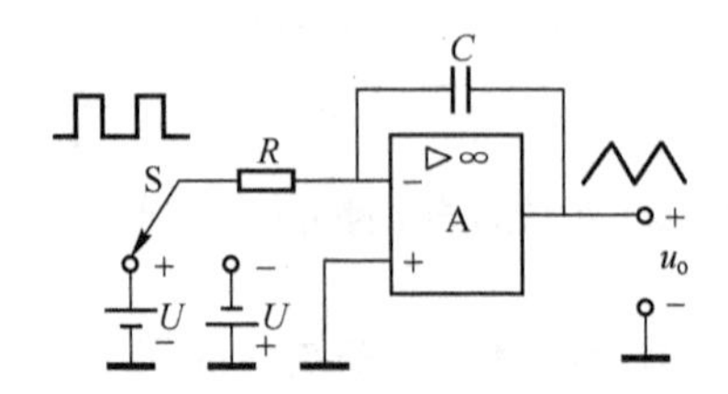

图 9-15　恒定电流充放电构成三角波发生器

下面首先介绍三角波电路，在此基础上稍加修改即可获得锯齿波电压。

1. 三角波发生器

对称的三角波发生电路如图 9-16a 所示。图中 A_1 构成同相型施密特触发器，输出电压 u_{o1} 幅度为 $\pm(U_Z+U_D)$，A_2 构成反相积分器，u_{o1} 经 A_2 积分后，输出电压 u_o 为时间 t 的线性函数，它们共同构成闭环正反馈电路，形成自激振荡，u_{o1} 和 u_o 的波形如图 9-16b 所示，u_{o1} 为方波，u_o 为三角波。

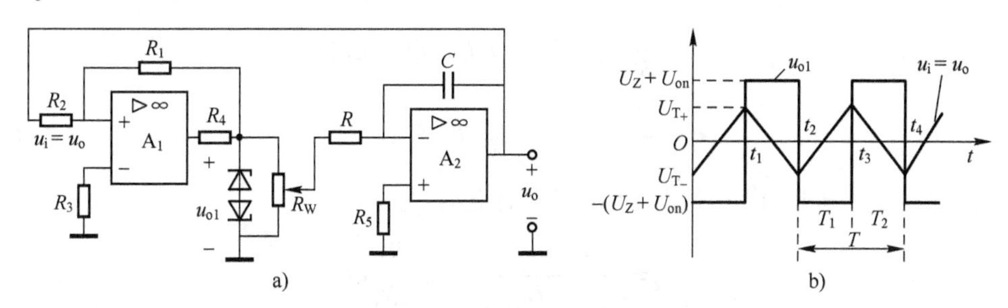

图 9-16　三角波发生器及其波形

a）三角波发生器电路　b）输出波形

首先研究由运放 A_1 构成的同相型施密特触发器。由 9.1 节知道，同相型施密特触发器的上、下门限电压分别为

$$U_{T+}=\frac{R_2}{R_1}(U_Z+U_D) \tag{9-21}$$

$$U_{T-}=-\frac{R_2}{R_1}(U_Z+U_D) \tag{9-22}$$

式中，U_D 和 U_Z 分别为稳压管的正向导通电压与反向击穿电压。由比较器的分析可知，只要 $u_i=u_o\geqslant U_{T+}$，u_{o1} 就会突跳到高电平 (U_Z+U_D)；反之，$u_i=u_o\leqslant U_{T-}$，u_{o1} 就会突跳到低电平 $-(U_Z+U_D)$，因此，三角波的峰-峰值为

$$U_{T+}-U_{T-}=2\frac{R_2}{R_1}(U_Z+U_D) \tag{9-23}$$

u_{o1} 经电位器 R_W 分压后，加到反相积分器的输入端。设分压系数为 a，则反相积分器的输入电压为 au_{o1}，反相积分器的输出电压 u_o 与输入电压 u_{o1} 之间的关系为

$$u_o=-\frac{1}{RC}\int_0^t au_{o1}\mathrm{d}t+u_o(0) \tag{9-24}$$

式中，$u_{o(0)}$ 为起始值。

设 $u_{o1}=-(U_Z+U_D)$，则 u_o 为

$$\begin{aligned} u_o &=-\frac{1}{RC}\int_0^{t1}-a(U_D+U_Z)\mathrm{d}t+u_0(0) \\ &=\frac{1}{RC}a(U_D+U_Z)T_1+u_0(0) \end{aligned} \tag{9-25}$$

以 $t=0$ 时，$u_o=u_{o(0)}=U_{T+}$；$t=t_1$ 时，$u_o=u_{o(t_1)}=U_{T+}$ 代入式（9-25），可以求出 u_{o1} 为低电位时的时间 T_1 为

$$T_1=\frac{U_{T_+}-U_{T_-}}{a(U_D+U_Z)}RC \tag{9-26}$$

将式（9-23）代入后，得

$$T_1=2\frac{R_2}{aR_1}RC \tag{9-27}$$

由于 $t=t_1$时，u_{o1}由低电位$-(U_Z+U_D)$跳变到高电位(U_Z+U_D)，所以

$$\begin{aligned}u_o&=-\frac{1}{RC}\int_{t1}^{t2}a(U_D+U_Z)\mathrm{d}t+u_O(t_1)\\&=-\frac{1}{RC}a(U_D+U_Z)T_2+U_{T_+}\end{aligned} \tag{9-28}$$

以 $t=t_2$时，$u_o=u_{o(t_2)}=U_{T_-}$代入上式（9-28），求出 T_2为

$$T_2=\frac{U_{T_+}-U_{T_-}}{a(U_D+U_Z)}RC=2\frac{R_2}{aR_1}RC \tag{9-29}$$

由式（9-23）、式（9-27）和式（9-29）可知，改变电阻比 R_2/R_1，可以调节三角波的峰-峰值，但会影响振荡周期 $T=T_1+T_2$；而改变分压系数 a 和积分时常数 RC 可以调节振荡周期（或频率），却不改变输出的幅值。通常用 RC 作为频率量程切换，R_W作为量程内的频率细调。电路的最高振荡频率取决于积分器 A_2的压摆率和最大输出电流决定，最低振荡频率取决于积分漂移。

应当指出，图 9-16a 所示三角波发生电路只是一个基本电路，对其中部分器件或电路做适当的增减与修改，可以构成许多不同功能的电路。

2. 锯齿波发生器

在图 9-16a 所示三角波发生电路的基础上，通过改变充放电时常数，就可以得到锯齿波发生器电路，如图 9-17a 所示。该电路相对于三角波发生电路，在积分器的输入端增加了一条含有二极管的支路，当积分器的输入为正时，积分时常数为$(R_3//R_4)C$；当积分器的输入为负时，积分时常数为 R_4C。从而达到改变充放电时常数、调节占空比的目的，这样，三角波发生器就变成了锯齿波发生器，其波形如图 9-17b 所示。

请读者自行考虑若将二极管方向反接，如何进行分析。

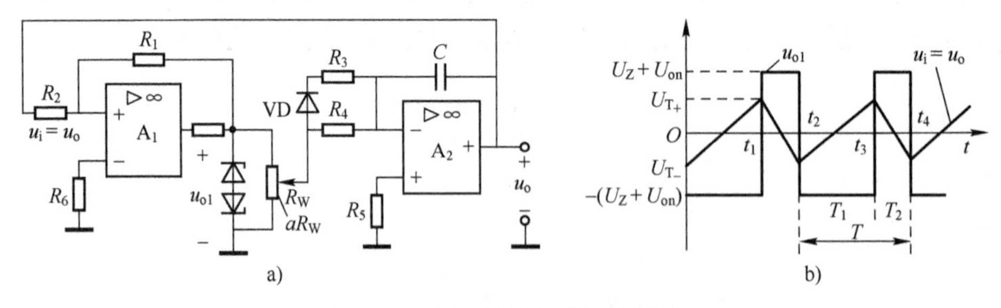

图 9-17　锯齿波发生器及其波形

a）锯齿波发生器电路　b）波形

图 9-17a 中同相型施密特触发器 A_1的输出电压 u_{o1}的幅度以及上、下门限电压 U_{T_+}和 U_{T_-}与图 9-16a 所示三角波发生电路完全一样，仅是反相积分器的积分时间不一样，对比三角

波发生电路中的式（9-27）和式（9-29），锯齿波发生器的积分时间分别为

$$T_1=2\frac{R_2}{aR_1}R_4C \tag{9-30}$$

$$T_2=2\frac{R_2}{aR_1}(R_3//R_4)C \tag{9-31}$$

振荡周期 T 为

$$T=T_1+T_2=2\frac{R_2}{aR_1}C(R_4+R_3//R_4) \tag{9-32}$$

占空系数 Q 为

$$Q=\frac{T_2}{T}=\frac{R_3//R_4}{R_4+R_3//R_4}=\frac{1}{2+R_4/R_3} \tag{9-33}$$

由此可见，改变电位器的分压系数 a 或积分电容 C，可以调节振荡周期 T；改变比值 R_4/R_3 可调节占空系数 Q，但同时也会影响振荡周期 T。

例 9-4 如图 9-18 所示三角波发生器电路，设稳压管稳压值 $U_Z=6.3\,\text{V}$，其正向导通电压降为 0.7 V，$R_1=20\,\text{k}\Omega$，$R_2=10\,\text{k}\Omega$，$R_4=150\,\text{k}\Omega$，$R_5=150\,\text{k}\Omega$，$R_6=6.8\,\text{k}\Omega$，$R_W=10\,\text{k}\Omega$，$C=0.1\,\mu\text{F}$。试求：

（1）最高振荡频率 f_{omax}。

（2）方波及三角波的峰-峰值。

（3）若想方波和三角波的峰-峰值相等，而不改变振荡频率，电路参数应如何变化？

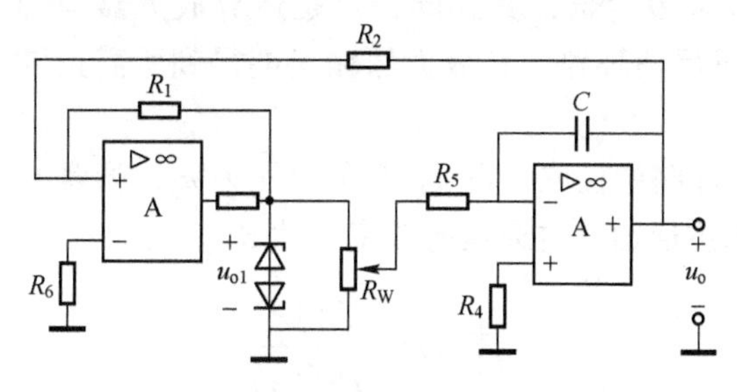

图 9-18 例 9-4 电路图

解：（1）当分压系数 $a=1$ 时，得最高振荡频率为

$$f_{omax}=\frac{1}{T}=\frac{1}{2(R_2/R_1)C\times 2R_5}=33.3\,\text{Hz}$$

（2）u_{o1}端输出方波，u_o端输出三角波的幅值分别为

方波幅值

$$U_{om}=2(U_D+U_Z)=2\times 7\,\text{V}=14\,\text{V}$$

三角波幅值

$$U_{om}=2R_2/R_1(U_Z+U_D)=7\,\text{V}$$

（3）如果方波和三角波的峰-峰值相等，则 $R_2=R_1$，又为了不改变振荡频率，则考虑 R_5 减小一半，变为 75 kΩ，或电容 C 减小一半，变为 0.05 μF。

9.3 正弦波发生器

信号发生器总体可以分为正弦波发生器和非正弦波发生器两大类。非正弦波发生器，如9.2节所介绍过的方波、矩形波、三角波和锯齿波发生器等，有时又称这些为张弛振荡器。用于非正弦波发生器的集成运放一般工作于开关状态（非线性区），例如集成运算放大器作为方波发生器时，运算放大器一般都工作于非线性区，这种非线性区的工作方式的优点是不存在线性放大中的工作点设置问题，振荡器的振荡输出幅值与电源电压成正比，因此只要电源电压的幅值是稳定的，输出电压的幅值也基本是稳定的，另外，如果在输出端附加非线性稳压或限幅电路，信号输出幅度的稳定性将进一步得以提高。

本节将介绍正弦波发生器，其用到的运算放大器工作于线性区，其对运算放大器的工作点的设置要求严格，对信号的幅度与相位均有要求。

正弦波振荡发生器一般有选频电路。选频电路通常有两类：*LC* 谐振电路与 *RC* 选频电路。*LC* 谐振电路可以由简单的分立元器件构成，但实际在低频谐振电路设计应用中，由于 *L* 存在体积大的问题，使用起来不方便，一般不用 LC 谐振电路，低频谐振电路设计应用中，常用 *RC* 选频电路，*LC* 谐振电路一般用于高频、射频领域。

本节介绍的正弦波发生器采用线性工作区的运算放大器与 *RC* 选频网络构成，一般称其为 *RC* 正弦波发生器。常用的 *RC* 正弦波发生器有文氏桥正弦波发生器、移相式正弦波发生器和积分式正弦波发生器，这三种 *RC* 正弦波发生器，其共同特点是运算放大器与选频电路构成一个闭合的正反馈环路，在放大器输出端得到所需正弦信号。

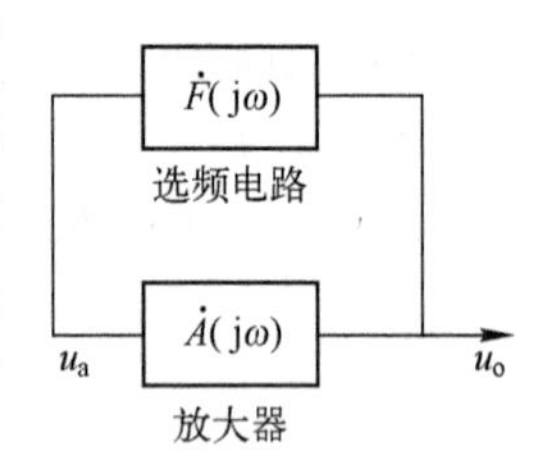

图 9-19　*RC* 正弦波发生器框图

如图 9-19 所示，在环路中任取一点 a，它的电压为 u_a，通常称 a 点到放大器的输出端为主通道，主通道的频率特性 $K(\mathrm{j}\omega)$ 为

$$\dot{K}(\mathrm{j}\omega)=\frac{\dot{U}_o(\mathrm{j}\omega)}{\dot{U}_a(\mathrm{j}\omega)} \tag{9-34}$$

由输出端到 a 点称为反馈通道，反馈通道的频率特性 $\dot{F}(\mathrm{j}\omega)$ 为

$$\dot{F}(\mathrm{j}\omega)=\frac{\dot{U}_a(\mathrm{j}\omega)}{\dot{U}_o(\mathrm{j}\omega)} \tag{9-35}$$

产生自激振荡的条件为

$$\dot{K}(\mathrm{j}\omega) * \dot{F}(\mathrm{j}\omega)=1 \tag{9-36}$$

上式进一步分解为振幅条件和相位条件，有

$$K(\omega) * F(\omega)=1 \tag{9-37}$$

$$\varphi_K(\omega)+\varphi_F(\omega)=\pm 2n\pi(n=0,1,2\cdots) \tag{9-38}$$

文氏桥正弦波发生器的基本电路如图 9-20 所示，正反馈选频网络由 R_2、C_2 串联支路与 R_1、C_1 并联电路相串联构成，R_F、R_f 与运放 A 一同构成主通道放大器。

下面对该电路的工作原理进行分析。

由图 9-20 可知，主通道为一个同相放大器，它的理想化幅频和相频特性分别为

$$K(\omega)=1+\frac{R_F}{R_f} \tag{9-39}$$

$$\varphi_K(\omega)=0 \tag{9-40}$$

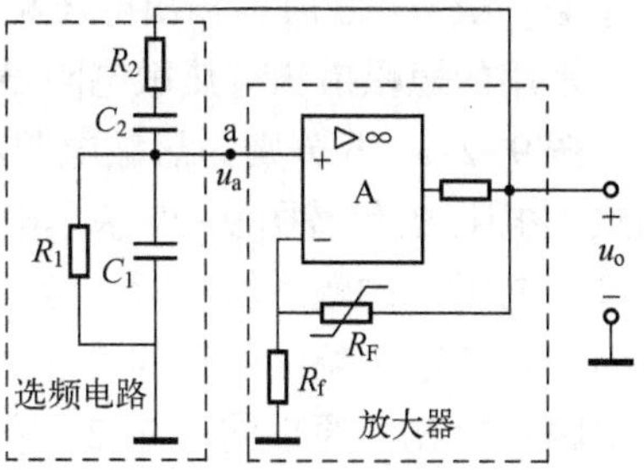

反馈通道的频率特性为

$$F(j\omega)=\frac{Z_1}{Z_1+Z_2}=\frac{\dfrac{R_1}{1+j\omega R_1C_1}}{\dfrac{R_1}{1+j\omega R_1C_1}+R_2+\dfrac{1}{j\omega C_2}}$$

$$=\frac{1}{1+\dfrac{C_1}{C_2}+\dfrac{R_2}{R_1}+j\left(\omega R_2C_1-\dfrac{1}{\omega R_1C_2}\right)} \tag{9-41}$$

图 9-20　文氏桥正弦波发生器

由式（9-39）、式（9-40）、式（9-41）可知，要想满足式（9-37）与式（9-38）的自激振荡条件，必须使

$$\omega R_2C_1-\frac{1}{\omega R_1C_2}=0 \tag{9-42}$$

$$\frac{1+\dfrac{R_F}{R_f}}{1+\dfrac{C_1}{C_2}+\dfrac{R_2}{R_1}}=1 \tag{9-43}$$

这两个式子即为文氏桥正弦波发生器的自激振荡条件，由式（9-42）可以求出振荡的频率为

$$f_o=\frac{\omega_o}{2\pi}=\frac{1}{2\pi}\sqrt{\frac{1}{R_1R_2C_1C_2}} \tag{9-44}$$

由式（9-43）可以确定主通道和反馈通道元件之间的关系为

$$\frac{C_1}{C_2}+\frac{R_2}{R_1}=\frac{R_F}{R_f} \tag{9-45}$$

有时为了选择和调节参数方便，以及减小元件的种类，常取 $C_1=C_2=C$，$R_1=R_2=R$，则式（9-44）和式（9-45）简化为

$$f_o=\frac{1}{2\pi RC}$$

$$R_F=2R_f \tag{9-46}$$

式（9-44）和式（9-45）说明，如果想调节振荡频率又不破坏自激振荡的条件，必须对正反馈电路中的电阻或电容按比例进行同步调节，因此往往使用同轴双连电位器或电容器。

图 9-20 基本电路在实际应用时还必须注意以下两个问题。

1）因为实际运算放大器的开环增益为有限值，所以要适当减小负反馈，才能满足自激振荡的幅值条件。也就是说，要使 R_F 稍大于 $2R_f$，由式（9-39）可知，也即使 $K(\omega)$ 稍大于 3。

2）由于元件的公差、温度等因素的影响，电路工作不够稳定，即使自激振荡的条件满

足后，输出电压的 u_o 幅值也不可能一直稳定于一个恒定的幅值上。$K(\omega)>3$ 时，输出电压幅度递增；$K(\omega)<3$ 时，输出电压幅度会递减。因此，必须接入幅度自动调节电路。

常用的稳幅措施有热敏电阻稳幅、氖管稳幅、场效应晶体管稳幅。

图 9-21a、b 分别为热敏电阻稳幅方式与氖管稳幅方式。图 9-21a 中，利用负温度系数的热敏电阻 R_T 代替图 9-20 基本电路中的 R_F，R_T 的值按 $R_T=2R_f$ 的大小来定。当其他因素引起输出电压 u_o 的幅度增大时，流经 R_T 的电流加大，R_T 的温度上升，阻值下降，使负反馈加强而达到稳定 u_o 幅度的目的。图 9-21b 中采用的则是具有正温度系数的氖管代替图 9-20 基本电路中的 R_f，原理同图 9-21a 类似。

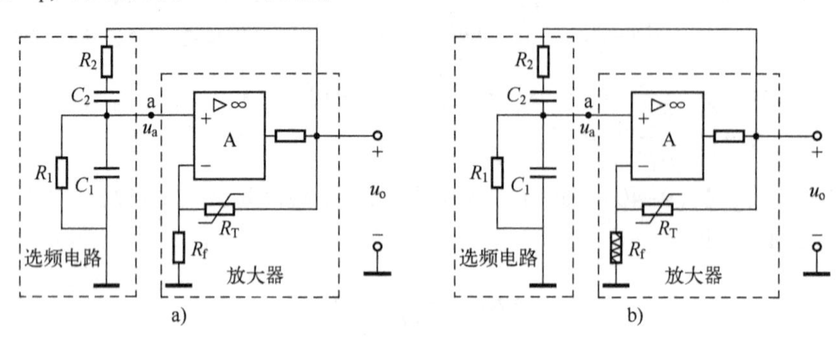

图 9-21　具有稳幅措施的文氏桥正弦波发生器

a）热敏电阻 R_T 稳幅　b）氖管 R_f 稳幅

例 9-5　由集成运算放大器 A 构成的文氏桥正弦波振荡电路如图 9-22a 所示。已知：$R=10\,\text{k}\Omega$，$R_1=2\,\text{k}\Omega$，$C=0.01\,\mu\text{F}$，热敏电阻 R_2 的特性如图 9-22b 所示。试求该振荡电路的输出电压的幅值 U_{om} 和输出正弦波频率。

解：由前面分析可知，为了满足正弦波在等幅振荡时的幅度平衡条件，即 $K(\omega)*F(\omega)=1$，反馈增益 $F(\omega)$ 最大，约等于 1/3，此时有 $K(\omega)=3$，而 C 此时的 $K(\omega)$ 即 $A_u=1+R_2/R_1$，即 $R_2=2R_1=4\,\text{k}\Omega$。

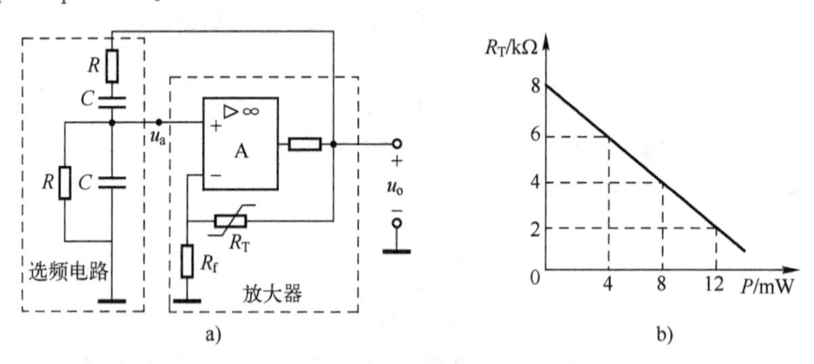

图 9-22　例 9-5 图

a）电路　b）特性曲线

由图 9-22b 可知，当 $R_T=4\,\text{k}\Omega$ 时，其功耗为 8 mW，而 R_T 的功耗 P 与其电压降 U_{R_T} 的关系为

$$P=\frac{U_{R_T}^2}{R_2}$$

故

$$U_{R_T}=\sqrt{PR_T}=\sqrt{8\times4}\ \text{V}=4\sqrt{2}\ \text{V}$$

$$U_o=\left(1+\frac{R_T}{R_1}\right)U_{R_T}=1.5\times\sqrt{32}\ \text{V}=6\sqrt{2}\ \text{V}$$

$$U_{om}=\sqrt{2}U_o=12\ \text{V}$$

又

$$f=f_o=\frac{1}{2\pi RC}=\frac{1}{2\pi10\times10^3\times0.01\times10^{-6}}=1.59\ \text{kHz}$$

9.4 精密整流电路

本节所讨论的整流电路属于非线性波形变换电路，单独利用二极管的单向导电性能可以实现整流，而本节所介绍的集运算放大器与二极管于一体的新型整流电路具有更好的性能，优点为输入与输出之间有较好的隔离，有增益、带载能力强等，因此，可将其称为精密整流电路。

9.4.1 半波整流电路（零限幅器）

如图 9-23a 所示单个二极管整流电路，二极管在输入信号正半周时导通，在输入信号负半周时截止，从而实现半波整流。由于二极管存在一定的正向导通电压 U_D，且正向伏安特性也不是一条直线，所以当输入电压 $u_i=U_m\sin\omega t$ 的幅度小于 1 V 时，会产生很大的非线性失真，输出波形小于半周，而且也不符合输入波形的变化规律，如图 9-23b 所示。

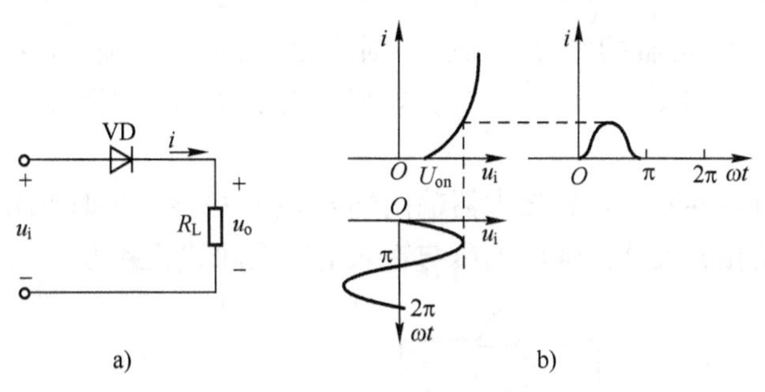

图 9-23　普通二极管半波整流电路

a）电路　b）波形

现在把二极管放于运算放大器的反馈支路中，就可以削弱这种影响，使输出电压与输入电压在信号很小时仍有良好的线性关系，而且整流器的内阻与整流敏感性能都较普通二极管整流器好得多。

如图 9-24a 所示为同相型半波整流电路。当输入电压 u_i 为正极性时，运算放大器输出端电压 U_A 也为正极性，只要 U_A 大于二极管的正向导通电压 U_D，二极管就导通。这时输出端电压 u_o 与输入端电压 u_i 之间的关系为

$$u_o=\left(1+\frac{R_2}{R_1}\right)u_i \tag{9-47}$$

是一种线性关系。当 U_A 小于导通电压 U_D 或是负极性时，二极管截止，运算放大器 A 处于开环状态。因为运算放大器开环增益很大，所以 U_A 小于 U_D 时对应的 u_i 的幅值是非常小的（可以近似为零）。由于运算放大器的输入电阻很高（理想情况为无穷大），所以二极管 VD 截止时对应的输出电压 $u_o=0$。

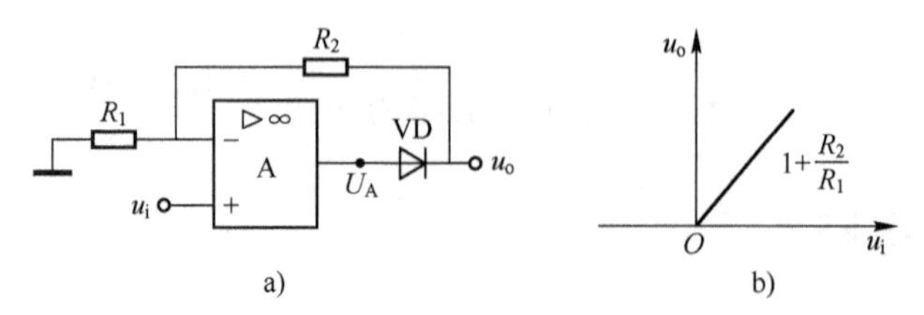

图 9-24 同相型半波整流电路及其传输特性

a）电路结构 b）传输特性

综上所述，输出电压 u_o 与输入电压 u_i 之间的关系式为

$$\begin{cases}u_o=\left(1+\dfrac{R_2}{R_1}\right)u_i & u_i>0\\ u_o=0 & u_i\leqslant 0\end{cases} \tag{9-48}$$

根据式（9-48）画出的电压传输特性如图 9-24b 所示。

反相型半波整流电路如图 9-25a 所示，图中用两个二极管作非线性器件。只要 U_A 的绝对值高于二极管的导通电压 U_D，总有一个二极管是导通的，使运算放大器处于闭环状态。只有 U_A 的绝对值小于 U_D 时，才使两个二极管都截止，使运算放大器 A 处于开环状态。由于运算放大器的开环增益趋于无穷大，所以只有当输入电压 u_i 趋于零时，才可能使 VD_1、VD_2 都截止。例如设运算放大器的增益为 10^6，则为使 U_A 的幅度达到 0.5 V，u_i 的幅值只需 0.5 mV，可见图 9-25a 与图 9-24a 一样，是非常适合于作小信号整流的，下面分析图 9-25a 的传输特性。

当输入电压为负极性时，运算放大器输出端 U_A 为正极性。这时 VD_1 导通，VD_2 截止，整个电路相当于一个反相放大器，输出电压与输入电压之间的关系为

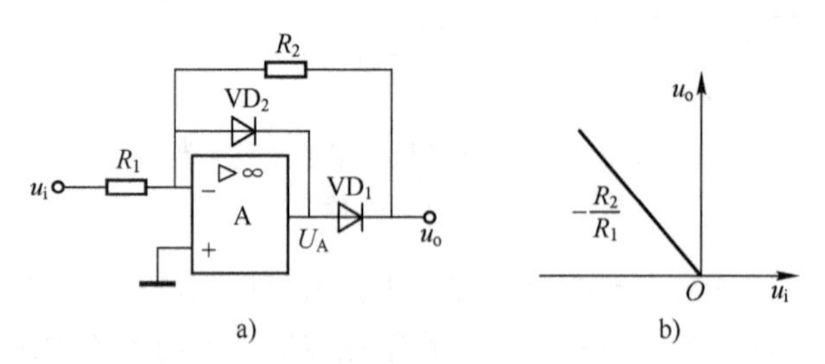

图 9-25 反相型半波整流电路及其传输特性

a）电路结构 b）传输特性

$$u_o=-\frac{R_2}{R_1}u_i \quad u_i<0 \tag{9-49}$$

当输入电压为正极性时，运算放大器输出端 U_A为负极性。这时 VD_1截止，VD_2导通，运算放大器通过 VD_2反馈而处于闭环状态，有 $u_-= u_o=0$。

因此输出电压与输入电压之间的关系为

$$\begin{cases} u_o=-\dfrac{R_2}{R_1}u_i & u_i\leqslant 0 \\ u_o=0 & u_i>0 \end{cases} \tag{9-50}$$

根据式（9-50）画出的传输特性如图 9-25b 所示。

以上介绍的两种半波整流电路，从它的传输特性看，都可以视为零值限幅器，即输入信号为一种极性时，输出电压与输入电压之间呈线性放大关系；输入信号为另一种极性时，将输出电压限定在零电位。

9.4.2 全波整流电路（绝对值运算电路）

绝对值运算电路的输出电压正比于输入电压的幅度，而与输入电压的极性无关，或者说，输入电压的极性变化时，输出电压的极性不变，从整流角度看，这种电路就是全波整流电路。

用二极管与运算放大器构成的精密全波整流电路如图 9-26 所示，它是在半波整流电路的基础上，接一级加法运算放大器，就构成了一个全波整流电路。

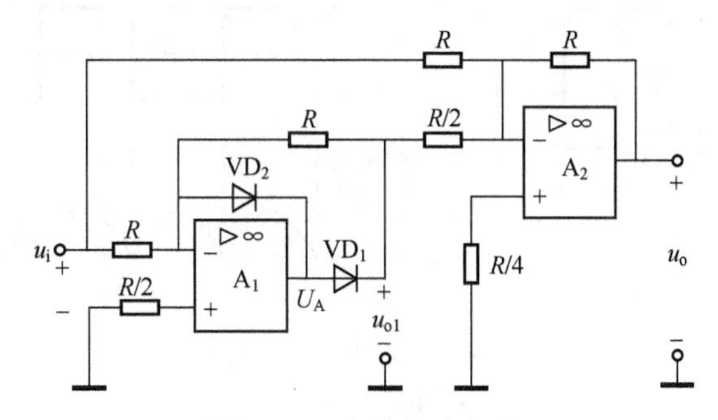

图 9-26　全波整流电路

结合图 9-25 和式（9-50），得图 9-26 中中间电压 u_{o1}为

$$\begin{cases} u_{o1}=-\dfrac{R_2}{R_1}u_i & u_i\leqslant 0 \\ u_{o1}=0 & u_i>0 \end{cases} \tag{9-51}$$

因此，A_2的输出电压 u_o为

$$\begin{cases} u_o=+u_i & u_i\leqslant 0 \\ u_o=-u_i & u_i>0 \end{cases} \tag{9-52}$$

可见，不论输入电压的极性如何，输出电压始终为负，且数值上等于输入信号电压的绝对值，其传输特性为图 9-27a 所示，图 9-27b 所示为输入为正弦波输出的情形。

请读者考虑如果希望输出的 u_o极性为正，且数值上同样等于输入电压，如何设计电路，或者说，如果将两个二极管同时反接，请重新考虑传输特性。

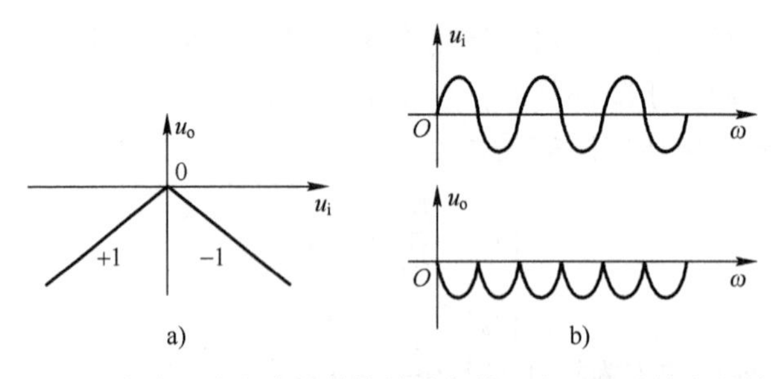

图 9-27　全波整流电路的传输特性与输入为正弦波输出的情形
a）全波整流电路的传输特性　b）输入为正弦波输出的情形

例 9-6　如图 9-28a 所示波形变换电路，设模拟乘法器 M 及集成运算放大器 A 均为理想器件。运算放大器 A 输出的最大电压为±10 V，模拟乘法器中 $K=0.1\ V^{-1}$，u_i为正弦波电压，其幅度为 6 V。（1）画出 u_{o1}和 u_{o2}的波形；（2）指出该电路的功能。

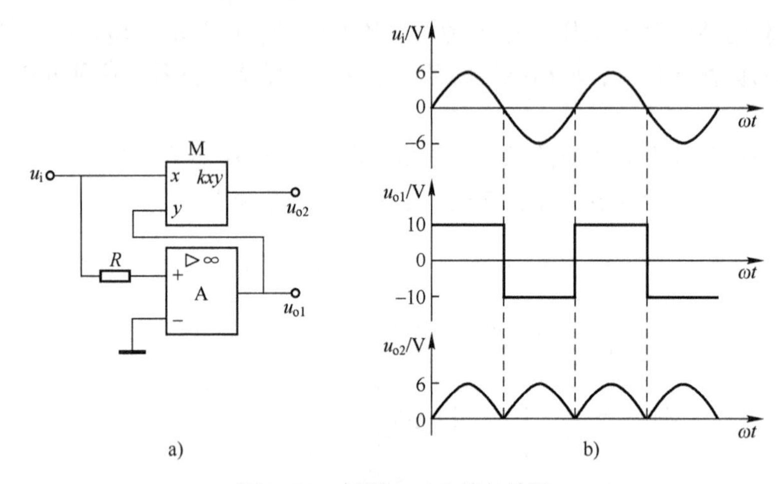

图 9-28　例题 9-6 电路与波形
a）电路　b）波形

解：（1）运算放大器 A 构成同相输入的零比较器，其输出电压为

$$u_{o1}=\begin{cases}+10\ V(u_i\geqslant 0)\\-10\ V(u_i<0)\end{cases}$$

模拟乘法器的输出电压为　$u_{o2}=ku_iu_{o1}$

当 $u_i\geqslant 0$ 时，有　$u_{o2}=0.1\times 10\times u_i=u_i$

当 $u_i<0$ 时，有　$u_{o2}=0.1\times(-10)\times u_i=-u_i$

故　$u_{o2}=|u_i|$

根据以上分析，可以画出 u_i为正弦波时的 u_{o1}与 u_{o2}波形，如图 9-28b 所示。

（2）由以上分析所得的 u_{o2}波形可知，该电路也是一个绝对值电路。

习题

9.1　请列表对比分析有关集成运算放大器线性、非线性应用的特点。分析角度可以为：

1）运算放大器两种应用时的不同工作状态（线性与非线性）；2）两种应用对应的电路结构特征（正反馈与负反馈）；3）运算放大器两种应用的不同解题方法；4）运算放大器两种应用的常用电路有哪些。

9.2　电路如图题 9.2 所示，集成运算放大器为理想器件。

（1）试求该比较器的门限电压 U_T。

（2）画出该电路的传输特性。

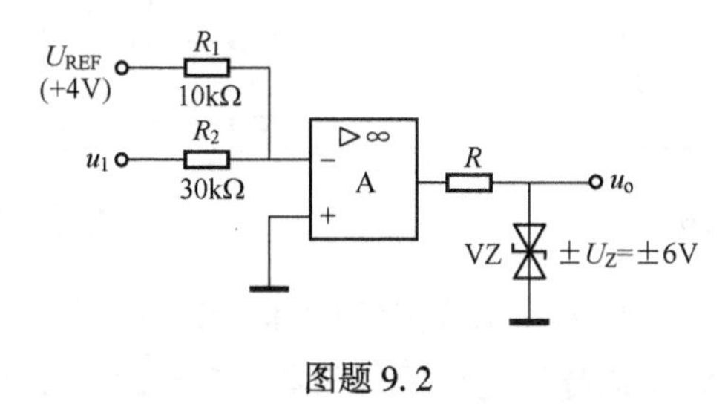

图题 9. 2

9.3　施密特触发器的电路如图题 9.3 所示。试导出它的上、下门限电压的表达式，并画出其传输特性。

9.4 电路如图题 9.4 所示，已知：$R_1=20\ \text{k}\Omega$，$R_2=30\ \text{k}\Omega$，$R_3=2\ \text{k}\Omega$，$U_R=6\ \text{V}$，硅稳压管 VZ 的稳定电压 $U_Z=5\ \text{V}$，集成运算放大器 A 为理想器件。

（1）试求该比较器的门限电压 U_{TH}。

（2）画出该电路的传输特性。

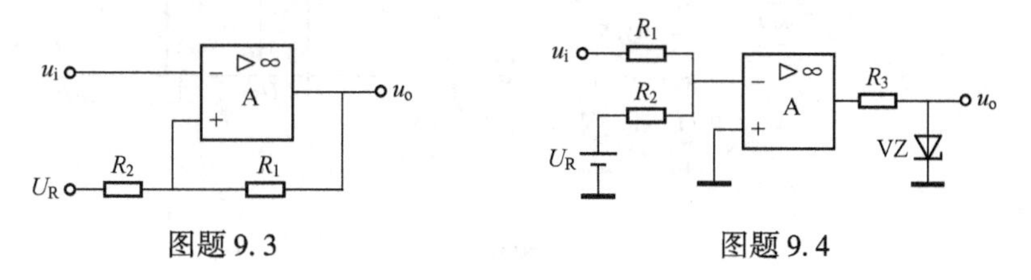

图题 9. 3　　　　图题 9. 4

9.5　迟滞比较器电路如图题 9.5 所示，已知稳压管的 $U_Z=6.3\ \text{V}$，$U_{D(on)}=0.7\ \text{V}$，运算放大器的最大输出电压为±14 V，参考电压 $U_{REF}=2\ \text{V}$，试求该电路的上、下门限电平，回差电压，并画出电压传输特性。

9.6　由集成运算放大器 A_1、A_2 构成的两个比较器，当运算放大器理想时，能分别将输入的正弦波电压 u_i（见图题 9.6a），整形为如图题 9.6b、c 所示的 u_{o1}、u_{o2}波形。

（1）试问 A_1、A_2 分别构成哪种类型的比较器（是同相输入还是反相输入，是单门限还是其他?）

（2）分别求这两个比较器的门限电压值。

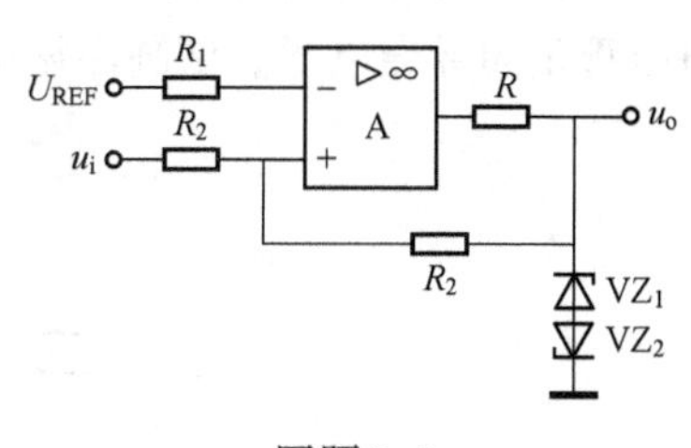

图题 9. 5

9.7　迟滞比较器电路如图题 9.7 所示，已知稳压管的 $U_Z=6.3\ \text{V}$，$U_{D(on)}=0.7\ \text{V}$，$U_{REF}=2\ \text{V}$，运算放大器的最大输出电压为±14 V，输入电压 $u_i=10\sin\omega t$（V）。

（1）试画出比较器的传输特性，并求回差电压。

（2）画出与 u_i对应的 u_o波形。

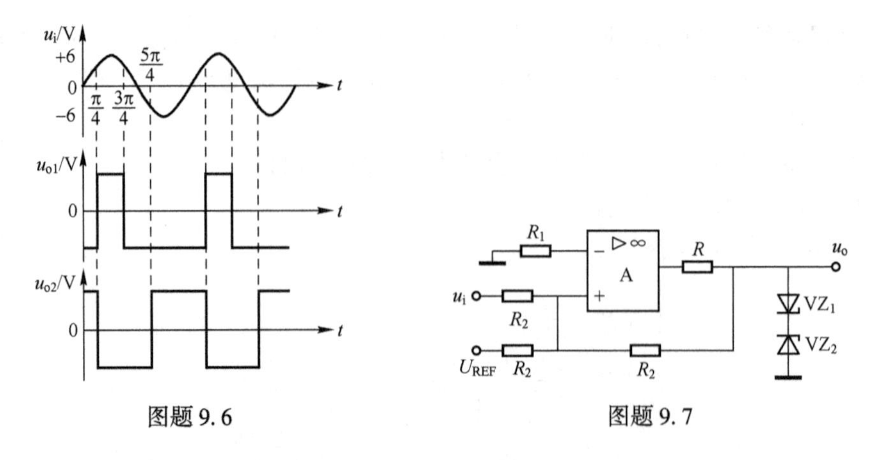

图题 9.6　　　　图题 9.7

9.8　具有可变滞后的施密特触发器如图题 9.8a 所示，其传输特性如图题 9.8b 所示。设 $U_Z=6\text{V}$，$U_R=2\text{V}$，二极管正向导通电压近似为零，$R_1=20\,\text{k}\Omega$，$R_2=20\,\text{k}\Omega$，试估算上、下门限电压 U_{T_+}，U_{T_-}。图中 R_3为稳压管的限流电阻，R_4为 VD_2结电容的放电通道。

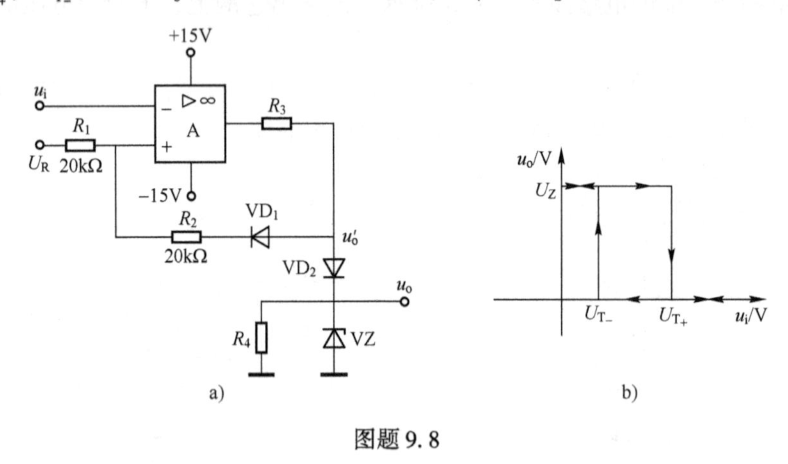

图题 9.8

9.9　高输入电阻特性的电压比较器如图题 9.9 所示，设二极管的正向导通电压近似为零，集成运算放大器的最大输出幅度为 U_{om}，试分析电路并画出其传输特性。

9.10　迟滞比较器电路如图题 9.10 所示，设稳压管的双向稳定电压值 $U_Z=\pm 8\text{ V}$，忽略稳压管正向导通电压。试画出该电路的电压传输特性。

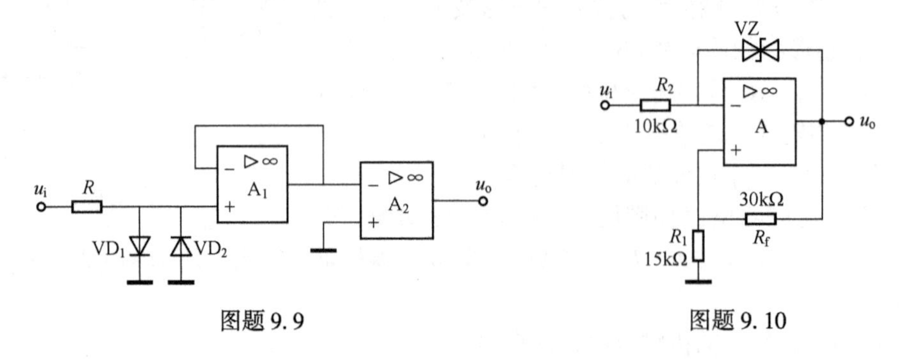

图题 9.9　　　　图题 9.10

9.11　由集成运算放大器构成的方波发生电路如图题 9.11 所示，试：

(1) 分析电路并画出 u_o与 u_c的波形；(2) 推导出振荡周期 T。

9.12　集成运算放大器构成的矩形波发生器电路如图题 9.12 所示，试计算出高、低电平的时间 T_1、T_2 及振荡周期 T 的表达式。

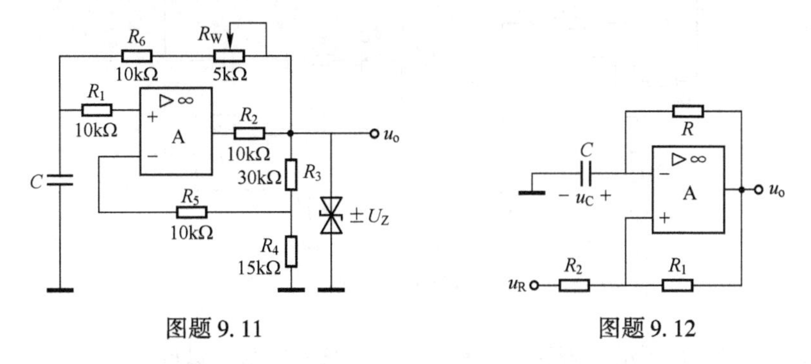

图题 9.11　　　　　　图题 9.12

9.13　矩形波发生器电路如图题 9.13a 所示，其波形如图题 9.13b 所示。试计算矩形波的幅度、u_C的峰-峰值及振荡周期。

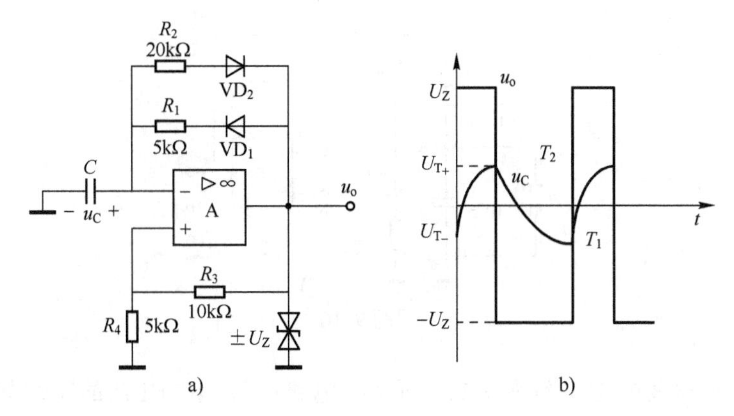

图题 9.13

9.14　三角波发生器如图题 9.14a 所示，其波形如图题 9.14b 所示。试计算三角波的峰-峰值及振荡周期（电位器抽头在最高位置）。U_D忽略不计。

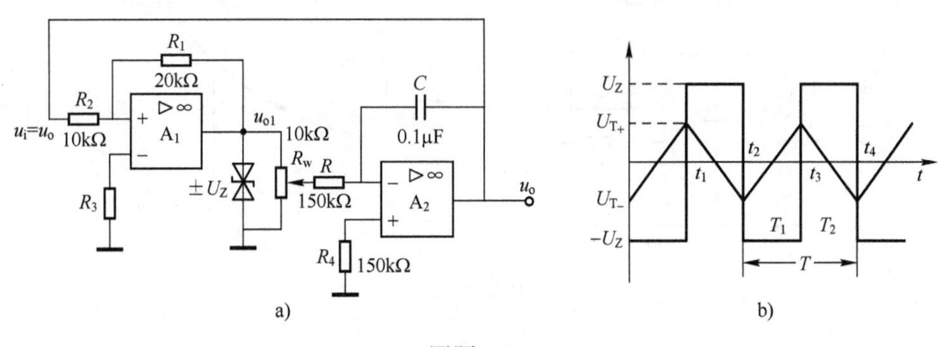

图题 9.14

9.15　如图题 9.15 所示锯齿波发生器电路，设稳压管稳压值 $U_Z = 6.3\text{ V}$，其正向导通电压降为 0.7 V，二极管 VD_1、VD_2为理想二极管。$R_1 = 20\text{ k}\Omega$，$R_2 = 10\text{ k}\Omega$，$R_3 = 20\text{ k}\Omega$，$R_4 =$

150 kΩ，$R_W=10\text{ k}\Omega$，$C=0.1\ \mu\text{F}$。试求：

（1）振荡频率的调节范围；（2）画出电位器抽头位于最上端时 u_{o1}、u_{o2}的波形。

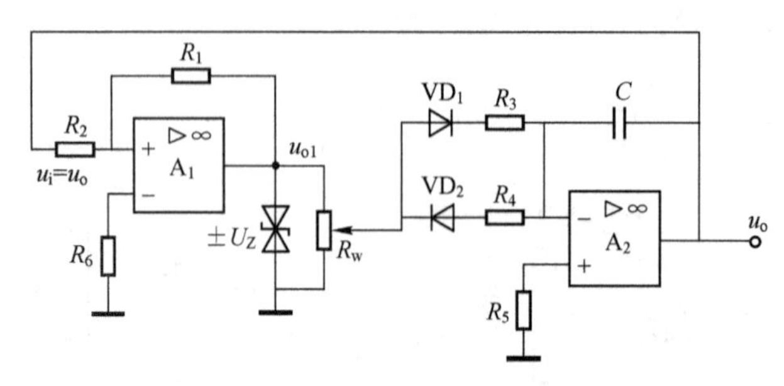

图题 9.15

9.16　如图题 9.16 所示，若想产生 0.01 Hz 正弦波信号，试问：

（1）电路中 a、b、N、P 四点如何连接？（2）电阻 R、R_f应各取多少？

（3）为使输出电压幅值稳定，哪个电阻应用热敏电阻，温度系数为正还是负？

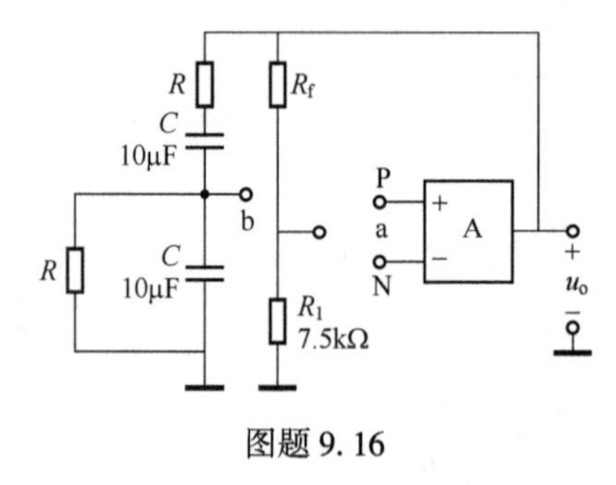

图题 9.16

9.17　正弦波振荡电路如图题 9.17a 所示，电路中灯泡电阻 R_t的特性如图题 9.17b 所示。已知：$R_1=2\text{ k}\Omega$，$R_2=1\text{ k}\Omega$，R_W的标称值为 100 kΩ，$C=0.01\ \mu\text{F}$，A 的性能理想。试求：（1）正弦波振荡电路输出电压有效值 U_o；（2）正弦波振荡电路振荡频率可调范围。

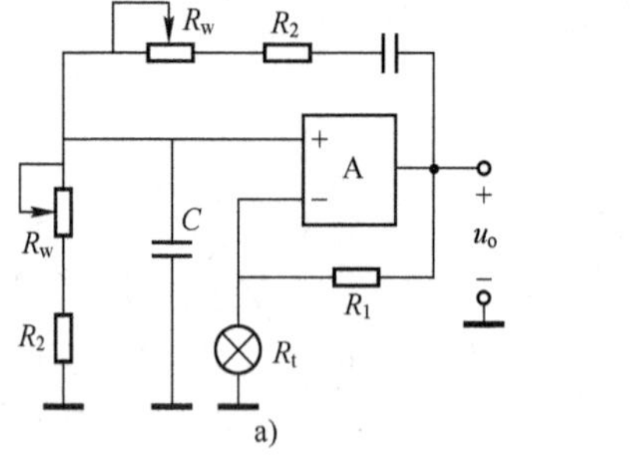

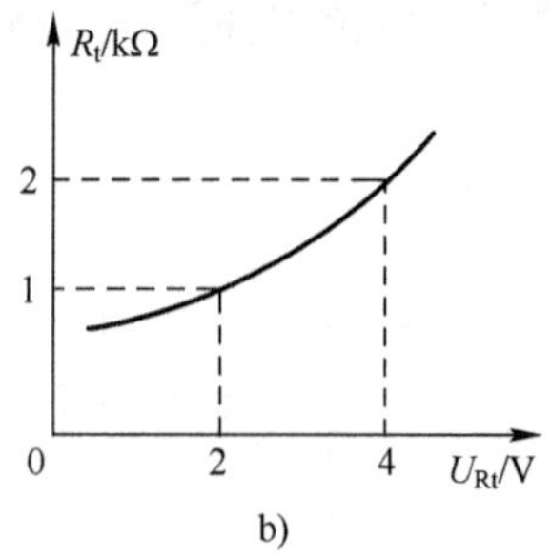

图题 9.17

9.18　整流电路如图题 9.18 所示，二极管不拘型号，试分析传输特性。

9.19　绝对值放大器如图题 9.19 所示，无论直流输入信号的极性如何，该电路都产生正输出电压。试分析并画出传输特性。

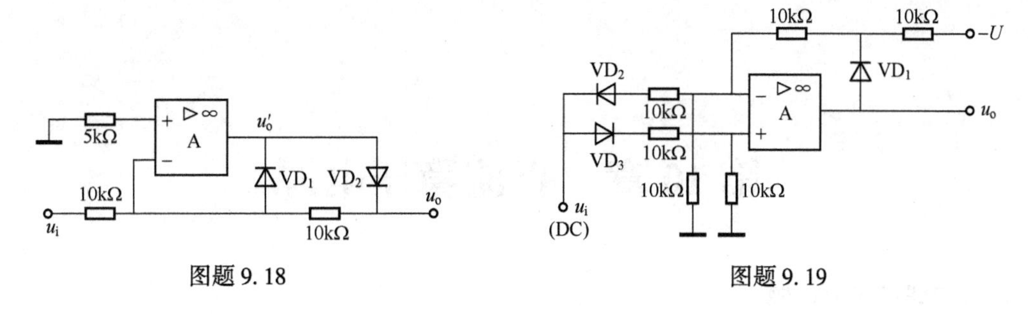

图题 9.18　　　　　　图题 9.19

9.20　全波整流电路如图题 9.20 所示（接电容 C 后为平均值整流），试分析并画出传输特性。

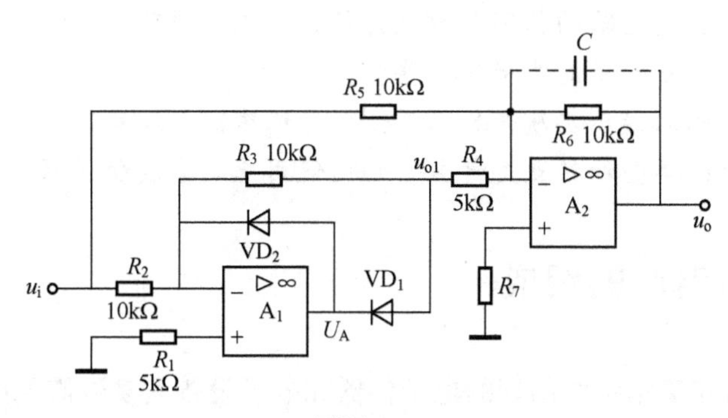

图题 9.20

第 10 章　直流稳压电源

本章讨论的主要问题：

1. 如何将 50 Hz、220 V 的交流电网电压变为实际需要的直流电压？
2. 桥式整流电路的特点是什么？如何选取整流二极管？
3. 直流电源中的滤波电路的作用和特点是什么？工作原理是怎样的？
4. 衡量稳压电路质量的性能指标有哪些？
5. 串联型稳压电路的稳压实质是什么？如何保证输出电压稳定？
6. 集成稳压电路的类型和特点是什么？如何使用三端集成稳压器？

10.1　直流稳压电源的组成

我们的实际生活和工作中所用到的电子仪器和电子设备大多数需要用直流电源供电。而电网电压提供的是 220 V、50 Hz 交流电，因此必须通过一定的转换才能得到符合实际需要的直流电。常用的小功率直流稳压电源由变压、整流、滤波、稳压四部分组成，其组成框图如图 10-1 所示。

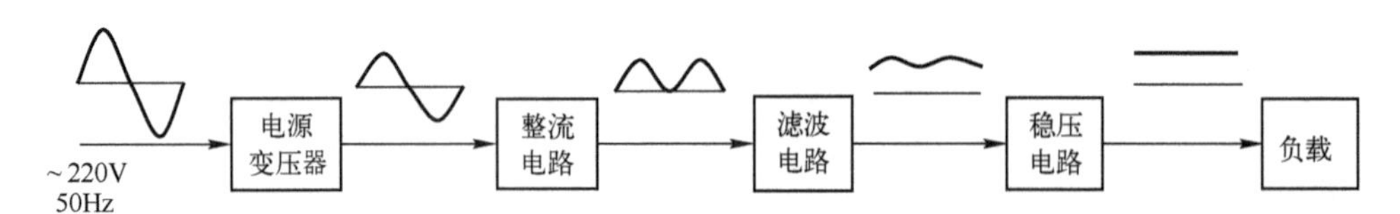

图 10-1　直流稳压电源的组成框图

由图 10-1 可知，220 V、50 Hz 的交流电经电源变压器变换为所需要的交流电压，再经过整流电路，将交流电压转换为单方向的脉动电压，由于脉动电压中含有较大的交流分量，需要滤波电路将其交流成分滤掉，输出比较平滑的直流电压，最后通过稳压电路使其在电网电压波动或负载电流变换时保持输出稳定的直流电压。

10.2　整流电路和滤波电路

整流电路的作用是利用二极管的单向导电性，将交流电压变换成单方向的脉动电压。在小功率稳压电源中，常用的整流电路有半波整流电路、全波整流电路、桥式整流电路和倍压整流电路，这里主要介绍半波整流电路和桥式整流电路。

10.2.1 单相半波整流电路

1. 工作原理

单相半波整流电路如图 10-2 所示。图中 T_r 为电源变压器，其一次电压为 220 V、50 Hz 的交流电网电压，二次电压为整流电路所需要的交流电压，即 $u_2=\sqrt{2}U_2\sin\omega t$，$U_2$ 为其有效值。VD 为整流二极管，为简化分析设其为理想二极管，R_L为纯电阻负载。

在 u_2 正半周，a 点为正，b 点为负，二极管 VD 处于正向偏置，因而处于导通状态。电流从 a 点流出，流经二极管 VD 和负载电阻 R_L进入 b 端，若忽略变压器二次内阻，则负载电阻 R_L两端电压即电路的输出电压为 $u_o=u_2=\sqrt{2}U_2\sin\omega t$，输出电流为 $i_o=i_D=u_o/R_L$。

在 u_2 负半周，a 点为负，b 点为正，二极管 VD 处于反向偏置，因而处于截止状态，$i_o=i_D=0$，故输出电压 $u_o=0$。

u_2 及 u_o 波形如图 10-3 所示。由图可见，正弦交流电压 u_2 经二极管整流后输出电压只有半个周期波形，所以该电路称为半波整流。

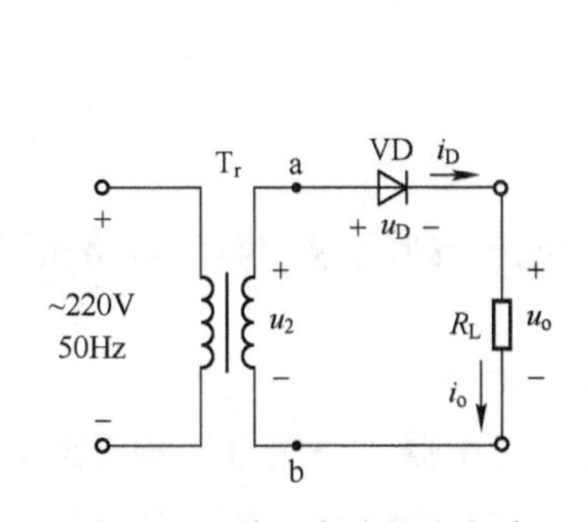

图 10-2 单相半波整流电路

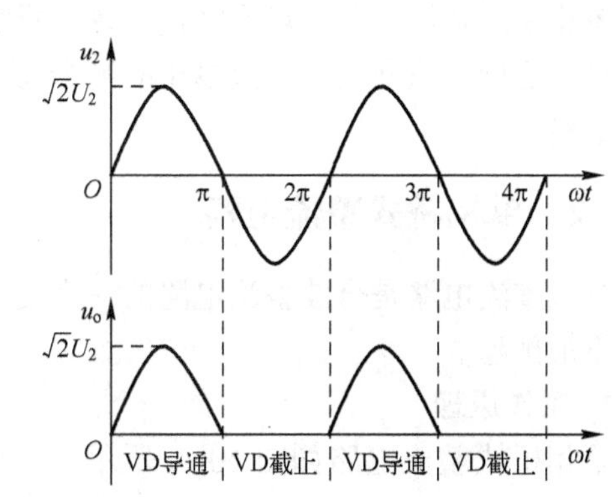

图 10-3 半波整流电路波形图

2. 主要参数

通常衡量整流电路性能的主要参数是输出电压平均值 $U_{o(AV)}$、输出电流平均值 $I_{o(AV)}$、脉动系数 S 和二极管所能承受的最大反向电压 $U_{R(max)}$。

1）输出电压平均值 $U_{o(AV)}$：即输出电压在一个周期内的平均值，其表达式为

$$U_{o(AV)}=\frac{1}{2\pi}\int_0^{\pi}\sqrt{2}U_2\sin\omega t\mathrm{d}(\omega t)=\frac{\sqrt{2}}{\pi}U_2\approx 0.45U_2 \tag{10-1}$$

2）输出电流平均值 $I_{o(AV)}$：即输出电流在一个周期内的平均值。由图 10-2 可以看出，它也是负载电流的平均值，其表达式为

$$I_{o(AV)}=\frac{U_{o(AV)}}{R_L}\approx\frac{0.45U_2}{R_L} \tag{10-2}$$

3）输出电压脉动系数 S：其定义是整流输出电压的基波峰值 U_{o1M}与输出电压平均值的比值，用来衡量整流电路输出电压的平滑程度，S 越小，表明输出电压的脉动越小，整流电路的性能越好。

将图 10-3 所示的输出电压 u_o 用傅里叶级数展开得

$$u_o=\sqrt{2}U_2\left(\frac{1}{\pi}+\frac{1}{2}\sin\omega t-\frac{2}{3\pi}\cos2\omega t-\frac{2}{15\pi}\cos4\omega t-\cdots\right) \tag{10-3}$$

由式（10-3）可见，除直流分量外，u_o 还有不同频率的谐波分量。如第二项的基波，第三项的二次谐波，它们反映了 u_o 的起伏或者说脉动程度。根据定义，半波整流电路的脉动系数为

$$S=\frac{\sqrt{2}U_2/2}{\sqrt{2}U_2/\pi}\approx1.57 \tag{10-4}$$

由式（10-4）可知，半波整流电路的电压脉动系数 S 较大，输出电压的脉动较大，平滑性不够好。

4）二极管承受的最大反向电压 $U_{R(max)}$：当二极管外加的反向电压超过最大反向电压时，二极管会因击穿而损坏。由图 10-2 可知，当 u_2 处于负半周时，二极管处于反向偏置，其所承受的最大反向电压就是变压器二次电压 u_2 的最大值，即

$$U_{R(max)}=\sqrt{2}U_2 \tag{10-5}$$

单相半波整流电路优点是结构简单，只需要一只整流二极管，缺点是输出电压脉动大，直流平均值低，只利用了交流电压的半个周期，效率低，因此将其改进之后可得到单相全波整流电路。

10.2.2 单相桥式整流电路

桥式整流电路是全波整流电路的一个变形，其输出电压波形与全波整流电路相同，但其性能更加优越。

1. 工作原理

单相桥式整流电路如图 10-4 所示。图中 T_r 为电源变压器，一次电压为 220 V、50 Hz 电源电压，二次电压为整流电路输入电压 u_2，4 个整流二极管 VD_1 ~ VD_4 构成整流桥，连接时注意 a、b 端和 c、d 端不能互换，否则会使导通的二极管中的电流过大，造成二极管损坏。

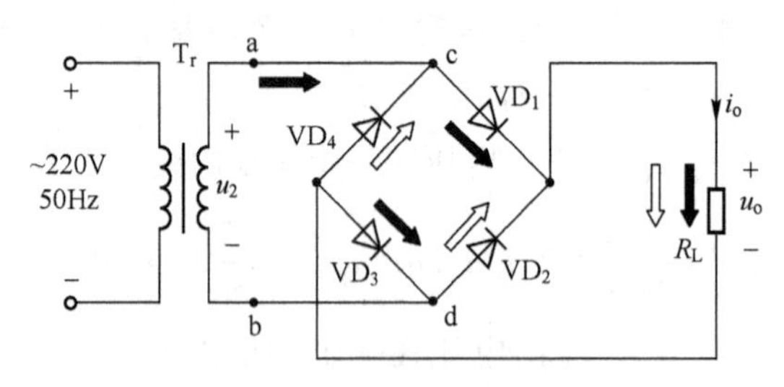

图 10-4　单相桥式整流电路

仍设 $u_2=\sqrt{2}U_2\sin\omega t$，$VD_1$ ~ VD_4 均为理想二极管。

u_2 正半周，a 点电位为正，b 点电位为负，故 VD_1、VD_3 导通，VD_2、VD_4 截止，电流从 a 点流出，流经二极管 VD_1、负载电阻 R_L、二极管 VD_3 回到 b 端（如图中实心箭头所示），i_o 从上到下流经负载 R_L，此时输出电压 $u_o=u_2$，$i_o=u_o/R_L$。

u_2 负半周，b 点电位为正，a 点电位为负，VD_2、VD_4 导通，VD_1、VD_3 截止，电流从 b

点流出，流经二极管 VD_2、负载电阻 R_L、二极管 VD_4 回到 a 端（如图中空心箭头所示），i_o 也是从上到下流经负载 R_L，此时输出电压 $u_o=u_2$，$i_o=u_o/R_L$（流经负载 R_L 时，方向如图中空心箭头所指）。可见二极管 VD_1、VD_3 和 VD_2、VD_4 轮流导通，在 u_2 的整个周期内电流始终以同一方向流过负载 R_L，所以输出电压波形在整个周期里都是同一方向的脉动波形。u_2 及 u_o 波形如图 10-5 所示。

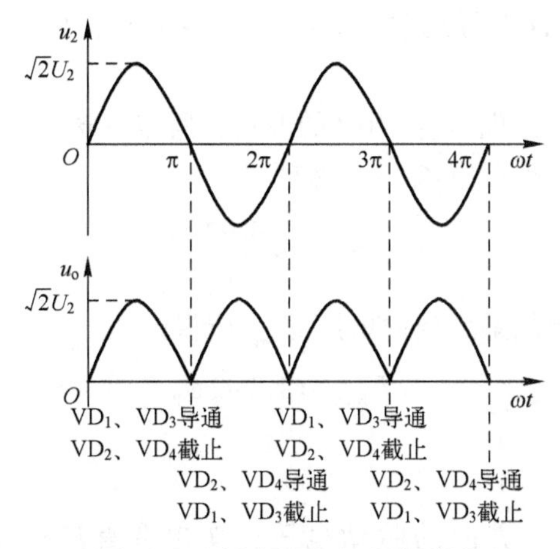

图 10-5　桥式整流电路波形图

2. 主要参数

（1）输出电压平均值 $U_{o(AV)}$

$$U_{o(AV)} = \frac{1}{\pi}\int_0^{\pi}\sqrt{2}U_2\sin\omega t\mathrm{d}(\omega t) = \frac{2\sqrt{2}U_2}{\pi} \approx 0.9U_2 \tag{10-6}$$

由于桥式整流电路输出电压波形是全波波形，因此其输出电压平均值是半波整流电路的两倍。

（2）输出电流平均值 $i_{o(AV)}$

$$I_{o(AV)} = \frac{U_{o(AV)}}{R_L} \approx \frac{0.9U_2}{R_L} \tag{10-7}$$

在桥式整流电路中由于整流二极管 VD_1、VD_3 和 VD_2、VD_4 轮流导通，因此流过每只二极管的平均电流只是输出电流平均值的一半，即

$$I_{D(AV)} = \frac{I_{o(AV)}}{2} \approx \frac{0.45U_2}{R_L} \tag{10-8}$$

（3）输出电压脉动系数 S

将图 10-5 的 u_o 用傅里叶级数展开得

$$u_o = \sqrt{2}U_2\left(\frac{2}{\pi} - \frac{4}{3\pi}\cos2\omega t - \frac{4}{15\pi}\cos4\omega t - \cdots\right) \tag{10-9}$$

由式（10-9）可知基波频率为 2ω，其峰值 $U_{o1M}=4\sqrt{2}U_2/3\pi$，所以桥式整流电路的输出电压脉动系数为

$$S = \frac{4\sqrt{2}U_2/3\pi}{2\sqrt{2}U_2/\pi} \approx 0.67 \tag{10-10}$$

可见全波波形的脉动系数比半波波形的脉动系数小很多，整流效果更好。

(4) 二极管承受的最大反向电压 $U_{R(max)}$

在图 10-4 中，在 u_2 正半周，当 VD_1、VD_3 管导通时，VD_2、VD_4 管截止，这时 VD_2 或 VD_4 管上所承受的最大反向电压就是变压器二次电压 u_2 的最大值，即

$$U_{R(max)}=\sqrt{2}U_2 \tag{10-11}$$

在 u_2 负半周，VD_2、VD_4 管导通时，VD_1、VD_3 管截止，VD_1、VD_3 管所承受的最大反向电压同上。

在实际应用中考虑到电网电压有±10%的波动，所以在选用二极管时应有至少 10%的余量，流过每个二极管的最大整流电流 I_F 应保证

$$I_F \geqslant 1.1\times\frac{0.45U_2}{R_L} \tag{10-12}$$

每个二极管截止时承受的最大反向电压 U_{Rmax} 应保证

$$U_{Rmax} \geqslant 1.1\sqrt{2}U_2 \tag{10-13}$$

10.2.3 滤波电路

整流电路的输出为单一方向的脉动电压，其含有直流分量和较大的谐波分量，从式（10-9）中可以看出，输出电压 u_o 除含有直流分量外，还有二次谐波、四次谐波……，这些谐波分量总称为纹波，它们使波形起伏明显，因此一般整流电路之后，还需接入滤波电路以滤除谐波成分，使波形起伏比较大的脉动电压变为比较平滑的直流电。

滤波电路的种类很多，电感和电容都是基本的滤波元件，与用于信号处理的滤波电路相比，直流电源中的滤波电路均采用无源滤波电路，常用的滤波电路有电容滤波电路、电感滤波电路和复式滤波电路等，小功率稳压电源中用得较多的是电容滤波电路。

1. 电容滤波

在桥式整流电路的基础上，输出端并联一个电容 C，就构成了电容滤波电路，如图 10-6a 所示。

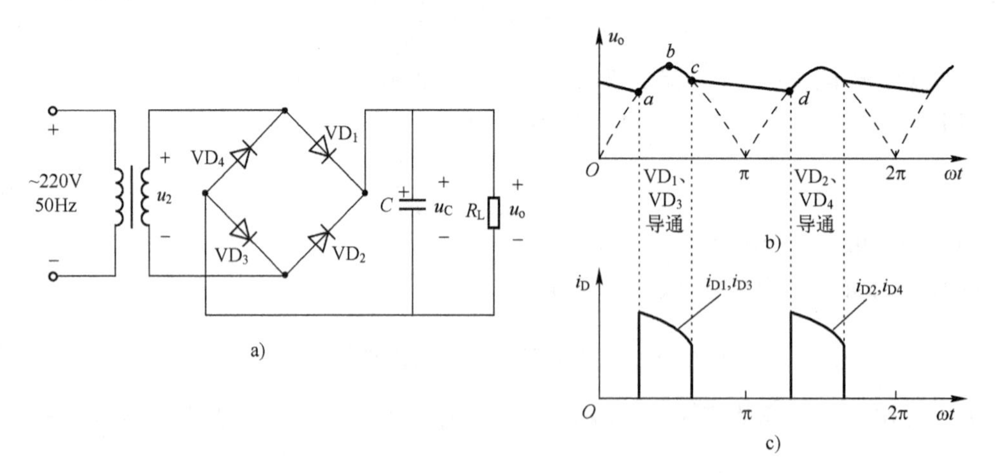

图 10-6 单相桥式整流电容滤波电路及工作波形

a) 电路 b) 理想情况下 u_o 波形 c) 二极管电流波形

在 u_2 正半周，当 $u_2>u_C$ 时，二极管 VD_1、VD_3导通，u_2 向 C 充电。若忽略变压器二次内阻和二极管正向电压降，电容两端电压 u_C 与 u_2 相等，$u_C(u_o)$ 的波形如图 10-6b 中的 ab 段；u_2 到达峰值后开始按正弦规律下降，电容 C 则通过负载 R_L放电，u_C 按指数规律下降。两者在下降初期的波形基本吻合，如图中的 bc 段；此后由于 u_2 按正弦规律下降的速度大于 u_C 按指数规律下降的速度，当 $u_2<u_C$ 时，VD_1、VD_3因反偏而截止（此时 4 只二极管均截止），而电容 C 继续通过 R_L放电，u_C 波形如图中的 cd 段。

在 u_2 负半周，当 u_2 负半周幅值增大到恰好大于 u_C 时，二极管 VD_2、VD_4处于正向偏置，VD_2、VD_4管导通，VD_1、VD_3管始终截止，u_2 又开始对电容 C 进行充电，u_C 又开始上升，上升到 u_2 的峰值后又开始下降，下降到 $u_2<u_C$ 时二极管 VD_2、VD_4变为截止，此时 4 只二极管又全部截止，电容 C 通过 R_L开始放电。电容 C 如此周而复始地充电放电，在负载 R_L上便得到一个近似锯齿波的纹波电压 u_o，如图 10-6b 所示，其脉动程度大大降低，接近于平滑的直流电。

设整流电路内阻（即变压器二次侧的内阻与二极管导通电阻之和）为 R'，其值很小，则电容 C 的充电时间常数很小，为

$$\tau_C=(R'/\!/R_L)\cdot C\approx R'C \tag{10-14}$$

放电时间常数

$$\tau_d=R_LC \tag{10-15}$$

通常 $R_L\gg R'$，故放电时间常数很大，滤波效果主要取决于放电时间常数 τ_d。C 和 R_L越大，τ_d 越大，电路的输出电压就更平滑，平均值更高。

为估算电容滤波后输出电压的平均值，可以将图 10-6b 的电容滤波波形近似为锯齿波，如图 10-7 所示，假设整流电阻内阻很小，电容 C 每次充电的最大值可达到 $U_{omax}=\sqrt{2}U_2$，经负载 R_L放电后，在 $T/2$ 处数值下降到 U_{omin}，电容 C 又开始充电，如此循环往复。则输出电压的平均值为

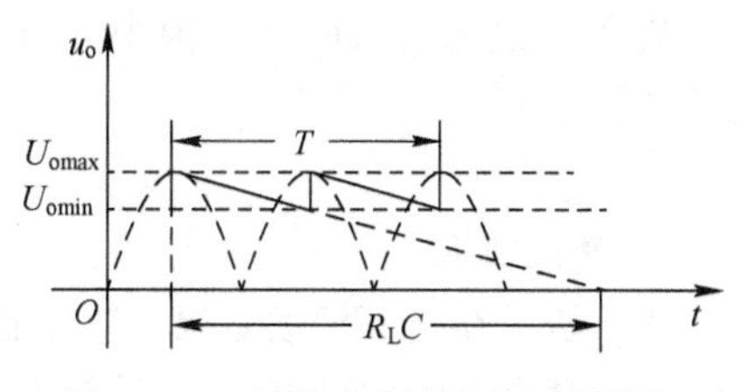

图 10-7　电容滤波输出电压的分析

$$U_{omin}=\frac{U_{omax}-U_{omin}}{2} \tag{10-16}$$

由图 10-7，根据相似三角形性质，可得

$$\frac{U_{omax}-U_{omin}}{U_{omax}}=\frac{T/2}{R_LC} \tag{10-17}$$

由式（10-16）和式（10-17）整理得输出电压的平均值为

$$U_{o(AV)}=\sqrt{2}U_2(1-\frac{T}{4R_LC}) \tag{10-18}$$

工程上通常按经验公式计算放电时间常数 τ_d 为

$$\tau_d=R_LC\geqslant(3\sim5)\frac{T}{2} \tag{10-19}$$

则电容滤波后输出电压的平均值 $U_{o(AV)}$ 为

$$U_{o(AV)}\approx1.2U_2 \tag{10-20}$$

脉动系数 S 为

$$S=\frac{1}{4\frac{R_L C}{T}-1} \tag{10-21}$$

电容滤波适用于负载电流较小且变化不大的场合。注意，当负载 R_L开路时，电容充电至$\sqrt{2}U_2$ 后不再放电，故有 $U_o=\sqrt{2}U_2$。此外，由于增加了电容支路，流过每个二极管的电流比未并联电容之前增大，但每个二极管的导通时间反而减小，所以在二极管导通的短暂时间内，将有很大的冲击电流流过，因此在选择二极管时，应选择最大整流电流 I_F 较大的管子。

2. 电感滤波

当负载电流较大时，由于负载电阻很小，势必要求电容容值很大，电容滤波已不适合，这时可选用电感滤波，如图 10-8 所示（图中的桥式整流部分采用了简化画法）。

电感与电容一样具有储能作用。当 u_2 升高导致流过电感 L 的电流增大时，L 中产生的自感电动势能阻止电流的增大，并且将一部分电能转化成磁场能储存起来；当 u_2 降低导致流过 L 的电流减小时，L 中的自感电动势又能阻止电流的减小，同时释放出存储的能量以补偿电流的减小。这样，经电感滤波后，输出电流和电压的波形也可以变得平滑，脉动减小。显然，L 越大，滤波效果越好。

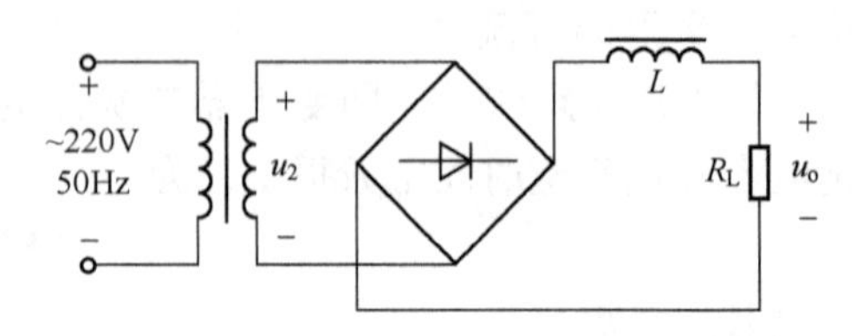

图 10-8 单相桥式整流电感滤波电路

由于 L 上的直流电压降很小，可以忽略，故电感滤波电路的输出电压平均值与桥式整流电路相同，即

$$U_o \approx 0.9U_2 \tag{10-22}$$

3. 复式滤波

为了进一步提高滤波效果，减小输出电压中的纹波，可以采用复式滤波的方法。图 10-9 为几种常用的复式滤波电路结构及其输出特性。图 10-9a 为 LC 滤波电路，图 10-9b、c 为 RC 和 LC π 型滤波电路，图 10-9d 为电压输出特性曲线。

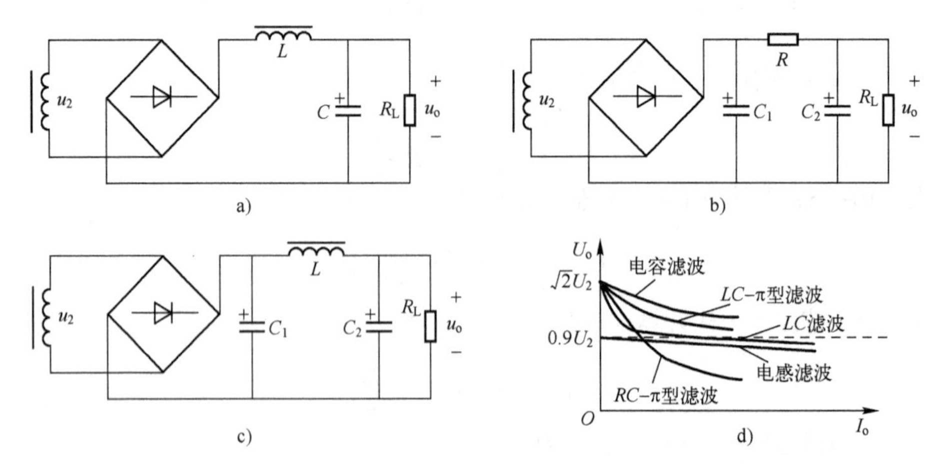

图 10-9 复式滤波电路

a）LC 滤波电路 b）RC-π 型滤波电路 c）LC-π 型滤波电路 d）输出特性曲线

在 $RC-\pi$ 型滤波和 $LC-\pi$ 型滤波中，电容容量的选择仍应满足 $R_L C \geqslant (3\sim5)\frac{T}{2}$；电感滤波和 LC 滤波的输出特性较好，带负载能力强，适用于大电流或负载变化大的场合，但因电感滤波器体积大，十分笨重，故通常只用于工频大功率整流或高频电源中。

10.3 串联型稳压电源

整流滤波电路将交流电变换成了较平滑的直流电，但是当电网电压波动或负载电阻变化时，输出电压都会受到影响并随之产生相应的变化，因此必须采取稳压措施使输出电压稳定。稳压电路的作用就是消除上述两项变动因素对输出电压的影响，获得稳定的直流电压。

10.3.1 稳压电路的性能参数

衡量稳压电路性能优劣的指标有稳压系数、输出电阻、纹波电压、温度系数等，这里只介绍稳压系数和输出电阻等几个主要指标。

稳压系数 S_r 是指当负载不变时，输出电压相对变化量与输入电压相对变化量之比。即

$$S_r = \left.\frac{\Delta U_o / U_o}{\Delta U_i / U_i}\right|_{R_L=\text{常数}} \tag{10-23}$$

工程上还有一个类似的概念，称为电压调整率 S_U，是指当输入电压变化 ΔU_i 时引起输出电压相对变化量 $\Delta U_o / U_o$。即

$$S_U = \left.\frac{\Delta U_o / U_o}{\Delta U_i} \times 100\%\right|_{\Delta I_o=\text{常数}} \tag{10-24}$$

稳压系数和电压调整率均表征了稳压电路抗电网电压波动能力的大小，S_r 或 S_U 越小，电路的稳压性能越好。

输出电阻定义为在固定输入电压条件下，负载变化产生的输出电压变化量 ΔU_o 与负载输出电流变化量 ΔI_o 之比。即

$$R_o = \left.\frac{\Delta U_o}{\Delta I_o}\right|_{U_i=\text{常数}} \tag{10-25}$$

工程上也有一个类似的概念，称为电流调整率 S_I，是指当 I_o 在 $0\sim I_{omax}$ 范围内变化（或负载电流产生最大的变化）时，输出电压的相对变化，即

$$S_I = \left.\frac{\Delta U_o}{U_o} \times 100\%\right|_{U_i=\text{常数}} \tag{10-26}$$

输出电阻和电流调整率均表征了稳压电路抗负载变化能力的大小，R_o 或 S_I 越小，电路的稳压性能越好。

10.3.2 串联型稳压电路的工作原理

整流滤波之后的稳压电路可以用稳压管进行稳压，但是稳压管稳压电路输出电流较小，且输出电压不可调，因此常采用串联型稳压电路进行稳压，其电路原理也是集成稳压电源内部电路的基础。

串联型稳压电路如图10-10所示，主要由取样电路，比较放大、基准电压和调整管四部分组成。图10-10中，U_i 是整流滤波后的电压，U_o 为稳压后的输出电压。电阻 R_1、R_2、R_3 构成取样电路，将输出电压的变化量送到集成运算放大器的反相输入端；限流电阻 R 和稳压管VZ构成基准电压电路，接到集成运算放大器的同相输入端，为比较放大电路提供一个稳定性较高的直流基准电压 U_{REF}；集成运算放大器A为比较放大电路，其作用是将采样电压和与基准电压比较后，将两者的差值放大后去控制调整管VT的基极，使调整管 U_{CE} 发生相应的变化，从而使输出电压 U_o 稳定。由于取样电路电流 I_{R1} 比负载电流 I_L 小很多，调整管VT与负载 R_L 近似串联，故称**串联型稳压电路**。

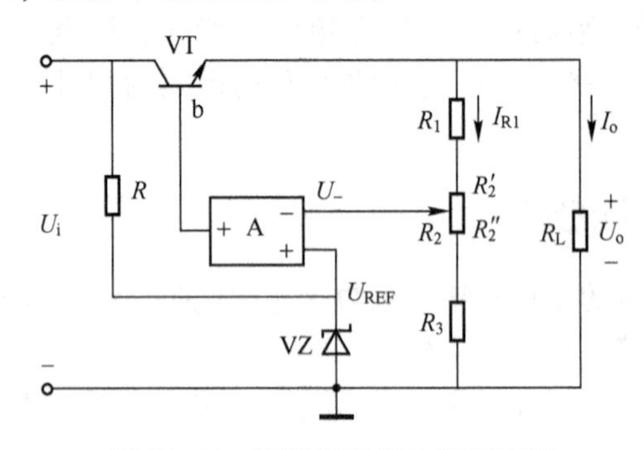

图10-10　串联型稳压电路原理图

当由于某种原因（如电网电压波动或负载电流变化等）使输出电压 U_o 增大时，取样电压

$$U_- = \frac{R_2'' + R_3}{R_1 + R_2 + R_3} U_o \tag{10-27}$$

也随之增大，则集成运算放大器A同相端和反相端两者的差值减小，被放大后送至调整管VT的基极，使基极电位 U_B 降低，基极电流 I_B 和集电极电流 I_C 随之减小，U_{CE} 增大，则 U_o 减小即 U_o 得到了稳定。此时$(U_i - U_o)$增大的部分全部由调整管VT承担，这是通过 I_C 减小导致 U_{CE} 增大而自动实现的。电路的稳压过程可表示为

$$U_o \uparrow \rightarrow U_- \uparrow \rightarrow (U_+ - U_-) \downarrow \rightarrow U_B \downarrow \rightarrow I_B、I_C \downarrow \rightarrow U_{CE} \uparrow$$

$$U_o \downarrow \leftarrow$$

当 U_o 减小时，同理可维持输出电压稳定。

由上述分析可知，**串联型稳压电路的稳压过程实质上是通过负反馈实现的，且为电压串联负反馈**。调整管VT在稳压过程中起到了关键作用，其管压降 U_{CE} 可随 I_C 的变化而自动调整，从而始终保证 $U_{CE} = U_i - U_o$，这正是调整管名称的由来。

由图10-10可得 $U_+ = U_{REF}$，联立式（10-27）可得

$$U_o = \frac{R_1 + R_2 + R_3}{R_2'' + R_3} U_{REF} \tag{10-28}$$

当 R_2 的滑动端调制最上端时，输出电压最小，为

$$U_o = \frac{R_1 + R_2 + R_3}{R_2 + R_3} U_{REF} \tag{10-29}$$

当 R_2 的滑动端调制最下端时，输出电压最大，为

$$U_o=\frac{R_1+R_2+R_3}{R_3}U_{REF} \tag{10-30}$$

上式表明，输出电压 U_o 仅与基准电压及分压比有关，当电网电压波动及负载电流变化时，对 U_o 几乎没有影响，输出电压相当稳定。且反馈越深，稳压作用越强。

例 10-1 线性串联型稳压电路如图 10-11 所示，设 U_i 具有足够的裕量，已知稳压管 $U_Z=6\text{V}$，电阻 $R_1=5\text{k}\Omega$，$R_2=1\text{k}\Omega$，$R_4=10\text{k}\Omega$，$R_5=30\text{k}\Omega$，$R_W=6\text{k}\Omega$。(1) 试计算输出电压的变化范围；(2) 试分别指出电路中过电流保护电路和短路保护电路，并简要叙述其保护过程。

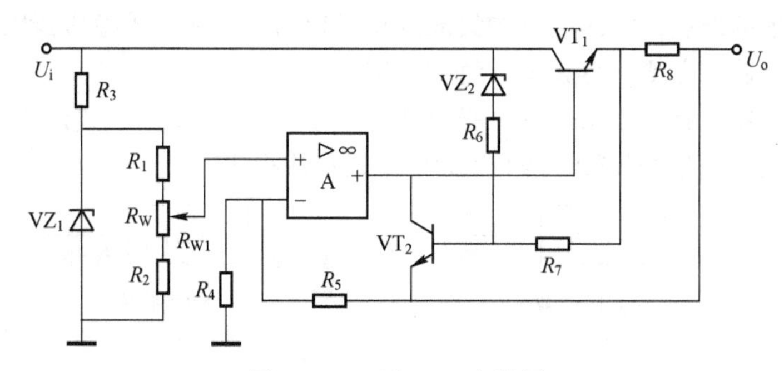

图 10-11 例 10-1 电路图

解：(1) 计算输出电压的变化范围

由图 10-11 可知，运算放大器 A 的同相端电压为

$$u_+=\frac{R_2+R_{W1}}{R_1+R_2+R_W}U_Z$$

运算放大器的反相端电压为

$$u_-=\frac{R_4}{R_4+R_5}U_o$$

由于 $u_+=u_-$，故

$$U_o=\left(1+\frac{R_5}{R_4}\right)\frac{R_2+R_{W1}}{R_1+R_2+R_W}U_Z$$

当滑动电位器调至最上端时，输出电压最大，其值为

$$U_{omax}=\left(1+\frac{R_5}{R_4}\right)\frac{R_2+R_W}{R_1+R_2+R_W}U_Z=\left(1+\frac{30}{10}\right)\times\frac{1+6}{5+1+6}\times 6\text{ V}=14\text{ V}$$

当滑动电位器调至最下端时，输出电压最小，其值为

$$U_{omin}=\left(1+\frac{R_5}{R_4}\right)\frac{R_2}{R_1+R_2+R_W}U_Z=\left(1+\frac{30}{10}\right)\times\frac{1}{5+1+6}\times 6\text{ V}=2\text{ V}$$

故输出电压的变化范围为 2~14 V。

(2) 分析保护电路

图 10-11 中，VT_2、R_7、R_8 构成过电流保护电路。电阻 R_8 称为检流电阻，用来检测流过调整管 VT_1 的电流。当输出电流在额定范围内时，$U_{R8}+U_{R7}<0.6\text{V}$，故晶体管 VT_2 截止，保护电路不起作用，电路正常工作。当输出电流超过额定值后，U_{R8} 增大，VT_2 管导通，这时，VT_2 管的集电极分流一部分 VT_1 管的基极电流，使 I_{E1} 在输出短路的情况下也不会太大。这种

以限制整流管发射极电流为目的的保护电路，称为限流保护电路。

图 10-11 中，VZ_2、R_6、VZ_2构成短路保护电路。其目的是避免在额定输出电流下，由于某种原因（如输出对地短路）引起调整管 U_{CE1} 增大，导致瞬时功耗有可能超过允许值而造成管子的损坏。由图可知，若 $U_i-U_o-U_{R8}>U_{Z2}$，则 VZ_2管击穿，VT_2管导通，VT_1管基极电流减小，则 I_o减小，从而使调整管 VT_1的功耗限制在允许的范围内而不至于损坏。

10.3.3 三端集成稳压器

随着集成技术的发展，稳压电路的集成度越来越高，三端集成稳压器因其体积小、性能稳定、价格低廉、使用方便，得到了广泛的应用。

三端集成稳压器只有 3 个引出端，按功能可分为固定式和可调式两类，如图 10-12 所示，W7800 为固定式集成稳压器，W117 为可调式集成稳压器。

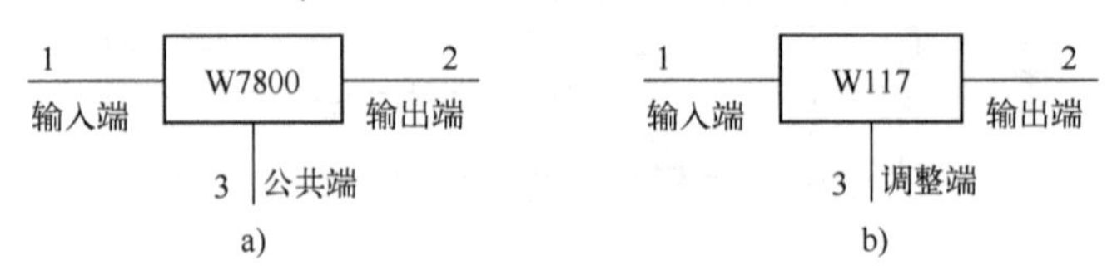

图 10-12　三端稳压器的框图

a）固定式 W7800　b）可调式 W117

1. 固定式三端集成稳压器

固定式三端集成稳压器有 W7800 和 W7900 两种系列，W7800 系列输出电压为正电压，其值有 5 V、6 V、9 V、12 V、15 V、18 V 和 24 V 七种，其型号的后两位数字表示输出电压值；输出电流有 1.5 A（W7800）、0.5 A（W78M00）和 0.1 A（W78L00）三种，例如 W7812，表示输出电压为 12 V，最大输出电流为 1.5 A。将图 10-12a 中 W7800 改为 W7812，则输入电压 U_i 加在输入端（1 端）和公共接地端（3 端）之间，稳定电压 U_o 为输出端（2 端）和公共接地端（3 端）之间，输出稳压值 $U_o=12$ V。

W7900 的输出电压为负电压，其值有-5 V、-6 V、-9 V、-12 V、-15 V、-18 V 和-24 V 七种，输出电流有 1.5 A（W7900）、0.5 A（W79M00）和 0.1 A（W79L00）三种。如 W79L05，表示输出电压-5 V，输出电流为 0.5 A。

2. 可调式三端集成稳压器

可调式三端集成稳压器是依靠外接电阻来调节输出电压的，其电路符号如图 10-12b 所示，三个引出端分别为电压 U_i 输入端（1 端）、电压 U_o 输出端（2 端）以及调整端（3 端）。它也分为正输出电压可调式和负输出电压可调式。其中，W117、W217、W317 对应着正输出电压，工作温度范围分别为-55～150℃，-25～150℃和 0～150℃，输出电流有 1.5 A（W117）、0.5 A（W117M）和 0.1 A（W117L）三种。W137、W237、W337 对应着输出负电压可调的三端集成稳压器。

10.3.4 三端集成稳压器的应用

1. W7800 的应用

（1）基本应用

W7800 的基本应用电路如图 10-13 所示。稳压电路的输入电压 U_i为整流滤波后的电压加在1-3端，2-3端为输出端，输出电压 $U_o=U_{23}$。为使三端稳压器能正常工作，U_i 与 U_o 之差应大于3~5 V，且 $U_i \leqslant 35$ V。为消除输入线较长出现的电磁感应，引起电路产生自激振荡，在输入端接入电容 C_1，其值通常小于1 μF。为消除输出电压中的高频噪声，在输出端接入电容 C_2。当输出电压 U_o 较高且 C_2容量较大时，输入端和输出端之间应跨接保护二极管VD，否则输入端一旦短路，C_2端电压将反向作用于调整管，易造成调整管的损坏。而加VD之后，当输入端发生短路时，C_2上的电压可通过二极管VD放电。

（2）扩大输出电流

由于W7800的输出电流有限（只有1.5 A、0.5 A、0.1 A三种），若所需负载电流 I_L 超过稳压器的最大输出电流 I_{omax}，可采用外接大功率晶体管的方法来扩大输出电流，如图10-14所示，负载电流最大可达

$$I_{Lmax}=(1+\beta)(I_{omax}-I_R) \tag{10-31}$$

二极管VD的作用是为抵消 U_{BE}对 U_o 的影响，当 $U_{BE}=U_D$ 时，$U_o=I_R \cdot R=U_{23}$。

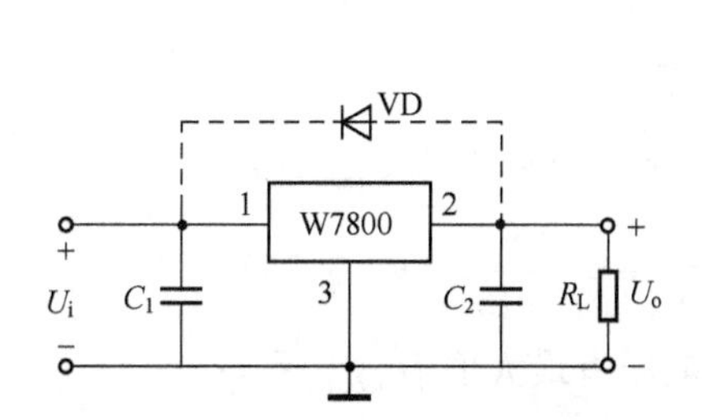

图10-13　W7800的基本应用电路

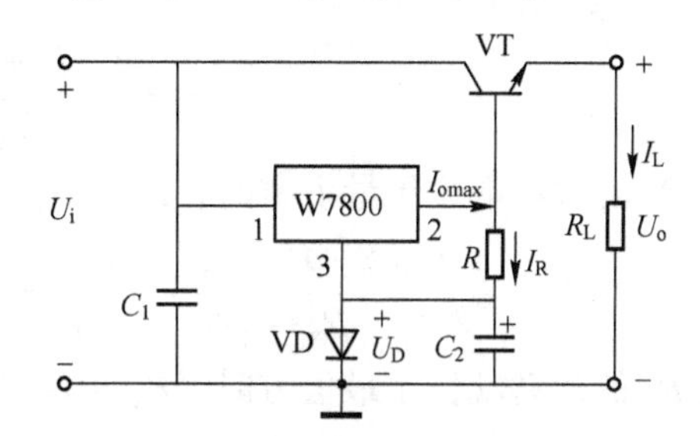

图10-14　扩大输出电流电路

（3）正、负输出的稳压电路

许多电子设备均需正、负双电源供电，将W7800和W7900配合使用，可得到正、负输出的稳压电路，如图10-15所示。图中两只二极管起保护作用，正常工作时均处于截止状态。若W7800未接入输入电压，W7900输入的电压经稳压后，其输出的负电压会经过负载 R_L到W7800的输出端，此时二极管 VD_1 导通，W7800的输出电压被箝位在-0.7 V左右，保护其不会被损坏；同理，当W7900的输入端未接电压时，其输出端电压将被箝位在0.7V左右，保护W7900不会被损坏。

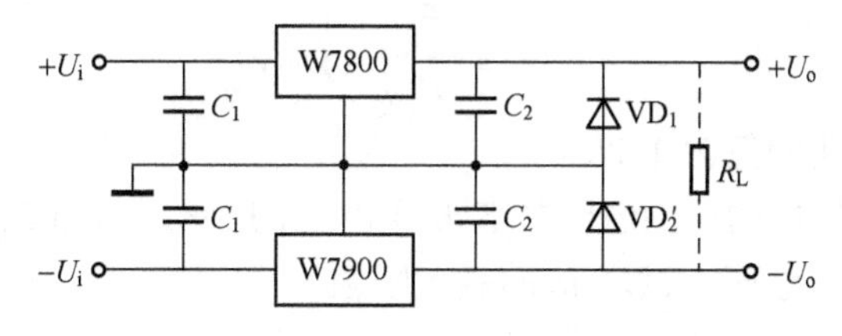

图10-15　正、负输出稳压电路

例10-2　三端集成稳压器组成的电路如图10-16所示，试求输出电压的调节范围。

解：图中W7805的输出电压是5 V，故运算放大器反相输入端电压为

$$u_-=U_o-\frac{R_1}{R_1+R_2}\times 5$$

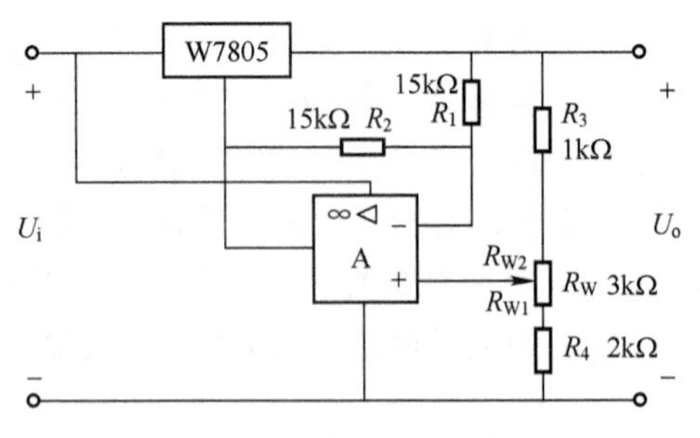

图 10-16　例 10-2 电路图

运算放大器同相输入端的电压为

$$u_+=\frac{R_{W1}+R_4}{R_3+R_4+R_W}U_o$$

由集成运放的虚短特性可得

$$U_o=\frac{R_3+R_4+R_W}{R_3+R_{W2}}\cdot\frac{R_1}{R_1+R_2}\times 5$$

当 R_W 的滑动端位于最下方时，$R_{W2}=R_W$，输出电压有最小值 U_{omin}，且

$$U_{omin}=\frac{R_3+R_4+R_W}{R_3+R_W}\cdot\frac{R_1}{R_1+R_2}\times 5=\frac{1+2+3}{1+3}\times\frac{15}{15+15}\times 5\ \text{V}=3.75\ \text{V}$$

当 R_W 的滑动端位于最上方时，$R_{W2}=0$，输出电压有最大值 U_{omax}，且

$$U_{omax}=\frac{R_3+R_4+R_W}{R_3}\cdot\frac{R_1}{R_1+R_2}\times 5=\frac{1+2+3}{1}\times\frac{15}{15+15}\times 5\ \text{V}=15\ \text{V}$$

故输出电压 U_o 的调整范围为 3.75~15 V。

2. 输出可调集成稳压器的应用

可调式三端稳压器是依靠外接电阻来调节输出电压的，所以为保证输出电压的精度和稳定性，要选择精度高的电阻，同时电阻应紧靠稳压器，防止输出电流在连线电阻上产生误差电压。这里以 W117 为例介绍输出电压可调的稳压电路，如图 10-17 所示，电路中调整端是基准电压电路的公共端，由于该端的端电流 I_{adj} 很小（约 50 μA），因而当外接调整电阻 R_1、R_2 后，输出电压为

$$U_o\approx\left(1+\frac{R_2}{R_1}\right)\cdot U_{REF}\tag{10-32}$$

式中，基准电压 U_{REF} 的典型值为 1.25 V。

例 10-3　由 W117 组成的可调稳压电路如图 10-17 所示。已知 $U_{REF}=1.25$ V，$R_1=240\ \Omega$。为获得 1.25~37 V 的输出电压，试求 R_2 的最大阻值。

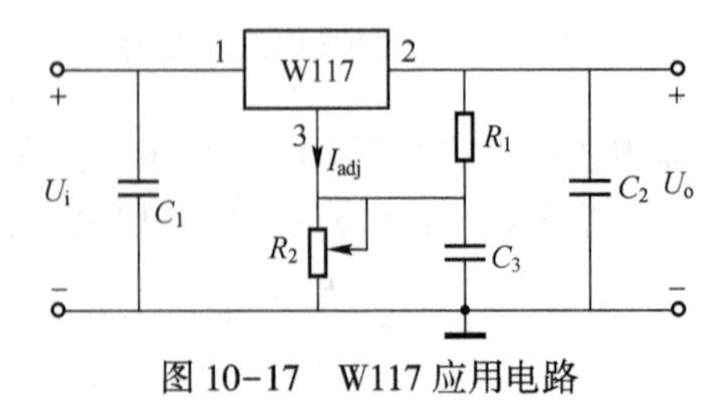

图 10-17　W117 应用电路

解：

图 10-17 电路中，为保证稳压器空载时也能正常工作，R_1一般取为 240 Ω。R_2的大小则可根据输出电压的调节范围来确定：当其滑动端位于最下方时，$R_2=0$，$U_o=U_{23}=1.25\ \text{V}$；当其滑动端位于最上方时，$R_2$ 最大。如要使 $U_o=37\ \text{V}$，则由

$$U_o=U_{REF}+\left(\frac{U_{REF}}{R_1}+I_{adj}\right)R_2\approx 1.25+\frac{1.25}{R_1}\times R_2$$

即

$$37=1.25+\frac{1.25}{240}\times R_2$$

所以

$$R_2\approx 6.86\ \text{k}\Omega$$

习题

10.1　桥式整流电容滤波电路如图 10-6a 所示。已知电网电压频率为 50 Hz，变压器二次电压有效值 $U_2=20\ \text{V}$，$R_L=50\ \Omega$。若要求脉动系数 $S=0.5\%$，电容 C 应选多大？当用直流电压表测量 R_L 两端电压 U_o 时，如出现下述情况，试分析哪些属于正常工作时的输出电压，哪些属于故障情况并指出故障所在。

（1）$U_o=28\ \text{V}$；（2）$U_o=18\ \text{V}$；（3）$U_o=24\ \text{V}$；（4）$U_o=9\ \text{V}$。

10.2　整流电路如图题 10.2a 所示。已知变压器二次侧线圈电压 u_2、u_3、u_4的有效值分别为 70 V、10 V、10 V，负载电阻 $R_{L1}=10\ \text{k}\Omega$，$R_{L2}=100\ \Omega$。若忽略二极管的正向电压降和变压器内阻，试求：（1）直流电压 U_{o1}和 U_{o2}，直流电流 I_{o1}和 I_{o2}；（2）流过整流二极管 VD_1、VD_2、VD_3的平均电流和二极管所承受的最大反向电压；（3）设 u_2、u_3、u_4 的波形如图题 10.2b 所示，试画出 u_{o1}，u_{o2}的波形。

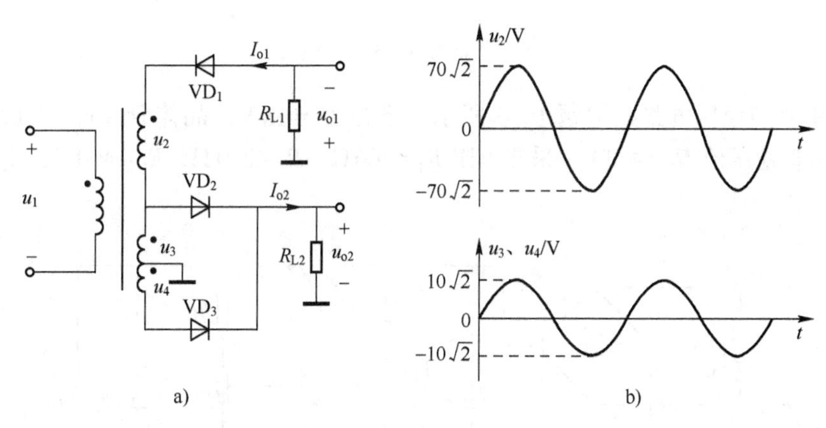

图题 10.2

10.3　倍压整流电路如图题 10.3 所示。

（1）简述电路的工作原理。

（2）当 $R_L\to\infty$ 时，输出电压 U_o 为多少？

10.4　在如图题 10.4 所示稳压电路中，已知晶体管的管压降 U_{CE}> 3V 时才能正常工作，试问：

（1）R_2、R_3的值为多少？

（2）U_i至少应为多少？

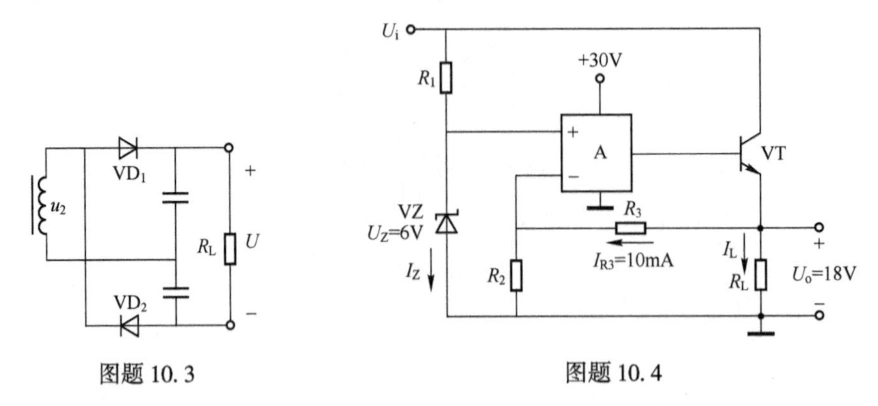

图题 10.3　　　　图题 10.4

10.5　采用集成运算放大器构成图题 10.5a、b 所示的稳压电路。设 $U_{i1}=U_{i2}=15$ V，$U_{Z1}=U_{Z2}=6$ V。试分析这两种电路中输出电压 U_{o1}和 U_{o2}的调节方式有什么不同，并求解各自的输出电压范围。

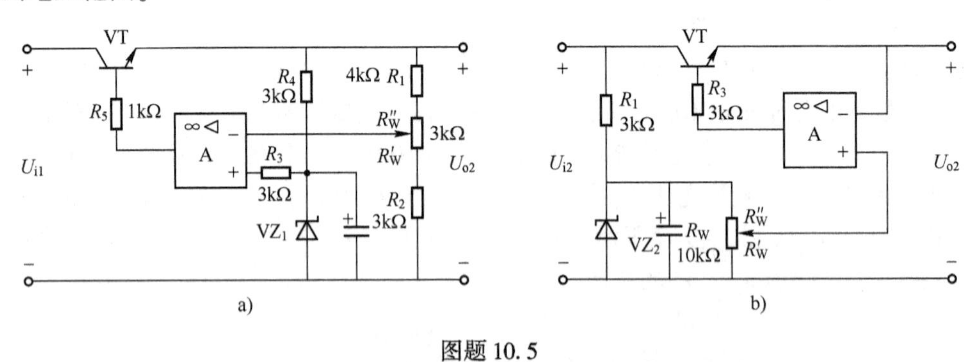

图题 10.5

10.6　串联型稳压电路如图题 10.6 所示。已知 $U_i=18$ V，晶体管 VT_1、VT_2的 $\beta_1=60$，$\beta_2=80$，稳压管稳压值 $U_Z=4.3$ V，采样电阻 $R_1=300\,\Omega$，$R_2=200\,\Omega$，$R_3=400\,\Omega$，$R_{C2}=4.9$ kΩ。试计算：

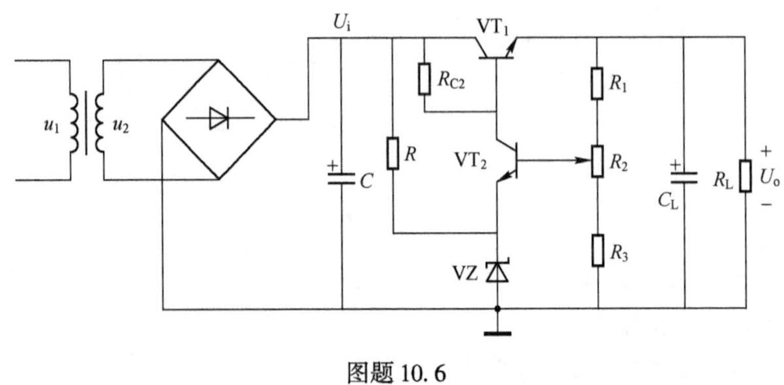

图题 10.6

(1) 输出电压 U_o 的调整范围。

(2) 负载 R_L 上的最大电流 I_{Lmax}。

(3) VT_1管的最大功耗 P_{CM}。

10.7　电路如图题 10.7 所示，集成稳压器 2、3 端的电压 $U_{23}=U_{REF}=24\,V$，求输出电压 U_o和输出电流 I_o的表达式，说明该电路具有什么作用。

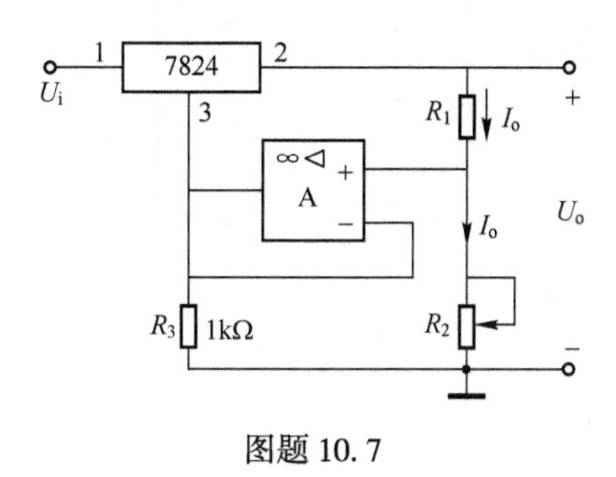

图题 10.7

10.8　三端集成稳压器 W7805 组成如图题 10.8 所示电路。已知 $U_2=20\,V$，电网电压波动范围为±10%。稳压管 VZ 的工作电压 $U_Z=10\,V$，工作电流 I_Z的允许范围 10~60 mA。

(1) 求限流电阻 R 的取值范围。

(2) 估算输出电压 U_o 的调整范围。

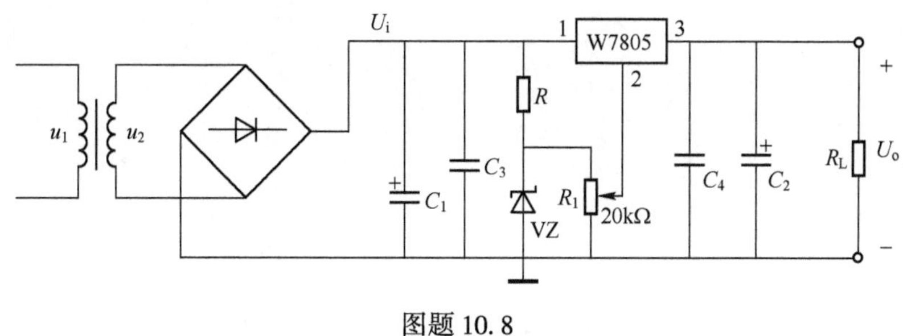

图题 10.8

10.9　由三端集成稳压器 W7812 组成的电路如图题 10.9 所示，设 $I_W=5\,mA$。

(1) 计算图题 10.9a 中输出电流 I_o。

(2) 计算图题 10.9b 中当 $R_2=5\,\Omega$ 时的输出电压 U_o。

(3) 说明图题 10.9a、b 电路的功能。

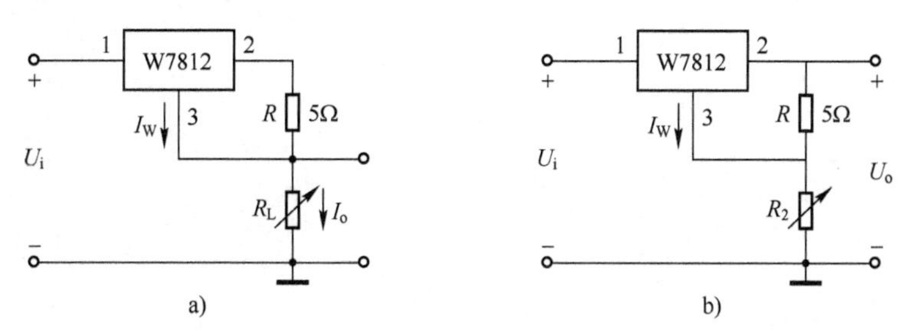

图题 10.9

10.10　由三端集成稳压器 W117 组成的电路如图题 10.10 所示，已知 $I_{adj}=50\ \mu A$，$U_{23}=1.25\ V$。

（1）计算图题 10.10a 中输出电压 U_o。

（2）若图题 10.10b 中 R_1 的变化范围为 1~5.1 kΩ，计算负载电流 I_o 和输出电压 U_o。

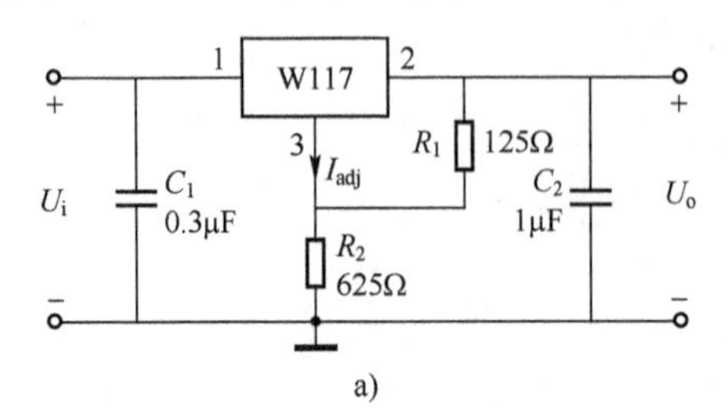

a)

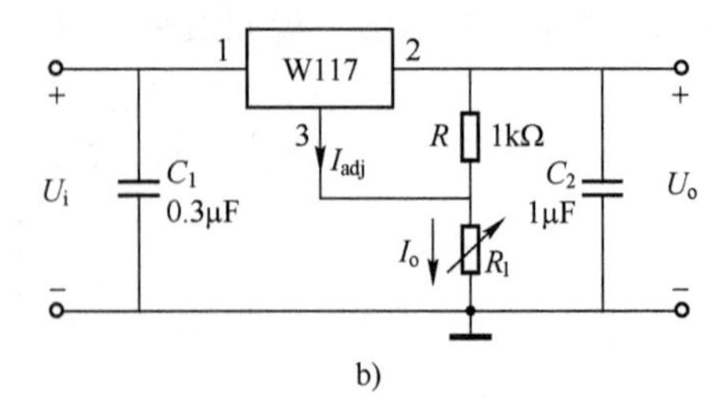

b)

图题 10.10

参 考 文 献

[1] 童诗白，华成英．模拟电子技术基础［M］．5版．北京：高等教育出版社，2015.
[2] 康华光，陈大钦，张林．电子技术基础［M］．6版．北京：高等教育出版社，2013.
[3] 张林，陈大钦．模拟电子技术基础［M］．3版．北京：高等教育出版社，2014.
[4] 闵锐，徐勇，等．电子线路基础［M］．西安：西安电子科技大学出版社，2018.
[5] 黄丽亚，杨恒新，袁丰，等．模拟电子技术基础［M］．3版．北京：机械工业出版社，2017.
[6] 黄颖，等．模拟电子电路［M］．北京：电子工业出版社，2020.
[7] 查丽斌，等．模拟电子技术［M］．2版．北京：电子工业出版社，2017.
[8] 高吉祥，刘安芝．模拟电子技术［M］．4版．北京：电子工业出版社，2015.